Peter Zöller-Greer

Softwareengineering für Ingenieure und Informatiker

W0257228

Aus dem Programm ─────── **Informationstechnik**

Kommunikationstechnik
von M. Meyer

Signalverarbeitung
von M. Meyer

Grundlagen der Informationstechnik
von M. Meyer

Softwareengineering für Ingenieure und Informatiker
von P. Zöller-Greer

Informatik für Ingenieure kompakt
herausgegeben von K. Bruns und P. Klimsa

Informationstechnik kompakt
herausgegeben von O. Mildenberger

Mobilfunknetze
von M. Duque-Antón

Datenübertragung
von P. Welzel

Telekommunikation
von D. Conrads

Von Handy, Glasfaser und Internet
von W. Glaser

vieweg ───────

Peter Zöller-Greer

Softwareengineering für Ingenieure und Informatiker

Planung, Entwurf und Implementierung

Mit 198 Abbildungen

Herausgegeben von Otto Mildenberger

Studium Technik

Die Deutsche Bibliothek – CIP-Einheitsaufnahme
Ein Titeldatensatz für diese Publikation ist bei
Der Deutschen Bibliothek erhältlich.

Herausgeber: Prof. Dr.-Ing. Otto Mildenberger lehrte an der Fachhochschule Wiesbaden in den
Fachbereichen Elektrotechnik und Informatik.

1. Auflage August 2002

Alle Rechte vorbehalten
© Friedr. Vieweg & Sohn Verlagsgesellschaft mbH, Braunschweig/Wiesbaden, 2002

Der Vieweg Verlag ist ein Unternehmen der Fachverlagsgruppe BertelsmannSpringer.
www.vieweg.de

Das Werk einschließlich aller seiner Teile ist urheberrechtlich geschützt. Jede Verwertung außerhalb der engen Grenzen des Urheberrechtsgesetzes ist ohne Zustimmung des Verlags unzulässig und strafbar. Das gilt insbesondere für Vervielfältigungen, Übersetzungen, Mikroverfilmungen und die Einspeicherung und Verarbeitung in elektronischen Systemen.

Umschlaggestaltung: Ulrike Weigel, www.CorporateDesignGroup.de

Gedruckt auf säurefreiem und chlorfrei gebleichtem Papier.

ISBN 978-3-528-03939-4   ISBN 978-3-663-01465-2 (eBook)
DOI 10.1007/978-3-663-01465-2

Vorwort

Seit der Softwarekrise der 60er Jahre wurde für die Entwicklung von Softwaresystemen der Ruf nach besser planbarem, systematischem Vorgehen laut. Nach und nach hat sich daraus das heutige Softwareengineering entwickelt. Weitgehend standardisiert, liefert es für alle an der Entwicklung Beteiligten methodische Ansätze zur effektiven und ökonomischen Softwareerstellung. Trotz der häufigen Kurzlebigkeit von Softwaren haben sich in jüngster Zeit die Methoden zu ihrer Erzeugung stabilisiert. Noch vor wenigen Jahren waren viele verschiedene Ansätze in Konkurrenz, doch mit der Einführung der Unified Modeling Language (UML) hat sich eine Methode etabliert, die alle anderen Konkurrenten weit hinter sich gelassen hat. Es besteht daher Aussicht, dass die in diesem Buch beschrieben Methoden und Verfahren für die nächsten Jahre aktuell bleiben, da deren Akzeptanz und Verbreitung sehr groß ist.

Eine Besonderheit dieses Buches besteht darin, dass es sowohl die Zielgruppe der Ingenieure als auch die der Informatiker im Auge hat. So wurden in Kapitel 1 eine allgemeine Einführung gegeben und in Kapitel 2 die wichtigsten Phasenmodelle des Softwareengineerings vorgestellt. Neu ist dabei ein Vorgehensmodell mit Aufwandsabschätzung für die Entwicklung von Multi Media Anwendungen. Im Bereich Teachware und Internet werden solche Anwendungsprogramme immer wichtiger. Daran schließt sich die ausführliche Planung eines Softwareprojekts in Kapitel 3 an. Hier werden unter anderem methodische Ansätze zur Erstellung eines Pflichtenhefts vorgestellt und an Beispielen erläutert. Kapitel 4 nimmt breiten Raum ein, da hier die für ein gutes Gelingen eines Softwareprojekts so wichtige Entwurfsphase ausführlich beschrieben wird. Neben der heute wohl wichtigsten Modellierungsmethode UML werden auch die klassischen Ansätze wie Entity-Relationship-Diagramme (ERD), Coad & Yourdon etc. betrachtet. Auch wird die Umsetzung objektorientierter Modelle in relationale Datenbankschemata beschrieben und an Beispielen erläutert. Ebenfalls recht umfangreich ist Kapitel 5, wo die Implementierung der Datenmodelle vorgenommen wird. Es werden auf diverse Prinzipien hierzu eingegangen und an Beispielen erläutert. Die Beispiele sind vornehmlich in Visual Basic for Applications (VBA) innerhalb MS-Access® dargeboten. Auch ohne Kenntnis dieser verbreiteten Entwicklungssprache kann den dargestellten Implementierungsprinzipien gefolgt werden, da die wichtigsten benutzten Befehle erläutert werden. Zudem besitzt VBA den Vorteil, dass es sich dabei um eine relativ unkryptische Sprache handelt, die gut lesbar und selbstsprechend ist. Eine weitere, standardisierte Sprache für Datenbankentwicklungen ist die Standard Query Language (SQL), auf die ebenfalls kurz eingegangen wird. Auch SQL ist selbstsprechend und leicht erlernbar. Kapitel 6 beschäftigt sich schließlich mit einigen gängigen Methoden zum Testen der entwickelten Software. Die Kapitel 1 bis 6 sind sowohl für die Zielgruppe der Ingenieure wie auch die der Informatiker gleichermaßen wichtig, denn sie enthalten allgemeine, grundlegende Prinzipien des Softwareengineerings. In Kapitel 7 werden dann spezifische Problemfelder behandelt. So wird hier über die Entwicklung von betrieblichen Informationssystemen, Realzeitanwendungen, Scientific Computing, Expertensystemen, Fuzzy Systemen, Neuronalen Netzen und Internetanwendungen gesprochen und auf die jeweiligen Besonderheiten bei der Erstellung entsprechender Anwendungen eingegangen. Auch dies wird überwiegend wieder an praktischen Beispielen demonstriert.

Die Art und Weise der Darstellung des vorliegenden Buches ist so gewählt, dass es sowohl für Praktiker als auch für Studierende geeignet ist. Es werden keine speziellen Vorkenntnisse vorausgesetzt und das Buch kann sowohl im Selbststudium wie auch begleitend zum Unterricht eingesetzt werden. Zudem kann es als Nachschlagewerk dienen. Anhand der ausführlichen Beispiele werden die behandelten Themen vertieft und ihr Bezug zur Praxis dargelegt.

Auf der Web-Seite http://www.fh-frankfurt.de/~zoellerg sind Links zu den Quellecodes einiger in diesem Buch enthaltenen Beispielprogramme vorhanden.

Dank gilt den Studenten Georg Gebert und Gerardo Thierauf, welche im Rahmen eines Übungsprojekts im Studiengang Informatik der FH Frankfurt am Main die Software „Lizenzabrechnung"entwickelten, die als Beispiel des Öfteren herangezogen wird. Sie erstellten auch das Benutzerhandbuch hierfür, welches dem Anhang zu entnehmen ist. Weiterer Dank geht an meine Diplomanden Debesay Neberay und Jan Haghnazarian, welche die php-Skripte der Internetanwendungsbeispiele aus Kapitel 7 entwickelten, sowie an die Teilnehmer der Projektveranstaltung Multi Media im WS 2001/2002, welche die technische Realisierung der ebenfalls in Kapitel 7 beschriebenen virtuellen Vorlesung über Künstliche Intelligenz durchgeführt haben.

Ganz besonderer Dank gilt meiner lieben Frau Diana, die mich mit großem Verständnis viele Stunden für das Zustandekommen des vorliegenden Buches entbehren musste. Mein Dank gilt auch dem Vieweg Verlag und insbesondere dem Herausgeber Herrn Prof. Dr. Otto Mildenberger, ohne die das Buch nicht zustande gekommen wäre.

Peter Zöller-Greer   Im Juni 2002.

Inhaltsverzeichnis

1 Einführung

1.1 Die Software-Krise: Murphys Gesetze und der Lebenszyklus einer Software

Als zu Beginn der 60er Jahre des 20. Jahrhunderts Computer in jedem größeren Industrieunternehmen Einzug hielten, steckte die systematische Entwicklung von darauf laufender Software noch in den Kinderschuhen. Software wurde in der Regel in einem zentralen Rechenzentrum für umliegende Fachabteilungen von einem Spezialistenteam entwickelt. Wobei der Ausdruck „Team" hier nicht unbedingt bedeutete, dass mehrere Personen am gleichen Projekt zusammenarbeiteten, sondern es war in der Regel so, dass jeder Programmierer komplett ein Programm oder zumindest einen abgegrenzten Programmteil entwickelte, der relativ isoliert gewesen ist. Hinzu kam die Tatsache, dass solche Programme nicht in großem Umfang geplant wurden, sondern die meisten Programmierer begannen häufig einfach mit der Programmierung loszulegen, noch bevor genau klar war, was überhaupt der spätere Benutzer wollte. Dieses relativ unsystematische Vorgehen erzeugte natürlich hohen Entwicklungsaufwand und damit Unsicherheit hinsichtlich der Kosten und der Entwicklungsdauer.

Schon bald wurde die Notwendigkeit einer besseren Planung von Software erkannt und es wurde begonnen, sog. Pflichtenhefte zu schreiben. Diese enthielten mehr oder weniger präzise die jeweiligen Anforderungen an die zu entwickelnde Software. Das Aussehen solcher Pflichtenhefte war allerdings keinem bestimmten Standard unterworfen und dadurch war es dem jeweiligen Autor überlassen, wie genau das Problem und evtl. Lösungen beschrieben wurden.

Zu dieser Zeit wurde auch dazu übergegangen, die Planung der Software von ihrer Kodierung zu trennen. Sogenannte Systemanalytiker hatten die Aufgabe, das Problem zu analysieren und eine algorithmische Lösung zu entwickeln, welche dann einem Programmierer zum Zwecke der Kodierung übergeben wurde. Im kommerziell-administrativen Bereich waren dies auch wirklich verschiedene Personen, während im naturwissenschaftlich-technischen Bereich Systemanalyse und Programmierung häufig von ein- und derselben Person durchgeführt wurden. Dies machte insofern Sinn, als hier die Probleme oft so kompliziert waren, dass dies die Kommunikation zwischen Analytiker und Programmierer sehr erschwert hätte.

Trotz dieser Anstrengungen war der gesamte Entwicklungszyklus einer Software noch von zu vielen Unsicherheitsfaktoren begleitet. Die abgeschätzten Entwicklungskosten wurden regelmäßig erheblich überschritten, ebenso wie die geplanten Entwicklungszeiten. Es war festzustellen, dass dies in erster Linie an mangelhafter Planung lag. Planungsfehler wurden erst sehr spät entdeckt und waren nur unter erheblichem Aufwand zu korrigieren. Außerdem wiesen die Pflichtenhefte häufig Inkonsistenzen auf, die zunächst nicht bemerkt wurden. Diese Situationen bezeichnet man heute als die Softwarekrise der 60er Jahre.

Um aus dieser Krise herauszukommen wurden einige Anstrengungen unternommen. Zunächst wurde die Planungsphase versucht zu standardisieren, wobei ingenieurwissenschaftliche Methoden als Vorbild dienen sollten. Die Grundidee dabei war, gerade besagte Planungsphase systematisch zu erarbeiten und methodische Ansätze zu entwickeln. Man erhoffte sich dadurch weniger Planungsfehler zu machen und eine Kodierung zu ermöglichen, die ein Programm liefert, welches die geforderten Spezifikationen so gut wie möglich erfüllt.

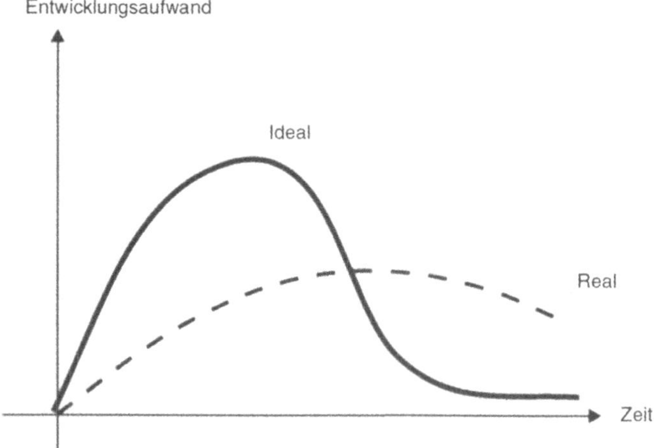

Bild 1-1   Entwicklungszyklus einer Software

Bild 1-1 stellt den idealen Lebenszyklus einer Softwareentwicklung dem seinerzeit realen gegenüber. Im Idealfall steckt man den meisten Aufwand in die Planungsphase, so dass die sich anschließende Kodierungsphase ohne großen Aufwand vonstatten geht und auch keine wesentlichen Korrekteren erforderlich sind. Demgegenüber stand der Realfall, wo die Planungsphase nicht sonderlich intensiv durchdacht wurde und die Kodierung demzufolge fehlerhaft und korrekturanfällig gewesen ist. Die wohlbekannten Gesetzte von Dr. Joseph Murphy finden auch hier ihre Anwendung.

Murphys Gesetze:

- Alles dauert länger als man denkt
- Alles ist teurer als man denkt
- Alles ist komplizierter als man denkt
- Wenn ein Fehler passieren kann, dann passiert er auch.

(→ Murphy war Optimist)

Diese etwas scherzhafte Formulierung von Murphys Gesetzen zeigt dennoch einen großen Teil der tatsächlichen Probleme auf, die mit der Entwicklung von Software verbunden sind.

1.2   Methodische Ansätze

Die Softwarekrise der 60er Jahre führte, wie aufgezeigt, also zu der Notwendigkeit, Software systematisch zu planen und zu entwickeln. Dies mündete in der wissenschaftlichen Disziplin des Software Engineering.

Bevor dieser Begriff genauer definiert wird, muss eine Abgrenzung der Schnittstellen, auf welche Software-Entwicklung überhaupt bezogen wird, vorgenommen werden.

Def. 1.2.1 (*System mit geplanten Reaktionen*)

Unter einem System mit geplanten Reaktionen versteht man eine Menge von Regeln oder Einheiten, welche wohldefinierte Aktionen ausführen, auch wenn Ereignisse außerhalb seines Einflussgebietes auftreten. Diese geplanten Reaktionen sind in einer symbolischen/formalen Sprache formulierbar.

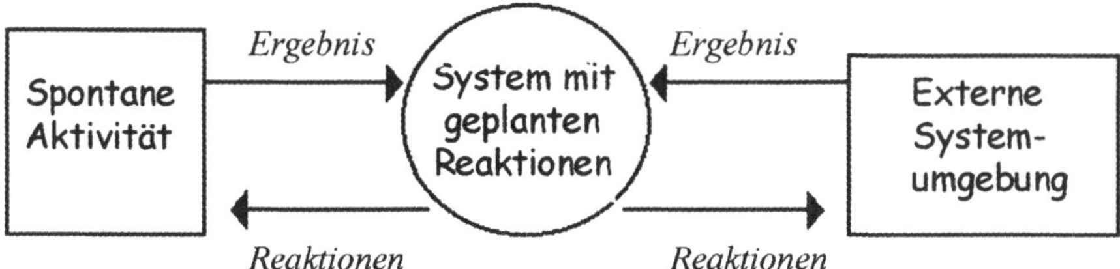

Bild 1-2   System mit geplanten Reaktionen

Mit anderen Worten, ein System mit geplanten Reaktionen fängt alle Reaktionen seiner Umgebung in kontrollierter Weise ab. Stellt so ein System beispielsweise ein Anwendungsprogramm auf einem Computer dar, also einen Ausschnitt aus der Realität, der DV-mäßig mit einem entsprechenden Programm abgebildet wird, dann ist insbesondere die I/O-Schnittstelle eine Quelle möglicher Probleme. Das kann z.B. eine unsinnige Tastenkombination auf der Tastatur des Computers sein, während das Anwendungsprogramm läuft. Es darf dann nicht zum Absturz des Programms kommen, sondern es muss eine kontrollierte Reaktion des Systems erfolgen.

Dies zu erreichen klingt zunächst einfacher als es ist, denn es ist meistens sehr schwierig, alle Eventualitäten „vorherzudenken". Deswegen ist beispielsweise der Programmieraufwand für Plausibilitätsüberprüfungen einer Masken-Eingabe häufig der aufwendigste Teil der jeweiligen Masken-Programmierung. Natürlich sind geplante Reaktionen auch in Rechenalgorithmen zu berücksichtigen, beispielweise muss eine mögliche Division durch die Zahl Null abgefangen werden und ähnliches.

Wenn wir also zukünftig den Begriff „Software" benutzen, so sei selbstverständlicher Weise davon ausgegangen, dass es sich dabei immer um Systeme mit geplanten Reaktionen handelt.

Aber dies allein reicht natürlich noch lange nicht aus, um effiziente Software zu entwickeln, denn es sind damit weitere Probleme verbunden, die systematisch gelöst werden müssen. Einige dieser Probleme sind z.B.:

- Komplexe Anforderungen sind oft schwer zu verstehen

- Softwareentwicklung erfordert absolute Präzision, einen hohes Maß an Kreativität, Erfahrung im Entwickeln komplexer Programme und echtes Teamwork

- Die Fehlerrate kann unter Stressbedingungen ansteigen

- In der Regel ist eine sehr Hohe Qualifikation der Mitarbeiter ist erforderlich

Darüber hinaus werden an einen Entwickler gewisse spezifische Anforderungen gestellt, wie z.B. die Fähigkeiten, wichtiges von unwichtigem trennen zu können oder die richtige Einschätzung der Komplexität einer Anforderung.

Gerade um komplexe und aufwendige Anforderungen einer systematischen Lösung zuführen zu können, sind drei wichtige Prinzipien einzuhalten: (1) Die Modellierung der Realität durch Abstraktion, (2) die Reduktion der Komplexität durch Strukturierung und (3) Fokussierung auf die Lösung von Teilproblemen. Mittlerweile gibt es computergestützte Hilfsmittel zur Durchführung dieser Aufgaben, die man allgemein CASE-Tools nennt (CASE = Computer Aided Software Engineering). Es wird daher dringend empfohlen, solche Tools wann immer möglich einzusetzen.

Nachfolgend soll nun eine allgemeine Definition des Begriffs Software Engineering gegeben werden.

Def. 1.2.2 (*Software Engineering*)

Unter Software Engineering versteht man die Wissenschaft, effiziente Software auf der Basis ingenieurmäßiger Methoden und ökonomischer Gesichtspunkte zu entwickeln. Sie umfasst die strukturierte Analyse, den Entwurf und die Realisierung sowie das Testen und Warten eines Programms mittels methodischer Ansätze.

Ein erster früher Ansatz unterteilte die Entwicklung eines Softwaresystems zunächst nur in die zwei Phasen *Systemanalyse* und *Programmierung*. Die Systemanalyse umfasste damals die Problembeschreibung, Beschreibung des Ist- und Sollzustandes, Input/Output-Beschreibung des gewünschten Systems, einen Projektplan, ein semantisches Datenmodell, ein logisches Datenmodell, Datenfluss-Diagramme/Programm-Struktogramme und ein Lösungskonzept. Die Phase Programmierung schloss daran an mit der eigentlichen Kodeerzeugung, ggf. eines „Tunings" des Kodes sowie schließlich des Tests und der Wartung der Software.

Heute sind diese beiden Phasen nur Teile detaillierterer Phasenmodelle und umfassen demzufolge auch nicht mehr alle oben genannten Komponenten, sondern diese sind ausgelagert und in andere, eigene Entwicklungsphasen integriert. Solche Phasenmodelle werden im nächsten Kapitel genauer betrachtet.

2 Phasenmodelle

2.1 Wozu Phasenmodelle?

Die Softwarekrise der 60er Jahre führte dazu, dass der großen Unsicherheit hinsichtlich Kosten und Entwicklungszeiten komplexer Softwaren durch ingenieurmäßige Planung und methodische Ansätze allmählich ein Riegel vorgeschoben wurde. Natürlich gab es auch in den 60er Jahren effizient entwickelte Software, aber dies war häufig von der Erfahrung und der individuellen Planungsfähigkeit der beteiligten Entwickler abhängig. Solche Fähigkeiten entstanden, wenn überhaupt, erst allmählich bei einem Entwickler, und bevor es soweit war, waren oft längst einige Projekte „in den Sand gesetzt" worden und hatten hohe Kosten erzeugt.

Um nun nicht immer wieder die gleiche bittere Erfahrung bei jeder Programmentwicklung von Neuem machen zu müssen, insbesondere dann, wenn unerfahrene Programmierer ans Werk gingen, ergab sich mehr und mehr die Notwendigkeit einer methodischen Vorgehensweise gerade und vor allem in der Planungsphase von Software.

Wenn z.B. jemand ein Haus bauen möchte, dann beauftragt er ja auch nicht direkt einen Maurer, welcher dann drauf losmauert ohne Plan, und umständlich dauernd den Kunden danach fragt, ob es so oder so gerade recht ist, und wenn nicht, müssen halt ein paar Mauern wieder eingerissen und von Neuem gebaut werden. Bis das Haus so schließlich, wenn überhaupt jemals, den Vorstellungen des Kunden entspricht, würde sicher viel Zeit und Geld verbraucht sein. Aus diesem Grund gibt es ja Architekten, die zuerst einmal mit dem Kunden zusammen eine Planung durchführen, und erst wenn diese zur Zufriedenheit des Kunden abgeschlossen ist, wird der Auftrag zum Bau eines Hauses erteilt werden.

Was aber beim Hausbau selbstverständlich erscheint, setzte sich erst langsam bei der Softwareentwicklung durch. Dort war in der Tat in den 60er Jahren und auch später noch ein mit dem oben geschilderten drauflos mauern vergleichbares drauflos programmieren nicht unüblich, was die genannten hohen Kosten und Entwicklungszeiten zur Folge hatte. Deswegen ist -wie beim Hausbau- eine Unterteilung der durchzuführenden Aufgaben in überschaubare Phasen erforderlich.

2.2 Das klassische Wasserfallmodell

Im Kapitel 1 wurde angedeutet, dass erste methodische Ansätze in einer Unterteilung des Entwicklungsprozesses in zwei Phasen bestanden, der Systemanalyse und der Programmierung. Dies entspricht einer groben Einteilung bei der Errichtung eines Hauses in die zwei Phasen Planung und Realisierung. Es zeigte sich jedoch schon bald, dass eine subtilere Unterteilung erforderlich war, denn innerhalb dieser beiden groben Phasen gab es noch zu viele Fehlerquellen, die durch weitere Systematisierung der einzelnen Arbeitsschritte beseitigt werden konnten. Eine bis heute noch oft erfolgreich anwendbare Systematisierung ist das klassische Wasserfallmodell. In der Literatur findet man ggf. kleinere Abweichungen hinsichtlich der Anzahl und des Inhalts der einzelnen Phasen, doch im Prinzip handelt es sich immer um folgende Einteilung:

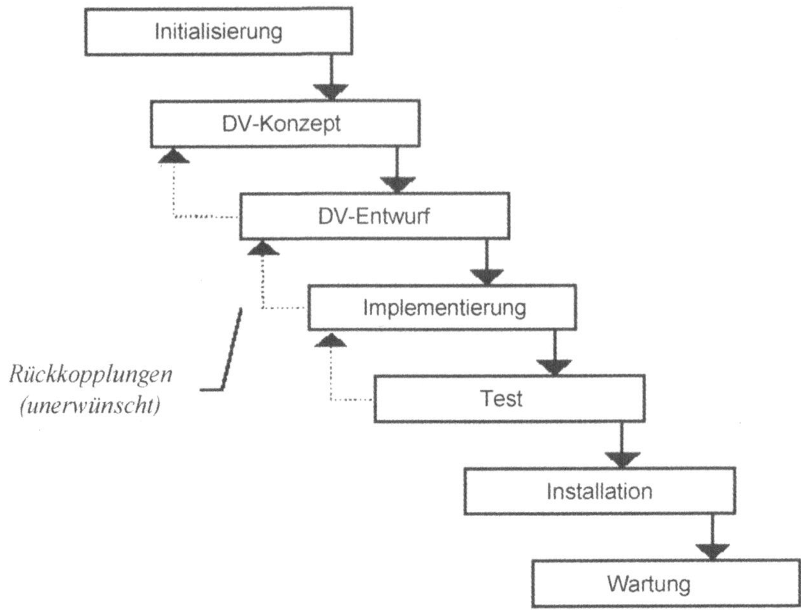

Bild 2-1 Klassisches Wasserfallmodell

Die jeweiligen Phasen werden nachfolgend genauer beschrieben.

Phase 1: Initialisierung

Diese Phase startet das geplante Entwicklungsprojekt. Es beginnt in der Regel damit, dass ein Unternehmen das geplante Projekt ausschreibt oder sich direkt an ein Software-Entwicklungsunternehmen wendet mit der Bitte um eine Angebotserstellung. Bevor ein Unternehmen so ein Angebot erstellen kann, ist es natürlich erforderlich, dass eine erste Analyse des Problems erfolgen muss, aus dem die notwendige Information für das Angebot ableitbar ist. Hier steht das angeboterstellende Unternehmen vor der Problematik, dass einerseits ein detailliertes Angebot erst erfolgen kann, wenn hinreichende Information über das Projekt vorliegt und andererseits eben eine solche erste Problemanalyse bereits recht arbeitsaufwendig werden kann, je nach Projektgröße. Lehnt der Kunde dann das Angebot ab, ist die für die erste Analyse investierte Zeit verloren. Aus diesem Grund wird ein Entwickler zunächst eine recht grobe Analyse beim Kunden vornehmen, die aber trotzdem eine Kostenabschätzung und eine erste zeitliche Abschätzung des Projektverlaufs ermöglicht.

Es gibt aber auch in neuerer Zeit eine sich immer mehr verbreitende Variante, bei der sich ein Softwareentwicklungsunternehmen bereits die Angebotserstellung bezahlen lässt. Dies ist insbesondere im Bereich Multimedia-Projekte der Fall, z.B. bei der Entwicklung von e-Commerce-Anwendungen. Dies hängt u.a. damit zusammen, dass in diesem Bereich eine strukturierte, methodenbasierte Vorgehensweise in Ermangelung geeigneter Modell kaum zu finden ist. Daher wird schon für eine Angebotserstellung oft eine umfangreiche Detailanalyse erforderlich, und dieser Aufwand muss dann auch honoriert werden. Der Kunde hat aber auch einen Vorteil von dieser Vorgehensweise, da er ja dann eine ausführliche Analyse des Entwicklers vorliegen hat, die er -auch wenn er das Angebot ablehnt- weiterverwerten kann (z.B. einem anderen Anbieter zur Verfügung stellen kann).

Mindestanforderungen an die Initialisierungsphase sind in jedem Fall folgende Punkte:

- *Problembeschreibung*, welche Zweck und Rechtfertigung für das geplante Unterfangen enthält

- *Projektziele*; was soll das Ergebnis des Projekts sein

- *Grobe Projektbeschreibung*; welche bereits installierte Hard- und Software ist vorhanden, welche zusätzliche Hard- und Software muss angeschafft werden, sind Netzwerkkomponenten erforderlich etc.

- *Grober Projektplan*, welcher eine personale und zeitliche Aufwandsplanung und erste grobe Projektorganisation enthält

- *Kostenabschätzung* für die zu erbringenden Leistungen

Für den Kunden sind meistens die wichtigsten Punkte, was die Durchführung des Projektes kostet und wie lange die Entwicklungszeit ist. Diese dürfen also auf gar keinen Fall fehlen.

Jedoch gerade eine zuverlässige Aufwands- und Kostenabschätzung birgt die größte Problematik. Kunden bevorzugen in der Regel Festpreise, aber gerade die setzen eine realistische Kostenabschätzung voraus, und wie oben beschrieben wurde, würde das eine intensive Problemanalyse erfordern. Erfahrene Entwickler habe hier deutliche Vorteile, da sie oft ein recht sicheres Gefühl für Art und Umfang anstehender Entwicklungsaufgaben besitzen.

Es ist in jedem Fall ratsam, falls Festpreise gewünscht sind, einen geeigneten Puffer für nicht vorhersehbare Fälle (vgl. Murphys Gesetze aus Kapitel 1) einzuplanen. Manche Entwickler setzen z.B. einen Faktor 2 für die Entwicklungskosten im Angebot an den Kunden gegenüber des zunächst tatsächlich abgeschätzten Aufwands an, gerade dann, wenn viele Unsicherheiten hinsichtlich der Problemanalyse bestehen.

Sind keine Festpreise erforderlich (oder wenigstens nicht verbindlich), so kann vereinbart werden, dass eine genaue Aufwandschätzung erst nach Abschluss der nächsten Phase, also wenn das DV-Konzept vorliegt, abgegeben wird. In diesem Fall möchte der Kunde jedoch häufig wenigstens einen Kostenvoranschlag für die Erstellung des DV-Konzept haben, welcher dann im Angebot angegeben wird.

Eine andere Möglichkeit die Unsicherheiten bei Festpreisen wenigstens zu mildern besteht darin, dass ein Festpreis mit einer „Unsicherheitsspanne" vereinbart wird. So kann beispielsweise ein Festpreis von 30.000,- Euro verhandelt werden, wobei ein Spielraum von +/- 10% möglich ist. Damit besteht ein Spielraum von 3000,- Euro, der ggf. noch auf den Festpreis aufgestockt werden kann. Natürlich wünscht der Kunde in der Regel dafür eine genaue Begründung.

Die Dauer der Initialisierungsphase sollte so gewählt werden, dass für den Softwareentwickler kein zu hohes Risiko für den Fall entsteht, dass der Kunde das Angebot ablehnt. Da diese Phase der Angebotserstellung dient und normalerweise nicht bezahlt wird, sollte der Entwickler hier angemessen seine Zeit investieren. Selbst bei Projekten einer zu erwartenden Größenordnung von beispielsweise 50.000 Euro sollten max. 14 Tage für die Initialisierungsphase investiert werden. Das Dilemma kann dabei sein, dass man einerseits einen möglichst niedrigen Festpreis ansetzen möchte (um unterhalb evtl. Konkurrenzangebote zu liegen) und andererseits aber gerade für eine knappe Kalkulation eine ziemlich ausführliche Problemanalyse benötigt, deren Erstellung wiederum zeitaufwendig ist. Hier muss der Entwickler ein ausgewogenes Verhältnis finden, was oft nur durch einige Erfahrung gewonnen werden kann.

Beispiel für ein Angebot als Ergebnis der Initialisierungsphase:

ProSoft GmbH, Mangold-Straße 4, D-10021 Berlin

An Herrn Krause   24.6.2001
Abt. AAK/AB
Solaris GmbH
Gottlieb-Daimler-Str. 10
60330 Frankfurt am Main

Angebot Weiterentwicklung des Programms „ProKat"

Sehr geehrter Herr Krause,

Bezugnehmend auf Ihre Anfrage vom 22.6.2001 unterbreite ich Ihnen folgendes **Angebot**:

Tätigkeit	Aufwand (MT)
Problemanalyse und Erstellung eines Pflichtenhefts zur Beschreibung der Weiterentwicklungsaktivitäten	10
Entwurf der erweiterten Datenstrukturen und Algorithmen/Funktionen gemäß des erstellten Pflichtenhefts	5
Implementierung der Software incl. Modultest	5

Der Mann-Tag wird mit EUR 1.000,- abgerechnet.

Entwurfs- bzw. Implementierungsfehler, welche unsererseits verursacht wurden, werden innerhalb einer Anwendungstestphase durch Ihre Anwender bis zu 4 Wochen nach Programmübergabe von uns kostenfrei umgehend beseitigt.

Bei Auftragserteilung vor dem 10.7.2001 können die Arbeiten innerhalb von 6 Wochen erledigt werden.

Ich hoffe, Ihnen mit diesem Angebot gedient zu haben.

Mit freundlichen Grüßen

Alfons Wagner, Geschäftsführer.

Phase 2: DV-Konzept (Fachkonzept)

Dies ist u.a. die Phase zur Erstellung des „klassischen" Pflichtenhefts. Die in der Initialisierungsphase noch relativ groben Analysen müssen jetzt verfeinert werden, so dass ein detailliertes Konzept entsteht, mittels dessen ein Programmentwickler später seine Datenmodelle und Programmablaufpläne entwickeln kann (in der sich anschließenden Phase DV-Entwurf).

Die Phase DV-Konzept (auch Fachkonzept oder Grobkonzept genannt) wird zumindest teilweise von dem Systemanalytiker zusammen mit dem Kunden durchgeführt. Der Kunde beschreibt dabei die Ausgangsverhältnisse und was das gewünschte Programm später können soll. Der Systemanalytiker hat dabei u.a. die Aufgabe, die „richtige" Information aus dem Kunden herauszuholen. In der Regel kennt der Systemanalytiker das Problemfeld des Kunden kaum, und der Kunde weiß nicht welche Information für die genaue Systemanalyse erforderlich ist. DV-Fachmann und Kunde müssen daher einen gemeinsamen Ansatzpunkt finden. Grob besteht ein Fachkonzept aus zwei Teilen: der *Anforderungsanalyse*, wo der Ist- und Sollzustand von Hard- und Software erarbeitet wird, und der *Systemanalyse*, wo eine erste semantische Datenmodellierung vorgenommen wird, die beschreibt, was die Anwendung leisten soll, wie sie prinzipiell aufgebaut sein soll und wie das erreicht werden kann. Das Ergebnis ist dann das Papier, das Pflichtenheft oder allgemein einfach nur Spezifikation genannt wird.

Das DV-Konzept beschreibt im Prinzip den Weg vom Ist-Zustand zu dem Soll-Zustand in einer für Kunde und Analytiker gleichermaßen verständlichen Sprache. Daher ist das Pflichtenheft überwiegend verbal abgefasst und enthält wenig Abstraktionen. Dies birgt jedoch die Gefahr, dass hier Inkonsistenzen entstehen können. Das heißt, es könnte z.B. auf Seite 20 des Pflichtenheftes etwas stehen, was einer Anforderung auf Seite 35 direkt widerspricht. Solche Widersprüche werden u.U. erst sehr spät bemerkt, im ungünstigsten Fall erst beim Testen der Software. Dies führt dann zu den unerwünschten Rückkopplungen im Wasserfallmodell, denn es muss im Pflichtenheft eine Korrektur gemacht werden, die alle nachfolgenden Phasen betreffen kann.

Daher sollte das Pflichtenheft sehr genau und umsichtig entworfen werden. Manchmal kann es hilfreich sein, hier sogar schon Elemente des DV-Design (z.B. ER-Diagramme, vgl. Kapitel 4) zu verwenden, sofern der Kunde in der Lage ist, dies zu verstehen.

Eine verbale Beschreibung von Daten und deren Zusammenhänge nenn man auch *semantisches Datenmodell*.

Im Einzelnen sollen folgende Informationen im Pflichtenheft enthalten sein:

- (semantische) *Modellierung* der projektrelevanten Teilausschnitte der Realität

- Beschreibung des *Istzustandes*, ggf. unter Zuhilfenahme von Organigrammen, Funktionsabläufen und/oder bereits vorhandener Datenmodellen

- Beschreibung des *Sollzustandes*, ggf. unter Zuhilfenahme von Organigrammen, Funktionsabläufen und/oder bereits vorhandener Datenmodellen

- Beschreibung der *Ein- und Ausgaben* des zu entwickelnden Programms

- Beschreibung von *Datenstrukturen* (Länge und Art der Daten, z.B. Gleit- oder Festkommazahlen, wie lang können maximal die jeweils abzuspeichernden Zeichenketten sein)

- Beschreibung des *Datenaufkommens*, d.h. der Datenmengen, Datenherkünfte etc.

- Beschreibung des *Wegs* von der Dateneingabe zur Datenausgabe (macht beispielsweise dies im Istzustand bereits jemand „von Hand", so ist diese Person zu befragen und der genaue Funktionsablauf zu beschreiben; evtl. Berechnungsformeln etc. sind anzugeben)

- Beschreibung der geplanten *Datenmanipulationsmöglichkeiten*

- Angaben über die voraussichtlichen *Zugriffshäufigkeiten* und den Benutzerkreis (wer greift wie oft ggf. mit welchen anderen Benutzern gleichzeitig auf welche Datenbestände zu)

- Angaben zu *Sicherheitsaspekten* (ist z.B. ein nach Hierarchien abgestufter Zugriff einzelnen Benutzer erforderlich, dürfen manche Benutzer nur bestimmte Daten ansehen/ändern, Passwörter, Administratorzugänge etc.)

- Angaben zum *Datenschutz* (ist z.B. der Betriebsrat mit einzubeziehen)

- Beschreibung von möglichen *Validierungsprozeduren* (Planung von Validierungstests, wer testet wann was wie lange etc.)

- Detaillierter *Projektplan* (wer macht wann was), z.B. in der Form eines Balkendiagramms

- Art und Umfang evtl. *neu anzuschaffender Hardware/Software/Personal*

- Festlegung von *Review-Terminen* und evtl. Zahlungsbedingungen

- Festlegung von *Projektpersonal* und Verantwortlichkeiten auf Kundenseite

Es ist im Sinne einer effizienten Systementwicklung, wenn das Pflichtenheft so ausführlich wie möglich ist. Hier zu sparen wäre ein großer Fehler (wegen der u.U. zu erwartenden Rückkopplungen). Diese Phase zusammen mit der nächsten Phase (DV-Entwurf) sollten mind. 70% der geplanten Entwicklungszeit des gesamten Projekts betragen. Was hier versäumt wird, kann ein Vielfaches an Zeit bei der Implementierung kosten.

Es empfiehlt sich, dass das fertig gestellte Pflichtenheft sowohl vom Kunden als auch vom Systemanalytiker unterschrieben und damit von beiden Seiten als verbindlich anerkannt wird. Sollte es später zu einem Rechtsstreit vor Gericht kommen, so kann dadurch eine Beweispflicht (egal von welcher Seite) u.U. erleichtert werden. Außerdem kann damit einer möglichen „Salamitaktik" des Kunden vorgebeugt werden: Wenn der Kunde so nach und nach immer weitere Wünsche äußert, kann der Systementwickler sich auf das gemeinsam festgelegte Pflichtenheft berufen und für darüber hinaus gehende Kundenwünsche auch zusätzliche Aufwendungen in Rechnung stellen (dies sollte natürlich mit dem Kunden vorab ausgehandelt werden).

Der Umfang des Pflichtenheft kann bis zu mehreren hundert Seiten betragen, je nach Projektgröße.

Das Pflichtenheft muss so geartet sein, dass der Softwareentwickler im Prinzip keine weiteren Angaben vom Kunden benötigt um das Anwendungsprogramm zu entwerfen und zu programmieren. In der Praxis sollten natürlich trotzdem auch in späteren Phasen bei evtl. Unklarheiten oder Widersprüchen der Kunde konsultiert und die Probleme beseitigt werden.

Nachfolgendes Beispiel enthält bereits eine recht detaillierte semantische Datenbeschreibung, wie sie manchmal erst in der Nachfolgephase „DV-Entwurf" zu finden ist. Häufig schwimmen die Grenzen zwischen diesen beiden Phasen. Spätestens jedoch in der Entwurfsphase müssen alle Angaben genau spezifiziert sein, aber je mehr Angaben im Pflichtenheft gemacht werden, und umso genauer diese sind, desto besser und präziser kann die Entwurfsphase durchgeführt werden. Beispiel für einen Ausschnitt aus einem Pflichtenheft (Auszug aus der semantische Datenbeschreibung, vgl. Kapitel 3.2.5):

... Zunächst werden die Felder mit den Inhalten aus der Tabelle A90UMW gefüllt, und zwar alle Datensätze, bei denen die Felder KU_ZE und/oder KENZZGES gefüllt sind. Dazu die Folgedatensätze, bei denen die Felder TEL noch gefüllt sind, aber nur bis zum nächsten gefüllten Feld KU_ZE und/oder zum nächsten Telefoneintrag. Nun wird von der Tabelle BUERO_90 aus gearbeitet. Alle Datensätze die in den Feldern BURO_ART, GB_KURZ, KFZ_KENN und/oder ANSPRECH ein Kurzzeichen enthalten, werden mit den Feldern KU_ZE und KENZZGES auf Übereinstimmung geprüft, und zwar jedes Feld, das gefüllt ist. Ist Übereinstimmung vorhanden, muss noch der Ort überprüft werden. Dazu Feld ORT_ aus Tabelle BUERO_90 mit dem Ortsnamen im Feld NAMSITZ ab der Zeile mit dem gefundenen Code im Feld KU_ZE bis zum nächsten Eintrag im Feld KU_ZE und innerhalb derselben Blocknummer prüfen. Wird auch hier Übereinstimmung gefunden, dann werden die Felder aus BUERO_90 in die Tabelle ANSPRE übernommen und zwar in die Zeile, in der der Code steht. Wird zu einem Datensatz in der Tabelle BUERO_90 keine Übereinstimmung gefunden, wird der Datensatz an das Ende der Tabelle ANSPRE angehängt, und zwar für jedes ausgefüllte Codefeld ein Datensatz, hinter jedem hinzugefügten Datensatz werden drei weitere Zeilen mit dem Firmenkurzzeichen, einer Block- und Zeilennummer gefüllt und der relevante Ansprechpartnercode wird in das Feld KU_ZE eingetragen. Nach diesem Abgleich werden alle Datensätze, in denen die Felder KU_ZE und /oder KENZZGES gefüllt sind, aber welchen noch keine Adresse zugeordnet ist, mit der Adresse der jeweiligen Gesellschaft gefüllt (Straße, PLZ und Ort, Postfach, PLZ zum Postfach und Ort aus Tabelle gesell). Da es in der Gesellschaftstabelle zwei Datensätze geben kann, ist zu prüfen, ob unter NAMSITZ innerhalb des Blocks ein Ort aufgeführt ist (Feld NAME=1). Ist kein Ort aufgeführt, dann ist immer die Adresse aus dem Datensatz 1/2 zu nehmen. Ist ein Ort aufgeführt und er stimmt mit der Adresse von Satz 2/2 überein, dann ist diese Adresse zu nehmen, sonst wieder die Adresse von Satz 1/2. Nun ist jedem Datensatz der mit einer Adresse gefüllt ist, aber noch keinen Eintrag im A90UMW-Teil der Tabelle hat (außer dem Gesellschaftskurzzeichen) über die Beziehung zur vertansprech-Tabelle ein Ansprechpartner aus dieser Tabelle zuzuordnen. Ist nur ein Ansprechpartner vorhanden, wird dieser genommen. Sind mehrere Ansprechpartner vorhanden, wird der Ansprechpartnercode (Feld abt) in Tabelle vertansprech mit dem Code in KU_ZE verglichen. Bei Übereinstimmung erfolgt die Übernahme der Inhalte der Felder funktion, ansprech, telefon (telefax, funktel, email jeweils in die nächsten Zeilen, die bereits angelegt wurden). Ist keine Übereinstimmung vorhanden, wird der Datensatz mit der niedrigsten Zeilennummer genommen in dem ein Name eingetragen ist. Ganz zum Schluss müssen noch die Zeilen, die nur Gesellschaftskurzzeichen, Block- und Zeilennummern enthalten, gelöscht werden...

Phase 3: DV-Entwurf

Mit dieser Phase beginnt die eigentliche Entwicklung des Anwendungssystems. Das Ergebnis wird auch manchmal Feinkonzept genannt. Dabei spielt diese Phase die Rolle, die z.B. beim Hausbau die Erstellung eines Bauplans, des „Blueprints", spielt. So wie ein Architekt auf dem Papier das zukünftige Haus plant (nach den Wünschen des Auftraggebers, bei uns im Pflichtenheft niedergeschrieben), so plant der Entwickler in der Phase DV-Entwurf die Einzelheiten der DV-Anwendung. Und ebenso wie beim Architekten ist das Ergebnis auch in der Datenverarbeitung ein Bauplan im wahrsten Sinn des Wortes, der zum großen Teil tatsächlich aus grafischen

Elementen auf Papier, man könnte es einen Programm-Blueprint nennen, besteht. Das Ergebnis dieser Phase ist also eine Programmspezifikation, in der alle Einzelheiten beschrieben sind, die zur eigentlichen Programmierung des Systems erforderlich sind. Dazu gehört übrigens auch eine detaillierte Planung von Teststrategien zwecks Verifikation der entwickelten Programme.

Der Bedeutung dieser Phasen entsprechend wird dem DV-Entwurf ein eigenes Kapitel gewidmet (Kapitel 4). Dort werden die gängigsten Methoden vorgestellt.

Phase 4: Implementierung

Ist der Entwurf erfolgreich beendet, so kann die Anwendung programmiert werden. Diesen Vorgang nennt man Implementierung, da jetzt der Entwurf auf den Computer in kodierter Form gebracht wird. Je nach Anwendungsgebiet kann es sich dabei um die berühmte echte „Knochenarbeit" handeln, wenn z.B. ein Echtzeitsystem in C^{++} geschrieben werden muss. Es kann aber auch sein, dass gar nicht viel im herkömmlichen Sinne kodiert werden muss, sondern dass durch den geschickten Einsatz von Werkzeugen vieles ohne Programmierarbeit erledigt werden kann. Gerade bei Datenbankanwendungen z.B. für betriebliche Informationssysteme sind sehr mächtige Tools vorhanden. Im Idealfall kann der Programmcode sogar automatisch generiert werden. Dazu ist es natürlich erforderlich, dass der DV-Entwurf hinreichend detailliert und formalisiert ist. Es gibt dazu bereits Werkzeuge, welche (fast) keine Programmierung mehr erforderlich macht.

Im Allgemeinen ist die Vorgehensweise „top-dpwn", d.h. es werden zuerst die einzelnen Module geplant und diese dann jeweils verfeinert.

Das Ergebnis der Phase Implementierung ist also ein ausführbares Programm mit einer evtl. physikalisch implementierten Datenbasis. Auch dieser Phase ist wegen ihrer großen Bedeutung für das Softwareengineering ein eigenes Kapitel gewidmet (Kapitel 5).

Phase 5: Test

Der Implementierung des Programms folgt ein ausführlicher Test. Dabei sind zwei Testverfahren zu unterscheiden:

1. Der Programmtest

Hierunter versteht man den Test der einzelnen Programm-Module auf logische Konsistenz und Übereinstimmung mit dem DV-Design. Dieser Test wird i.d.R. vom Programmierer selbst durchgeführt. Normalerweise beginnen diese Tests nicht erst am Ende der Implementierungsphase, sondern bereits während der Kodierung, d.h. während an den entsprechenden Modulen programmiert wird werden auch gleich die dazu gehörigen Tests gemacht. Selbstverständlich wird nach Abschluss der Implementierung noch mal ein größerer Gesamttest durchgeführt, um das Zusammenspiel der einzelnen Module zu überprüfen und die Konsistenz mit dem DV-Design festzustellen. Für diese Art des Testens gibt es kaum formale Methoden, da die verschiedenen Möglichkeiten des Programmierstils einfach zu vielfältig sind. Als Faustregel kann man allenfalls sagen, dass die Module jeweils möglichst für sich so weit wie möglich ausgetestet werden. Ist dies erfolgt, so sollten dann einige zusammengehörige Module gemeinsam, d.h. deren Zusammenspiel, getestet werden. Man testet also Gruppen von Modulen, bis schließlich das ganze Programm ausgetestet ist. Handelt es sich z.B. um wissenschaftliche Anwendungen, so sollte eine verifizierbare Methode im voraus wohl überlegt werden. Soll ein Programm z.B. die numerische Lösung eines Differentialgleichungssystems ermöglichen und sind dafür numerische Stützstellen für eine Interpolations- oder Approximationsfunktion vorgesehen, so kann ein sehr effektiver Test dadurch geschehen, dass man einige der Stützstellen innerhalb ihres Konvergenzintervalls leicht verschiebt. Damit hat man numerisch gesehen völlig andere Zahlen als Input, aber das Ergebnis der Lösung müsste davon unabhängig sein. Auch hilft es häufig, Extremfälle zu betrachten, deren Ergebnis im Voraus bekannt ist (z.B. triviale Fälle, wo alle Eingaben Null sind etc.).

2. Der Benutzertest

Ist das Programm durch den Programmtest als logisch richtig und fehlerfrei verifiziert, so muss ein Test unter Produktionsbedingungen erfolgen. Dieser Test kann zwar auch vom Programmierer durchgeführt werden, es ist aber besser, wenn hier ausgewählte Benutzer testen. Wichtig ist aber, dass keinesfalls schon echte Produktionsprozesse gefahren werden, sondern es soll ja nur getestet werden in einer *produktionsidentischen* Umgebung, aber nicht in der Produktion selbst. Es kann nämlich hier noch zu folgenreichen Fehlern im Programm kommen, und das darf natürlich nicht den Produktionsprozess behindern. Auch müssen die Benutzter, welche diese Tests durchführen, wissen, dass es sich hier um einen Test handelt, welcher u.U. zu unerwarteten Ergebnissen führen kann. Die Planung über die Art und Weise dieser Tests sowie der beteiligten Personen sollte bereits im Fachkonzept festgelegt werden.

Phase 6: Installation

Die Installation der Anwendung nach Abschluss der Testphase erfolgt in der Produktionsumgebung. Bei einer Erstinstallation sollte dabei ein Zeitpunkt gewählt werden, welcher unkritisch für die laufende Produktion ist, d.h. es sollten keine kritischen Anwendungen dabei laufen. Auch muss eine Datensicherung des Zielrechners vorhanden sein, so dass ein Recovery möglich ist, falls bei der Installation etwas schief geht.

Normalerweise wird mit der Übergabe des Anwendungsprogramms eine Installationsroutine mitgeliefert, welche es einem unbedarften Anwender ermöglicht, das Programm nach starten einer Setup-Routine gemäß den Anweisungen auf dem Bildschirm zu installieren.

Bei kritischen Produktionsumgebungen oder sehr komplizierten Programmsystemen kann es sinnvoll sein, einen Installationstest auf einem produktionsidentischen System zu machen, bevor auf dem tatsächlichen Zielrechner installiert wird.

Phase 7: Wartung

Die Wartungsphase ist bei hinreichend getesteten Programmen normalerweise wenig arbeitsintensiv. Manchmal werden gewisse Schulungsmaßnahmen (Anwenderschulungen etc.) vorgenommen, welche aber gewöhnlich zeitlich begrenzt sind. Läuft das Programm erst einmal richtig, so bleibt hier nicht mehr viel zu tun. Manchmal kann es vorkommen, dass kleinere Fehler erst nach längerer Zeit entdeckt werden oder dass gewisse Programmerweiterungen gewünscht werden. Solche Fälle können als Teil eines Wartungsvertrages im voraus abgedeckt werden. Wenn dies nicht erfolgt ist, dann muss in diesen Fällen ein neues Angebot erstellt werden.

Eine Bemerkung zu den Rückkopplungen

In Bild 2.4 sind gewisse Rückkopplungen eingezeichnet, welche als unerwünscht gekennzeichnet sind. Hierzu ein Beispiel: Angenommen, beim Benutzertest stellt sich heraus, dass eine

Ausgabe nicht das gewünschte Ergebnis liefert. Der Benutzer geht damit i.d.R. zum Programmierer. Wenn es sich nun um keinen Programmierfehler handelt, so wird der Programmierer den „Planer", d.h. denjenigen, der den DV-Entwurf getätigt hatte, ansprechen. Hat auch dieser keinen Fehler bei der Planung gemacht, so wird der schließlich im Fachkonzept nachschauen und dort den Fehler lokalisieren können. Das Fachkonzept aber wurde zusammen mit dem Auftraggeber nach Erstellung „abgesegnet", d.h. beide, Entwickler und Auftraggeber hatten das Fachkonzept als verbindlich abgezeichnet. Jetzt muss also das Fachkonzept korrigiert werden. Daraufhin müssen die Phasen DV-Entwurf, Implementierung und Test erneut durchlaufen werden.

Im ungünstigsten Fall kann dies alles sogar mehrmals geschehen. Es gibt Aussagen, dass ein Fachkonzept mit mehr als 20 Seiten immer an irgend einer Stelle widersprüchlich ist. Aus diesem Grund ist es gerade bei umfangreicheren Projekten sinnvoll, schon frühzeitig mit computergestützten Werkzeugen einzusetzen. Es gibt bereits hilfreiche Tools für die Erstellung von Fachkonzepten, welche gewisse Inkonsistenten frühzeitig entdecken können.

Es ist klar, dass bedingt durch den linearen Verlauf der Phasen im Wasserfallmodell Fehler erst sehr spät entdeckt werden. Überhaupt bekommt ein Anwender erst zu einem sehr späten Zeitpunkt das erste Mal etwas von dem Anwendungsprogramm zu sehen, nämlich frühestens beim Benutzertest. Bis dahin ist aber schon der Hauptanteil der Entwicklungszeit verbraucht. Bei größeren Entwicklungsprojekten kann es durchaus sein, dass ein Anwender erst ein Jahr nach Auftragserteilung zum ersten Mal etwas auf seinem Computer zu sehen bekommt.

Das ideale Wasserfallmodell (ohne Rückkopplungen) setzt also etwas voraus, was es eigentlich nicht gibt: Ideale Auftraggeber, die zum Zeitpunkt der Auftragsvergabe haargenau wissen, was sie wollen und was das Programm später können soll, und ideale DV-Entwickler, die völlig fehlerfrei arbeiten und ebenfalls alle möglichen Probleme vorausgedacht haben. Da es das aber offensichtlich nicht gibt, hat sich nach und nach eine alternative Planungsmethode etabliert, in welcher die Not des realen (rückgekoppelten) Wasserfallmodells (nämlich dessen reale Nichtlinearität) zur Tugend gemacht wurde: Das Spiralmodell.

2.3 Tugend aus der Not: Spiralmodell und Prototyping

Die Problematik der Rückkopplungen im Wasserfallmodell und die mittlerweile weit verbreiteten Werkzeuge zur relativ schnellen Gestaltung von Programmoberflächen hat dazu geführt, dass sich neben dem klassischen Wasserfallmodell noch ein weiteres etabliert hat: Das Spiralmodell. Die Idee hierbei ist, dass nicht die einzelnen Phasen jeweils beendet sein müssen, bevor die nächste Phasen begonnen wird, sondern dass die Phasen in kleinere Teilphasen zerlegt werden und diese zunächst begonnen werden. Es werden also die großen Phasen immer nur teilweise bearbeitet und danach gleich zur nächsten Phase übergegangen. Das Ergebnis ist ein mehrmaliges, stückweises Durchlaufen aller Phasen, bis ein gewisse Reifegrad erreicht ist. Betrachtet man z.B. nur die 4 Hauptphasen Analyse, Entwurf, Implementierung und Test, so könnte eine einfache Version des Spiralmodells wie in Bild 2-2 skizziert aussehen. Boehm [1] hat diese Idee dann verfeinert und seine Version des Spiralmodells ist in Bild 2-3 zu finden. Der Vorteil einer solchen Vorgehensweise liegt auf der Hand: Durch die sukzessive Entwicklung des Systems bekommt der Anwender schon relativ früh Teile des zukünftigen Programms zu sehen und es können so Fehler auch früher erkannt und damit rechtzeitig korrigiert werden. Die ersten Programmteile, welche durch die ersten, inneren Spiralläufe im Quadranten der Implementierung (Bild 2-2) repräsentiert werden, nennt man auch *Prototypen*. Sie stellen eine

Art Programmhülle dar, wobei hier hauptsächlich nur die Benutzeroberflächen realisiert sind ohne wirkliche Anwendungen oder Funktionen hinter den Schaltflächen.

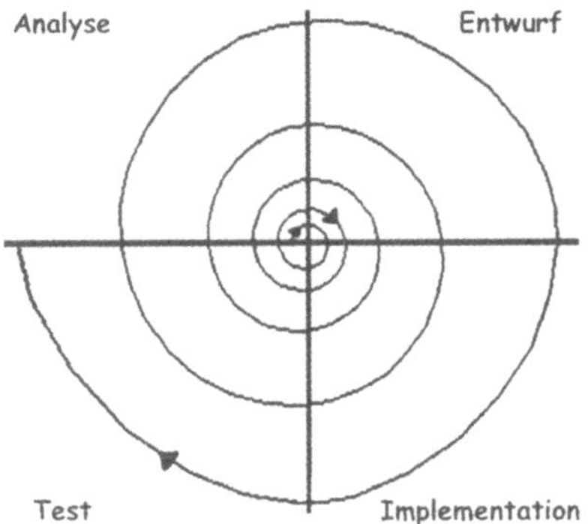

Bild 2-2   Vereinfachtes Spiralmodell

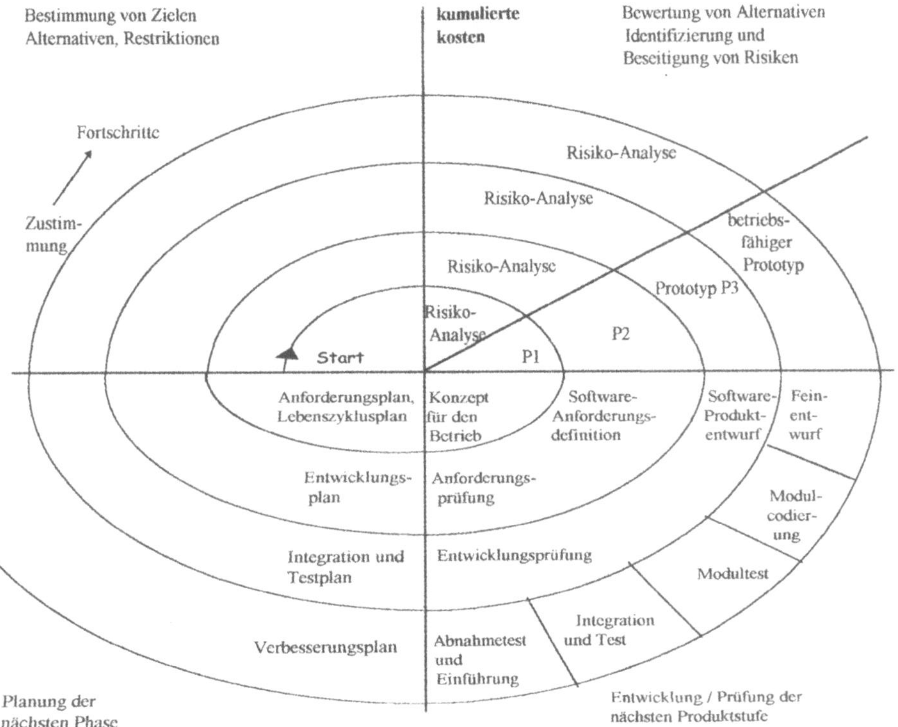

Bild 2-3   Spiralmodell nach Boehm

Eine alte Faustregel besagt, dass man für die endgültige Programmierung des Systems alle Prototypen am besten wegschmeißt und den Zielzustand neu programmiert. Diese etwas radikale Methode muss aber nicht immer angewendet werden, denn häufig liefert das Prototyping recht brauchbare Programmmodule.

Das Spiralmodell birgt allerdings auch Nachteile. Insbesondere kann es dazu führen, dass der Gesamtaufwand des Entwicklungsprojekt stark in die Höhe geht. Festpreise sind bei so einer Vorgehensweise daher sehr gefährlich für den Entwickler. Leicht kann es z.B. dazu kommen, dass der Anwender, wenn er die ersten Versionen der Prototypen zu sehen bekommt, in Euphorie ausbricht und etliche Zusatzwünsche äußert, die so zunächst im Budget gar nicht vorgesehen waren. Die Entwicklungsspirale kann so ins unermessliche wachsen, das Programm kommt nicht in der geplanten Zeit zum Abschluss.

In der Praxis erweist es daher häufig als sinnvoll, eine Kombination des klassischen Wasserfallmodells mit dem Spiralmodell zu praktizieren. Die groben Planungen und das Gerüst der Entwicklung sollten mit dem Wasserfallmodell gemacht werden, während die Details dann nach dem Spiralmodell realisiert werden können.

2.4   Entwicklung von Multi-Media-Anwendungen

Die bisher besprochenen Modelle wie Wasserfallmodell, Spiralmodell und auch schließlich in neuster Zeit objektorientierte Modelle liefern ein breites Spektrum an Möglichkeiten für die systematische Aufwandsschätzung, Planung und Entwicklung komplexer Anwendersysteme. Insbesondere Schnittstellendefinition spielen gerade bei der Koordination der Entwicklungsabschnitte mit mehreren Entwicklern, die gleichzeitig an einem Projekt arbeiten, eine große Rolle. Computergestützte Werkzeuge helfen den Planern bei der Arbeit.

In jüngster Zeit sind jedoch aufgrund der großen Leistungsfähigkeit von Computern, insbesondere im PC-Bereich, Anwenderprogramme nicht mehr nur auf den rein funktionellen Informationsgehalt beschränkt, sondern die Integration von Sound (Sprache und Musik) und Bild (im Sinne von Fotografien, Videoclips und Animationen) findet zunehmend statt. Die Verbreitung des Internets trägt hier wesentlich bei. Eine „Webseite", welche nur aus reinem Text besteht, ist so gut wie gar nicht zu finden. Die Vorteile solcher Multimedialer (MME) Anwendungen liegen auf der Hand: Der Mensch, der bekanntlich mehr Sinne besitzt wie nur das Lesen geschriebener Information, kann so pro Zeiteinheit gleichzeitig mehr Information aufnehmen, wenn Bilder und Sprache mitgeliefert werden. Gerade im pädagogischen Bereich (Lernprogramme etc.) ist dies eine große Hilfe.

Unabhängig von Ursachen und Zweck solcher multimedialer Anwendungen sind diese jedenfalls stark verbreitet und die Tendenz ist rasant steigend. Die Verbreitung solcher Applikationen geschieht schneller wie Ansätze und Konzepte für die Planung solcher Systeme hinterher kommen. Die führt zu ähnlicher Unsicherheit für die Entwickler wie in den 60iger Jahren: Eine methodische Planung, Aufwandsschätzung und Durchführung solcher Projekte ist oft nicht gegeben, was vor allem zu einer Kostenunsicherheit seitens der potentiellen Auftraggeber solcher Multimediasysteme führt. Die Entwickler multimedialer Software sind somit an in der Praxis unkompliziert und effizient einsetzbarer Entwicklungskonzepten interessiert. Es sind Vorgehenskonzepte gewünscht, ähnlich wie z.B. beim Wasserfallmodell, welche neben den Vorgehensabschnitten auch realistische Aufwands- und Ressourcenabschätzungen ermöglichen, und das möglichst ohne das Studium dicker Bücher und das Verständnis darin beschriebener komplizierter Modellansätze.

Es ergibt sich also die Notwendigkeit, ein möglichst einfaches, in der Praxis einsetzbares Phasenmodell zu haben, welches die Planung des zeitlichen Aufwands, der technischen Ressourcen, des für die Entwicklung benötigten Personalsaufwands und der Vorgehensweise bei der Projektentwicklung und Durchführung liefert.

Für multimediale Systeme gibt es hier wenig Ansätze, jedenfalls kaum welche, die für die industrielle Praxis schnell und leicht umsetzbar wären. Das liegt u.a. daran, dass multimediale Systeme einfach viel mehr Komponenten besitzen als konventionelle betriebliche Informationssysteme. Neben einer Datenbank kommen eben noch die optischen und akustischen Komponenten hinzu, deren Planung nicht so leicht formalisierbar ist.

Daher ist das Ziel hier eine Erweiterung bestehender Planungsmodelle um gerade die im Multimediabereich hinzukommenden Komponenten. Es wird nachfolgend eine Referenzliste erstellt, welche dem Planer helfen soll, an alles zu denken und die Aufwände und Ressourcen hierfür zu planen.

2.4.1 Planungs- und Entwicklungsphasen

Um die Möglichkeit zum Ausdruck zu bringen, dass einerseits einige der Multimediakomponenten eines zu entwickelnden Programmsystems gleichzeitig und relativ unabhängig voneinander entwickelt werden können und andererseits aber zu Beginn und zum Abschluß eines solches Projektes i.d.R. nur eine oder wenige Personen beteiligt sind, wurde für das nachfolgende Phasenkonzept eine 3-dimensionale Diamantform gewählt. Dieser „Diamant" ist im Raum mit den Achsen „Zeit", „Personal" und „technische Ressourcen" plaziert.

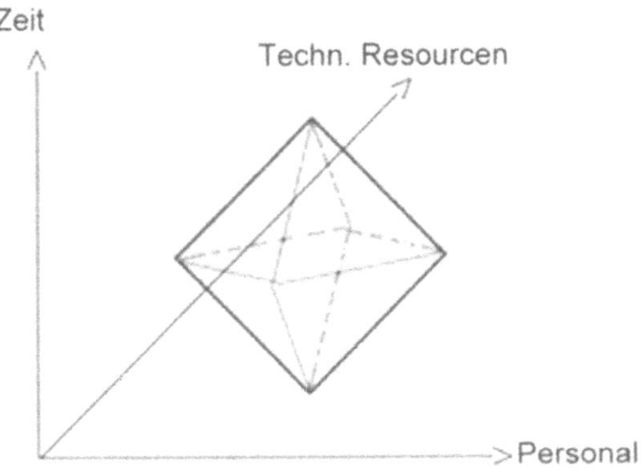

Bild 2-4 Diamant-Modell

Die Personal-Zeit-Ebene

Nachfolgend werden Projektionen auf zwei Ebenen betrachtet. Es sei dabei ausdrücklich darauf hingewiesen, dass die Relationen der Komponenten- und Phasengrößen nachfolgend nicht in der richtigen Proportion wiedergegeben sind. Die tatsächlichen Größenverhältnisse sind natürlich von Art und Umfang des Gesamtprojekts bzw. der einzelnen Komponenten und Phasen abhängig und variieren daher von Projekt zu Projekt. Die Darstellung ist also rein qualitativ, nicht quantitativ zu interpretieren.

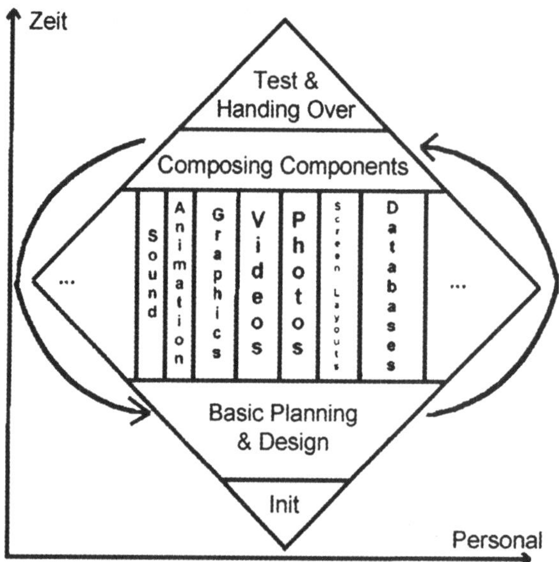

Bild 2-5 Personal-Zeit-Ebene

Die Zeitachse repräsentiert die *Projektphasen*, die Personalachse die von den beteiligten Entwicklern zu erstellenden *Projektkomponenten*. Dabei ist bezüglich der Personalachse die Breite des Diamant im Allgemeinen ein Maß für die Menge an Personaleinsatz (z.B. in Mann-Tagen). Grundsätzlich können natürlich auch alle Komponenten und Phasen von einer einzigen Person durchgeführt werden, was die Projektdauer entsprechend verlängert. Der Umstand, dass der Diamant in „die Breite" geht, soll andeuten, dass in einer breiteren Phase mehr Entwicklungsaufwand nötig ist, welcher größtenteils unabhängig (und daher von mehreren Personen gleichzeitig) durchgeführt werden kann.

Die Init-Phase

Die Init-Phase repräsentiert die im Software-Engineering allgemein übliche Initialisierung eines DV-Entwicklungsprojekts. Wie üblich sind hier unter anderem zu finden:

- Ausgangslage
- Definitionen
- Zielvorstellung
- Vorgehensweise
- Angebot (incl. grobe kostenmäßige Aufwands- und Ressourcenabschätzung)

Die Phase Basic Planning & Design und ihre Einzelkomponenten

Auch diese Phase ist in den üblichen Phasenmodellen des Software-Engineerings zu finden. Allerdings unterscheidet sie sich bei Multi-Media-Projekten in ihrer praktischen Durchführung doch erheblich von üblichen DV-Entwurfsphasen. Auch in Hinblick auf die im Software-Engineering zunehmend eingesetzte Prototyping-Methode und der damit verbundenen phasen-zyklischen statt einer linearen Vorgehensweise ist keine starre Trennung der drei Phasen „Basic Planning & Desgin", „Create Components" und „Composing Components" geben, sondern es handelt sich hier um einen zirkulären Prozess, bei dem die einzelnen Phasen sukzessive durch mehrfache Iteration sich der in der Init-Phase beschriebenen Zielvorstellung nähern. Nach wie vor sollte jedoch in der Entwurfsphase möglichst viel Detail-Planungsarbeit stecken, so dass in den darauf folgenden Iterationsschritten nur noch Korrekturen, aber nicht gänzlich neue Sys-temteile geplant und entwickelt werden müssen.

Neben den „klassischen" Inhalten des DV-Fachkonzepts und des DV-Entwurfs sollte ein be-sonderes planerisches Augenmerk in der Systemspezifikation gelenkt werden auf:

Sound-Komponenten

- Festlegung von gesprochenen Texten
- Festlegung der verwendeten Musik
- Notwendige Ressourcen für Texte/Musik (Tonstudio, Sprecher, Musiker)
- Kostenabschätzung dieser Ressourcen
- Urheberrechtliche Kostenabschätzung (GEMA etc.)
- Festlegung, wo welche Texte/Musik in der Applikation vorkommen

Animations-Komponenten

- Festlegen, welche Animationen wohin kommen
- Festlegen der Entwicklungswerkzeuge für die Animationen
- Aufwandsplanung zur Erzeugung der Animationen

Grafik-Komponenten

- Festlegen, welche Grafiken wohin kommen
- Festlegen der Entwicklungswerkzeuge für die Grafiken
- Aufwandsplanung zur Erzeugung der Grafiken

Video-Komponenten

- Festlegung, welche Video-Clips wohin kommen
- Notwendige Ressourcen zur Erzeugung der Clips (Video-/Filmstudio, Darsteller)
- Kostenabschätzung dieser Ressourcen
- Urheberrechtliche Kostenabschätzung (GEMA etc.)

Fotografische Komponenten

- Festlegung, welche Fotos wohin kommen
- Notwendige Ressourcen zur Erzeugung der Fotos (Fotostudio, Fotografen)
- Kostenabschätzung dieser Ressourcen
- Urheberrechtliche Kostenabschätzung (GEMA etc.)

Die Komponenten *Screen-Layouts* und *Databases* sind zu planen wie bei allen betrieblichen Informationssystemen üblich.

Die Phase Composing Components

Einer besonderen Bedeutung kommt die Planung der Zusammenführung aller zuvor genannten Komponenten für die Phase „Composing Components" zu. Diese Phase sollte von möglichst wenigen Personen (am Besten von nur 1 Person, falls die Projektgröße dies zulässt) durchgeführt werden. Auf jeden Fall sollte eine entsprechendes Werkzeug, wie z.B. der Macromedia Director® oder Toolbook® verwendet werden. Damit lassen sich die entwickelten Einzelkomponenten (Video, Animation, Grafik, Fotos, Schaltflächen, Screens etc.) häufig per Maus im Drag- und Drop-Verfahren auf eine sog. Bühne (Stage) ziehen. Im Macromeida Director Studio beispielsweise eröffnet sich dem Entwickler der Composing-Components-Phase eine solche Bühne, auf der der Entwickler die Rolle eines Regisseurs spielt. Er arrangiert die Einzelkomponenten in einen zeitlichen Ablauf, welche durch eine Zeitachse die genaue Positionierung einer oder mehrere Multi-Media-Komponenten ermöglicht. Über Schaltflächen können dabei auf andere Komponenten verzweigt und so eine Interaktionen des späteren Anwenders mit der Applikation ermöglicht werden (was bisher in einem Bühnenstück natürlich nicht möglich ist).

Die Phase Test & Handing Over

Diese Phase ist wieder mit der traditionellen Methoden des Software-Engineerings betrieblicher Informationssysteme realisiert. Es sei daher hier auf den Inhalt der Kapitel 2.2 und 2.3 verwiesen.

Die Ressourcen-Zeit-Ebene

Für die Entwicklung der jeweiligen MME-Komponenten sind gewisse technische Ressourcen erforderlich, welche nachfolgend näher beschrieben werden (vgl. Bild 2-6). Der Einsatz dieser Ressourcen sei so verstanden, dass als *Ergebnis* der Verwendung der Ressourcen-Komponenten immer eine *Datei* herauskommt, also ein Datenfile, der in dem vom MME-Composing-Tool entsprechend verarbeitbaren Datenformat vorliegt.

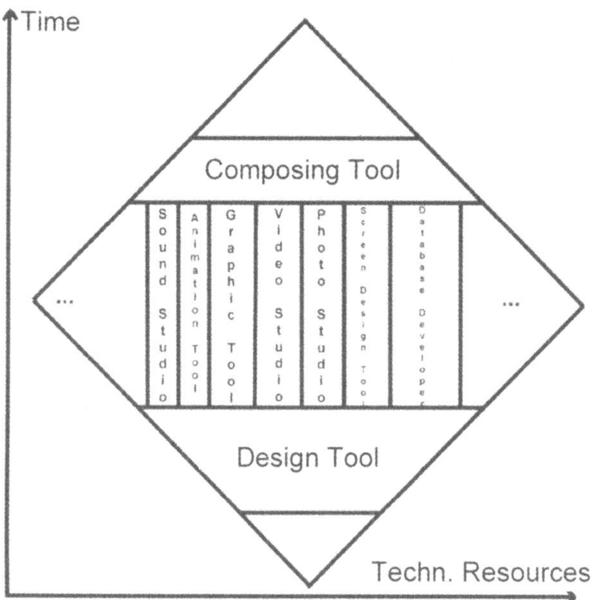

Bild 2-6 Ressourcen-Zeit-Ebene

Nachfolgend werden die jeweiligen Ressourcen näher erläutert.

Ressource MME-Design-Tool & MME-Composing-Tool

Diese beiden Ressourcen werden deshalb zusammengefaßt, weil sie in der Regel mit dem sel-
ben Werkzeug durchgeführt werden (das ist jedenfalls dringend empfehlenswert). Dieses
Werkzeug muss die Anforderungen erfüllen, die in den Personal-Zeit-Phasen *Basic Planning &
Design* sowie *Compose Components* näher beschrieben sind.

Ressource Sound Studio

Zur Erzeugung von Sprach- und/oder Musik-Dateien gibt es verschiedene Möglichkeiten. Sie
hängen von dem Grad der Professionalität der Anwendung ab. Es wird hier davon ausgegangen,
dass diese Dateien erzeugt werden müssen (alternativ könnte man z.B. für Musik auch bereits
vorhandene Files benutzen; in diesem Fall sollte unbedingt die urheberrechtliche Situation, z.B.
bei der GEMA, geklärt werden)

Sollen Sprache und/oder Musik synchron zu bestimmten Bildern oder Videos laufen, so sind
letztere zuerst fertig zu stellen. Unter rein technischen Aspekten sind die Kosten für die Miete
eines Tonstudios und Toningenieurs zu berücksichtigen. Eine genaue Aufwandsschätzung ist
hier dringend erforderlich und am Besten mit dem Toningenieur des Studios abzusprechen. So
kann es z.B. durchaus sein, dass die Erzeugung eines Musikstückes von ca. 4 Min. Länge u.U.
mehrere Studiotage in Anspruch nimmt. Kosten für evtl. Musiker/Sprecher sind ebenfalls ein-
zukalkulieren.

Bei weniger professionellen Anwendungen und mit etwas Begabung kann auch ein PC als „Heimstudio" herhalten. Ausgerüstet mit entsprechender Hard- und Software lassen sich auch hier mit wesentlich geringerem finanziellen Aufwand recht gute Ergebnisse erzielen.

Ressource Animation Studio

Je nach Professionalität schwanken die Kosten für die Hardware zwischen 1.000,- EUR und mehreren 100.000,- EUR. Software aus diesem Bereich ist zwischen 500,- EUR bis mehreren 10.000,- EUR zu haben. Auch mit der unteren Preisklasse lassen sich bereits recht gute Ergebnisse erzielen, jedenfalls solange man im Bereich z.B. einer PC-Anwendung bleibt. Sehr aufwendig gestaltet sich dagegen die Entwicklungszeit solcher Animationen, speziell wenn es sich um 3-D-Animationen handelt. Bereits für wenige Sekunden sind häufig mehrere Mann-Wochen nötig (je nach Komplexität der gewünschten Animation).

Im Profi-Bereich ist –ähnlich wie bei den Tonstudios- die Anmietung von externen Animations-Studios zu empfehlen, deren Tagessätze mit denen eines Tonstudios vergleichbar sind bzw. darüber liegen können.

Ressource Graphic Tool

Für gewöhnliche, nicht-animierte Bürografiken reicht i.d.R. ein einfaches Grafikprogramm aus, welches Daten aus einer Datenbank in Echtzeit als Grafik darstellt. Solche Tools sind für einige 100,- Euro erwerbbar. Bei MS-Office z.B. ist MS-Graph Bestandteil des Office-Paketes. Dieses Tool liefert mehrdimensionale Grafiken basierend z.B. auf MS-EXCEL®- oder MS-ACCESS®-Daten.

Ressource Photo Studio

Hier sind 2 Phasen zu unterscheiden: Das eigentliche Fotografieren der Bilder und die anschließende digitale Bildbearbeitung. Für den ersten Fall sind die Kosten mit einem Fotografen abzusprechen und mit den Tagessätzen eines Tonstudio vergleichbar. Die digitale Bildbearbeitung kann mit herkömmlichen Bildbearbeitungssoftwaren (z.B. Adobe Photoshop) auf einem schnellen PC erfolgen. Solche Nachbearbeitungen können auch mehrere Mann-Tage pro Bild in Anspruch nehmen, je nach Nachbearbeitungserfordernissen. Es ist darauf zu achten, dass die Bilder, sind sie konventionell auf Negativ oder Dia vorhanden, noch digitalisiert werden müssen.

Ressource Screen Design Tools & Database Developer

Hier kommen „konventionelle" Entwicklungswerkzeuge zum Einsatz, wie sie seit langem bei der Entwicklung z.B. relationaler Datenbanken in Gebrauch sind. Diese Komponenten entsprechen denen bei der Entwicklung von konventionellen und sind in den Kapiteln 4 und 5 näher beschrieben. Es sind hier objektorientierte Prototypingmethoden vorzuziehen.

Aufwandsplanung einer MME-Entwicklung

Aufgrund der vielen Komponenten sowie der Komplexitätsmöglichkeiten jeder Komponente ist eine generelle Aufwandsplanung sehr schwierig. Es wird daher versucht, nachfolgend eine sehr grobe Orientierungshilfe zu geben, welche keinesfalls als verbindliche Aufwandsschätzung z.B. für Festpreise o.ä. benutzt werden darf. Sie soll vielmehr eine unverbindliche Tendenz für den Entwickler sein, um so seinen Aufwand einigermaßen grob abzuschätzen („Daumengröße").

Naturgemäß ergibt sich der Gesamtaufwand als die Summe der Einzelaufwendungen. Damit gilt dann offenbar:

$$S_g = \sum_{v=0}^{n+1} \alpha_v s_v$$

wobei

n =   Anzahl der Mutlimedia-Komponenten

S_g =   Gesamtaufwand (Mann-Tage)

Für $v=1$ bis n (=*Phase* „Einzelkomponenten-Entwicklung") bezeichnet

α_v =   Gewichtsfaktor für die v-te Entwicklungskomponente *)

s_v =   Einzelaufwand für die v-te Entwicklungskomponente (Mann-Tage)

Für $v=0$ sind die Aufwendungen der *Phase* „Basic Planning & Design" und

für $v=n+1$ sind die Aufwendungen der *Phase* Composing Components einzusetzen.

*)   Die Praxis hat gezeigt, dass es sinnvoll sein kann, zunächst errechnete Einzelaufwendungen mit einem Faktor zu multiplizieren, welcher eine realistische Korrektur ermöglicht. Im Allgemeinen ist $\alpha_v=1$ zu setzen (also keine Korrektur). Wenn aber ein mit der Entwicklung der v-ten Entwicklungskomponente beauftragter Mitarbeiter z.B. aus Krankheitsgründen oder wegen anderer Arbeiten ausfällt, so kann es sinnvoll sein, hier bei Berechnung des Gesamtaufwandes den Gewichtsfaktor zu vergrößern. Der genaue Wert kann von Mitarbeiter zu Mitarbeiter schwanken und muss aus der Erfahrung in dem jeweiligen Unternehmen ermittelt werden.

Phasenbezogene Aufwendungen

Initphase

Dieser Aufwand kann nicht formalisiert werden, er spielt im Gesamtprojekt in der Regel. auch keine Rolle

Phase Basic Planning & Design

Wie in Abschnitt 3.1 erläutert, erfolgt in dieser Phase eine Planung der Einzelkomponenten, welche die jeweiligen Komponenten selbst lediglich als Black Boxes und ihrer „kompositorischen" Anordnung innerhalb des zu entwickelnden Gesamtsystems designed. Das detaillierte Design der Einzelkomponenten wird aufgrund der verfügbaren Werkzeuge direkt in der eigentlichen Entwicklungsphase dieser Komponente durchgeführt, da diese Werkzeuge i.d.R. während des Entwurfs bereits das entsprechende Modul selbst physikalisch erzeugen.

Erfahrungsgemäß liefert nachfolgende Abschätzung für diese Phase eine gute Annäherung an die Realität:

$$s_0 = \sum_{i=1}^{n} k_i$$

wobei

s_0 = Aufwand für die Phase „Basic Planning & Design"

n = Anzahl der Multimedia-Komponenten

k_i = Anzahl der Querverbindungen, welche eine Komponente i mit den restlichen Komponenten hat (soll z.B. die Soundkomponente in den drei Komponenten Grafik, Video und Databases vorkommen, so ist dieser Wert = 3). Jede Querverbindung wird dabei nur einmal gezählt

Phase Einzelkomponenten-Entwicklung

Nachfolgend werden erfahrungsmäßige Durchschnittswerte zugrunde gelegt. Es kann je nach Spezialfall vorkommen, dass einzelne Aufwendungen wesentlich höher liegen als hier angegeben. Dies ist entsprechend zu berücksichtigen. Hardware- oder externe Studiokosten (incl. Toningenieure, Musiker, Photografen etc.) sind nicht enthalten.

Komponente Sound

$$s_1 = \gamma \cdot \frac{t}{3}$$

wobei

s_1 = Aufwand für die Entwicklung der Sound-Komponente (in Mann-Tagen)

t = Zeitspanne für die Länge des Sounds in Minuten

γ = 1 Mann-Tag/Minute Sound

Komponente Animation:

$$s_2 = \beta \cdot t \cdot \gamma \cdot (\sum_{i=1}^{p} \psi_i)^2$$

wobei

s_2 = Aufwand für die Entwicklung der Animations-Komponente (in Mann-Tagen)

t = Zeitspanne für die Länge des Animation in Minuten

γ = 1 Mann-Tag/Minute Sound

β = Skalierungsfaktor, welcher je nach Realitätsgehalt der zu animierenden Objekte einen Wert zwischen 1 und 60 annehmen kann (z.B. „1" für ein Strichmännchen und „60" für ein real wirkendes 3-D-Objekt)

p = Anzahl der Objekte in der Animation

ψ_i = Anzahl der Extremitäten je Objekt („Sub-Objekte") des i-ten Objekts (>0)

Komponente Graphics:

Es wird davon ausgegangen, dass mit Hilfe eines Grafik-Tools lediglich eine aus einer vorgegebenen Menge von Grafik-Vorlagen (z.B. Histogramme oder Kuchengrafik etc.) ausgewählt werden muss und die Daten für diese Grafik in Tabellenform vorliegen.

$$s_3 = \frac{g}{2}$$

wobei

s_3 = Aufwand für die Entwicklung der Grafik-Komponente (in Mann-Tagen)

g = Anzahl der Grafiken

Komponente Videos:

Die Entwicklung eines Video-Clips ist –je nach Komplexität- einer der aufwendigsten Tätigkeiten. Neben hohen Kosten für die Hardeware-Ressourcen (incl. Kameramänner, Regisseur, Maskenbildner, Beleuchter, Schauspieler etc.) fällt dadurch auch der Zeitaufwand wesentlich ins Gewicht. In der Regel fallen die reinen Man-Power-Kosten dagegen i.d.R. gar nicht ins Gewicht. Oft ist mit Produktionskosten von mehreren –zig-Tausend bis Millionen Euro pro Clip-Minute zu rechnen. Nachfolgend wird davon ausgegangen, dass der Videoclip bereits in digitalem Format (z.B. als *.avi-Datei) vorliegt. Näherungsweise wird für die reine „Nachbearbeitung" am System abgeschätzt:

$$s_4 = \gamma \cdot t$$

wobei

s_4 = Aufwand für die Nachbearbeitung der Video-Komponente (in Mann-Tagen)

t = Zeitspanne für die Länge des Videoclips in Minuten

γ = 1 Mann-Tag/Minute Videoclip

Komponente Photos:

Auch hier wird angenommen, dass die Photos bereits in digitalem Format vorliegen (z.B. als *.bmp-Datei). Nachfolgende Angaben beziehen sich demgemäss auf die reine Nachbearbeitung am System:

$$s_5 = \frac{m}{2}$$

wobei

s_5 = Aufwand für die Nachbearbeitung der Photos (in Mann-Tagen)

m = Anzahl der Photos

Komponente Screen-Layouts und Databases

Hier können gängige Abschätzungen wie z.B. die beim Projekt-Management für betriebliche Informationssysteme benutzt werden. Es werden hierfür daher keine eigenen Formeln aufgestellt.

Phase Composing Components:

Hier werden die Einzelkomponenten gemäß der Phase „Basic Planning & Design" zusammengesetzt. Es zeigt sich, dass dieser Aufwand vergleichbar mit dem der Phase „Basic Planning & Design" ist. Man kann hier also wieder ansetzen:

$$s_{n+1} = \sum_{i=1}^{n} k_i$$

wobei

s_{n+1} =   Aufwand für die Phase „Basic Planning & Design"

n =   Anzahl der Multimedia-Komponenten

k_i =   Anzahl der Querverbindungen, welche eine Komponente i mit den restlichen Komponenten hat. Jede Querverbindung wird dabei nur einmal gezählt

Werden, wie im Abb. 3.1.2 dargestellt, alle 7 Multimedia-Komponenten zum Einsatz kommen, so ergibt sich zusammenfassend die Formel

$$S_g = \alpha_0 \sum_{i=1}^{7} k_i + \alpha_1 \gamma \cdot \frac{t_1}{3} + \alpha_2 \beta \cdot t_2 \cdot \gamma \cdot (\sum_{i=1}^{p} \psi_i)^2 + \alpha_3 \frac{g}{2} + \alpha_4 \gamma \cdot t_4 + \alpha_5 \frac{m}{2} + \alpha_6 s_6 + \alpha_7 s_7 + \alpha_8 \sum_{i=1}^{7} k_i$$

wobei also zusammenfassend gilt:

S_g =   Gesamtaufwand (Mann-Tage)

$\alpha_0 ... \alpha_8$ =   Gewichtsfaktoren

γ =   1 Mann-Tage/Minute

t_1 =   Zeitdauer für Sound (in Minuten)

t_2 =   Zeitdauer für Animation (in Minuten)

p =   Anzahl der Animationsobjekte

β =   Skalierungsfaktor, welcher je nach Realitätsgehalt der zu animierenden Objekte einen Wert zwischen 1 und 60 annehmen kann (z.B. „1" für ein Strichmännchen und „60" für ein real wirkendes Objekt)

ψ_i =   Anzahl der Extremitäten („Sub-Objekte") des i-ten Objekts

        (muss >0 sein)

g =   Anzahl der Grafiken

t_4 =   Zeitdauer für Video-Clips (in Minuten)

m =   Anzahl Photos

s_6 =   Aufwand für Screen-Layouts (Mann-Tage)

s_7 =   Aufwand für Database-Objekte (Mann-Tage)

k_i =   Anzahl der Querverbindungen, welche eine Komponente i mit den restlichen Komponenten hat. Jede Querverbindung wird dabei nur einmal gezählt

Phase Test & Handing Over:

Hier wird wieder auf die gängigen Aufwände aus dem Projekt-Managment gewöhnliche Informationssysteme verwiesen. Es sollten allerdings etwas größere Testzeiten als im üblich angenommen werden.

Die Vielfältigkeit Multi-Medialer Anwendungen macht es recht schwierig, eine Detailplanung wie z.B. bei betrieblichen Informationssystemen zu machen. Ein wesentlicher Grund dafür liegt bei einem relativ hohen Anteil an künstlerischer Tätigkeit, wie z.B. die Erzeugung von Animationen, Grafiken, Video-Clips etc.; die zeitlichen Aufwendungen solcher Prozesse kann man kaum abschätzen. Dennoch sind natürlich die Auftraggeber interessiert, vor der Entwicklung eines solchen Systems einen Anhaltspunkt über den Aufwand zu haben. Das beschriebene Diamant-Modell kann dafür eine erste Planungshilfe darstellen.

2.5 Weitere Ansätze

Neben den genannten Phasenmodellen gibt es noch eine Reihe weiterer Ansätze. Zwei davon seien nachfolgend skizziert.

2.5.1 Das V-Modell

Das V-Modell hat gewisse Ähnlichkeiten mit dem Wasserfallmodell. Es besteht ebenfalls aus 7 Phasen, die linear angeordnet sind. Allerdings sind die Phasen anders gegliedert und statt von oben nach unten sind sie V-förmig angeordnet (vg. Bild 2-7).

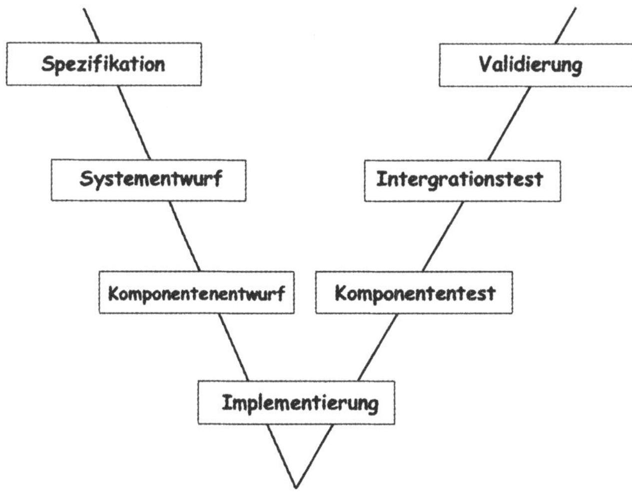

Bild 2-7 Das V-Modell

Der Entwicklungsverlauf beginnt links oben, geht dann nach unten und dann wieder hoch und endet schließlich rechts oben. Dabei befinden sich auf dem absteigenden Ast konstruktive Tätigkeiten, während auf dem aufsteigenden Ast Arbeitsschritte zur Qualitätssicherung vorhanden sind.

2.5.2 Das Ontogenese-Modell

Beim Ontogenese-Modell steht die Beschreibung des Entwicklungszustandes des Systems im Vordergrund. Es unterstützt den sog. „top-down-approach", d.h. es soll möglich sein, aus einer komplexen Gesamtaufgabe auch die erforderlichen Einzelheiten abzuleiten. Wie in Bild 2-8 zu erkennen, werden die vier Bereich relevante Realität, Aufgabenbereich, Lösungsbereich und veränderte Realität zyklisch durchlaufen. Nach oben nimmt dabei das Abstraktionsniveau zu. Jede Stufe der eingezeichneten Treppe stellt eine Phase dar, die durch Dokumentationen oder Quellcodes repräsentiert ist.

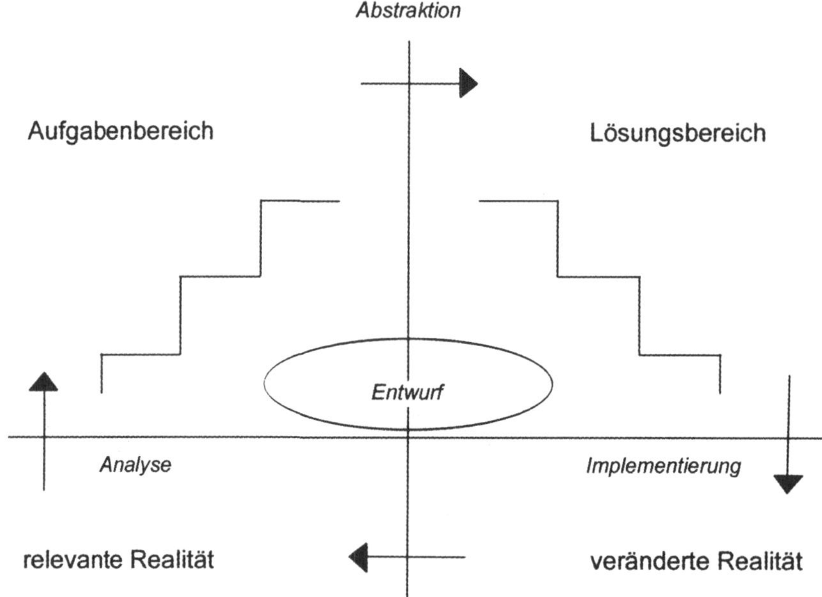

Bild 2-8 Ontogenese Modell

Die durch die Stufen repräsentierten Phasen erzeugen Dokumente zur Softwareanforderung, Softwareverhaltensspezifikation, Modulübersicht, Schnittstellenspezifikation, Modulaufrufübersicht, zum Modulentwurf, Datenfluss und Protokollentwurf für Rechnerkommunikation.

2.6 Werkzeuge, CASE

Im Zuge immer komplexer werdender Entwicklungen stellt sich die Frage, ob nicht schon frühzeitig computergestützte Werkzeuge zum Einsatz kommen könnten. Der Idealfall wäre, wenn bereits die Fachkonzeptphase computergestützt erzeugt und auf Konsistenz überprüft werden könnte. Solche Werkzeuge sind in der Tat im Einsatz, und sie werden –wie schon erwähnt– unter dem Begriff Computer Aided Software Engineering (CASE) zusammengefasst.

Das Problem solcher Hilfsmittel besteht häufig darin, dass die Planung schon recht detailliert eingegeben werden muss, damit Konsistenzen überprüft werden können. Zu dem erweist sich die Bedienung solcher Tools häufig als recht kompliziert. Trotzdem sollte unbedingt auf solche

Werkzeuge zurückgegriffen werden. In der Regel verfügen solche CASE-Tools auch über Generatoren, welche gleich die benötigten Datenbankstrukturen oder bestimmte Quellcodes erzeugen. Die im folgenden Kapitel benutzten Diagramme sind z.B. mit dem Tool Innovator® der Firma MID erzeugt worden.

3 Planung eines Softwareprojekts

3.1 Erste Analyse des Problems

Nachdem wir nun mit den bekanntesten Phasenmodellen vertraut sind, soll anhand eines Beispiels, auf das immer wieder zurückgegriffen wird, eine erste Problemanalyse für die Entwicklung einer Anwendersoftware dargestellt werden.

Wir stellen uns dabei vor, dass eine Schallplattenfirma (nachfolgend „Tonträgerhersteller" genannt) seine administrativen Tätigkeiten computergestützt durchführen möchte. Das beauftrage Softwareentwicklungsunternehmen hat naturgemäß keine Erfahrung über die im Verlag anfallenden Aufgabenstellungen. Da begegnet uns also schon das erste Problem: Die Kommunikation zwischen Auftraggeber und Auftragnehmer. Während der Auftraggeber schon gleich zu Beginn gerne wissen würde, was die zu entwickelnde Software kosten soll, benötigt der Auftragnehmer, um dies beurteilen zu können, schon recht detaillierte Angaben.

Aus diesem Grund wird der Auftraggeber dem Auftragnehmer zunächst eine kurze, grobe Problembeschreibung geben. Diese könnte in unserem konkreten Fall z.B. so aussehen:

Projektbeschreibung (Beispiel):

Es ist eine Software zu entwickeln, welche die Abrechnung von Tonträgerherstellern (nachfolgend "Lizenznehmer" genannt) mit ihren Lizenzgebern (Künstler oder Produzenten) ermöglicht. Der Arbeitsablauf gestaltet sich wie folgt:

1. *Der Tonträgerhersteller bekommt von einem Künstler oder Produzenten (Lizenzgeber) ein Tonband o. sonstigen Träger des Master-Tapes einer Musikaufnahme zur Verwertung angeboten. Entscheidet sich der Tonträgerhersteller dazu, die Aufnahme(n) herauszubringen, so wird ein Lizenzvertrag gemacht.*

2. *Der Lizenzvertrag enthält Angaben über die Titel des Mastertapes, deren Komponisten, Texter, Bearbeiter, Verwertungsgesellschaft (z.B. GEMA), Musikverlage, Spieldauern, Interpreten, Lizenzgeber, Lizenznehmer, Exklusivität (ja/nein), Vertragsdauer, Erstauflage der CDs, ggf. geplante Folgeauflagen, Erstlabelangabe, Länder der Verwertung, Prozentsatz der Lizenzgeber-Beteiligung am Großhandelsverkaufspreis, Abrechnungsturnus, Vorschuss, sonstiges. Der Lizenzvertrag muss ausdruckbar sein.*

3. *Alle Personen und Verlage sind in einer eigenen Tabelle (Adressverwaltung) nicht-redundant zu verwalten*

4. *Alle Tonträger sind in einer Tabelle zu verwalten, zusammen mit ihren Auflagen. Es soll ein Zugriff auf die Verkaufszahlen (incl. Historie) in vorgebbaren Zeiträumen möglich sein.*

5. *Es soll möglich sein, Statistiken zu erstellen (auch graphisch), und zwar*

   - *Über alle verkauften Tonträger in einem angebbaren Zeitraum*

   - *Über die Verkaufszahlen eines bestimmten Tonträgers in einem angebbaren Zeitraum*

- *Über die Verkaufszahlen aller Produkte auswählbarer Lizenznehmer in einem angebbaren Zeitraum*

- *Über den Verkaufsverlauf einzelner Titel (also evtl. über mehrere Tonträger hinweg)*

- *Über den Verkaufsverlauf einzelner Komponisten (also evtl. über mehrere Tonträger hinweg)*

- *Über den Verkaufsverlauf der Werke einzelner Verlage (also evtl. über mehrere Tonträger hinweg)*

6. *Es soll möglich sein, eine Lizenzabrechnung für die Lizenzgeber über einen festlegbaren Zeitraum durchzuführen (incl. Historie), welche den Zahlbetrag abhängig vom Lizenzvertrag und den Verkaufszahlen der beteiligten Tonträger des Lizenzgebers angibt. Eine Aufstellung, welche Tonträger wie oft verkauft wurden, sollte vorhanden sein.*

Es wird sich herausstellen, dass diese Angaben zu lückenhaft sind, um daraus schon die fertige Software zu entwickeln. In einer genaueren Analyse müssen diese Lücke durch weitere intensive Kommunikation zwischen Auftraggeben und Auftragnehmer geschlossen werden. Doch für eine erste grobe Kostenabschätzung sollte diese Problembeschreibung ausreichend sein, jedenfalls wenn der Auftraggeber über hinreichend viel Erfahrung auf diesem Gebiet verfügt.

Der nächste Schritt wäre also ein Angebot des Auftragnehmers an den Auftraggeber. Auf Seite 32 ist hierfür ein Beispiel angegeben. Es ist hier auf einer Seite das wichtigste zusammengefasst, so dass der potentielle Auftraggeber auf einen Blick die wesentlichen Dinge entnehmen kann.

Hier wird offenbar ein Festpreis angeboten. Es ist nochmals darauf hinzuweisen, dass so etwas nur gemacht werden sollte, wenn der Auftragnehmer über hinlänglich Erfahrung und „Gefühl" für die auf ihn oder sie zukommende Arbeit verfügt.

Ist der Auftraggeber mit dem Angebot einverstanden, wird er eine Auftragsbestätigung bzw. eine Bestellung an den Auftragnehmer schicken. Damit kommt juristisch ein Vertrag zustande, und beide Vertragspartner sind zur Einhaltung der vereinbarten Punkte verpflichtet.

Zusammenfassend kann man also sagen: Die erste Problemanalyse dient dem Zweck der Auftragserstellung. Der Aufwand für diese erste Analyse sollte nicht mehr als 15% des voraussichtlichen Gesamtaufwands betragen, da es ja sein kann, dass der Auftraggeber das Angebot ablehnt, und die Zeit für die erste Problemanalyse in der Regel nicht vergütet wird.

Naturgemäß schließt sich an diese erste Problemanalyse mit Auftragsvergabe (im Wasserfallmodell wurde dies Initialisierung genannt) eine verfeinerte Analyse an, welche zur nächsten Phase des Wasserfallmodells führt: Dem Fachkonzept.

ProSoft GmbH, Mangold-Straße 4, D-10021 Berlin

An Herrn Arthur White   24.8.2001
Abt. Musikproduktion/Abrechnung
Remi Demi GmbH & Co. KG
Gottlieb-Daimler-Str. 20

60330 Frankfurt am Main

Angebot Entwicklung eines Lizenzabrechungssystems

Sehr geehrter Herr White,

Bezugnehmend auf Ihre Anfrage vom 22.8.2001 und basierend auf Ihre Projektbeschreibung unterbreite ich Ihnen folgendes **Angebot**:

Tätigkeit	Aufwand (MT)
Problemanalyse und Erstellung eines Pflichtenhefts zur Beschreibung der Aktivitäten	10
Entwurf der Datenstrukturen und Algorithmen/Funktionen gemäß des erstellten Pflichtenhefts	15
Implementierung der Software incl. Modultest	15
Summe	35

Der Mann-Tag wird mit EUR 1.000,- (zuzügl. MWST) abgerechnet.

Entwurfs- bzw. Implementierungsfehler, welche unsererseits verursacht wurden, werden innerhalb einer Anwendungstestphase durch Ihre Anwender bis zu 4 Wochen nach Programmübergabe von uns kostenfrei umgehend beseitigt.

Bei Auftragserteilung vor dem 10.9.2001 können die Arbeiten innerhalb von 3 Monaten erledigt werden.

Ich hoffe, Ihnen mit diesem Angebot gedient zu haben.

Mit freundlichen Grüßen

Alfons Wagner, Geschäftsführer.

3.2 Verfeinerte Analyse des Problems: Erstellung des Pflichtenhefts

Im Abschnitt 2.2 wurde bereits über die Komponenten eines Pflichtenhefts gesprochen. Das Pflichtenheft selbst ist dabei ein Ergebnis bzw. wichtiger Bestandteil der Phase „DV-Fachkonzept". Manchmal wird es einfach auch nur „Spezifikation" genannt. Das ist allerdings etwas irreführend, da unter diesem Begriff auch häufig das Ergebnis der nächsten Phase, also des DV-Entwurfs, verstanden wird. Um dies zu unterscheiden werden manchmal auch die Begriffe „Grobkonzept" für das Pflichtenheft und „Feinkonzept" für den Entwurf benutzt. Aber auch diese Begriffsvergabe ist nicht immer eindeutig so durchgehalten. Bevor also schon an dieser Stelle Missverständnisse auftreten, sollten Auftraggeber und Auftragnehmer hier über die benutzten Begriffe Einigkeit erzielen. Zudem wird auch in der Fachliteratur hier nicht immer die gleiche Begriffsdefinition verwendet. Während manchmal die Begriff Fachkonzept und Pflichtenheft im Wesentlichen synonym verwendet werden, so machen andere Autoren hier noch Unterscheidungen. Für die Zwecke des vorliegenden Buches werden wir allerdings auch keinen praktischen Unterschied zwischen einem Fachkonzept und einem Pflichtenheft machen.

Das Pflichtenheft wird von Auftraggeber und Auftragnehmer gemeinsam entwickelt. Es ist ratsam, dass nach Fertigstellung beide dieses unterschreiben und damit dessen Inhalt „absegnen". Dies ist für beide Parteien eine juristische Absicherung was genau geleistet werden soll. In diesem Sinne stellt das Pflichtenheft Teil eines juristischen Vertrages dar.

DIN 69901 legt die Standardgliederung eines Pflichtenheftes fest:

1. Unternehmenscharakteristik

   1. Name und Adresse des Unternehmens

   2. Branche, Produktgruppe, Dienstleistungen

   3. Unternehmensstruktur, Zahl der Betriebsstätten, Niederlassungen

   4. Unternehmensgröße, Wachstumsrate

   5. Organisation und Datenverarbeitung

   6. Weitere wesentliche Angaben zum Unternehmen

2. Istzustand der Arbeitsgebiete

   1. Überblick und Zusammenhänge; evtl. Strukturorganisation

   2. Bisherige Verfahren für die Arbeitsgebiete 1 ... n

   3. Bisherige Hilfsmittel

   4. Vorhandenes Fachwissen, Computer-Wissen, Organisationsniveau

   5. Unternehmensspezifische Besonderheiten

   6. Bewertung des Istzustandes - Aufwand und Nutzen,- Stärken und Schwächen

3. Zielsetzungen

    1. Erwarteter quantifizierbarer Nutzen

    2. Sonstige erwartete Vorteile

4. Anforderungen an die geplante Anwendungssoftware

    1. Fachliche Anforderungen

        1. Überblick und Zusammenhänge

        2. Detaillierte Anforderungen an die Arbeitsgebiete 1 ... n

        - wesentliche Verfahren

        - wesentliche Ein- und Ausgabeinformationen

        - Verarbeitungsarten und -häufigkeit

        - unternehmensspezifische Besonderheiten

    2. Technische Anforderungen

        1. Qualitätsanforderungen - Integration

        - Dateiorganisation

        - Zugriffsberechtigung, Datensicherheit und -rekonstruktion - Form der Programmauslieferung

        2. Dokumentation und Schulung

        [Differenzierung in funktional und nichtfunktional]

5. Mengengerüst

    1. Kartei/Stammdaten

    2. Bestandssätze, Belege / Zahl der Bewegungen

    3. sonstige Mengen- und Häufigkeitsangaben

6. Anforderungen an Hardware und Systemsoftware

7. Mitarbeiter für die Umstellung

8. Zeitlicher Rahmen

Um diese Punkte eines Pflichtenhefts alle hinreichend zu erfüllen, ist es natürlich erforderlich, dass gewisse Analysen beim Auftraggeber durchgeführt werden müssen. Allerdings handelt es sich bei dieser DIN-Beschreibung um den Maximalfall. Bei kleineren Projekten sind nicht alle Punkte dieser Festlegung zu berücksichtigen.

Nachfolgend sollen einige Verfahren zur methodischen Analyse und Pflichtenhefterstellung aufgezeigt werden.

3.2.1 Die SA/SD-Methode

SA/SD steht für *Structured Analyses/Structured Design*. Diese Methode geht zurück auf Yourdon [2]. Es handelt sich dabei nicht nur um eine reine Analysemethode, sondern es kann damit auch schon ein Lösungsentwurf vorgenommen werden. Letztendlich verschmelzen diese beiden Bereiche ohnehin, denn aus Sicht des Auftragnehmers, hier also des Systementwicklers, wird durch die genaue Analyse des Problems ja auch der Entwurfsansatz für das zu entwickelnde Programm vorgegeben. So geht die Analyse gewissermaßen Hand in Hand mit dem Systementwurf.

Die SA/SD-Methode ist funktionsorientiert. Das heißt, das Augenmerk wird auf die zu entwickelnden Funktionen, die das spätere Programm erfüllen soll, gerichtet. Die einzelnen Arbeitsschritte sind in der SA/SD-Methode wie folgt definiert:

System-Ebene

- Environment-Model entwickeln

- Funktionshierarchie ableiten

- Datenfluss-Diagramme ausarbeiten

- Systemsteuerung festlegen

Komponenten-Ebene

- Modulspezifikation extern (Schnittstellenbeschreibung)

- Modulspezifikation intern (Prozessspezifikation)

Datenmodellierung

- Data Dictionary (wo sind welche Daten zu finden)

- Enitiy Relationship Diagram

Qualitätssicherung

Wie man sieht, greifen hier bereits etliche Elemente des DV-Entwurfs, d.h. nicht alle nachfolgend beschriebenen Komponenten müssen bereits im Pflichtenheft enthalten sein. Sind sie es dennoch, dann ist das natürlich von großem Vorteil für den DV-Entwurf. Aber das kann in der Regel nicht erwartet werden, zumal das Pflichtenheft von Auftraggeber und Auftragnehmer gemeinsam entwickelt wird. Der Auftraggeber sollte das Pflichtenheft dabei natürlich verstehen können, was bei einem zu formalen Abstraktionsgrad sicher Probleme bereitet. Generell fließen also die Grenzen zwischen Pflichtenheft und DV-Entwurf, doch je mehr bereits im Pflichtenheft enthalten ist, um so besser. Obwohl also die SA/SD-Methode viele Entwurfselemente enthält, ist sie auch für die detaillierte Problemanalyse eine wertevolle Hilfe, da diese ja Voraussetzung für den DV-Entwurf ist. Die einzelnen Arbeitsschritten seinen nachfolgend kurz erläutert.

Environment Model

Das Environment Model beschreibt die Einbindung des zu entwickelnden Informationssystems in die Organisation, also seine Umgebung. Es besteht aus drei Komponenten:

1. Der Zweckbestimmung

    Die ist ein kurze Prosatext, welcher die Funktionen des zu entwickelnden Systems beschreibt (max. eine Seite).

2. Kontext Diagramm

   Hierbei handelt es sich um eine grafische Beschreibung der Einbindung des Systems
   in seine Umgebung. Funktionen werden dabei durch Kreise, Externe Elemente wie
   z.B. Kunde oder Aufträge werde durch Rechecke dargestellt, welche mit Linien ggf.
   verbunden werden.

3. Ereignisliste

   Sie stellt eine Zusammenstellung der für das System wichtigen Ereignisse in der Umgebung dar.

Funktionshierarchie

Die Funktionshierarchie beschreibt die Zerlegung der Funktionen in Teilfunktionen, welche
selbst ggf. weiter zerlegt werden können. Das Ganze wird in der Regel grafisch dargestellt,
wobei man sich den üblichen Hierarchie-Diagrammen bedient.

Datenflussdiagramm

Ein Datenflussdiagramm ist ein Netzwerk mit Symbolen für Datenstrukturen und Funktionen.
Es beschriebt den Datenfluss innerhalb des geplanten Informationssystems. Es werden dabei
selten die früher üblichen Dijkstra-Diagramme benutzt, sondern neuere, objektorientierte Methoden, welche eine schichtenförmige Darstellung durch Ebenen ermöglichen.

Systemsteuerung

Die Steuerstruktur beschreibt die Abarbeitung (zur Laufzeit) der einzelnen Programmmodule.
Auch hier geschieht die Visualisierung durch sog. Steuerflussdiagramme, wobei üblicherweise
Rechtecke zur Darstellung der jeweiligen Aktivitäten, Rauten für Entscheidungen und Linien
für den Steuerfluss benutzt werden. Es können allerdings auch andere strukturierte Darstellungen benutzt werden.

Modulspezifikation extern

Die einzelnen zu entwickelnden Programmmodule besitzen jeweils Inputs und Outputs. Dabei
sind gewisse Inputs selbst Outputs anderer Module. Die externe Modulspezifikation enthält
genau diese Schnittstellenbeschreibung. Dabei bedient man sich häufig eins Hierarchiedia-
gramms, wo die Modulhierarchie dargestellt wird. Die eigentliche Schnittstellenbeschreibung
wird häufig in tabellarische Form durchgeführt, z.B.:

Modul	Input	Output
Modul_1	*I11, I12 ,...*	*O11, O12, ...*
Modul_2	*I21, I22, ...*	*O21, O22, ...*
...	...	...
Modul_n	*In1, In2, ...*	*On1, On2, ...*

Modulspezifikation intern

Hier werden die Algorithmen der jeweiligen Programmmodule beschrieben. Hierzu werden üblicherweise Nassi-Schneidermann-Diagramme oder eine Pseudocodesprache benutzt. Ein Pseudocode enthält gewisse Programmstrukturen wie if...then...else oder do...while etc., jedoch werden sonst keine programmiersprachenspezifische Befehle benutzt, sondern normale, umgangssprachliche Satzkonstruktionen, z.B.

If a=true   THEN berechne f(x,y)

ELSE suche...

Manchmal bedient man sich auch der sog. Entscheidungstabellentechnik. Mit Hilfe dieser Technik ist es möglich, dynamische Abläufe in kompakter Form zu beschreiben.

Data Dictionary

Ein Data Dictionary ist die Auflistung der Datenkomponenten und ihrer Beziehungen in einem Informationssystem. Hier werden sowohl elementare als auch zusammengesetzte Komponenten erfasst. Die Beschreibung der Daten wird häufig mit folgendem Syntax durchgeführt:

=   Komponente wird definiert als

+   Verknüpfung von Komponenten (Sequenz)

(...)   wahlfreie Komponente

{...} Wiederholung von Komponenten (Iteration), wobei die Zahl vor der Klammern die Anzahl der Wiederholungen und die Zahl hinter den Klammern die maximale Anzahl an Wiederholungen und in der Klammer die zu wiederholende Komponente steht

[...] Auswahl einer Komponente (Selektion)

| Trennung alternativer Komponenten

@   Schlüsselfeld

... Kommentare

Beispiel:

name   =   *anrede + vorname + (mittelname) + familienname*

name ist eine Komponenten, *mittelname* ist wahlfrei. Die rechts stehenden Komponenten müssen aber auch definiert werden. Dies kann z.B. geschehen durch:

anrede   =   *[Herr | Frau | Fräulein | Prof. | Dr.]*

vorname   =   *...*

...

familienname   =   *3{Alphazeichen}32*

Der Familienname muss also mind. 3 Zeichen und darf höchstens 32 Zeichen lang sein.

Entity Relationship Diagram

1976 entwickelte Chen das sog. Entity Relationship Model (ERM), dessen grafische Darstellung dann Entity Relationship Diagram (ERD) heißt. Es findet praktische Anwendung hauptsächlich beim Entwurf von relationalen Datenbanken. Der Vorteil dieses Modell besteht u.a.

darin, dass es sowohl in der Analysephase für das Pflichtenheft sowie in verfeinerter Form im DV-Entwurf benutzt werden kann. Obwohl die Komponenten des ERM wie z.B. der Begriff einer Entität, einer Beziehung etc. erst in Kapitel 4.2 exakt definiert werden, soll hier soweit über den Aufbau schon gesprochen werden, dass wenigstens die grobe Version des ERD, wie sie in Pflichtenheften häufig vorkommt, erstellt werden kann. Dazu betrachten wir folgende Komponenten:

Entity			= Objekt der Realität oder Anschauung

Relationship		= Beziehung zwischen Enities, z.B. „...ist Mitarbeiter von...“

In relationalen Datenbanken werden Entitäten und Beziehungen in der Regel durch Tabellen dargestellt, wobei die Namen der Spaltenüberschriften auch Attribute genannt werden. Solche Attribute besitzen einen Wertebereich, engl. Domain, wie z.B. *integer* für ganze Zahlen oder *Character* für Buchstaben. Entities und Relationships fasst man bei Bedarf auch zu Mengen zusammen:

Entity set		= Menge von Objekten, z.B. PERSON, PROJEKT etc.

Relationship set	= Menge von Beziehungen

Bei Beziehungen spielt noch der sog. Assoziationstyp eine wichtige Rolle. Er gibt an, in welchem numerischen Verhältnis die Einträge der beteiligten Entitäten stehen. Die wichtigsten Assoziationstypen sind 1:n (sprich „1 zu n“) und n:m. Beispielsweise hat 1 Unternehmen n Abteilungen, während in n Projekten m Mitarbeiter beschäftigt sein können (siehe Beispiel Bild 3-1). Dies sei zunächst ausreichend; für eine mathematisch präzisere Definition dieser Begriffe siehe Kapitel 4.2.

Für die grafische Darstellung sind die wichtigsten Symbole:

▭	Entity (Entität)
◇	Relationship (Relation, Beziehung)
⬭	Attribut
⎯⎯⎯	Verbindungsline

Nachfolgend sei ein Beispiel angegeben, wie es typischerweise in einem Pflichtenheft vorkommen könnte.

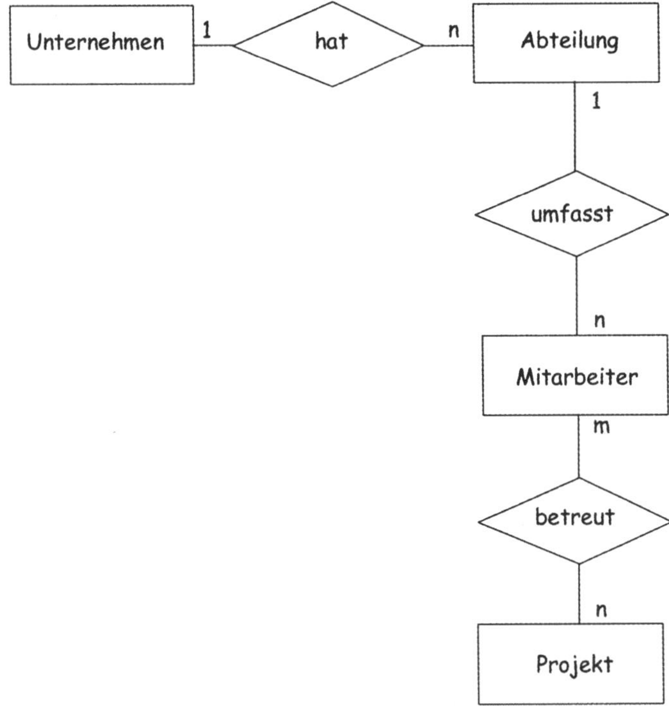

Bild 3-1 Beispiel für ein Entity Relationship Diagram

Die n:m-Beziehung in Bild 3-1 bedeutet konkret, dass an *einem* Projekt m Mitarbeiter beteiligt sein können und dass jeder Mitarbeiter an n Projekten beteiligt sein kann. Zu betonen wäre noch, dass für die Beschriftungen der Entitäten und Beziehungen der Singular verwendet wird, während in Datenflussdiagrammen üblicherweise der Plural benutzt wird.

3.2.2 Analyse Ist/Soll-Zustände

Das Pflichtenheft muss naturgemäß Angaben darüber enthalten, wie der momentane Zustand ist und wie derselbe nach Realisierung des DV-Projts aussehen soll. Natürlich beschränkt man sich dabei auf den für das Projekt relevanten Realitätsausschnitt. Betrachten wir dies wieder anhand unseres Beispiels einer Schallplattenfirma. Dort könnte es folgendermaßen aussehen:

Ist-Zustand:

Neben der verbalen Beschreibung des Ist-Zustandes bedient man sich häufig noch zusätzlich sogenannter User-Case-Diagramme (manchmal auch nur U-Case-Digaramme genannt). Diese bestehen lediglich aus kleinen Strichmännchen, welche die beteiligten Personen kennzeichnen sowie aus beschrifteten Ellipsen, welche Vorgänge darstellen sollen. In unserem Beispiel der Lizenzabrechnung kann so ein Diagramm wie folgt aussehen (vgl. Bild 3-2):

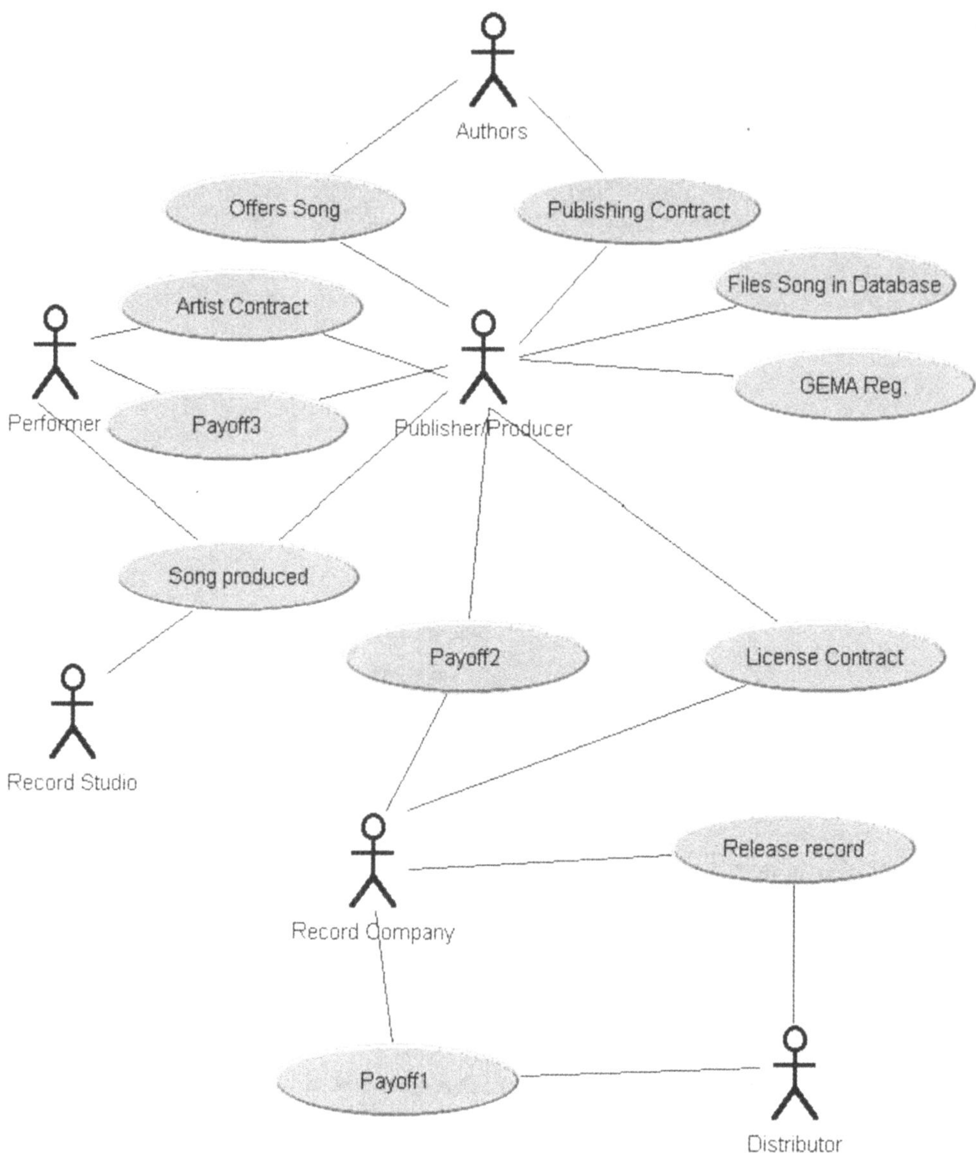

Bild 3-2 U-Case-Diagramm des Istzustandes

Natürlich bedarf ein U-Case-Diagramm immer auch einer verbalen Erläuterung. Diese könnte z.B. so lauten:

Ein Autor offeriert eine Komposition (Song) einem Musikverleger oder Produzenten (Publisher/Producer). Gefällt dem Verleger das Lied, so wird ein Verlagsvertrag gemacht (Publishing Contract) und die relevanten Daten in einer Kartei abgelegt (Files Song in Database) sowie eine Registrierung bei der GEMA durchgeführt. Jetzt beauftragt der Verleger einen Produzenten (bzw. manchmal sind Verleger und Produzent identisch) mit der Suche nach einem Interpreten (Performer/Artist). Wurde ein solcher gefunden, so wird mit demselben ein Künstlervertrag abgeschlossen (Artist Contract). Danach geht der Produzent mit dem Künstler in ein Tonstudio (Record Studio) und produziert (mind.) einen Song. Das Ergebnis ist ein sog. Master-Tape, also eine Aufnahme des fertig produzierten Liedes. Der Produzent macht sich jetzt auf die Suche nach einem Tonträgerhersteller, also der eigentlichen Plattenfirma (Record Company). Hat er diese gefunden, so wird jetzt zwischen dem Produzenten und dem Tonträgerhersteller ein weiterer Vertrag abgeschlossen, der sog. Lizenzvertrag. Die Plattenfirma lässt daraufhin die Tonträger mit dem Song vervielfältigen und veröffentlicht diesen (Release Record), in dem sie einen Distributor mit dem Vertrieb der Tonträger beauftragt (welcher die Tonträger schließlich den Schallplattengeschäften verkauft). In regelmäßigem Turnus rechnet der Distributor mit der Plattenfirma über die verkauften Tonträger ab, d.h. er zahlt nach Abzug seiner Provision einen bestimmten Betrag (Payoff1) an die Plattenfirma. Diese wiederum zahlt an den Produzenten die im Lizenzvertrag vereinbarte Provision (Payoff2). Der Produzent schließlich zahlt daraufhin an den Künstler die im Künstlervertrag vereinbarte Beteiligung (Payoff3). Zu beachten ist dabei, dass zwar eine Abrechnung nach Anzahl verkaufter Tonträger erfolgt, jedoch sind ggf. nicht alle Songs eines Tonträger abrechnungsfähig, sondern nur diejenigen, welche dem entsprechenden Lizenzvertrag zugrunde liegen. Es ist also bei der Lizenzabrechnung nur der tatsächliche Anteil an Liedern eines Tonträger zu berücksichtigen.

Der Autor erhält seine Zahlungen entweder direkt von der GEMA (an welche Rundfunkunternehmen ihre Sendetantieme entrichten müssen und der Tonträgerhersteller für jede gepresste Schallplatte eine Schutzgebühr zahlen muss), oder, falls er selbst nicht GEMA-Mitglied ist, vom Musikverlag (gemäß den Vereinbarungen im Verlagsvertrag), der in der Regel dann GEMA-Mitglied ist und von dort die entsprechenden Anteile erhält.

Diese Ist-Zustandsbeschreibung ist natürlich immer noch relativ ungenau. So enthält sie beispielsweise keine genauen Angaben über die Attribute (z.B. welche Daten in den jeweiligen Verträgen in welchem Format erfasst werden) oder in welchen Zeiträumen wie genau die einzelnen Abrechungen erfolgen etc.; so etwas kann entweder noch im Pflichtenheft erfolgen, in dem z.B. ein entsprechendes Entity Relationship Model erzeugt wird (was am besten wäre) oder dies erfolgt während der DV-Entwurfsphase (wo es spätestens vorliegen muss). Mehr dazu in den Abschnitten 3.2.4 und 4.2.1.

Des Weiteren wären der Istanalyse noch Beispielexemplare der beteiligten Verträge sowie ein Muster der Abrechnungen beizufügen (vgl. Bild 3-3 bis 3-6).

Musik-Verlags-Vertrag

zwischen

    (Name des Autors)

zur Zeit Mitglied/Bezugsberechtigter der Verwertungsgesellschaft/en (z.B. GEMA):

als Urheber des/der Werkes/Werke:

    (Liedtitel, Komponist(en), Texter)

zugleich für seine/ihre Erben und Rechtsnachfolger, im folgenden URHEBER genannt,
und dem Verlag

    (Musikverlag)

zur Zeit Mitglied der Verwertungsgesellschaft/en (z.B. GEMA):
zugleich für seine Rechtsnachfolger, im folgenden VERLAG genannt.

1.   Der/Die URHEBER räumt/räumen dem VERLAG die Nutzungsrechte an seinem/ihrem/ihren Werk/
Werken für alle Nutzungsarten ein; soweit und solange diese nicht sowohl für den/die URHEBER als
auch für den VERLAG von einer Verwertungsgesellschaft treuhänderisch wahrgenommen werden. Die
Einräumung der Nutzungsrechte an den VERLAG ist, soweit nicht anders vereinbart, ausschließlich und
räumlich, zeitlich und inhaltlich unbeschränkt erfolgt.

2.   Der Verlag ist insbesondere verpflichtet:

    a)   das/die Werk/Werke innerhalb einer angemessenen Frist nach Erhalt des
vervielfältigungsreifen Manuskriptes mit Nennung des Namens des URHEBERS und/oder
MITURHEBER(S) in handelsüblicher Weise zu vervielfältigen und es zu verbreiten;

    b)   sich für die Nutzung der ihm nach Ziffer 1) eingeräumten Rechte in handelsüblicher Weise
einzusetzen;

    c)   dem/den URHEBER/N von zum Verkauf bestimmten Ausgaben .... Freiexemplare und
auf dessen/deren Verlangen dem/den URHEBER/N Exemplare zum Nettopreis direkt zu
liefern Ihr Weiterverkauf darf nur zu dem vom Verlag gebundenen jeweiligen Ladenpreis
erfolgen. Ausgaben ohne Ladenpreis erhält/erhalten der/die URHEBER auf Verlangen zum
Entstehungspreis des VERLAGES. Werden Ausgaben vom VERLAG nur leihweise
abgegeben, so dürfen sie weder entgeltlich oder unentgeltlich veräußert noch zu Aufführungen,
Aufzeichnungen, Herstellung von Kopien u. a.benutzt werden.

    d)   soweit zum Schutz des Urheberrechtes an dem/den Werk/Werken besondere Formalitäten
erforderlich sind, diese in handelsüblicher Weise zu erfüllen.Für den Fall, daß ein Staat den
Schutz des Urheberrechtes oder seine Erneuerung oder Verlängerung von einer Anmeldung
oder Eintragung abhängig macht, so bevollmächtigt/bevollmächtigen der/die URHEBER
hiermit den VERLAG, dieses im eigenen Namen als Copyright-Eigentümer durchzuführen und
verpflichtet/verpflichten sich der/die URHEBER-zugleich für seine/ihre Rechtsnachfolger - zur
Abgabe aller Erklärungen, die erforderlich und zweckmäßig sind, um die erforderlichen und
zweckmäßigen Anmeldungen, Erneuerungen, Verlängerungen und/oder Eintragungen
durchzuführen.

3.   Der VERLAG ist insbesondere berechtigt:

    a)   die Höhe der Auflagen, die Art der Ausstattung, den Ladenverkaufspreis zu bestimmen und
auch abzuändern und Lagerbestände des/der Werkes/Werke unter Aufhebung des Ladenpreises
aufzulösen, wenn die Erträgnisse eine Verwaltung und Lagerung nicht mehr rechtfertigen
(etwaige Erlöse aus der Auflösung sind von einer Beteiligung am Notenabsatz ausgenommen).
Der VERLAG muß den die URHEBER rechtzeitig vor der Auflösung der Lagerbestände
benachrichtigen, um ihm/ihnen Gelegenheit zum Erwerb der Bestände zu geben. Dem
VERLAG steht das Recht zu, die Auswertung des/der Werkes/Werke zu den in diesem Vertrag

Bild 3-3 Musikverlagsvertrag (Ausschnitt)

Künstlervertrag

Zwischen

nachstehend kurz Künstler genannt,

u n d

nachstehend Tonträgerhersteller genannt.

§ 1 ALLGEMEINES

1. Gegenstand des Vertrages ist das Recht, Schallaufnahmen mit Darbietungen des Künstlers auszuwerten.

2. Zu diesem Zweck verpflichtet sich der Künstler, während der Vertragsdauer Titel zur Herstellung von Schallaufnahmen darzubieten.

3. Der Künstler erklärt mit der Unterzeichnung des Vertrages ausdrücklich:

   a)   nicht und durch keinen irgendwie gearteten Vertrag am Abschluß dieses Vertrages gehindert zu sein.

   b)   das Recht am persönlichen Vortrag der unter diesen Vertrag fallenden Aufnahmen niemandem übertragen zu haben.

§ 2 RECHTSÜBERTRAGUNG

1. Der Künstler überträgt Tonträgerhersteller. und ihren Lizenznehmern ohne Einschränkungen und für die ganze Welt seine sämtlichen Leistungsschutzrechte und -ansprüche sowie alle sonstigen Rechte, die er während der Vertragsdauer an seine aufgenommenen Darbietungen erwirbt, soweit diese Rechte übertragbar sind. Er räumt Tonträgerhersteller mithin das ausschließliche und übertragbare Recht ein, seine aufgenommenen Darbietungen in der ganzen Welt in jeder beliebigen Weise und unter jeder Marke zu verwerten und/oder verwerten zu lassen.
Zur Sicherung der Exklusivverpflichtung (§3) überträgt der Künstler auch alle Rechte und Ansprüche, die durch seine Darbietungen bei etwaigen Schallaufnahmen und Mitschnitten Dritter entstehen.

2. Die Rechtsübertragung schließt insbesondere ein: Das Recht zur und den Anspruch aus der öffentlichen Aufführung und Sendung, sowie das Recht zur Verwertung durch Film, Funk, Fernsehen und andere Speicherverfahren.

3. Der Künstler ist jedoch berechtigt, Aufnahmen, die lediglich für Rundfunk- und Fernsehübertragungen dienen, durchführen zu lassen. Er verpflichtet sich aber, während der Vertragsdauer und während der in § 3 Pkt. 3 bestimmten Zeit stets zu verbieten, daß seine Vorträge bei einer Rundfunk- oder Fernsehübertragung von dem Rundfunk- oder Fernsehsender oder von Dritten zwecks Weiterverarbeitung auf Filmen, Schallplatten oder sonstigen Wiedergabemitteln irgendwie festgehalten werden. Die Weitergabe einer Aufnahme durch den aufnehmenden Rundfunk- oder Fernsehsender an einen anderen Rundfunk- oder Fernsehsender ausschließlich für Sendezwecke ist von dem Verbot der unzulässigen Weiterverbreitung ausgenommen. Der Künstler bevollmächtigt Tonträgerhersteller Rechte und Verstöße gegen dieses Verbot in seinem Namen geltend zu machen.

Bild 3-4 Künstlervertrag (Ausschnitt)

License Agreement

This agreement entered into between ("LESSOR")

and (hereinafter called LICENSEE).

WHEREAS LESSOR represents and warrants that it has the exclusive rights for all the recordings (hereinafter called "The Master Recordings") and WHEREAS LICENSEE is an a position directly or indirectly to provide manufacturing and marketing facilities for phonograph records in (
) only (hereinafter called "The Licensed Territory"), and warrants a release of such phonograph records.
Now therefore, in consideration of the foregoing and ot the mutual promises hereinafter set forth, it is agreed:

1.)   LESSOR grants to LICENSEE the exclusive right and license to use THE MASTER RECORDINGS for the purpose of manufacturing and selling phonograph records and/or prerecorded tapes well known as MusiCasettes and/or 8-Track Cartridges therefrom in the LICENSED TERRITIORY.
    a)   LICENSEE is not authorized to transfer the right and license to use THE MASTER RECORDINGS to a third party.

2.)   LICENSEE agrees to release THE MASTER RECORDINGS under the label as a trademark and in the form as described in the riders hereto only.

3.)   a)   In consideration of the rights herein granted, LICENSEE agrees to pay to LESSOR the royalties stated in the rider A hereto as percentage of the retail list price (exclusive of sales taxes) for all soundcarriers without any other deduction manufactured from THE MASTER RECORDINGS, leased hereunder and shipped In THE LICENSED TERRITORY.

    b)   LICENSEE agrees to inform LESSOR of such retail list price in force in THE LICENSED TERRITORY within 30 (thirty) days from the date of countersigning of this contract and will notify LESSOR of any changes thereof within 14 (fourteen) days of any such change.

    c)   LICENSEE. agrees that it will not se(I, directly or indirectly THE MASTER RECORDINGS under the normal retail list price in THE LICENSED TERRITORY without written permission by LESSOR.

3.)   LICENSEE further agrees to pay to LESSOR fifty (50) percent of all public performance and broadcasting and tv fees, if any received in respect of all records manufactured, leased and sold hereunder, provided, however, that whenever such fees are not computed and paid in direct relation to the public perfomances and broadcasts and tv's of such records, they shall be computed for the purpose of the agreement by determining the proportion of any such fee paid to LICENSEE as the number of records produced hereunder and sold in the area from which the fee is derived bears to the total number of records sold in that area by LICENSEE.

5.) I. Statements in reasonable detail by LICENSEE to LESSOR of royalties and fees due, pursuant to paragraph 3a and 4 hereof, shall be made every six month calendar period and mailed to LESSOR within fourtyfive (45) days following the close of such a period. Each statement shall show at least the following:
    a)   catalogue-number of LICENSEE, title and artist(s) of each such sound-carrier
    b)   the quantity of sound-carriers distributed on behalf of LICENSEE during that period
    c)   the quantity of sound-carrier manufactured from each master throughout the applicable accounting period
    d)   the retail list price of each such sound-carrier e) the royalty rate paid on each such sound-carrier
    f)   the total royalties earned by each such sound-carrier
  II. Together with the statements the payable royalties have to be received by LESSOR.

6.)   In the event that by law any royalty-payment due to LESSOR hereunder cannot be transmitted from the country in which such royalties are earned, LICENSEE agrees to notify LESSOR within one week after such period as mentioned in paragraph 5 by registered written letter and to put such payment at the disposal of LESSOR by depositing same at a bank-account to be opened by LICENSEE at its expense but in the name of LESSOR and of which account LESSOR shall have the power of disposing only.

Bild 3-5 Lizenzvertrag (Auschnitt)

```
SCHALLPLATTEN-MUSIKASSETTEN-MUSIKPRODUKTION-MUSIKVERLAG          TEL. 05634-6444


                                                          ANSCHRIFT:

                                                          KOCH RECORDS GESMBH
                                                          A-6652  ELBIGENALP/TIROL

        Peter Zöller
                                                          ELBIGENALP, OKTOBER 1988


        D - 6800  Mannheim                                KD.NR.:    092330

    GUTSCHRIFTSANZEIGE     L I Z E N Z A B R E C H N U N G     NR.   L3378
                           VON 1988-01    BIS  1988-06                      BLATT    1


ART.NR.   BEZEICHNUNG                  LAND  VERK. DAVON LIZ.   LIZENZ           LIZENZ
-----------------------------------------------------------------------------------------
                                             MENGE       MENGE    JE

121720  LP 20 neue Schlager der Liebe/F.4 A    92   90%    83   0,660             54,78
                                     CLUB A    50   90%    45   0,660 1/2         14,85
                                          D   156   90%   140   0,564            78,96
                                        USA     8   90%     7   0,660             4,62

121940  LP Das Beste aus der Unterhaltung A   128   90%   115   0,944           108,56
                                         CH   245   90%   221   0,944           208,62
                                  CLUB  CH   402   90%   362   0,944 1/2        170,87
                                          D    71   90%    64   0,761            48,70
                                         FL     6   90%     5   0,944             4,72

221720  MC 20 neue Schlager der Liebe/F.4 A   559   90%   503   0,660           331,98
                                         CH    26   90%    23   0,660            15,18
                                          D   240   90%   216   0,564           121,82
                                          I   132   90%   119   0,660            78,54
                                        USA    20   90%    18   0,660            11,88

221940  MC Das Beste aus der Unterhaltung A 1.270   90% 1.143   0,944         1.078,99
                                    CLUB  A     1   90%     1   0,944 1/2          0,47
                                         CH 2.084   90% 1.876   0,944         1.770,94
                                    CLUB  CH 1.328   90% 1.195   0,944 1/2       564,04
                                          D   102   90%    92   0,761            70,01
                                         FL    16   90%    14   0,944            13,22
                                          I   110   90%    99   0,944            93,46

321720  CD 20 neue Schlager der Liebe/F.4 A    91   90%    82   0,660            54,12
                                          B     1   90%     1   0,660             0,66
                                         CH    15   90%    14   0,660             9,24
                                          D    90   90%    81   0,564            45,68
                                          I     8   90%     7   0,660             4,62
                                        USA    15   90%    14   0,660             9,24

                                                           ÜBERTRAG:    4.968,77
```

Bild 3-6 Lizenzabrechnung (Ausschnitt)

Nachdem der Istzustand erschöpfend beschrieben ist, muss der Sollzustand ebenfalls hinreichend beschrieben werden. Dieser wird in der Regel einen Teil des beschriebenen Istzustands durch ein Anwendungsprogramm ersetzen. Es geht ja wohl gerade darum, dass durch Einsatz einer zu entwickelnden Software gewisse Abläufe des Istzustands erleichtert bzw. automatisiert werden sollen. Daher ist es wichtig, dass mit Bezug auf den Istzustand genau beschrieben wird, welche Teile durch Software abgedeckt werden sollen und welche Inputs und Outputs dabei genau auftreten. Dies erfolgt durch die Beschreibung des Sollzustands.

Soll-Zustand:

Eine grobe Beschreibung des Sollzustands erfolgte in der Regel bereits in der ersten Problemspezifikation, welche in der Initialisierungsphase der Angebotserstellung diente. Nun geht es darum, diese Beschreibung zu verfeinern, so dass daraus (ggf. zusammen mit den nächsten Abschnitten) später ein DV-Entwurf entwickelt werden kann.

Wenn der Istzustand hinreichend beschrieben ist, dann geht es bei der Sollzustandsbeschreibung eigentlich nur noch darum, welche Teile der Realität wie auf dem Computer abgebildet werden sollen. Je nach dem, wie das Pflichtenheft strukturiert ist, kann jetzt bereits eine ausführliche Beschreibung erfolgen, oder, falls dies später im Pflichtenheft vorgenommen wird, eine grobe, mehr prinzipielle Darstellung. Dies sei in das Ermessen bzw. die Gepflogenheiten der beteiligten Unternehmen gestellt.

Für unsere Zwecke wählen wir den Weg, dass zunächst eine allgemeine Sollbeschreibung vorgenommen wird. Die nachfolgenden Abschnitte geben dann weitere, detailliertere Informationen. Eine Sollzustandsbeschreibung bezogen auf unser Beispiel könnte demgemäss z.B. so aussehen:

Das zu entwickelnde Softwareprogramm soll den Teil des Istzustands implementieren, welcher die administrativen Arbeiten bei der Vertragserstellung der Künstler- und Lizenzverträge abwickelt sowie die Lizenzabrechungen automatisch erstellt. Die Arbeiten der Musikverlagsverwaltung werden dabei ausgekoppelt und evtl. zu einem späteren Zeitpunkt ebenfalls automatisiert (eigenes Projekt). Es sollen sowohl (freie) Produzenten als auch Schallplattenfirmen mit dem Programm arbeiten können. In ersterem Fall werden Künstlerverträge erstellt und abgerechnet und in zweiten Fall Schallplattenverträge. Grundlage der Abrechnung ist in ersterem Fall die Lizenzabrechung der Plattenfirma an den Produzenten und in zweitem Fall die Abrechung des Distributors an die Plattenfirma (vgl. Abschnitt 3.2.4.: Szenarien). Die elektronisch abzuwickelnden Realitätsausschnitte sind nachfolgendem U-Case-Diagramm (Bild 3-7) zu entnehmen. Die Benutzer des zu entwickelnden Programms werden dort mit User_1 (für den ersten Fall) und User_2 (für den zweiten Fall) bezeichnet.

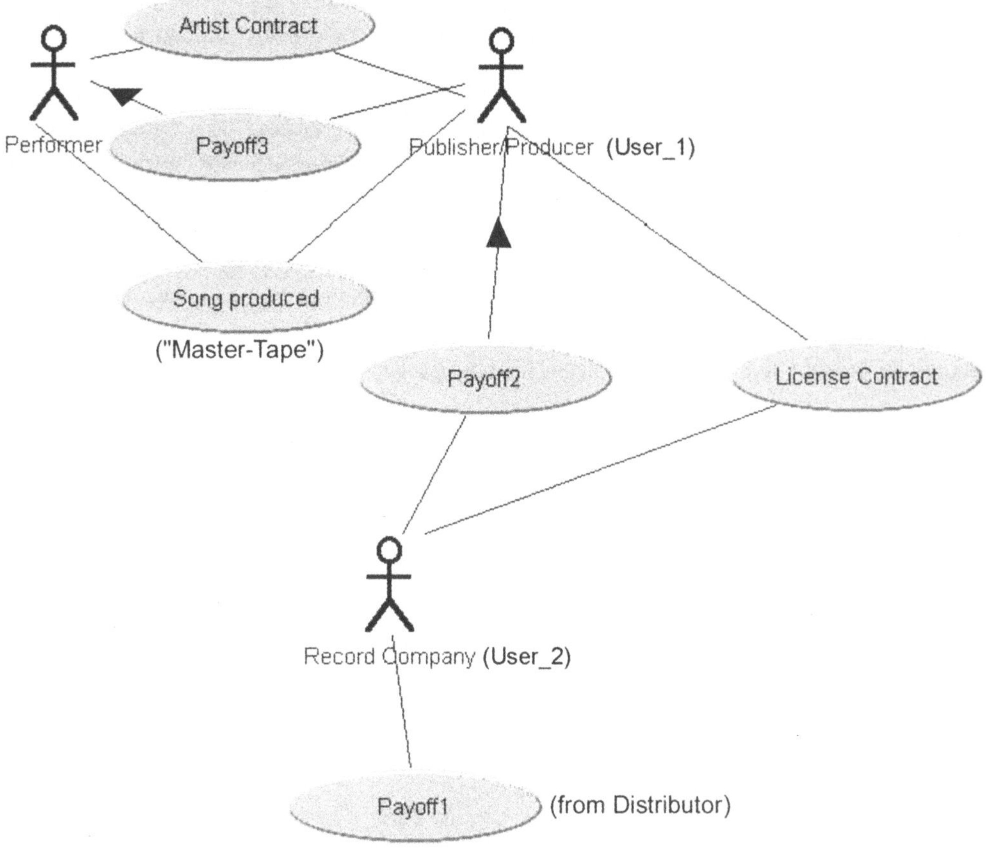

Bild 3-7 U-Case-Diagramm Sollzustand (Abdeckungsbereich der Software)

Als Input für das zu schreibende Programm dienen also zum Zwecke der Vertragserstellung alle Angaben aus dem Künstler/Lizenzvertrag (insbesondere der für die spätere Abrechnung notwendigen Daten wie Vertragspartner, Vertragsdauer, prozentuale Beteiligungen etc.) und für die Abrechnung dann die Daten des Distributors (Payoff1) und/oder der Plattenfirma (Payoff2) (z.B. über Anzahl und Verkaufspreis der verkauften Tonträger).

Der Output des Programms liefert dann die jeweiligen Verträge bzw. Abrechnungen. Damit verbunden ist die Möglichkeit gewisser statistischer Auswertungen (welcher Künstler hat wie viele Tonträger verkauft etc., siehe Problembeschreibung). Natürliche müssen alle bereits erfolgten Abrechungen gespeichert und doppelte Abrechnungen verhindert werden. Außerdem ist eine Adressverwaltung für alle beteiligten Firmen und Personen zu integrieren wie auch eine Tonträgerverwaltung, da sich in der Regel auf einem Tonträger mehrere Songs (Master-Tapes) befinden, die von verschiednen Interpreten sein können (d.h. sich auf verschiedene Künstler/Lizenzverträge beziehen). Einzelheiten hierzu sind z.B. dem semantischen Datenmodell (vgl. Abschnitt 3.2.5) zu entnehmen.

3.2.3 Vorhandene Hard/Software

Keine Software läuft ohne Hardware. Das zu entwickelnde Programm benötigt natürlich eine Umgebung, auf der es laufen kann. Obwohl in der Regel vom Softwareentwickler nicht geliefert, ist dennoch die Hardware bzw. ggf. weitere erforderliche Softwaren, die als Voraussetzung für die Ablauffähigkeit des Programms erforderlich ist, zu beschreiben. Dies erfolgt normalerweise noch nicht an dieser Stelle, doch die bereits beim Auftraggeber vorhandene Hard- und Software muss beschrieben werden, damit der Entwickler sich ggf. an unveränderliche Gegebenheiten (wie z.B. bestimmte Betriebssysteme in einem Unternehmen) halten kann.

Kennt der Entwickler bereits die erforderliche Hard- und Software, so kann er diese natürlich bereits unter Beachtung der Integration in die vorhandene Systemumgebung ebenfalls aufführen.

Eine solche Beschreibung könnte beispielsweise so aussehen:

Vorhandene Hardware:

3 Rechner (PC), Pentium 4, 256 MBRam, 100 GB Festplatte, CD-Laufwerke (Brenner), 19'' Monitore, vernetzt.

Vorhandene Software:

Auf jedem Rechner WinXP, OfficeXP (Standard Edition)

Erforderliche Hardware:

Keine weitere, vorhandene ausreichend

Erforderliche Software:

OfficeXP Profesionell Edition

Die Integration des zu entwickelnden Programms sollte die Anschaffung neuer Hard- und Software minimieren. Dies ist allerdings nicht immer problemlos möglich. Da dies ein erheblicher Kostenfaktor für den Auftraggeber darstellen kann, sind zumindest die prinzipiellen Erfordernisse frühzeitig zu klären.

3.2.4 Szenarien und Zustandsdiagramme

Häufig ist es hilfreich, wenn der Ablauf der zu automatisierenden Arbeitsgänge durch gewisse Szenarien ausgedrückt wird. Dadurch werden die zeitlichen Abläufe und Reihenfolgen gewisser Aktionen deutlich. Dies ist insbesondere manchmal wichtig für gewisse Abhängigkeiten der Daten untereinander. So können z.B. manche Berechnungen erst dann ausgeführt werden, wenn zeitlich vorher bestimmte Daten eingegeben wurden.

Die Beschreibung solcher Zeitabhängigkeiten kann durch gewöhnliche verbale Beschreibung der Abfolgen geschehen und/oder durch standardisierte Zustandsdiagramme. Letztere beschreiben die zeitliche Abfolge wichtiger Änderungen am Zustand des Systems. Jede Eingabe, Ausgabe oder sonstige Aktion der Software wie z.B. eine Berechnung, verändert den aktuellen Zustand der Software bzw. der Hardware (z.B. des Bildschirms oder Druckers oder der Festplatte etc.). Ein Beispiel für eine verbale Szenariobeschreibung in Verbindung mit einem entsprechenden U-Case-Diagramm findet man in der Istzustandsbeschreibung in Abschnitt 3.2.2.

Zustandsdiagramme sind in der Regel so aufgebaut, dass die x-Achse den Zeitfortschritt darstellt und auf der y-Achse verschiedene Zustände des Systeme aufgeführt sind. Durch horizontale Linien werden dann die jeweiligen Zustände zeitabhängig repräsentiert, wodurch insbesondere Zustandsänderungen sofort sichtbar werden. Die Linien können mit Kommentaren versehen werden.

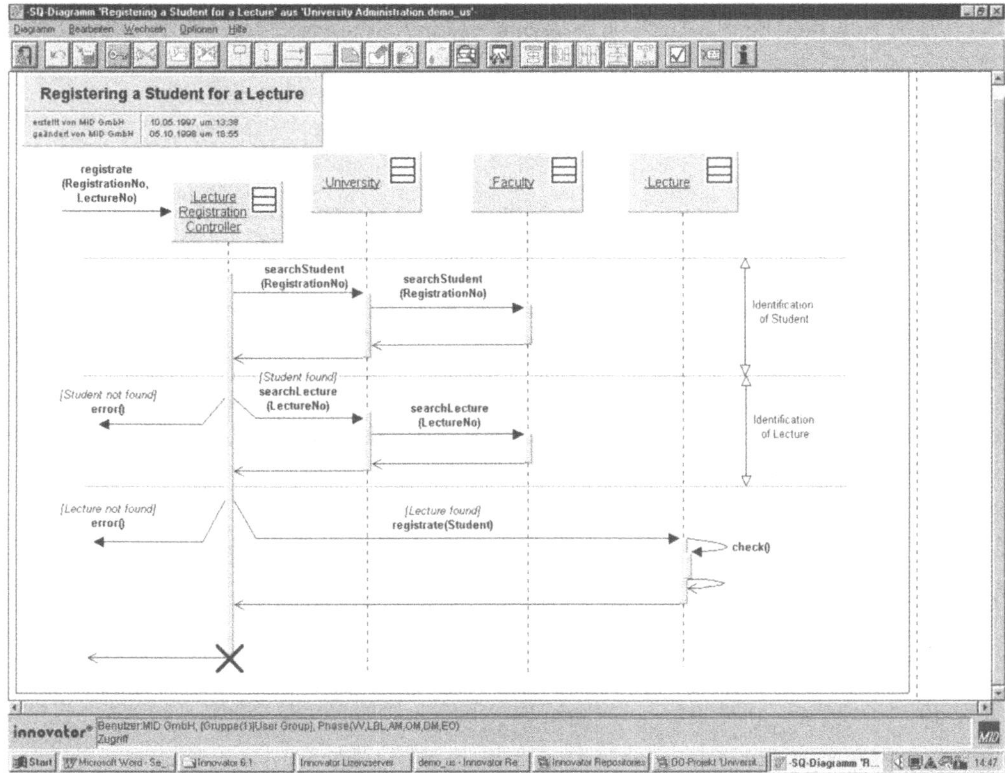

Bild 3-8 Beispiel für ein Zustandsdiagramm im CASE-Tool Innovator®

Da hier Änderungen im Zeitverlauf dargestellt werden können, spricht man manchmal auch von dynamischer Datenmodellierung.

3.2.5 Semantische Datenmodellierung

Dies ist ein unabdingbarer Bestandteil, vielleicht sogar der wichtigste Teil des Pflichtenhefts überhaupt.

Der Begriff *Semantik* steht für Bedeutung oder Inhalt. Unter einer semantischen Datenmodellierung versteht man ein Beschreibung der Datenstrukturen, welche noch nicht den strengen Kriterien des DV-Entwurfs entspricht und in einer Form geschieht, die auch vom DV-mäßig nicht geschulten Auftraggeber verstanden werden kann. In Abschnitt 2.2 wurde im Rahmen des Wasserfallmodells in der Erläuterung der Phase DV-Konzept bereits ein Beispiel für eine rein verbale Beschreibung als mögliche semantische Datenmodellierung gegeben. Dies muss aber nicht immer nur rein verbal geschehen, sondern es können bereits Elemente eines ER-Diagramms benutzt werden, wie es z.B. in Bild 3-1 (vgl. Abschnitt 3.2.1) darstellt ist. Wichtig ist aber, dass der Auftraggeber diese Syntax vollständig versteht; ist dies nicht der Fall, sollte eine rein verbale Beschreibung bevorzugt werden.

Die semantische Datenmodellierung kann in verschiedenen Detaillierungsstufen erfolgen. Grundsätzlich gilt: je ausführlicher, umso besser. Allerdings kann es manchmal auch so sein, dass durch zu detaillierte Beschreibungen (gerade bei größeren Projekten) der Überblick verloren geht. Ein erfahrener Systemanalytiker wird hier in der Lage sein, das Wesentliche vom Unwesentlichen zu trennen und die Details dann erst im DV-Entwurf modellieren.

3.2.6 Projektplan

Schließlich muss im Pflichtenheft noch eine Zeitplanung enthalten sein, welche eine realistische Entwicklungszeit wiedergibt. Je nach Komplexität des Projekts kann die Darstellung unterschiedlich sein. Reicht eine tabellenförmige Aufstellung nicht aus, können auch computergestützte Werkzeug wie z.B. MS-Project$^®$ benutzt werden. Ein Projektplan muss auf jeden Fall enthalten, welche Personen zu welchen Zeitpunkt welche Teilaufgabe lösen (vgl. Bild 3-9). Dabei sollten Meilensteile eingebaut werden, die durch Reviews beim Auftraggeber mit demselben „abgenommen" werden. Durch eine solche Bestätigung des Erreichens von Teilzielen durch den Auftraggeber erhöht sich die Sicherheit, dass die Programmentwicklung auf dem richtigen Weg ist.

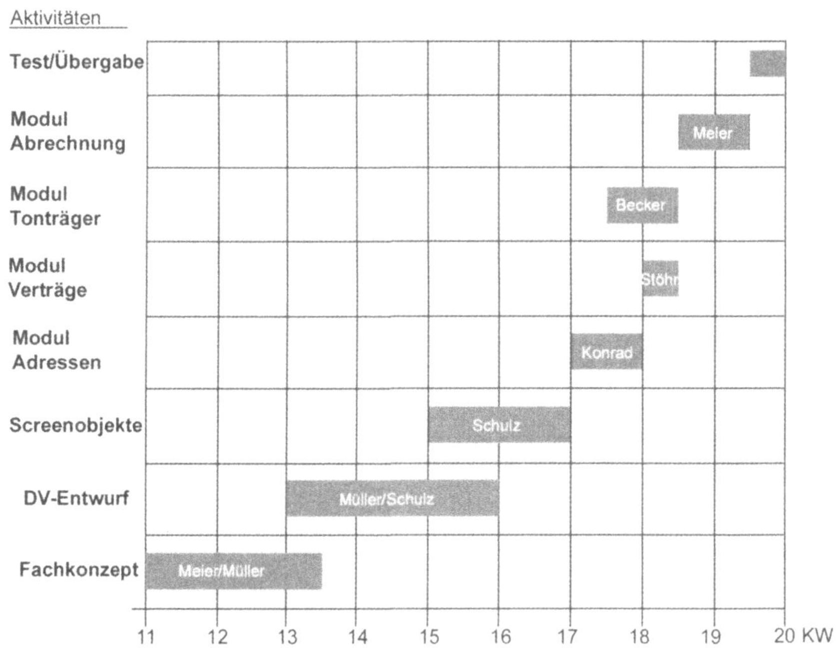

Bild 3-9 Beispiel für einen einfachen Projektplan

4 Entwurf der zu entwickelnden Software

4.1 Grundlegende Begriffe

Ist die Phase DV-Konzept hinreichend abgeschlossen, so liegt ein Pflichtenheft vor, welches u.a. ein semantisches Datenmodell enthält (vgl. Abschnitt 3.2.5). Dies ist verbal und/oder durch ER-Diagramme repräsentiert. Wichtigste Aufgabe des DV-Entwurfs ist es, das semantische Datenmodell in ein logisches Standard-Datenmodell überzuführen. Ein häufig in Anwendungsprogrammen benutztes Datenmodell ist das relationale Datenmodell. In neuerer Zeit kommen auch objektorientierte Datenbanken zu Einsatz. Davon unbedingt zu unterscheiden ist der Begriff der objektorientierten Analyse (OOA) und die objektorientierte Programmierung (OOP). Häufig wird nämlich nach objektorientierten Grundsätzen der DV-Entwurf und die Implementierung durchgeführt, obwohl relationale Datenbanksysteme im Einsatz ein können. Dies stellt aber in den meisten Fällen kein Problem dar.

Zunächst werden formal einige wichtige Begriffe eingeführt, welche zum Erstellen eines DV-Entwurfs unabdingbar sind. Manche Begriffe werden dabei aber später in den jeweiligen Abschnitten genauer definiert, da deren Verständnis an gewisse Methoden gebunden ist bzw. erst bei der Anwendung dieser Methoden Sinn macht.

4.1.1 Relationen, Operationen, Normalformen

Bei der Entwicklung relationaler Datenbanksysteme kommt dem Begriff der Relation eine besondere Bedeutung zu.

> **Def. 4.1.1.1** (*Relation)*
>
> Unter einer (n-stelligen) Relation verstehen wir jede nichtleere Teilmenge eines kartesischen Mengenprodukts. Seien also n nichtleere Mengen M_i, $i=1...n$, gegeben. Dann gilt für eine Relation R:
>
> $$R \subseteq M_1 \times M_2 \times M_3 \times ... \times M_n = \left\{ (m_1, m_2, m_3, ..., m_n) \mid m_i \in M_i, i = 1,2,3,...,n \right\}$$

In relationalen Datenbanken werden solche Relationen durch Tabellen repräsentiert. Dabei stellen die Tupel aus Def. 4.1.1.1 die Zeilen der Tabelle dar (Datensätze, Records), und jedes Tupel-Element mit gleichem Index gehört zur gleichen Spalte. Alle Einträge einer Spalte sind vom gleichen Datentyp (wie z.B. Real oder String etc.). Die Spaltenüberschriften heißen *Attribute*, der Datentyp einer Spalte heißt *Domain* oder *Wertebereich* des jeweiligen Attributs. In Abschnitt 4.1.3 erfolgen hierzu weitere, mehr formale Begriffsbestimmungen, doch zunächst soll diese Festlegung genügen.

lfd	Name	Ort	Strasse	Telefon
1	ADAMS, JÜRGEN	68004 Mannheim	Waldparkstraße 8	0621/8124226
3	BACKHAUS, KLAUS	68005 Mannheim-Seckenheim		0621/4723066
4	BEHNKE, CHRISTA	73201 Göppingen	Stuttgarter Straße 44	07161/274277
5	BEISEL, NINA	69301 Eberbach	Odenwaldstraße 38	06271/224348
6	BERTONI, ALAIN GILLES	30002 Hannover	Domstraße 64	
7	BILDSTEIN, MARIANNE	77252 Gmünd	Jahnstr. 26	06262/8649
8	BORG, ALBIN	65001 Mainz		06131/1244060
9	BRASS, DIETER	68022 Mannheim		0621/38033-732
10	BRAUCH, JOACHIM	68012 Mannheim	Parkring 47	0621/228947
11	BREUER, GUNNAR	A-Bregenz		00435574425960
12	BRINKMANN, JÖRG	4837 Verl	Mörenweg 16	06246/47352

Bild 4-1 Relation als Tabelle (Beispiel)

Die in Bild 4-1 angegebene Tabelle stellt also eine Relation dar mit den Attributen *lfd*, *Name*, *Ort*, *Strasse* und *Telefon*. Die zugehörigen Attributswertebereiche sind *Zahl*, *Text(50)*, *Text(50)*, *Text(50)* und *Text(30)*, wobei die bei *Text(...)* in Klammer stehende Zahl jeweils die maximale Anzahl der Buchstaben (Textlänge) angibt. In Anlehnung an Def. 4.1.1.1 stellen die Spalten die Mengen M_1, ..., M_5 dar, das kartesische Produkt $M_1 \times ... \times M_5$ die Menge aller Kombinationen aller Einträge und schließlich die angegebene Tabelle (Relation) eine Auswahl (Teilmenge) dieser Kombinationen. Damit ist jede Zeile (Tupel) ein Element der Relation.

In der Relationenalgebra werden nun diverse Operationen definiert. Nachfolgend seien die für die Entwicklung von Datenbanksystemen wichtigsten angegeben.

Def. 4.1.1.2 (*typkompatibel*)

Es seien A und B Relationen. Sie heißen *typkompatibel*, wenn gilt:

1.   Beide Relationen A und B haben den gleichen Grad (=Anzahl Tupelelemente)

2.   A und B haben gleichlautende Attributsnamen

3.   Gleichlautende Attribute von A und B haben den selben Wertebereich

---

Mit der Definition typkompatibler Relationen kann nun eine Reihe von Operationen auf Relationen definiert werden.

Def. 4.1.1.3 (*Vereinigung*)

Es seien A und B typkompatible Relationen. Die Menge

$$A \cup B = \{ z = (d_1, d_2, ..., d_n) \,|\, z \in A \vee B \}$$

heißt Vereinigung der Relationen A und B.

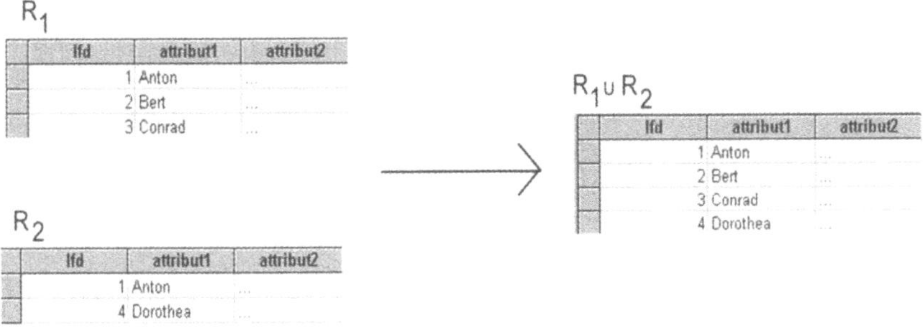

Bild 4-2 Vereinigung von Relationen

Def. 4.1.1.4 (*Durchschnitt*)

Es seien A und B typkompatible Relationen. Die Menge

$$A \cap B = \{z = (d_1, d_2, ..., d_n) \mid z \in A \wedge B\}$$

heißt Durchschnitt der Relationen A und B.

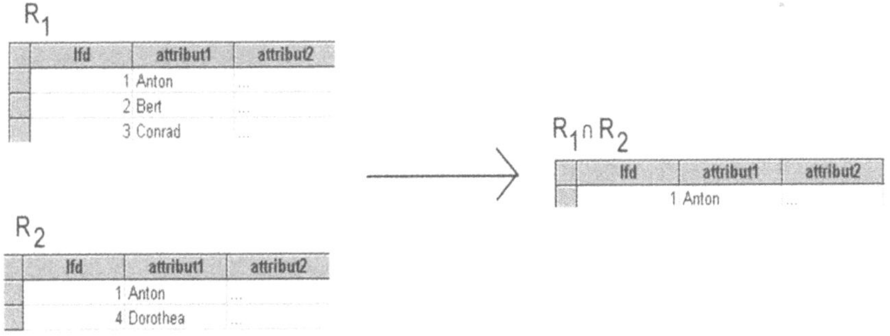

Bild 4-3 Durchschnitt von Relationen

Def. 4.1.1.5 (*Differenz*)

Es seien A und B typkompatible Relationen. Die Menge

$$A - B = \{z = (d_1, d_2, ..., d_n) \mid z \in A - B\}$$

heißt Differenz der Relationen A und B.

R_1

lfd	attribut1	attribut2
1	Anton	...
2	Bert	...
3	Conrad	...

R_2

lfd	attribut1	attribut2
1	Anton	...
4	Dorothea	...

→ $R_1 \setminus R_2$

lfd	attribut1	attribut2
2	Bert	...
3	Conrad	...

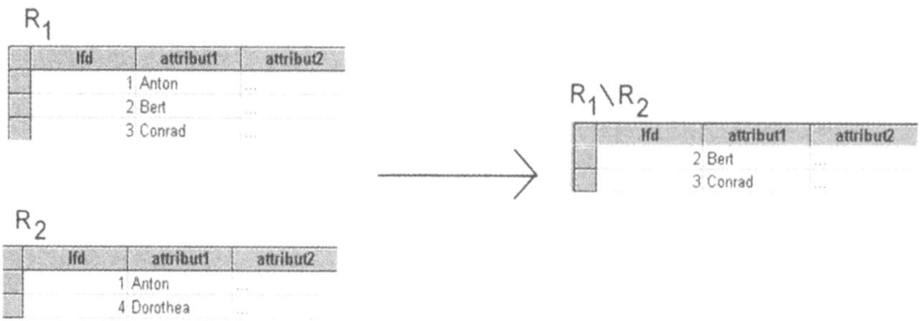

Bild 4-4 Differenz von Relationen

Def. 4.1.1.7 (*Projektion*)

Es sei A={(a_1, a_2, a_3, ..., a_n)} eine beliebige Relation.

$$\pi_{a_k, a_l, \ldots a_p}(A) = \{(a_k, a_l, \ldots a_p) | a_k, a_l, \ldots a_p \in \{a_1, a_2, \ldots a_n\}\} =: PROJ(A, a_k, a_l, \ldots a_p)$$

heißt Projektion der Relation A bezüglich der Komponenten a_k, a_l, ..., a_p.

R

lfd	attribut1	attribut2	attribut3
1	Anton	Aachen	Postweg 1
2	Bert	Berlin	Koststr. 4
3	Anton	Cottbus	Weinweg 4
4	Dorothea	Dortmund	Ostgasse 5

→ Proj(R,attribut1,attribut3)

attribut1	attribut3
Anton	Postweg 1
Bert	Koststr. 4
Anton	Weinweg 4
Dorothea	Ostgasse 5

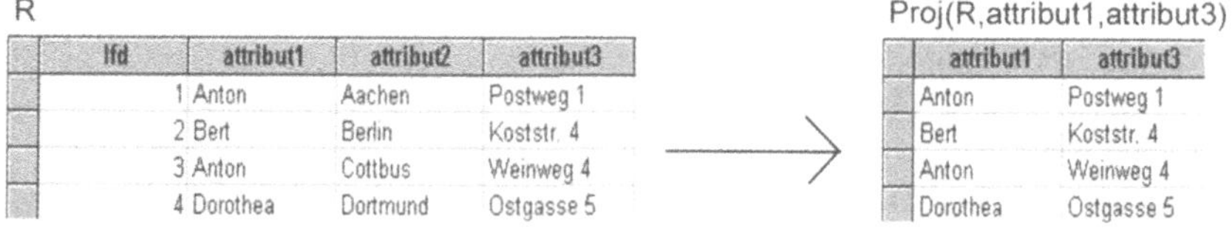

Bild 4-5 Projektion

Def. 4.1.1.8 (*Restriktion, Selektion*)

Es sei A={(a_1, a_2, a_3, ..., a_n)} eine beliebige Relation und L(A) eine logische Bedingung bezogen auf die Tupelelemente aus A. Dann heißt

$$\sigma_L(A) = \{(a_1, a_2, \ldots a_n) | (a_1, a_2, \ldots a_n) \in A \wedge L(a_1, a_2, \ldots a_n) = true\} =: RES(R, L)$$

die Restriktion oder Selektion der Relation A bezüglich der Bedingung L.

R

lfd	attribut1	attribut2	attribut3
1	Anton	Aachen	Postweg 1
2	Bert	Berlin	Koststr. 4
3	Anton	Cottbus	Weinweg 4
4	Dorothea	Dortmund	Ostgasse 5

→ Res(R,attribut1="Anton")

lfd	attribut1	attribut2	attribut3
1	Anton	Aachen	Postweg 1
3	Anton	Cottbus	Weinweg 4

Bild 4-6 Restriktion

Def. 4.1.1.9 (*Produkt*)

Es seien A={(a$_1$, a$_2$, a$_3$, ..., a$_n$)} und B={(b$_1$, b$_2$, b$_3$, ..., b$_m$)} beliebige Relationen.

$$A \times B = \{(a_1, a_2, ... a_n, b_1, b_2, ... b_m) \,|\, (a_1, a_2, ... a_n) \in A \wedge (b_1, b_2, ... b_m) \in B\}$$

heißt (kartesisches) Produkt der Relationen A und B.

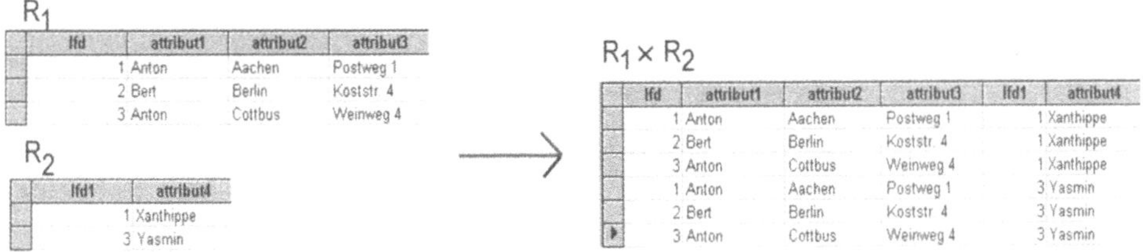

Bild 4-7 Produkt

Def. 4.1.1.10 (*θ-Join, Theta-Join*)

Es seien A={(a$_1$, a$_2$, a$_3$, ..., a$_n$)} und B={(b$_1$, b$_2$, b$_3$, ..., b$_m$)} beliebige Relationen und
$\theta \in \{=,<,\leq,>,\geq,\neq\}$, wobei die Relationszeichen aus θ auf den Tupelelementen von A und B
wohldefiniert sind. Weiter sei a$_i\theta$b$_j$, wobei $i \in \{1,2,...,n\}$ und $j \in \{1,2,...,m\}$. Dann heißt

$$Join(A, B) = \underset{\theta}{\sigma}\ \underset{a_i\theta b_j}{(A \times B)} =: Join(A, a_i\theta b_j, B)$$

ein Theta-Join oder einfach nur Join der Relationen A und B.

Die Relationen A und B müssen nicht notwendig verschieden sein.

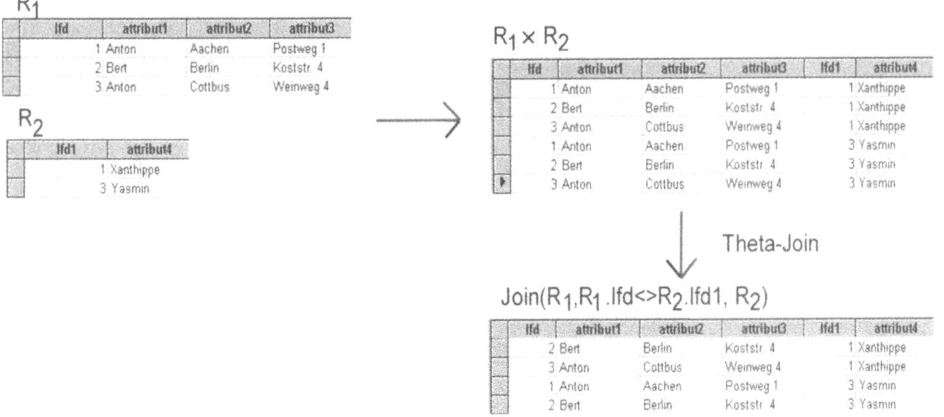

Bild 4-8 Theta-Join

Offensichtlich ist der Join also eine abkürzende Bezeichnung der beiden hintereinander ausgeführten Operationen Produkt und Selektion. Es gibt nun zwei Spezialfälle des Theta-Joins. Dabei handelt es sich um ein spezielles Theta, nämlich Theta gleich „=", also dem Gleichheitszeichen als Restriktionsbedingung.

Def. 4.1.1.11 (*Equi-Join*)

Es seien A={(a_1, a_2, a_3, ..., a_n)} und B={(b_1, b_2, b_3, ..., b_m)} beliebige Relationen, sowie $a_i=b_j$, wobei $i \in \{1,2,...,n\}$ und $j \in \{1,2,...,m\}$. Dann heißt

$$Join(A,B) = \underset{a_i=b_j}{\sigma} (A \times B) =: Join(A, a_i = b_j, B)$$

ein Equi-Join der Relationen A und B.

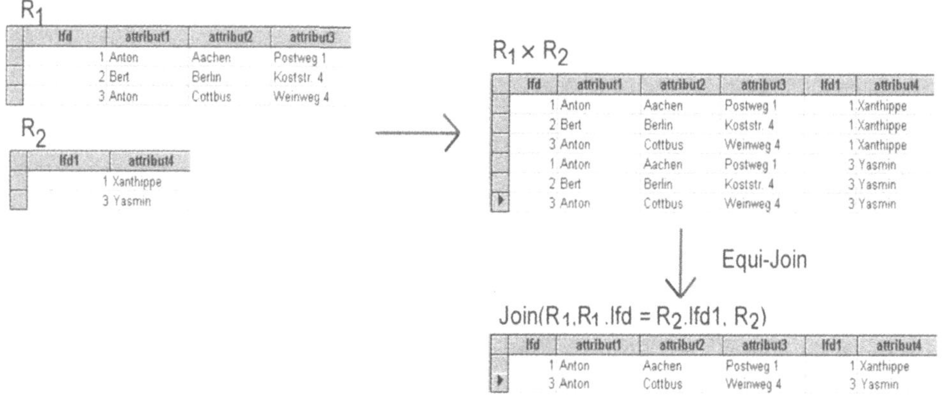

Bild 4-9 Equi-Join

Beim Equi-Join ist die Selektionsbedingung nach der Produktbildung also Gleichheit der Inhalte bestimmter Spalten. Natürlich beinhaltet das Ergebnis dementsprechend zwei Spalten mit identischen Einträgen (in Bild 4-9 sind dies die Spalten *lfd* und *lfd1*). Eine der Spalten kann also im Prinzip weggelassen werden, da sie keine neue Information enthält. Diese Möglichkeit wird durch den sog. natürlichen Join realisiert.

Def. 4.1.1.12 (*Natural Join*)

Es seien A={(a_1, a_2, a_3, ..., a_n)} und B={(b_1, b_2, b_3, ..., b_m)} beliebige Relationen, sowie $a_i=b_j$, wobei $i \in \{1,2,...,n\}$ und $j \in \{1,2,...,m\}$. Dann heißt

$$Join(A,B) = \underset{a_1,....a_n,b_1,...b_{j-1},b_{j+1},...,b_m}{\pi} \quad \underset{a_i=b_j}{\sigma} (A \times B)$$

ein natural Join oder natürlicher Join der Relationen A und B.

Der natürliche Join wird also, wie bei allen Joins, zunächst durch das kartesische Produkt gebildet, anschließend wird die Restriktion auf Gleichheit bestimmter Spalten durchgeführt und schließlich erfolgt mittels einer Projektion das Ausblenden gleicher Spalten.

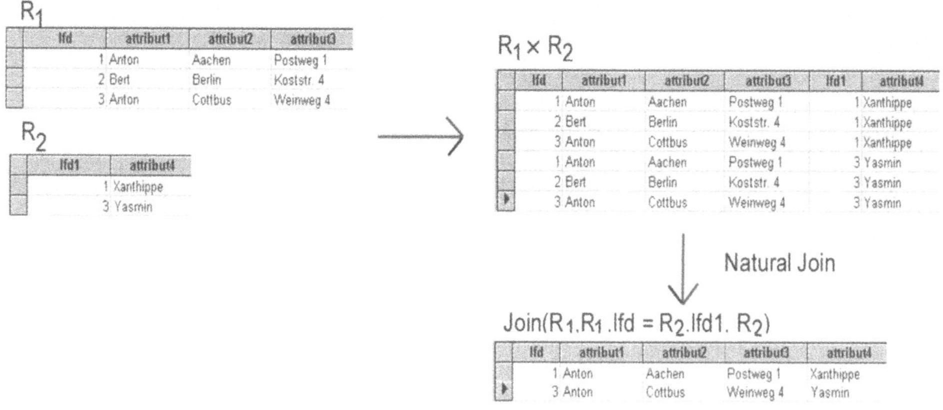

Bild 4-10 Natural Join

Neben diesen direkten Operationen auf Relationen ist es in der Datenbanktheorie außerdem entscheidend, dass die abgespeicherten Daten möglichst wenig Redundanzen besitzen. Damit ist gemeint, dass so wenig wie möglich doppelte Einträge in einer Tabelle gemacht werden müssen. Zu diesem Zweck werden Tabellen, welche redundante Einträge besitzen, in mehrere kleinere Tabellen zerlegt, die dann keine Redundanz mehr besitzen. Diesen Prozess nennt man *Normalisierung*. Dabei ist natürlich zu beachten, dass eine Zuordnung zugehöriger Datensätze aus verschiedenen Tabellen gewährleistet ist. Dies kann z.B. dadurch erfolgen, dass jedem Datensatz eine eindeutige Satznummer zugewiesen ist, und diese Satznummer dann in den Sätzen der anderen Tabellen als Referenz vorkommt. Anstatt eine eigene Satznummer kann auch eine minimale Kombination von Attributen gewählt werden, die aber so beschaffen sein muss, dass diese Kombination jeden Datensatz eindeutig identifiziert (wenn man Glück hat, reicht ein einziges Attribut bereits aus). Solch eine minimale, eindeutige Attributskombination nennt man auch einen *Schlüsselkandidaten*. Wie bereits erwähnt stellt ein Attribut mit einer fortlaufenden (Satz-) Nummer die einfachste Methode für einen Schlüsselkandidaten dar. Gibt es mehrere Schlüsselkandidaten, so nennt man denjenigen, welcher dann tatsächlich zur späteren Referenz dient, den *Schlüssel* oder auch *Primärschlüssel* der Tabelle. Welchen der Schlüsselkandidaten man zum Schlüssel macht, ist im Prinzip gleichgültig und steht dem Entwickler völlig frei. In der Regel wird man den kleinsten der Schlüsselkandidaten wählen.

Die Normalisierung von Relationen erfolgt in mehreren Teilschritten. Jeder Teilschritt eliminiert dabei gewisse Redundanzen. Die Ergebnisse der jeweiligen Teilschritte werden Normalformen genannt. In der Praxis führt man dabei 3 solcher Teilschritte durch und entsprechend nennt man die Teilergebnisse dann 1., 2. und 3. Normalform. Theoretisch kann man weiter normalisieren und so noch eine 4. und 5. Normalform erzeugen, doch diese Normalformen sind in der Praxis ohne Bedeutung.

Eine detaillierte Betrachtung dieses Themas würde den Rahmen des vorliegenden Buches sprengen, so dass die Erzeugung von Normalformen nachfolgend lediglich definiert und an einem kleinen Beispiel demonstriert wird. Ist ein Entwickler häufig mit der Entwicklung von Datenbanksystemen beschäftigt, so sollte ein Fachbuch über Datenbanken zu Rate gezogen werden.

In Bild 4-11 ist das Beispiel einer nicht normalisierter Tabelle zu sehen. Dabei handelt es sich um eine Tabelle, welche die Prüfungsdaten von Studenten enthält.

Prüfungen			Prüfungskandidaten					
PrNr	**Fach**	**Prüfer**	**Matrikenr**	**Name**	**FBnr**	**FBName**	**Dekan**	**Note**
1	Softwareengineering	Zöller-Greer	023223	Meierhofer	2	Informatik	Egbert	5
			023434	Niedermeier	2	Informatik	Egbert	4
2	Datenbanken	Schubert	129382	Knöll	2	Informatik	Egbert	4
			129445	Maurer	1	Elektrotechnik	Stief	3
3	Mathematik	Riessinger	532323	Nullmann	1	Elektrotechnik	Stief	5
			637272	Nichtsnutz	2	Informatik	Egbert	1

Bild 4-11 Nicht-normierte Tabelle

Das Problem der Tabelle aus Bild 4-11 ist, dass es zwei Attribute *Prüfungen*, und *Prüfungs-kandidaten* gibt, welche mehrere Einträge der gleichen Sorte enthalten. Der Prüfung Nr. 1 ist praktisch eine Liste mit Prüfungskandidaten zugeordnet. In manchen Programmiersprachen gibt es zwar einen Datentyp Liste, doch in normalen Datenbankanwendungen gibt es das nicht. Deswegen fordert die 1. Normalform, dass keine Listeneinträge in Attributen möglich, die Attribute also bezogen auf ihren Datentyp atomar sind, d.h. dass immer nur ein einziger Eintrag im jeweiligen Datenfeld des Attributs eines Satzes steht.

Def. 4.1.1.13 (*1. Normalform*)

Eine Relation ist in 1. Normalform, wenn alle Attribute atomare Werte enthalten.

Tabelle1: Prüfungen

	PrNr	**Fach**	**Prüfer**
	1	Softwareengineering	Zöller-Greer
	2	Datenbanken	Schubert
	3	Mathematik	Riessinger

Tabelle2: Prüflinge

	PrNr	**MatrikelNr**	**Name**	**FBnr**	**FBName**	**Dekan**	**Note**
	1	023223	Meierhofer	2	Informatik	Egbert	5
	1	023434	Niedermeier	2	Informatik	Egbert	4
	2	129382	Knöll	2	Informatik	Egbert	4
	2	129445	Maurer	1	Elektrotechnik	Stief	3
	3	532323	Nullmann	1	Elektrotechnik	Stief	5
	3	637272	Nichtsnutz	2	Informatik	Egbert	1

Bild 4-12 Tabellen in 1. Normalform

Die Tabelle aus Bild 4-11 wurde also in zwei Tabellen zerlegt, welche jeweils in der 1. Normalform sind. Offenbar stellt die Attributskombination (PrNr, MatrikelNr) einen Schlüssel der

Tabelle2 dar. Bevor wir nun die 2. Normalform einführen, ist es erforderlich, dass zunächst zwei weitere Begriffe definiert werden.

> **Def. 4.1.1.14** (*Funktionale Abhängigkeit*)
>
> In einer Relation $R \subseteq A \times B$ ist das Attribut B vom Attribut A funktional abhängig, falls zu jedem Wert des Attributs A genau ein Wert des Attributs B gehört. A heißt auch Determinante von B.

Der Begriff der funktionalen Abhängigkeit entspricht im Prinzip dem einer mathematischen Funktion. Funktionen sind ja bekanntlich als Relationen definiert, bei denen zu jedem Urbildelement genau ein Bildelement gehört. In Tabelle 2 von Bild 4-12 ist beispielsweise der *Name* funktional abhängig von der *Matrikelnummer*.

> **Def. 4.1.1.15** (*Volle funktionale Abhängigkeit*)
>
> In einer Relation $R \subseteq M_1 \times M_2 \times M_3 \times ... \times M_n$ ist das Attribut M_n von den Attributen M_1, M_2, ..., M_{n-1} voll funktional abhängig, falls das Attributs M_n nur von den zusammengesetzten Attributen $\{M_1, M_2, ..., M_{n-1}\}$ funktional abhängig ist, nicht aber von bereits einer echten Teilmenge der Attribute $\{M_1, M_2, ..., M_{n-1}\}$. $\{M_1, M_2, ..., M_{n-1}\}$ heißt auch Determinante von M_n.

In Tabelle 2 von Bild 4-12 ist das Attribut *Note* voll funktional abhängig von der *PrNr* zusammen mit der *MatrikelNr*. Das heißt, dass erst letztere beiden Attribute gemeinsam eindeutig eine Note bestimmen. Damit lässt sich schließlich die 2. Normalform definieren.

> **Def. 4.1.1.16** (*2. Normalform*)
>
> Eine Relation ist in 2. Normalform, wenn sie in erster Normalform ist und jedes Nicht-Schlüsselattribut voll funktional vom Gesamtschlüssel abhängig ist, nicht jedoch von einzelnen Attributen des Schlüssels.

Tabelle1: Prüfungen

	PrNr	Fach	Prüfer
	1	Softwareengineering	Zöller-Greer
	2	Datenbanken	Schubert
	3	Mathematik	Riessinger

Tabelle2: Prüflinge

	MatrikelNr	Name	FBnr	FBName	Dekan
	023223	Meierhofer	2	Informatik	Egbert
	023434	Niedermeier	2	Informatik	Egbert
	129382	Knöll	2	Informatik	Egbert
	129445	Maurer	1	Elektrotechnik	Stief
	532323	Nullmann	1	Elektrotechnik	Stief
	637272	Nichtsnutz	2	Informatik	Egbert

Tabelle3: Noten

	PrNr	MatrikelNr	Note
	1	023223	5
	1	023434	4
	2	129382	4
	2	129445	3
	3	532323	5
	3	637272	1

Bild 4-13 Tabellen in 2. Normalform

Mit der Zerlegung der Tabelle2 aus Bild 4-12 in zwei Tabellen (vgl. Bild 4-13) wurde erreicht, dass jetzt in Tabelle3 die Note tatsächlich nur von den beiden Attributen PrNr und MatrikelNr abhängt und von keinem weiteren Attribut mehr. Das war zuvor nicht so, da Tabelle2 aus Bild 4-12 die Attributskombination (*PrNr*, *MatrikelNr*) als Schlüssel hatte und aber z.B. das Attribut *Name* bereits von der Matrikelnummer alleine abhing. Also gibt es ein Attribut (*Name*), welches bereits von einem Teil des Schlüssels (*MatrikelNr*) funktional anhängig ist. Durch die

Tabellenzerlegung in Bild 4-13 ist dies nun nicht mehr der Fall. Trotzdem fällt auf, das immer noch Einträge redundant sind, nämlich in Tabelle2. Die Beseitigung dieser Redundanzen führt schließlich zur Definition der 3. Normalform.

Def. 4.1.1.17 (*3. Normalform*)

Eine Relation ist in 3. Normalform, wenn sie in der zweiten ist und wenn zwischen Attributen, die nicht zum Schlüssel gehören, keine funktionalen Abhängigkeiten mehr bestehen.

Tabelle1: Prüfungen

PrNr	Fach	Prüfer
1	Softwareengineering	Zöller-Greer
2	Datenbanken	Schubert
3	Mathematik	Riessinger

Tabelle2: Prüflinge

MatrikelNr	Name	FBnr
023223	Meierhofer	2
023434	Niedermeier	2
129382	Knöll	2
129445	Maurer	1
532323	Nullmann	1
637272	Nichtsnutz	2

Tabelle3: Noten

PrNr	MatrikelNr	Note
1	023223	5
1	023434	4
2	129382	4
2	129445	3
3	532323	5
3	637272	1

Tabelle4: Fachbereiche

FBnr	FBName	Dekan
1	Elektrotechnik	Stief
2	Informatik	Egbert

Bild 4-14 Tabellen in 3. Normalform

In Bild 4-14 besitzt Tabelle2 die Matrikelnummer (*MatrikelNr*) als Schlüssel und Tabelle4 die Fachbereichsnummer (*FBnr*). Damit gibt es jetzt, wie in Def. 4.1.1.17 gefordert, keine funktionalen Abhängigkeiten mehr zwischen Nichtschlüsselattributen (es wird dabei unterstellt, dass der Dekan aus Tablle4 nur von der Fachbereichsnummer, und nicht vom Fachbereichsnamen abhängt).

Der Vollständigkeit halber sei noch eine Verschärfung der 3. Normalform angegeben, die sog. Boyce/Codd-Normalform (siehe z.B. [3], S. 141). In der Praxis ist jedoch die übliche 3. Normalform völlig ausreichend.

Def. 4.1.1.17 (*Boyce/Codd-Normalform*)

Eine Relation ist Boyce/Codd-Normalform, wenn sie in 3. Normalform ist und zusätzlich jede Determinante ein Schlüsselkandidat ist.

4.1.2 Objekte, Klassen und Instanzen

Während noch bis vor kurzem der Schwerpunkt des DV-Entwurf klar auf der Entwicklung relationaler Datenmodelle lag, so ist neuerdings der objektorientierte Ansatz vorrangig. Dies liegt u.a. daran, dass eine objektorientierte Systemanalyse (OOA) eine bessere Abbildung der Realität ermöglicht, denn dort hat man es ja gerade mit Objekten zu tun. Eine präzise Definition des Objektbegriffs ist dabei sehr schwer. Wir lehnen uns an die Definition des Duden (Bedeutungswörterbuch, BI 1985) an:

> **Def. 4.1.2.1** (*Objekt*)
>
> Unter einem Objekt versteht man eine Person oder einen Gegenstand (der Realität oder Anschauung), auf die/den das Denken und Handeln bzw. jemandes Interesse gerichtet ist.

Dies erscheint nun etwas verschwommen, aber man versteht, dass es sich bei einem Objekt um eine „Sache" handelt, die wahrgenommen und hinlänglich beschrieben werden kann. Im Softwareengineering interessiert in erster Linie, wie Objekte aus dem Leben auf den Computer abgebildet werden können. Natürlich existieren auch Objekte ausschließlich auf einem Computer, man denke z.B. an eine Schaltfläche oder den Mauszeiger etc.; auch das sind Objekte, denn sie besitzen unbestreitbar zumindest eine virtuelle Realität und man kann sein Interesse auf sie richten.

Beispiele für Objekte:

Objekt	Kategorie
Menschen	real
Autos	real
Computer	real
Konten bei einer Bank	virtuell
Banken	real
Künstlerverträge	real
Mauszeiger	virtuell
Kreise	imaginär, existieren nur in der Anschauung
Quadrate	imaginär, existieren nur in der Anschauung
Schaltflächen	virtuell
Bildschirmmasken	virtuell

Will man Objekte auf einem Computer abbilden, so müssen diese in Form von Daten abgelegt werden. Und Daten auf dem Computer erfordern ein Datenformat, also eine Datenstruktur. Die Beschreibung von Datenstrukturen und ihren Beziehungen nennt man auch Datenmodell. Das ist aber noch nicht alles. Auf Daten muss man zugreifen können, d.h. man benötigt Zugriffsoperationen wie Edit, Delete, Add usw.; außerdem fasst man ähnliche Daten häufig zusammen. Es muss also Kriterien geben, welche die Zugehörigkeit (auch *Integrität* genannt) festlegen. Solche Zugehörigkeitskriterien nennt man auch *Integritätsbedingungen*. Wir werden in Kapitel 4.2. darauf noch genauer eingehen. Grob kann man also sagen, was für ein Objekt im datentechnischen Sinn gelten muss:

> Objekt   =   Datenstruktur + Operationen + Integritätsbedingungen
>
> Objektmodell =   Datenmodell + Operationen + Integritätsbedingungen

Dadurch, dass also die Operationen zu einem Objekt gehören, sind die Daten eines Objekt selbst nur über diese Operationen zugreifbar. Man redet auch in diesem Zusammenhang von *Datenkapselung*. Die Operationen werden dabei als Funktionen implementiert und dann *Methoden* genannt (vgl. Bild 4-15). Ein erstelltes Datenmodells wird manchmal auch ein *Schema* genannt.

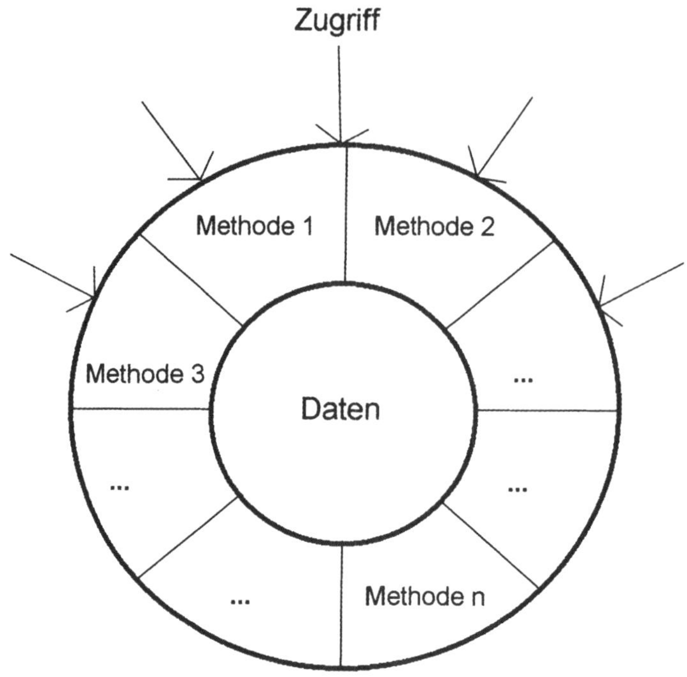

Bild 4-15 Datenkapselung in einem Objekt

Die Datenkapselung wie überhaupt die objektorientierte Datenverarbeitung bietet gegenüber konventioneller Datenbearbeitung erhebliche Vorteile. Zunächst können Datenobjekte (und deren Eigenschaften und Funktionen) problemlos an andere Programmmodule übergeben werden. Eine komplette Bildschirmmaske beispielsweise kann in einer Objektvariablen abgespeichert und als Parameter in einem Funktionsaufruf benutzt werden. Objektorientierte Programmiersprachen stellen die wichtigsten Zugriffsmethoden „von Hause aus" zur Verfügung. So kann z.B. ein Tabellenobjekt, wie es bei relationalen Datenbanken vorkommt, durch die integrierten Operationen wie *Satz hinzufügen, Satz löschen, Satz bearbeiten* etc. editiert werden. Der Entwickler muss diese Funktionen nicht erst programmieren, was die Fehleranfälligkeit deutlich herabsetzt und zudem die Entwicklungszeit verkürzt.

In der Praxis ist es häufig so, dass objektorientierte Entwicklungswerkzeuge eingesetzt werden, auch wenn z.B. die zugrunde liegende Datenbank eine relationale ist. Sehr populär sind z.B. die objektorientierten Sprachen C^{++} oder Java. Doch auch Sprachen wie Visual Basic for Applications (VBA), die Teil der MS-Office-Entwicklungsumgebung ist, besitzen einige objektorientierte Elemente, so dass z.B. mit MS-Access effiziente Datenbankanwendungen entwickelt werden können.

Objekte, die in irgend einem Sinne zusammengehörig sind, werden in sog. Klassen zusammengefasst. Dabei muss es also ein Kriterium geben, nach welchem die Zusammengehörigkeit von Objekten bestimmbar ist. In der 4. Schulklasse einer Grundschule beispielsweise sitzen Kinder (Objekte), denen gemeinsam ist, dass sie alle die 3. Klasse hinter sich gebracht haben, einer bestimmten Altersgruppe angehören, einen bestimmten (Klassen-) Lehrer haben, in einem bestimmten (Klassen-) Zimmer sitzen, einen bestimmten Stundenplan haben usw.; in der Mathematik kennt man Restklassen. Eine Restklasse ist die Zusammenfassung von denjenigen ganzen Zahlen, die bei Division durch eine festgelegte Zahl den gleichen Rest besitzen. Betrachtet man z.B. die Menge {..., 7, 11, 15, 19...}, so handelt es sich hierbei um die Klasse der ganzen Zahlen, welche bei Division durch die Zahl 4 alle den gleichen Rest, nämlich 3, besitzen. Dieser Klassenbegriff führt zu nächsten Definition.

Def. 4.1.2.2 (*Klasse*)

Unter einer Klasse versteht man eine Menge von zusammengehörigen Objekten. Eine atomare Klasse ist eine Klasse mit nur einfachen (also nicht zusammengesetzten) Objekten.

Die Objekte von Klassen bekommen einen eigenen Namen:

Def. 4.1.2.3 (*Instanz*)

Die Objekte einer Klasse werden auch Instanzen oder Exemplare der Klassen genannt.

Die Instanzen oder Exemplare einer Klassen können prinzipiell selbst wieder Klassen sein. Nun könnte man auf die Idee kommen, dass die Exemplarmenge einer Klasse das gleiche ist wie die Klasse selbst. Das ist aber im Allgemeinen nicht so, denn die Menge der Exemplare einer Klasse kann sich mit der Zeit verändern. Betrachtet man z.B. die Adresstabelle aus Bild 4-1, so kann natürlich diese Tabelle durch Löschen oder Hinzufügen von Einträgen verändert werden. Betrachtet man die Tabelle als eine Klasse und die Zeilen darin als Instanzen, so ändert man z.B. beim Löschen einer Zeile die Exemplarmenge.

4.1.3 Entitäten, Attribute und Beziehungen

Beim Entwurf von Softwaresystemen spielen nun besondere Klassen eine Rolle, nämlich die Klassen der Entitäten. Entitäten sind im Prinzip Objekte, deren Struktur durch das Vorhandensein von Attributen gekennzeichnet ist. In der Literatur wird häufig eine zirkuläre Definition derart benutzt, dass man sagt, Entitäten sind Objekte, welche Attribute besitzen, und später dann Attribute als Bestandteile von Entitäten definiert. Das wäre so, als würde man den Begriff *Haus* so definieren, dass man sagt, es sei eine Ansammlung von Backsteinen und einen Backstein definiert als Bestandteil eines Hauses. Wenn nun jemand weder den Begriff des Hauses noch den des Backsteines kennen würde (z.B. in einer Fremdsprache), so wäre ihm oder ihr mit solch einer Definition kaum geholfen. Wir sind glücklicherweise in der Situation, dass wir den Attributsbegriff bereits in Kapitel 4.1.1 eingeführt haben (wenn auch eher heuristisch), so dass wir ein gewisses Metawissen darüber haben, was ein Attribut ist. Trotzdem versuchen wir, eine zirkuläre Definition dieser Begriffe zu vermeiden in dem wir festlegen:

Def. 4.1.3.1 (*Attribut*)

Ein Attribut a einer Exemplarmenge einer Klasse K ist eine Abbildung von der Exemplarmenge von K in die Menge der Werteklasse W ($a:K{\rightarrow}W$), wobei die Werteklasse W aus der Menge der möglichen Domains der Attribute besteht. Eine Werteklassen wird daher auch manchmal Domainklasse oder einfach nur Domain eines Attributs genannt.

Diese etwas abstraktere Definition eines Attributs ist im Gegensatz zur der Festlegung aus Abschnitt 4.1.1 allgemeiner. Natürlich trifft sie dennoch auch auf einfache Tabellen zu, wo wir die Attribute als Spaltenüberschriften eingeführt hatten. Bleiben wir bei diesem Beispiel. Alle Tabellen aus Abschnitt 4.1.1 wurden mit MS-Access erstellt. Die Werteklasse für Tabellenattribute ist in diesem Datenbanksystem gegeben durch (WKM steht für Werteklassenmenge):

$$W \in WKM = \{\textit{Text, Memo, Zahl, Datum/Uhrzeit, Währung, AutoWert (Zähler), Ja/Nein}$$
$$\textit{(Boolesch), OLE-Objekt, Hyperlink}\}$$

Mit anderen Worten: Jeder Eintrag in den Tabellen aus Abschnitt 4.1.1 ist von einem Datentyp aus WKM. Die Einträge einer festen Spalte sind immer vom gleichen Datentyp (W). Im Beispiel der Tabelle aus Bild 4-1 bedeutet das konkret:

Klasse K	=	Tabelle „Adressen"
Werteklasse	=	$W \in WKM$ (siehe oben)
Attribute	=	*{lfd, Name, Ort, Strasse, Telefon}*
Exemplarmenge	=	Datensätze (Zeilen) der Tabelle

Entsprechend der Definition 4.1.3.1 ist z.B. das Attribut $a{=}NAME$ eine Abbildung von der Exemplarmenge (den Daten der Tabelle, genauer, denjenigen Daten, die in der Spalte *NAME* stehen) in die Werteklasse W (genauer, die Klasse *Text*).

Attribute, deren Donains entweder numerisch, alphanumerisch (Charakters) oder Boolesch sind, nennt man auch elementare Attribute.

Im Allgemeinen können Attribute auch zusammengesetzt sein. Wenn dies der Fall ist, so ist W ein Element der Potenzmenge der oben angegeben Werteklassenmenge.

Nun sei der Begriff einer Entität näher spezifiziert. Dieser Begriff ist in der objektorientierten Welt kaum noch von Bedeutung, da der dort eingeführte Klassenbegriff eigentlich alles bereits gut abdeckt. Es hat daher mehr historische Gründen, diesen Begriff hier einzuführen.

Def. 4.1.3.2 (*Entität*)

Eine Entität ist eine abstrakte Repräsentation eines Objektes der Anschauung oder der Realität.

Entitäten kann man wieder zu sog. Entitätsklassen zusammenfassen. Entitätsklassen sind immer atomare Klassen, d.h. Entitäten sind nicht zusammengesetzt. Wir haben in Abschnitt 4.1.1 den Begriff des Schlüsselkandidaten kannengelernt. Im einfachsten Fall war dies ein einziges Attribut, z.B. eine fortlaufende Nummer. So ein Attribut wird auch Identifikator genannt. Genauer:

Def. 4.1.3.3 (*Identifikator*)

Es gelten die Bezeichnungen aus Def. 4.1.3.1. Ein Identifikator ist ein eineindeutiges (bijektives) Attribut $i^1{:}K{\leftrightarrow}W$, dessen Werteklasse elementar oder eine Kombination elementarer Domains ist.

In der Adresstabelle aus Bild 4-1 ist das Attribut *lfd* so ein Identifikator, da diese Zahl jeden Datensatz eindeutig identifiziert.

In Abschnitt 4.1.1 hatten wir Tabellen als mögliche Repräsentationen von Relationen aufgefasst. Nun wissen wir aber aus Abschnitt 3.2.1, dass es auch Beziehungen zwischen Tabellen geben kann (z.B. in Bild 3-1 eine *1:n*-Beziehung zwischen den Entitäten *Abteilung* und *Mitarbeiter*). In gewissem Sinn handelt es sich dabei also um Relationen von Relationen. Um diesen Tatbestand abzudecken, ist es sinnvoll, Relationen als Instanzen von sog. Relationenklassen oder Beziehungsklassen aufzufassen, welche allgemein wie folgt definiert werden können:

Def. 4.1.3.4 (*Relationenklasse, Beziehungsklasse*)

Eine Relationenklasse oder Beziehungsklasse ist eine Relation $y \subseteq y_1 \times y_2 \times \ldots \times y_n$, wobei jede Klasse y_i eine Entitätsklasse oder selbst eine Relationenklasse ist.

Die Klassen y_i müssen nicht notwendig verschieden sein.

Wir werden im Abschnitt 4.2.1 eine Anwendung dieser erweiterten Definition von Relationen als Exemplar einen Relationenklasse kennen lernen.

4.1.4 Kardinalitäten

Wir hatten in Abschnitt 3.2.1 bereits über *1:n-* und *n:m* - Beziehungen gesprochen (vgl. Bild 3-1). Im Softwareengineering nennt man so etwas auch Kardinalitätsbeschränkungen oder Multiplizitäten. Wir wollen diesen Begriff etwas genauer definieren, doch dazu benötigen wir erst noch etwas Vorarbeit.

Def. 4.1.4.1 (*Funktionen*)

Funktionen sind Abbildungen von einer Exemplarmenge $Y_{1,t}$ einer Klasse Y_1 in die Exemplarmenge $Y_{2,t}$ einer Klasse Y_2 zum Zeitpunkt t. In Zeichen: $f_t : Y_{1,t} \rightarrow Y_{2,t}$. Man unterscheidet dabei:

- *total definierte Funktion*: $f_t^1 : Y_{1,t} \rightarrow Y_{2,t}$,

  d.h. zum Zeitpunkt t gilt: $\forall x_1 \in Y_{1,t}$ gibt es genau ein $x_2 \in Y_{2,t}$

- *partiell definierte Funktion*: $f_t^c : Y_{1,t} \rightarrow Y_{2,t}$,

  d.h. zum Zeitpunkt t gilt: $\forall x_1 \in Y_{1,t}$ gibt höchstens ein $x_2 \in Y_{2,t}$

- *mehrfach definierte Funktion*: $f_t^m : Y_{1,t} \rightarrow P\left(Y_{2,t}\right)$, wobei P = Potenzmenge,

  d.h. zum Zeitpunkt t gilt: $\forall x_1 \in Y_{1,t}$ gibt es kein, ein oder mehrere $x_2 \in Y_{2,t}$.

Es sei angemerkt, dass der übliche Funktionsbegriff in der Mathematik eigentlich nur mit total definierten Funktionen aus Def. 4.1.4.1 übereinstimmt. Bei partiell definierten Funktionen kann es Lücken geben und mehrfach definierte Funktionen entsprechen in der Mathematik Kurven, d.h. ein x-Wert kann mehrere y-Werte haben. Der hochgestellte Index des Funktionssymbols bedeutet

1   =   eindeutig (bei total definierten Funktionen)

c   =   conditioned (bei partiell definierten Funktionen)

m   =   multiple (bei mehrfach definierten Funktionen).

Aus der Mathematik ist bekannt, dass man unter der Kardinalität *card(M)* einer Menge *M* die Anzahl ihrer Elemente versteht. Da es sich bei uns in der Regel um Exemplarmengen einer Klasse handelt und diese naturgemäß endlich sind, kann man für jedes *x* aus der Exemplarmenge schreiben:

$$card\left(\left\{f_t^c(x)\right\}\right) = 0 \vee 1$$

$$card\left(\left\{f_t^1(x)\right\}\right) = 1$$

$$card\left(\left\{f^m(x)\right\}\right) \geq 1$$

Diese Schreibweise ist jedoch im Softwareengineering eher ungewöhnlich. Es haben sich hier folgende Schreibweisen eingebürgert:

- Für partiell definierte Funktionen: (0,1)

- Für total definierte Funktionen: (1,1)

- Für mehrfach definierte Funktionen: (1,*)

In dieser Version steht die Schreibweise für (min, max) der möglichen Kardinalitäten der Exemplarmengen, d.h. es werden die unteren und oberen Schranken der Kardinalitäten angegeben („*" steht dabei synonym für „viele"). Daher spricht man hier auch von Kardinalitätsbeschränkungen.

Eine andere, weit verbreitete alternative Schreibweise ist folgende:

c	(conditioned)	bedeutet:	(0,1)
1		bedeutet:	(1,1)
m	(multiple)	bedeutet:	(1,*)
mc	(multiple conditioned)	bedeutet:	(0,*)

Diese Abkürzungen nennt man auch Assoziationstypen.

Zum Schluss dieses Abschnitts soll der Begriff der Integritätsbedingung, der bereits in Abschnitt 4.1.2 eingeführt wurde, formal definiert werden. Hierzu definieren wir zunächst:

Def. 4.1.4.2 (*Prädikat*)

Ein Prädikat ist eine Abbildung von der Klasse Y_1 in die Menge {wahr, falsch}, d.h.

$P_1 : Y_{1,t} \rightarrow$ {wahr, falsch} (oder {1,0}).

Damit läst sich nun auch der Begriff der Integritätsbedingung scharf fassen:

Def. 4.1.4.3 (*Integritätsbedingung*)

Integritätsbedingungen lassen sich als eine Menge von Prädikaten P_n, P_{n-1},... , P_0 repräsentieren.

Jedes Prädikat stellt eine der Zugehörigkeitsbedingungen für die Exemplare der Klasse dar. Wenn alle Prädikate wahr sind, dann erfüllen die Exemplare die geforderten Integritätsbedingungen.

4.2 Datenmodellierung

Nachdem wir in Abschnitt 4.1 die wichtigsten Grundbegriffe kennen gelernt haben, soll nun der Schwerpunkt auf dem Entwurf komplexer Datenzusammenhänge gelegt werden. Das, was in diesem Abschnitt erfolgt, ist die eigentliche Erstellung des Blue Print, also des Bauplans der Software. Es sind dabei zwei wichtige Ansätze verbreitet: Der relationale Ansatz und der objektorientierte Ansatz. Ersterer ist zwar älter, aber wegen des Verbreitungsgrads von relationalen Datenbanken immer noch sehr wichtig. Häufig ist es sogar so, das zur Datenmodellierung zwar objektorientierte Ansätze benutzt werden, diese aber dann am Ende in ein relationales Schema umgewandelt werden, damit sie schließlich in ein relationales Datenbanksystem implementiert werden können. Es seien nachfolgend also diese beiden Ansätze genauer betrachtet.

4.2.1 Relationale Ansätze

Relationale Ansätze wurden für die Erstellung von Software für relationale Datenbanksysteme entwickelt. Es handelt sich dabei um vorwiegend grafische Methoden zur Darstellung der Datenstrukturen und ihrer Beziehungen.

Entity Relationship Diagramme

Diese auch als ER-Diagramme oder ERD bezeichnete Technik wurde von Chen [4] in den 70er Jahren des letzten Jahrhunderts entwickelt und ist bis heute weit verbreitet. Wir haben bereits in Kapitel 3.2.1 die Grundstruktur dieser Methode besprochen, da sie schon bei der Erstellung des Pflichtenhefts für die semantische Datenmodellierung von Nutzen sein kann. Der ursprüngliche Standard von Chen hat sich seither weiterentwickelt und wird bis heute immer wieder erweitert. In diesem Abschnitt sollen unsere Kenntnisse von ER-Diagrammen so erweitert werden, dass sie auch auf den detaillierteren DV-Entwurf angewendet werden können. Es seien zunächst nochmals die wichtigsten grafischen Elemente angegeben:

	Entity (Entität)
	Relationship (Relation, Beziehung)
	Attribut
	Verbindungslinie

Zunächst soll unser Augenmerk auf die Darstellung von Attributen im ERD gelenkt werden. Die Ellipse als grafisches Symbol ermöglicht es, Attribute als grafisches Element in das Diagramm einzubringen. Doch in der Praxis wird dies sehr selten gemacht, da dadurch das ER-Diagramm schnell unübersichtlich wird. Wenn man bedenkt, dass es viele Entitäten geben kann, und jede Entität wiederum etliche Attribute besitzen kann, dann ist das ER-Diagramm schnell überladen mit Symbolen. Betrachten wir z.B. das Beispiel der Adresstabelle aus Bild 4-1. Das ER-Diagramm würde hierfür wie folgt aussehen:

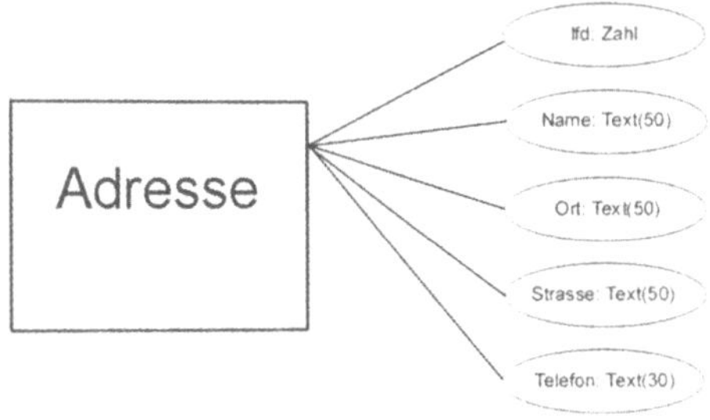

Bild 4-16 Attribute im ER-Diagramm

Neben der Möglichkeit, die Attribute grafisch in das Diagramm aufzunehmen, gibt es natürlich auch eine textuelle Beschreibung der Attribute einer Entität im Entity Relationship Modell. Der Aufbau sei wieder am Beispiel der Adresstabelle gezeigt:

Adresse

	Primary Key				
Attribut	Lfd	Name	Ort	Strasse	Telefon
Domain	Zahl (Integer)	Text(50)	Text(50)	Text(50)	Text(30)

Links oben steht der Name der Entität (Adresse). Die nächste Zeile identifiziert den Schlüssel der Tabelle (Primary Key), gefolgt von der Zeile mit den Attributsnamen. In der letzten Zeile werden schließlich die Werteklassen für jedes der Attribute angegeben (Domain).

Es ist aus Gründen der Übersichtlichkeit empfehlenswert, die Attribute im ER-Diagramm wegzulassen und eine getrennte, textuelle Attributsbeschreibung für jede Entität zu erstellen.

Etwas schwieriger wird es, wenn die Relationen beschrieben werden sollen. Zu diesem Zweck betrachten wir nochmals das Beispiel aus Kapitel 3.2.1 (Bild 3-1). Mit Hilfe unserer jetzigen Kenntnis über Kardinalitätsbeschränkungen (vgl. Abschnitt 4.1.4) können wir die Assoziationstypen jetzt genauer angeben (Bild 4-17).

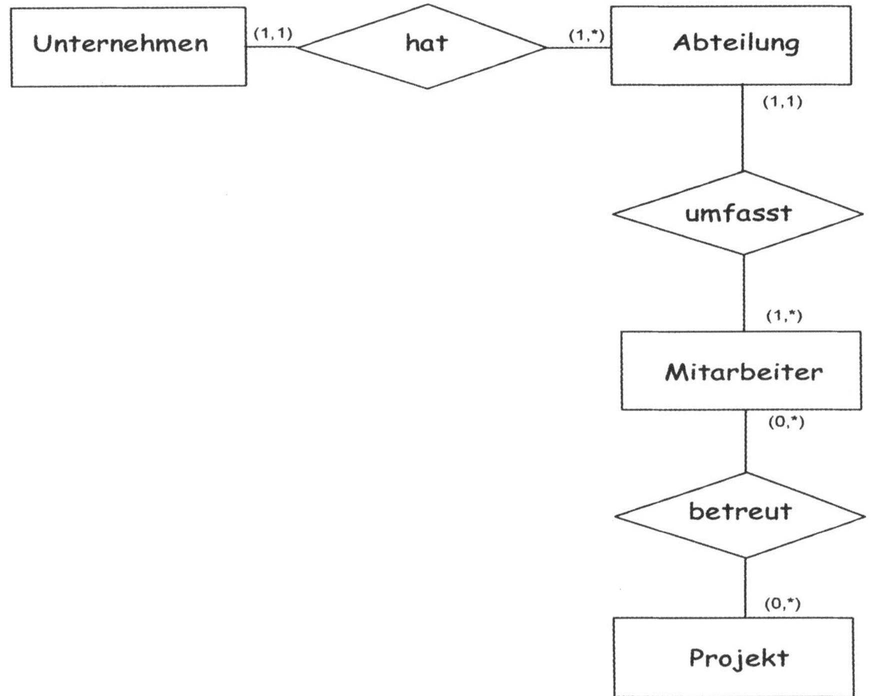

Bild 4-17 ER-Diagramm

Bevor wir die Beschreibung der Attribute von Relationen angeben, sollen zuerst die Entitäten aus Bild 4-17 genauer beschrieben werden. Wir definieren daher zunächst die Attribute dieser Entitäten.

Unternehmen

	Primary Key				
Attribut	U_Id	Name	Ort	Strasse	Telefon
Domain	Zahl (Integer)	Text(50)	Text(50)	Text(50)	Text(30)

Abteilung

	Primary Key		
Attribut	A_Id	Bezeichnung	Kürzel
Domain	Zahl (Integer)	Text(50)	Text(10)

Mitarbeiter

	Primary Key				
Attribut	M_Id	Name	Wohnort	Strasse	Telefon
Domain	Zahl (Integer)	Text(50)	Text(50)	Text(50)	Text(30)

Projekt

	Primary Key			
Attribut	P_Id	Bezeichnung	Kürzel	Beschreibung
Domain	Zahl (Integer)	Text(50)	Text(15)	Memo

Offen ist jetzt noch, wie die Relationen zwischen diesen Entitäten realisiert werden. Es sei daran erinnert, dass gemäß unserer Definition 4.1.1.1 auch die Entitäten im ER-Modell Relationen sind; die Beziehungen zwischen Entitäten wären dann Relationen von Relationen im Sinne der Definition 4.1.3.4. Im Sprachgebrauch der ER-Modellierung redet man jedoch nur dann von Relationen, wenn tatsächlich Beziehungen zwischen Entitäten gemeint sind (welche dann durch die Raute im Diagramm repräsentiert werden).

Wie eine Beziehung realisiert wird, hängt nun von den Kardinalitätsbeschränkungen ab. Besitzt nämlich eine der an der Relation beteiligten Entitäten die Kardinalitätsbeschränkung 1, wird die Relation einfach dadurch realisiert, dass man das Schlüsselattribut dieser Entität als zusätzliches Attribut in die andere Entität mit aufnimmt. Aus Sicht dieser anderen Entität heißt dieses zusätzliche Attribut dann Fremdschlüssel. Damit wird die Beziehung „hat" aus Bild 4-17 durch Hinzunahme des Attributs *U_Id* in die Entität *Abteilung* realisiert. Somit erhalten wird für die Entität *Abteilung* also folgendes:

Abteilung

	Primary Key	Foreign Key		
Fremd-Entität		Unternehmen		
Attribut	A_Id	U_Id	Bezeichnung	Kürzel
Domain	Zahl (Integer)	Zahl (Integer)	Text(50)	Text(10)

Grundsätzlich ist es sogar möglich, dass noch andere Entitäten an einer Relation beteiligt sind. In diesem Falle gäbe es einfach noch weitere Spalten mit Fremdschlüsseln (Foreign Keys), deren Herkunft durch die Zeile *Fremd-Entität* festliegt. Der Name des Fremdschlüsselattributs muss nicht der gleiche sein wie der Name des Schlüsselattributs der Fremd-Entität. Wählt man hier eine andere Attributsbezeichnung, so muss noch der ursprüngliche Name des Schlüsselattributs aus der Fremd-Entität in eine weitere Zeile nach der Zeile *Fremd-Entität* eingefügt werden, z.B.:

Abteilung

	Primary Key	Foreign Key		
Fremd-Entität		Unternehmen		
Fremd-Attribut		U_Id		
Attribut	A_Id	B_Id	Bezeichnung	Kürzel
Domain	Zahl (Integer)	Zahl (Integer)	Text(50)	Text(10)

Hier stehen also im Attribut *B_Id* der Entität *Abteilung* die zugehörigen Fremdschlüsseleinträge aus dem Attribut *U_Id* der Entität *Unternehmen*. In Bild 4-18 ist ein Beispiel mit Dateneinträgen zu sehen, wo allerdings der Fremdschlüssel in der Entität *Abteilung* den gleichen Attributsnamen hat wie der Schlüssel der Entität *Unternehmen*.

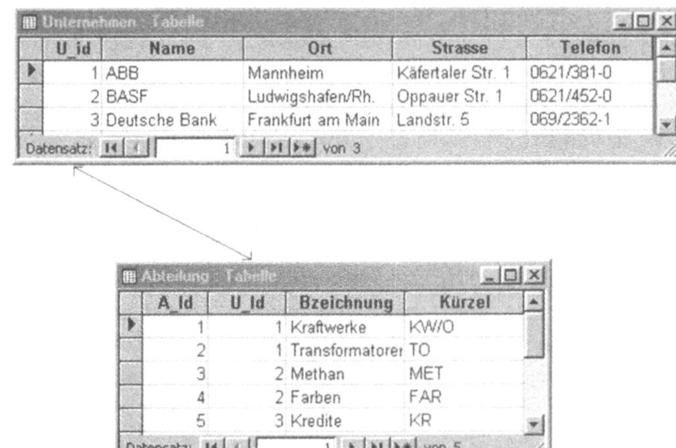

Bild 4-18 Relation zwischen Unternehmen und Abteilung

Ähnlich wie in der Beziehung „hat" zwischen den Entitäten *Unternehmen* und *Abteilung* verhält es sich mit der Beziehung „umfasst" zwischen den Entitäten *Abteilung* und *Mitarbeiter* (Bild 4-17*)*. Da es sich auch hier wie bei den Entitäten *Unternehmen* und *Abteilung* um eine 1:n-Beziehung handelt, kann die Relation „umfasst" durch Hinzunahme des Schlüsselattributs *A_Id* aus der „1-Seite" (*Abteilung*) in die Entität der „n-Seite" (*Mitarbeiter*) implementiert werden. Die entsprechende Attributsbeschreibung sieht dann wie folgt aus:

Mitarbeiter

	Primary Key	Foreign Key				
Fremd-Entität		Abteilung				
Attribut	M_Id	A_Id	Name	Wohnort	Strasse	Telefon
Domain	Zahl (Integer)	Zahl (Integer)	Text(50)	Text(50)	Text(50)	Text(30)

Bild 4-19 zeigt, wie diese Relation dann mit Daten aussehen könnte:

Abteilung : Tabelle

	A_Id	U_Id	Bzeichnung	Kürzel
▶	1	1	Kraftwerke	KW/O
	2	1	Transformatorei	TO
	3	2	Methan	MET
	4	2	Farben	FAR
	5	3	Kredite	KR

Datensatz: 1 von 5

Mitarbeiter : Tabelle

	M_Id	A_Id	Name	Wohnort	Strasse	Telefon
▶	1	1	Schulz, Karl	68305 Mannheim	Auf dem Sand 25	0621/724565
	2	1	Müller, Egon	67002 Ludwigshafen	Schulstraße 4	0621/162516
	3	1	Meier, Vinzenz	89001 München	Engl. Garten 4	089/62516766
	4	2	Schröder, Gerhard	10002 Berln	Rote Gasse 3	030/18271678
	5	2	Hanneman, Fritz	20001 Bremen	Flache Allee 6	032/1621762
	6	3	Schnüffel, Hans	67001 Ludwigshafen	Esterweg 4	0621/615217
	7	4	Clown, Schorsch	86253 Sendlngen	Gelber Weg 12	089/17626781
	8	5	Nimmersatt, Ignaz	68234 Viernheim	Scrooge-Str. 2	0621/1728
	9	5	Strawinskiy, Iwan	17637 Sommerstadt	Waldweg 14	0123/4567

Datensatz: 1 von 9

Bild 4-19 Relation zwischen Abteilung und Mitarbeiter

Bei der Relation „betreut" zwischen den Entitäten *Mitarbeiter* und *Projekt* (Bild 4-17) ergibt sich mit dieser Vorgehensweise jetzt aber eine Schwierigkeit. Während es sich bei den letzten beiden Relation immer nur um 1:n-Beziehungen handelte, liegt bei den Entitäten *Mitarbeiter* und *Projekt* eine n:m-Beziehung vor. Wie man an der Kardinalitätsbeschränkungen in Bild 4-17 erkennt, kann es sein, dass keiner, einer oder viele Mitarbeiter an keinem, einem oder vielen Projekten arbeiten. Es ist daher nicht möglich, z.B. einfach den Mitarbeiterschlüssel in die Projekttabelle als weiteres Attribut mit hinzuzunehmen, denn auf diese Art und Weise kann ich nur dafür sorgen, dass einem Projekt ein einziger Mitarbeiter zugeordnet ist. Wenn aber z.B. zwei oder mehr Mitarbeiter an dem gleichen Projekt arbeiten, ist dies so nicht mehr darstellbar. Umgekehrt, wenn man das Schlüsselattribut der Projekttabelle als Fremdschlüssel in die Mitarbeitertabelle aufnimmt, hat man das Problem, dass man immer nur einem Mitarbeiter ein einziges Projekt zuordnen kann. Was aber, wenn ein Mitarbeiter zwei oder mehr Projekte gleichzeitig betreut? Dieses Problem kann man nur lösen, in dem man für so eine Relation eine eigene Tabelle einführt, welche nur aus den Fremdschlüsseln der beteiligten Entitäten besteht. Tut man dies, so „zerlegt" man sozusagen die m:n-Beziehung in je eine 1:n- und eine 1:m-Beziehung. Das Wörtchen „zerlegen" ist hier nicht ganz korrekt, es soll nur andeuten, was man letztendlich datentechnisch macht. Wir führen also eine neue Tabelle mit folgenden Attributen ein:

Relation: *M_P*

	Primary Key	
	Foreign Key	Foreign Key
Fremd-Entität	Mitarbeiter	Projekt
Attribut	M_Id	P_Id
Domain	Zahl (Integer)	Zahl (Integer)

Der Schlüssel dieser Tabelle wird aus der Kombination der beiden Fremdschlüsselattribute gebildet. Bild 4-20 zeigt wieder ein Datenbeispiel für diese Tabelle.

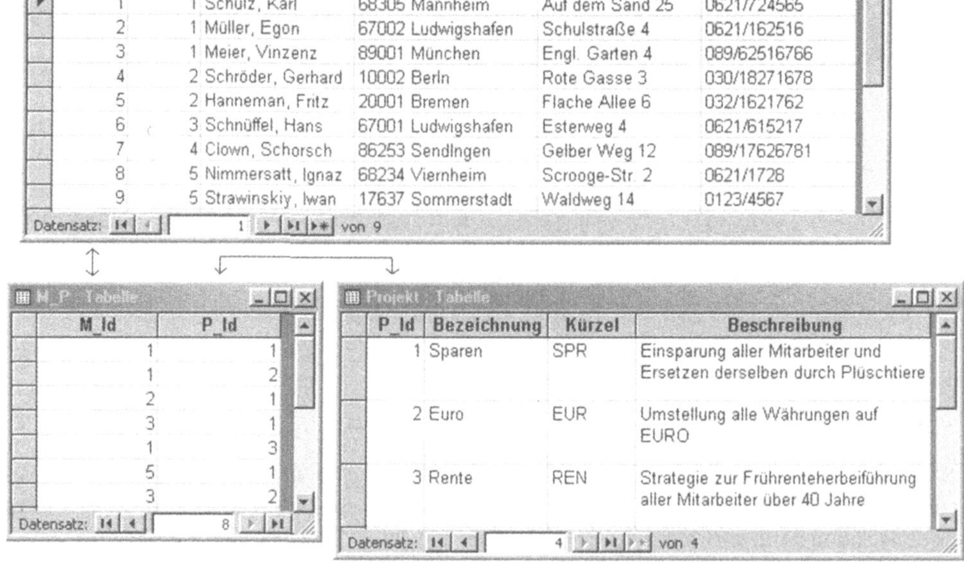

Bild 4-20 Relation als eigene Tabelle

In der Tabelle M_P, welche die Beziehung zwischen den Entitäten *Mitarbeiter* und *Projekt* herstellt, kann man nun beliebig viele Mitarbeiter (*M_Id*) mit beliebig vielen Projekten (*P_Id*) kombinieren und umgekehrt. Auch die Tatsache, dass manche Mitarbeiter gar kein Projekt betreuen oder das manche Projekte unter Umständen (noch) keine Betreuer haben, wird zum Ausdruck gebracht, in dem die entsprechenden Fremdschlüssel in dieser Relationentabelle einfach gar nicht vorkommen.

Zum Schluss noch ein Wort zu den Verbindungslinien zwischen Entitäten und Relationen. Diese Linien kann man gegebenenfalls auch beschriften. Dies macht insbesondere dann Sinn, wenn es zwischen Entitäten mehrere Beziehungen geben kann. Betrachten wir zum Beispiel eine Entität, welche Autoren von Songs beinhalten soll. Führt man also die beiden Entitäten *Autor* und *Song* ein, so besteht zwischen diesen beiden sicher eine n:m-Beziehung, denn ein Autor kann an mehreren Songs beteiligt sein und ein Song kann von mehreren Autoren geschrieben sein. Hier würde man also, ähnlich wie zuvor bei den Entitäten *Mitarbeiter* und *Projekt*, für die Relation eine eigene Tabelle einführen. Jetzt gibt es aber zwei Sorten von Autorenschaft: Ein Autor kann an einem Song als Komponist und/oder als Texter mitwirken. Es ist auch denkbar, dass der gleiche Autor bei einem Song als Komponist, bei einem anderen als Texter beteiligt ist. Natürlich kann ein Autor bei wieder einem anderen Song auch beides zugleich sein. Man braucht also zwei n:m-Relationen, eine für das Komponieren und eine für das Texten von Song, und jede wird durch eine eigene Tabelle dargestellt (vgl. Bild 4-21).

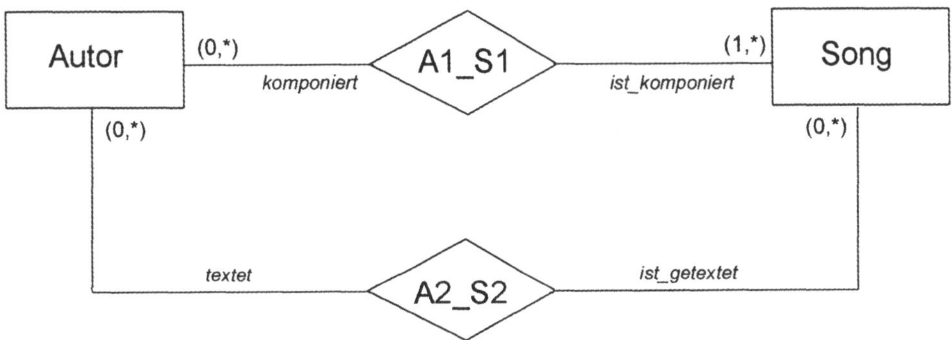

Bild 4-21 Mehrfache Beziehungen zwischen Entitäten

Die Entitäten und Relationen aus Bild4-12 haben folgenden Aufbau:

Autor

	Primary Key				
Attribut	A_Id	Name	Wohnort	Strasse	Telefon
Domain	Zahl (Integer)	Text(50)	Text(50)	Text(50)	Text(30)

Song

	Primary Key		
Attribut	S_Id	Titel	Tonart
Domain	Zahl (Integer)	Text(100)	Text(15)

Relation: *A1_S1*

	Primary Key	
	Foreign Key	Foreign Key
Fremd-Entität	Autor	Song
Attribut	A_Id	S_Id
Domain	Zahl (Integer)	Zahl (Integer)

Relation: *A2_S2*

	Primary Key	
	Foreign Key	Foreign Key
Fremd-Entität	Autor	Song
Attribut	A_Id	S_Id
Domain	Zahl (Integer)	Zahl (Integer)

Offensichtlich haben die beiden Relationstabellen *A1_S1* und *A2_S2* den gleichen Aufbau: sie enthalten jeweils lediglich die beiden Fremdschlüsselattribute *A_ID* (=Schlüssel der Entität *Autor*) und *A_ID* (=Schlüssel der Entität *Song*). Damit repräsentiert *A1_S1* die Komponisten und *A2_S2* die Texter. Komponist oder Texter zu sein ist also eine Eigenschaft eines Autors, die nur durch eine Beziehung relativ zu einem Song Sinn macht: Ein Autor kann zu Song A Komponist sein, zu Song B Texter und zu Song C beides. Die Kardinalitätsbeschränkungen zeigen überdies an, dass nicht jeder Autor überhaupt etwas komponiert oder getextet haben muss, dass jeder Song von mindestens einem Autor komponiert wurde (auch wenn der Autor „Unbekannt" heißt) und dass nicht jeder Song einen Text besitzen muss (Instrumentaltitel). Die Beschriftung der Verbindungslinien zwischen den Entitäten und den Relationen stellen die Rolle dar, welche ein Datensatz der Entität in der Beziehung spielt. Wenn ein Autor *komponiert* (Beschriftung der Verbindungslinie zwischen der Entität *Autor* und der Beziehung *A1_S1*), dann heißt dies, dass (mindestens) ein Datensatz mit der ID eines komponierenden Autors in der Tabelle *A1_S1* vorkommt. Entsprechend meint die Beschriftung *ist_komponiert* zwischen der Entität *Song* und der Beziehung *A2_S2*, dass (mind.) eine *Song-ID* des entsprechenden Songs in der Tabelle *A1_S2* vorkommt. Analoges gilt für das Texten für *A2_S2*. Die Kardinalitätsbeschränkungen beziehen sich also auf die Beschriftungen der Verbindungslinien. Dabei ist die Sichtweise auf die Datensätze der Entitäten bezogen, d.h. man „schaut" von der jeweiligen Entität aus in die Beziehung und die zugehörige Kardinalitätsbeschränkung gibt an, wie viele Datensätze einer bestimmten ID der Entität in der Relationentabelle mindestens und höchstens vorkommen kann. Die Kardinalitätsbeschränkung *(0,*)*, welche in Bild 4-21 beim Autor und der Bezeichnung *komponiert* steht, bedeutet also, dass in der Relationentabelle *A1_S1* eine ID der Autorentabelle mindestens *0* Mal vorkommt und höchstens *viele* (*) Male vorkommen kann, mit anderen Worten: eine Autor-ID kann gar nicht, einmal oder mehrmals in der Relationentabelle vorkommen.

Die Beschriftung der Verbindungslinie wird auch *inverse Rolle* genannt. Nun kann man sich fragen: wieso *inverse* Rolle und nicht einfach nur Rolle? Das Antwort liegt in der eigentlichen Definition einer Rolle im Softwareengineering. Da wird nämlich die Rolle so definiert, dass die Sichtweise gerade *nicht*, wie wir das getan haben, von einer Entität in die Beziehung geht, sondern umgekehrt. Das heißt, die Rolle (und die entsprechenden Kardinalitätsbeschränkungen) wäre diejenige Beschriftung, welche sich ergibt, wenn man sozusagen in der Relation drinnen sitzt und nach draußen auf die Entitäten schaut. Wir schauten aber vom Standpunkt der Entitäten auf die Relation, deshalb beziehen sich unsere Kardinalitätsbeschränkungen und Beschriftungen aus Bild 4-21 eben auf die inverse Rolle. Hier noch die exakte Definition von Rolle und inverser Rolle:

Def. 4.2.1.1 (*Rolle, inverse Rolle*)

Es seien an einer Relation R die Entitäten U_1, U_2, ..., U_n beteiligt. Des Weiteren sei u_k das Schlüsselattribut (ggf. zusammengesetzt) der Entität U_k für alle $k \in \{1,...,n\}$. Die Abbildung $P_k : R \to U_k$, wobei $P_k(u_1,...,u_k,...u_n) = u_k$, heißt die *Rolle* zwischen der Relation R und der Entität U_k. Entsprechend nennt man die Umkehrabbildung $\rho_k : U_k \to R$, wobei

$$\rho_k(u_k) = \{(u_1,...,u_k,...u_n)\} \in R,$$

die *inverse Rolle* zwischen der Relation R und der Entität U_k.

Wenn man ein ER-Diagramm erstellt oder betrachtet, muss also geklärt sein, ob sich die Kardinalitätsbeschränkungen und Beschriftungen der Linien zwischen den Entitäten und Relationen auf die Rollen oder die inversen Rollen beziehen. Es kann nicht schaden, wenn man bei der Erstellung eines Diagramms dies irgendwo vermerkt, denn es gibt hier keinen allgemeinverbindlichen Standard, wenn auch in der Praxis die inversen Rollen häufiger als die Rollen in ER-Diagrammen anzutreffen sind. Bei unseren Beispielen aus Bild 4-17 und Bild 4-21 kann man zwar durch „Nachdenken" noch erkennen, ob es sich um Rollen oder inverse Rollen handelt, das muss aber nicht immer so sein, insbesondere wenn es sich bei der Datenmodellierung um einen Bereich handelt, der sehr speziell ist.

Es sei noch ein Spezialfall einer Beziehung erwähnt, der manchmal in der Praxis nützlich ist und die Möglichkeit bietet, Hierarchien in einer Tabelle abzubilden. Nehmen wir z.B. einmal an, dass ein Stammbaum einer Familie abgebildet werden soll. Es sei also eine Entität geben, welche die Namen aller Familienangehörigen enthält. Des Weiteren will man wissen, wer ist Vater oder Mutter von wem, wer hat welche Großeltern, Urgroßeltern, Kinder, Enkelkinder, Großenkelkinder usw.; es soll keine Beschränkung nach „oben" oder „unten" in der Eltern-Kind-Beziehung geben. Insbesondere kann eine Person gleichzeitig jemandes Enkel, Urenkel, Vater, Großvater, Urgroßvater etc. sein. Dieses Problem lässt sich durch eine n:m-Beziehung auf ein und die selbe Entität lösen (Bild 4-22). Solche Beziehungen nennt man auch *reflexive Beziehungen*.

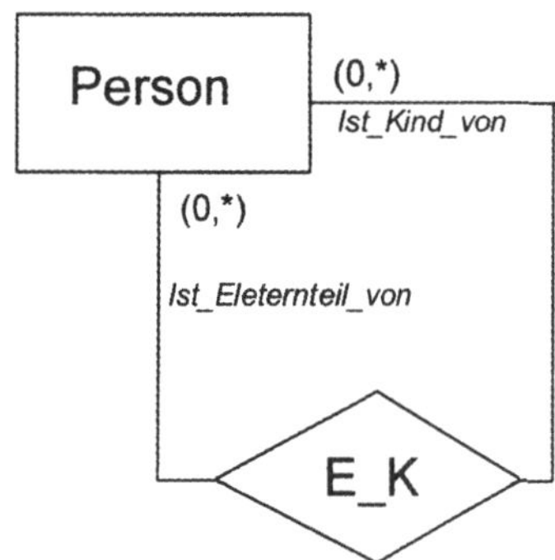

Bild 4-22 Reflexive Beziehung

Die Kardinalitätsbeschränkungen der inversen Rollen aus Bild 4-22 lauten (*0,**), wobei die *0* eigentlich nur für die ersten oder letzten Personen einer Eltern-Kind-Beziehungskette zutreffen. Die Kardinalität „viele" (*) wird in der Regel sich elternseitig wohl auf die Zahl *2* beschränken, wobei die Anzahl Kinder einer Person im Prinzip beliebig sein kann. Da es sich hier um eine n:m-Beziehung handelt, wird für die Relation *E_K* wie üblich eine eigene Tabelle benötigt. Die Beschreibung der Attribute könnte so aussehen:

Person

	Primary Key		
Attribut	P_Id	Name	Vorname
Domain	Zahl (Integer)	Text(30)	Text(30)

Relation: *E_K*

	Primary Key	
	Foreign Key	Foreign Key
Fremd-Entität	Person	Person
Fremd-Attribut	P_Id	P_id
Attribut	E_Id	K_id
Domain	Zahl (Integer)	Zahl (Integer)

In diesem Fall macht es Sinn, in der Relation *E_K* für die Fremdschlüssel andere Namen zu geben als für den Schlüssel der beteiligten Entität (*Person*), denn in der ersten Spalte der Relationentabelle hat *P_Id* die Bedeutung des Elternteils (*E_Id*) und in der zweiten Spalte die Bedeutung des Kindes (*K_Id*). Konkret könnte das Ganze z.B. so aussehen (Bild 4-23):

Person : Tabelle

P_Id	Name	Vorname
1	Meier	Karl
2	Meier	Erna
3	Meier	Peter
4	Meier	Schorsch
5	Meier	Anna
6	Müller	Egon
7	Müller	Frieda
8	Müller	Edith
9	Schulz	Karla
10	Schulz	Fritz

Datensatz: 11 von 11

E_K : Tabelle

E_id	K_id
1	3
2	3
3	4
5	4
6	2
6	8
7	2
7	8
9	7
10	7

Datensatz: 11 von 11

ElternKind : Tabelle

Elternteil	Kind
Meier, Karl	Meier, Peter
Meier, Erna	Meier, Peter
Meier, Peter	Meier, Schorsch
Meier, Anna	Meier, Schorsch
Müller, Egon	Meier, Erna
Müller, Egon	Müller, Edith
Müller, Frieda	Meier, Erna
Müller, Frieda	Müller, Edith
Schulz, Karla	Müller, Frieda
Schulz, Fritz	Müller, Frieda

Datensatz: 11 von 11

Bild 4-23 Beispiel einer reflexiven Relation

Die beiden oberen Tabellen aus Bild 4-23 stellen die Tabelle *Person* sowie die Beziehung *E_K* dar, während die untere Tabelle nur noch einmal die Namen und Vornamen der zugehörigen ID's aus der Beziehungstabelle visualisiert. Beispielsweise erkennt man, dass *Peter Meier* einerseits das Kind von *Karl* und *Erna Meier* ist, und selbst Vater von *Schorsch Meier* ist, wodurch angezeigt ist, dass *Karl* und *Erna Meier* die Großeltern väterlicherseits von *Schorsch Meier* sind. Wenn man unterstellt, dass alle Elternteile, welche ein gemeinsames Kind besitzen, auch verheiratet sind, so lassen sich sofort auch alle Ehepaare bestimmen (z.B. *Frieda* und *Egon Müller*). Offenbar ist dann auch *Frieda Müller* die Schwiegermutter von *Karl Meier*. Des Weiteren ist *Edith Müller* die Tante von *Peter Meier* etc.; es lassen sich fast alle Verwandtschaftsverhältnisse aus der Beziehungstabelle entnehmen.

Es zeigt sich also, dass reflexive Relationen dazu geeignet sind, Hierarchien über beliebig viele Ebenen hinweg wiederzuspiegeln. So können solche Beziehungen z.B. auch eingesetzt werden zur Abbildung von Konzernhierarchien oder Gesamt-Teil-Relationen für Maschinenteile (eine Pumpe kann Teil eines Motors sein, dieser wiederum Teil eines Automobils etc.).

Wir wollen jetzt noch einmal das Beispiel der Lizenzabrechnung betrachten, wofür wir in Abschnitt 3.2 bereits die wichtigsten Elemente des Pflichtenhefts entwickelt hatten (Anforderungsanalyse, Ist/Soll-Zustände, semantische Datenmodellierung). Zunächst soll eine grafische Beschreibung gemäß des semantischen Datenmodells mit Hilfe eines ER-Diagramms angegeben werden (Bild 4-24).

Beispiel eines DV-Entwurfs mit ER-Diagramm für das Projekt Lizenzabrechnung:

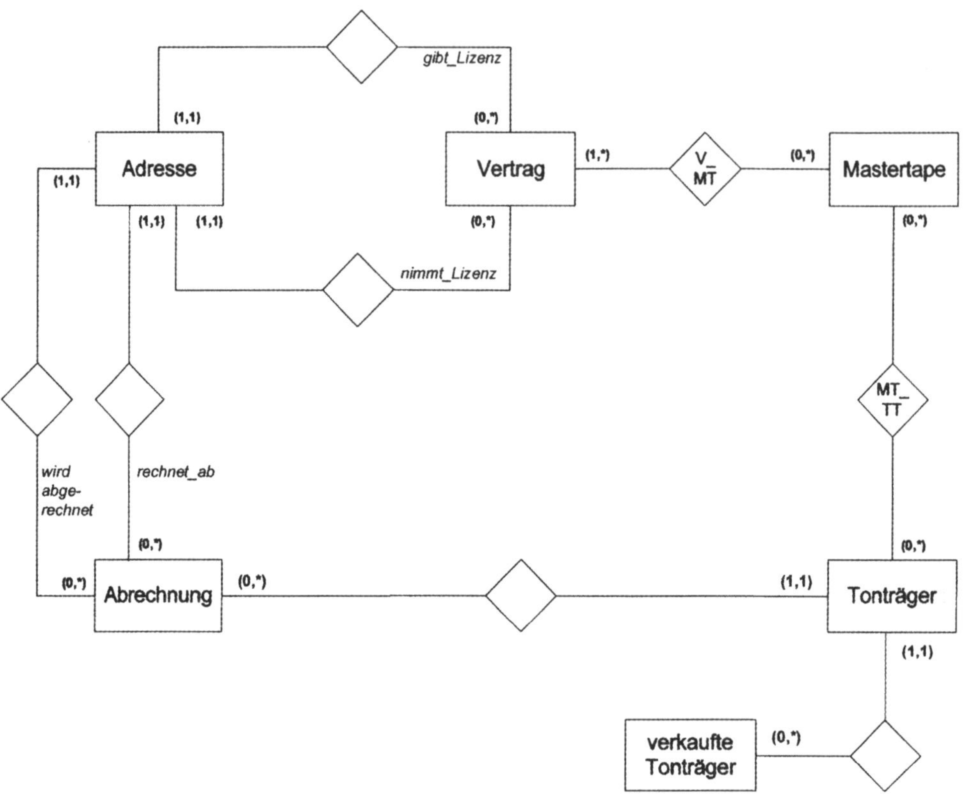

Bild 4-24 ER-Diagramm Beispiel Lizenzabrechnung

In Bild 4-24 wurden nur die Relationen mit einem eigenen Namen bezeichnet, welche zu einer m:n-Beziehung gehören und daher eine eigene (Relationen-) Tabelle erfordern. Dass zwischen den Entitäten *Adresse* und *Vertrag* zwei Beziehungen stehen, ist dem Umstand zu verdanken, dass ein Vertrag immer zwischen (mind.) zwei Parteien geschlossen wird. In unserem Daten-modell wird davon ausgegangen, dass genau zwei Vertragspartner beteiligt sind. Analoges gilt für eine Lizenzabrechnung: Es gibt einen Absender und einen Empfänger, beides Exemplare der Entitätsklasse *Adresse*. Es wurden die inversen Rollen für die Kardinalitätsbeschränkungen und die Beschriftungen der Linien gewählt. Aus der Abbildung geht weiter hervor, dass ein Mastertape (also das Ergebnis einer Aufnahme eines Songs in einem Tonstudio) nicht immer (schon) einen Vertrag haben muss, dass aber ein Lizenzvertrag sich auf mind. ein Mastertape beziehen muss. Aus der Anforderungsanalyse (vgl. Abschnitt 3.2.2) ergibt sich die Notwendigkeit, dass es zwei „Sorten" von Verträgen gibt: Künstlerverträge (zwischen Künstler und Produzent) sowie Lizenzverträge (zwischen Produzent und Schallplattenfirma, auch Tonträgerhersteller genannt). Aus Bild 4-24 geht hervor, dass diese beiden Fälle nicht mit getrennten Entitäten oder Beziehungen behandelt werden. Dies macht durchaus Sinn, denn die Attribute der beiden Vertragstypen sind fast identisch, zumal der Produzent die vom Künstler erhaltenen Vertragsrechte mehr oder weniger „durchreicht" an die Plattenfirma. Es ist dabei so, dass im Künstlervertrag der Lizenzgeber der Künstler ist und der Lizenznehmer der Produzent. Im Lizenzvertrag mit der Plattenfirma verschieben sich diese Rollen, der Produzent ist hier jetzt der Lizenzgeber und die Plattenfirma der Lizenznehmer. Dabei gibt der Produzent alle Rechte, die er vom Künstler erhalten hat, an die Plattenfirma weiter. Es ist daher sinnvoll, in den Verträgen nur immer von Lizenzgeber und Lizenznehmer (als Vertragspartner) zu sprechen. Alle Attribute sind gleich, nur ist eben beim Künstlervertrag der Lizenzgeber der Künstler und der Lizenznehmer der Produzent, und im Schallplattenvertrag der Lizenzgeber der Produzent und der Lizenznehmer die Plattenfirma. Naturgemäß sind natürlich die prozentualen Umsatzbeteiligungen der beiden Vertragstypen zahlenmäßig verschieden, denn der Produzent wird mehr Beteiligung von der Plattenfirma erhalten wie er selbst an den Künstler weitergibt (die Differenz ist ja gerade sein Verdienst). In der Regel ist auch das Exklusivitätsverhältnis anders: Ein Künstler ist normalerweise exklusiv an einen Produzenten gebunden, während ein Produzent mit mehreren Künstlern und Plattenfirmen arbeitet. Zur Unterscheidung der beiden Vertragstypen bietet sich daher an, ein Attribut hinzuzunehmen, was den Vertragstypus kennzeichnet, z.B. ein Boolesches Attribut *Produzent*. Wenn es den Wert *1* enthält, handelt es sich um einen Lizenzvertrag zwischen Produzent und Plattenfirma, wenn es *0* enthält um einen Künstlervertrag zwischen Künstler und Produzent.

Ähnliches gilt für die Lizenzabrechnung. Die Abrechnungen zwischen Plattenfirma und Produzent sowie zwischen Produzent und Künstler sind ebenfalls wieder bezüglich der Attribute im Prinzip identisch. Je nach dem, auf welchen Vertrag sie sich bezieht, ist es entweder eine Abrechnung mit dem Künstler oder mit dem Produzenten. Hier bietet es sich an, kein weiteres Attribut hinzuzunehmen, denn da die Vertrags-ID als Fremdschlüsselattribut in der Entität *Abrechnung* enthalten ist, ist aufgrund des Eintrags im Vertragsattribut *Produzent* klar, um welche Art von Abrechnung es sich handeln muss.

Bezüglich der Entität *Mastertape* ist aus der Datenmodellierung in Bild 4-24 ersichtlich, dass ein Mastertape immer nur einen Song enthält. Dies ergibt sich aus der Tatsache, dass zwischen den Entitäten *Mastertape* und *Tonträger* eine n:m-Beziehung besteht. Eine Schallplatte (Tonträger) enthält ein oder mehrere Lieder (Mastertapes). Ein Vertrag kann über mehrere Mastertapes gemacht werden und ein Mastertape kann an mehreren Verträgen beteiligt sein (es gibt z.B. oft mehrere Lizenzverträge über das selbe Mastertape, wenn neben der eigentlichen Schallplatte ein Song nochmals auf einem Sampler oder Videotape etc. erscheint). Wird ein Vertrag über mehrere Mastertapes gemacht, so gelten für alle dieses Songs die gleichen Umsatzbeteiligungen etc.; sollen für verschiedene Mastertapes verschiedene Umsatzbeteiligungen oder Vertragsdauern vereinbart werden, bedarf es in unserer Datenmodellierung mehrerer Verträge. Außerdem ist noch wichtig, dass auch in den Künstlerverträgen sich auf Mastertapes bezogen wird, obwohl diese ggf. noch gar nicht erstellt sind, denn normalerweise schließt ein Produzent zuerst den Künstlervertrag ab und geht dann mit dem Künstler in ein Tonstudio und produziert das Mastertape. Um unser Datenmodell nicht zu unübersichtlich zu machen, wurde dies nicht berücksichtigt. Da nämlich bei Abschluss eines Künstlervertrags zumindest Einigkeit über die zu produzierenden Songs besteht, werden auch noch nicht fertiggestellte (bzgl. noch gar nicht begonnene) Mastertapes zugelassen. Es wird also nicht zwischen „beabsichtigten" und

„tatsächlichen" Mastertapes unterschieden. Datentechnisch wird also beim Künstlervertrag so getan, als läge das Mastertape vor. Man kann ggf. die Entität *Mastertape* um ein Boolesches Attribut *fertiggestellt* erweitern, um hier diese Unterscheidung anzuzeigen.

Etwas komplizierter wird es mit der Abrechnung. Zu berücksichtigen ist insbesondere der Umstand, dass die Lizenzabrechnung gewöhnlich über die Anzahl der Tonträger erfolgt, die zugrunde liegenden Lizenzverträge aber über (einzelne) Mastertapes abgeschlossen wurden. Das Programmmodul, welches die Lizenzabrechnungsdaten erstellt, muss daher aus einer bestimmten Verkaufsmenge von Tonträgern den tatsächlich zur Ausschüttung stehenden Anteil an Songs dieses Tonträgers (nämlich nur diejenigen, die tatsächlich im Lizenzvertrag vorkommen) herausgerechnet werden. Grundlage hierfür ist einfach die Gesamtanzahl der Songs auf einem Tonträger. Sind auf einer CD z.B. 12 Songs und davon betreffen aber nur 4 Songs die Lizenzabrechnung (weil die anderen 8 Songs von einem anderen Künstler oder Produzenten sind), so ist wird für die Ausschüttung nur 4/12 des Verkaufspreises eines Tonträgers berücksichtigt. Darauf angewendet wird schließlich dann die im Lizenzvertrag vereinbarte prozentuale Beteiligung.

Nachfolgend seien noch die Attributsbeschreibungen der Entitäten und Relationen dieses Beispiels angegeben:

Adresse

	Primary Key					
Attribut	Adresse_ID	Nachname	Vorname	Strasse	PLZ	Ort
Domain	Zahl	Text(50)	Text(50)	Text(50)	Text(30)	Text(50)

Fortsetzung				
Attribut	Telefon	Fax	Email	Typ
Domain	Text(20)	Text(20)	Text(50)	Text(1)

Bemerkung: Das Attribut *Typ* dient einer möglichen Klassifikation der Adressen, z.B. Typ="T" für die Adresse eines Tonträgerherstellers etc.

Vertrag

	Primary Key	Foreign Key	Foreign Key	
Fremd-Entität		Adresse	Adresse	
Fremd-Attribut		Adresse_ID	Adresse_ID	
Attribut	Vertrag_ID	Lizenzge- ber_ID	Lizenznehmer_ID	Prozent
Domain	Zahl	Zahl	Zahl	Zahl

Fortsetzung					
Attribut	Datum	Dauer	Typ	Exklusiv	WeiterverwertungAB
Domain	Datum	Zahl	Text(1)	Boole	Text(1)

Bemerkung: Das Attribut *Typ* dient hier der Unterscheidung zwischen Künstlervertrag (Typ="K" und Lizenzvertrag zwischen Produzent und Plattenfirma /Typ= „P").

Tonträger

	Primary Key				
Attribut	TT_ID	Titel	Typ	AnzahlSongs	Label
Domain	Zahl	Text(50)	Text(1)	Zahl	Text(50)

Fortsetzung		
Attribut	Katalognr	Erscheiningsjahr
Domain	Text(30)	Zahl

Bemerkung: Die Gesamtanzahl der Lieder eines Tonträgers (Attribut *AnzahlSongs*) ist erforderlich, um später für die Lizenzabrechnung den Anteil der tatsächlich abzurechnenden Songs errechnen zu können. Das Attribut Erscheinungsjahr bezieht sich nur auf die Ersterscheinung. Das Attribut *Typ* identifiziert die Art des Tonträgers: *M* für Musickassette, *C* für CD, *V* für Vinyl-Schallplatte, *B* für Videoband, *D* für DVD. Diese Liste kann erweitert werden.

Mastertape

	Primary Key		
Attribut	MT_ID	Titel	Länge
Domain	Zahl	Text(50)	Text(5)

Abrechnung

	Primary Key		Foreign Key
Fremd-Entität			Vertrag
Fremd-Attribut			Vertrag_ID
Attribut	Abrnr	Abrechnungsposten	Vertrag_ID
Domain	Zahl	Zahl	Zahl

Fortsetzung				
	Foreign Key	Foreign Key	Foreign Key	
Fremd-Entität	Adresse	Adresse	Tonträger	
Fremd-Attribut	Adresse_ID	Adresse_ID	TT_ID	
Attribut	Lizenzgeber_ID	Lizenznehmer_ID	TT_ID	Prozent
Domain	Zahl	Zahl	Zahl	Zahl

Fortsetzung					
Attribut	VonDatum	BisDatum	Anteil	Absatz	VKPreis	Lizenz

Bemerkung: Der Inhalt für das Attribut *Prozent* wird aus dem Lizenzvertrag geholt und entspricht der dort vereinbarten Umsatzbeteilung am Großhandelsverkaufspreis. Der *Anteil* ergibt sich aus dem Verhältnis der Gesamtanzahl Songs auf dem abzurechnenden Tonträger und der Anzahl der tatsächlich auf dem Tonträger gemäß Vertrag abrechnungsfähigen Songs. Das Attribut *Absatz* enthält die Anzahl der verkauften Tonträger mit dem Großhandelsverkaufspreis *VKPreis* (aus Entität *VerkaufteTonträger*, s.u.). Das Attribut *Lizenz* schließlich enthält den sich daraus tatsächlich errechnenden Abrechnungsbetrag (*Lizenz=Prozent*Anteil*Absatz*VKPreis*).

Obwohl eine goldene Regel des Softwareengineering lautet, dass man möglichst keine berechenbare Attributswerte abspeichert, macht es hier dennoch Sinn dies zu tun, da damit eine Historie der tatsächlich abgerechneten Größen ermöglicht wird.

VerkaufteTonträger

	Primary Key			
	Foreign Key			
Fremd-Entität	Tonträger			
Attribut	TT_ID	Datum	Anzahl	VKPreis
Domain	Zahl	Datum	Zahl	Währung

Die Eingaben in die Tabelle *VerkaufteTonträger* geschieht manuell, d.h. hier werden über eine Eingabemaske die entsprechenden Daten erfasst. Basis dieser Eingaben stellen letztlich die Abrechnungen der Distributoren oder der Plattenfirma dar.

Relation: *TT_MT*

	Primary Key	
	Foreign Key	Foreign Key
Fremd-Entität	Tonträger	Mastertape
Attribut	TT_ID	MT_ID
Domain	Zahl	Datum

Relation: *V_MT*

	Primary Key	
	Foreign Key	Foreign Key
Fremd-Entität	Vertrag	Mastertape
Attribut	Vertrag_ID	MT_ID
Domain	Zahl	Datum

Structured Entity Relationship Modell (SER-Modell)

Sinz [5] hat eine Variante des Entity Relationship Models entwickelt, welche gewisse Vorteile gegenüber der Urversion von Chen besitzt. Während z.B. im ER-Modell nur an den Kardinalitätsbeschränkungen einer Relation zu erkennen ist, ob dafür eine eigene Tabelle benötigt wird, ist dies in einem Structered Entity Relationship-Diagramm (SER-Diagramm) sofort erkennbar. Und die Kardinalitätsbeschränkungen selbst werden nicht gesondert aufgeführt, sondern sind durch die Gestaltung der Verbindungslinien direkt erkennbar. Sinz unterscheidet 3 Tabellentypen:

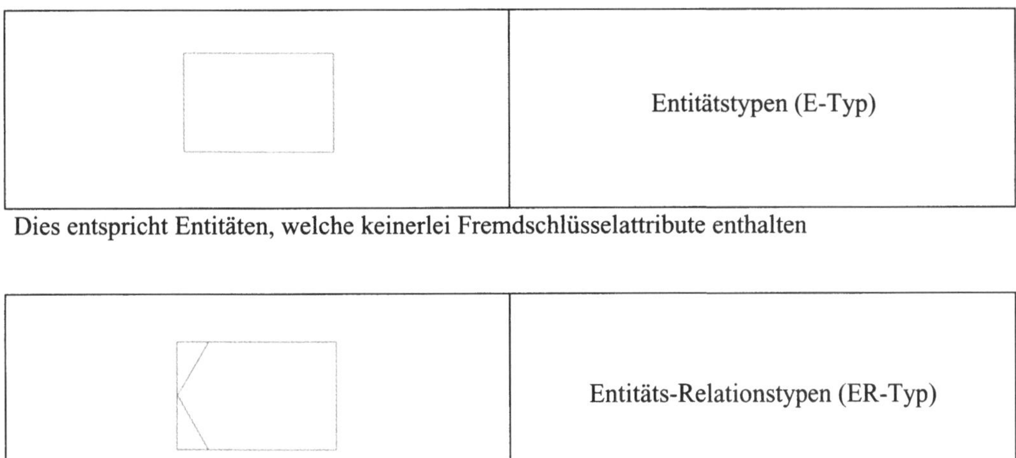

Dies entspricht Entitäten, welche keinerlei Fremdschlüsselattribute enthalten

Dies sind Entitäten, welche neben den eigenen Attributen auch Fremdschlüsselattribute enthalten

Dies sind Tabellen, welche nur Fremdschlüsselattribute enthalten.

Die Verbindungslinien zwischen diesen 3 Tabellentypen sind je nach Kardinalitätsbeschränkungen verschiedenen:

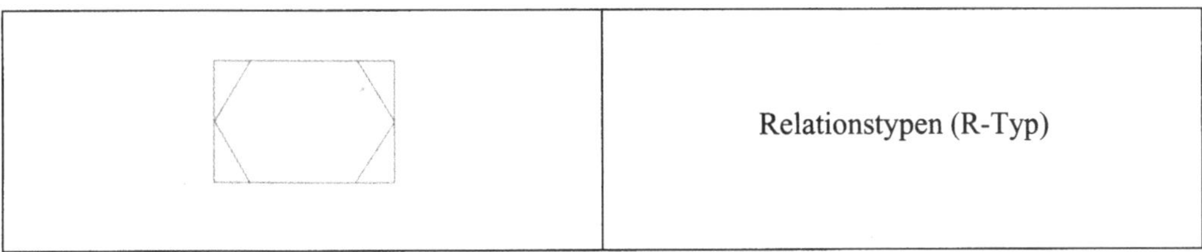

Es handelt sich hierbei um die Kardinalitätsbeschränkungen der inversen Rollen.

Eine Besonderheit der SER-Diagramme besteht u.a. darin, dass es eine geometrische Vorschrift für die Anordnung der drei Tabellentypen gibt: Die E-Typen stehen ganz links, die ER-Typen in der Mitte und die R-Typen ganz recht im Diagramm.

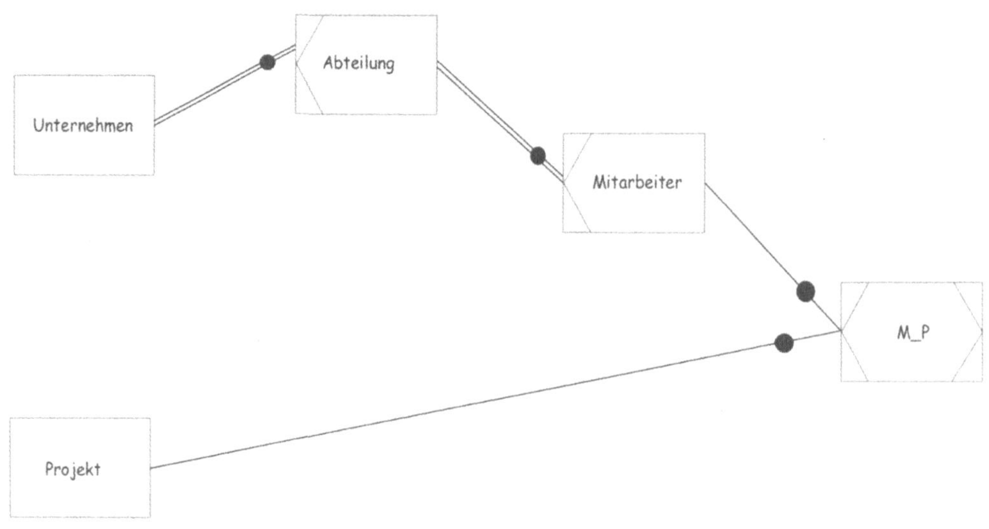

Bild 4-25 SER-Diagramm

Bild 4-25 zeigt das SER-Diagramm des Beispiels aus Bild 4-17. Die geometrische Aufteilung und die Tatsache, dass keine eigene Beschriftungen für die Kardinalitätsbeschränkungen notwendig sind, machen SER-Diagramme sehr übersichtlich und man kann sie auch sehr einfach in ein relationales Datenbank-System implementieren. Man kann übrigens auch hier eine verbale Bezeichnung der inversen Rollen an die Verbindungslinien schreiben, falls erforderlich.

Auch Im SER-Modell gibt es einen Standard zur Beschreibung der Attribute. Hier werden jetzt aber die Attribute untereinander geschrieben, wobei im einfachsten Fall eine tabellenförmige Darstellung mit 4 Spalten benutzt wird. In jeder Zeile dieser Tabelle steht ein Attribut. In der ersten Spalte steht entweder nichts oder eine der folgenden Abkürzungen:

P   falls es sich bei dem Attribut um einen Primärschlüssel handelt

F   falls es sich bei dem Attribut um einen Fremdschlüssel handelt

PF   falls es sich bei dem Attribut um einen Fremdschlüssel handelt, der Teil des Primär-
        schlüssels ist

nn   falls das Attribut nicht leer sein darf (not null)

In der zweiten Spalte steht dann der Attributsname und in der dritten Spalte der Domain-Typ. Die vierte Spalte ist reserviert für evtl. Kommentare oder Bemerkungen. Für unser Beispiel aus Bild 4-25 sehen die Beschreibungen wie folgt aus:

Unternehmen

Besonderheiten	Attributname	Domain	Bemerkung
P	U_Id	Zahl (Integer)	
nn	Name	Text(50)	
nn	Ort	Text(50)	
	Strasse	Text(50)	
	Telefon	Text(30)	

Abteilung

Besonderheiten	Attributname	Domain	Bemerkung
P	A_Id	Zahl (Integer)	
F	U_Id	Zahl (Integer)	
nn	Bezeichnung	Text(50)	
nn	Kürzel	Text(10)	

Mitarbeiter

Besonderheiten	Attributname	Domain	Bemerkung
P	M_Id	Zahl (Integer)	
F	M_Id	Zahl (Integer)	
nn	Name	Text(50)	
nn	Wohnort	Text(50)	
	Strasse	Text(50)	
	Telefon	Text(30)	

M_P

Besonderheiten	Attributname	Domain	Bemerkung
PF	M_Id	Zahl (Integer)	
PF	P_Id	Zahl (Integer)	

Projekt

Besonderheiten	Attributname	Domain	Bemerkung
P	P_Id	Zahl (Integer)	
nn	Bezeichung	Text(50)	
nn	Kürzel	Text(10)	
	Beschreibung	Memo	

Bezüglich der Attributsbeschreibung gibt es verschiedene Varianten. In unserer Variante würde z.B. bei Nichtübereinstimmung des Attributsnamen des Fremdschlüsselattributs mit dem Attributsnamen des Schlüsselattributs aus der Herkunftstabelle einfach in der Spalte Bemerkung ein entsprechender Hinweis auf den originären Attributsnamen und dessen Herkunftsentität stehen. Es gibt auch andere Varianten, wo dies –ähnlich wie bei der ER-Modellierung- in einer eigen Spalte mit aufgenommen wird.

Auch im SER-Modell sind reflexive Beziehungen möglich. Sie werden folgendermaßen dargestellt:

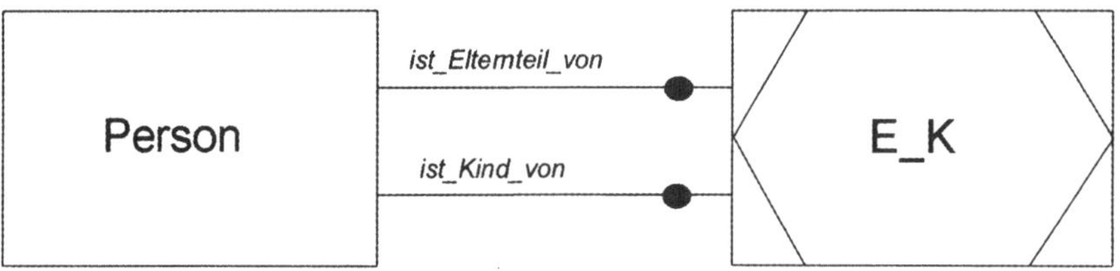

Bild 4-26 Reflexive Beziehungen im SER-Diagramm

Bild 4-26 zeigt wieder die reflexive Eltern-Kind-Beziehung, die bereits als ER-Diagramm in Bild 4-22 zu sehen war. Auch hier der Vollständigkeit halber die Attributsbeschreibungen:

Person

Besonderheiten	Attributname	Domain	Bemerkung
P	P_Id	Zahl (Integer)	
nn	Name	Text(50)	
nn	Vorname	Text(50)	

M_P

Besonderheiten	Attributname	Domain	Bemerkung
PF	E_Id	Zahl (Integer)	P_Id aus Entität *Peson*
PF	K_Id	Zahl (Integer)	P_Id aus Entität *Peson*

Schließlich sei auch noch das SER-Diagramm unseres Beispiels einer Lizenzabrechnung angegeben, welches wir in Bild 4-24 als ER-Diagramm modelliert hatten.

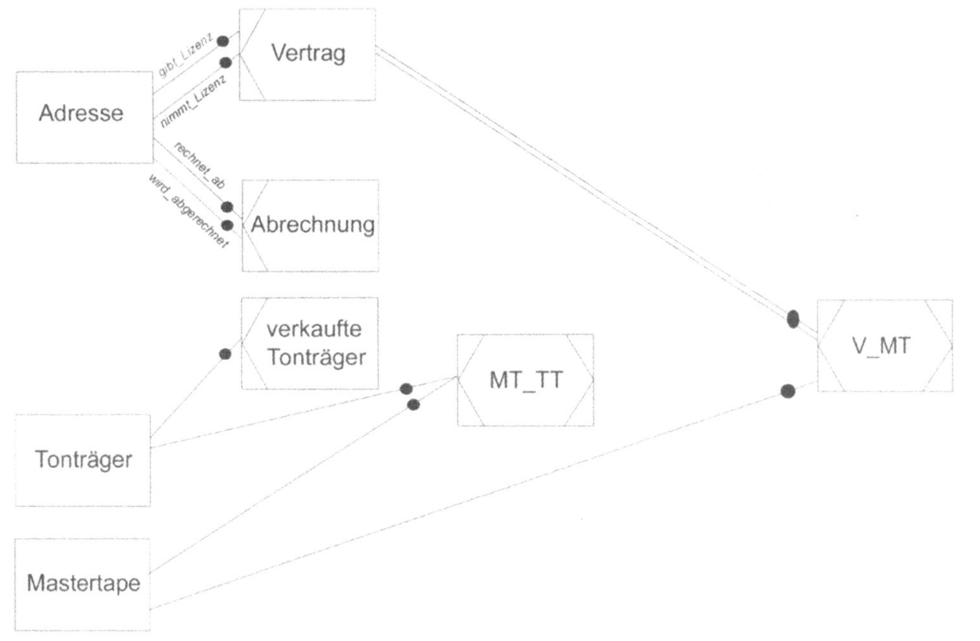

Bild 4-27 SER-Diagramm Beispiel Lizenzabrechnung

Die Einteilung der Grafik in die 3 Teile E-Typen, ER-Typen und R-Typen liefert noch eine weitere Information. Die Existenz von ER-Typen hängt überhaupt davon ab, ob es Einträge in den verbundenen E-Typen gibt. Deswegen nennt man die Entitäten der ER-Typen auch manchmal schwache Entitäten. In den ER-Diagrammen von Chen werden schwache Entitäten auch manchmal dadurch hervorgehoben, dass ihr Rechteck durch eine doppelte Linie gezeichnet ist.

Es seien noch die Attributsbeschreibungen des Beispiels der Lizenzabrechnung angegeben.

E-Typen

Adresse

Besonderheiten	Attributname	Domain	Bemerkung
P	Adresse_ID	Zahl (Integer)	
nn	Nachname	Text(50)	
	Vorname	Text(50)	
	Strasse	Text(30)	
nn	PLZ	Text(30)	
nn	Ort	Text(50)	
	Telefon	Text(20)	

	Fax	Text(20)	
	EMail	Text(50)	
	Typ	Text(1)	

Tonträger

Besonderheiten	Attributname	Domain	Bemerkung
P	TT_ID	Zahl (Integer)	
nn	Titel	Text(50)	
nn	Typ	Text(1)	
nn	AnzahlSongs	Zahl	
	Label	Text(50)	
	Katalognr	Text(30)	
	Erscheinungsjahr	Zahl	

Mastertape

Besonderheiten	Attributname	Domain	Bemerkung
P	MT	Zahl (Integer)	
nn	Titel	Text(50)	
	Länge	Text(5)	Format mm:ss

ER_Typen

Vertrag

Besonderheiten	Attributname	Domain	Bemerkung
P	Vetrag_ID	Zahl (Integer)	
F	Lizenzgeber_ID	Zahl (Integer)	Adresse_ID aus Entität *Adresse*
F	Lizenznehmer_ID	Zahl (Integer)	Adresse_ID aus Entität *Adresse*
nn	Datum	Datum	Vertragsdatum
nn	Dauer	Zahl	Vertragsdauer in Jahren
nn	Typ	Text(1)	**K**ünstlervertrag/**P**lattenvertrag
	Exklusiv	Boole(ja/nein)	Für KV immer *ja*
	WeiterverwertungAB	Datum	Nur für PV

Abrechnung

Besonderheiten	Attributname	Domain	Bemerkung
P	Abrnr	Zahl (Integer)	
P	Abrechnungsposten	Zahl (Integer)	
F	Vertrag_ID	Zahl (Integer)	
F	Lizenzgeber_ID	Zahl (Integer)	Adresse_ID aus Entität *Adresse*
F	Lizenznehmer_ID	Zahl (Integer)	Adresse_ID aus Entität *Adresse*
F	TT_ID	Zahl (Integer)	Aus Entität Tonträger
nn	Prozent	Zahl	Umsatzbeteiligung
nn	VonDatum	Datum	
nn	BisDatum	Datum	
nn	Anteil	Zahl	Verhältnis alle Songs/abr.-fähige. Songs
nn	VKPreis	Währung	
nn	Lizenz	Wöhrung	

VerkaufteTonträger

Besonderheiten	Attributname	Domain	Bemerkung
PF	TT_ID	Zahl (Integer)	
P	Datum	Datum	Abrechnungsdatum
nn	Anzahl	Zahl (Integer)	Anzahl verkaufte Tonträger
nn	VKPreis	Währung	Großhandelsverkaufspreis

R_Typen

V_MT

Besonderheiten	Attributname	Domain	Bemerkung
PF	Vertrag_ID	Zahl (Integer)	
PF	MT_ID	Zahl (Integer)	

TT_MT

Besonderheiten	Attributname	Domain	Bemerkung
PF	TT_ID	Zahl (Integer)	
PF	MT_ID	Zahl (Integer)	

4.2.2 Objektorientierte Ansätze

Wir hatten in Abschnitt 4.1.2 bereits über die Definition von Objekten gesprochen. Objekte besitzen eine Datenkapselung, und auf die Daten wird über Methoden zugegriffen. Ähnliche Objekte haben wir als Klasse zusammengefasst und die Exemplare einer Klasse auch Instanzen genannt. Klassen können selbst Instanzen höherer Klassen sein. Für die objektorientierte Vorgehensweise spielt der Klassen- und Objektbegriff naturgemäß eine große Rolle.

Im modernen Softwareengineering ist man dazu übergegangen, Datenmodellierungen fast ausschließlich mit objektorientierten Methoden durchzuführen. In der Vergangenheit gab es verschiedene Ansätze, doch mittlerweile hat sich die sog. Unified Modeling Language (UML) als eine der wichtigsten Modellierungsmethoden überwiegend durchgesetzt. Deswegen wird diese Methode nachfolgend ausführlich behandelt.

Danach werden noch weitere Methoden, welche auch noch anzutreffen sind, ebenfalls skizziert.

Unified Modeling Language (UML)

Im Jahr 1996 veröffentlichten Jim Rumbaugh (maßgeblicher Autor der Object Modeling Technique, OMT), Grady Booch (Autor der Booch Modeling Method, BMM) und Ivar Jacobson (Autor des Object Oriented Software Engineering, OOSE) eine Datenmodellierungsmethode, die sie Unified Modeling Language (UML) nannten (vgl. [6]). Damit wurde dem Konkurrenzkampf der jeweiligen Methoden dieser Autoren ein Ende gesetzt und ein einheitlicher Standard geschaffen. Dennoch kursieren diverse Dialekte von UML, die sich aber meistens nur in kleineren Abweichungen von den grafischen Standarddarstellungen wiederfinden.

Zunächst seien nachfolgend die grafischen Bausteine von UML beschrieben. Ein UML-Diagramm besteht aus einer Anzahl Graphen verbundener Knoten, wie z.B. Rechtecke. Die Größe dieser Graphen untereinander und ihre relative Position spielen dabei keine Rolle. Es sind nur zweidimensionale Graphen erlaubt. Es gibt 4 grundlegende graphischen Konstrukte:

- Ein *Icon* ist ein Diagramm mit fester Größe und Form. Es kann mit anderen Symbolen durch Pfade verbunden oder auch in einem Symbol enthalten sein.

- *Zweidimensionale Symbole* (z.B. Rechtecke) haben die Eigenschaft, dass sie beliebig vergrößert werden können um ihren Inhalt darzustellen. Diese Symbole enthalten in der Regel weitere Unterteilungen.

- Ein *Pfad* ist ein Liniensegment, an dessen beiden Enden eines der anderen Konstrukte steht. Ist dies ein Icon, wird der Icon auch Terminator genannt. Es ist möglich, dass mehrere Pfade mit dem selben Symbol verbunden sind, oder dass sie zu einem Pfad kombiniert werden.

- Ein *String* enthält die verschiedensten Arten von Information in einer nicht formalisierten Weise. Strings sind gewöhnlich in Textform und sollen andere Konstrukte erweitern. Das können z.B. Namen sein, um ein Symbol oder einen Pfad zu identifizieren. Strings können in geschweifte Klammern ({}) geschrieben werden.

Neben diesen vier Grundkonstrukten unterscheidet man noch drei Arten der Darstellung von Beziehungen zwischen ihnen: *Verknüpfungen*, also die Verbindung zweier Konstrukte mit einem Pfad; *Inhalte*, das sind Konstrukte innerhalb eines anderen Konstruktes, und schließlich *Attachments*, das sind Konstrukte oder Symbole, die nah beieinander liegen (wie z.B. die Beschriftung eines Pfades).

Gelegentlich findet man in UML-Diagrammen auch Notizen und Kommentare. Diese sind jedoch nicht Bestandteil der zu entwickelnden Anwendung und dienen sozusagen nur den „Menschen" als Zusatzinformation. So eine Notiz wird dargestellt durch ein Rechteck, dessen rechte obere Ecke „eingefaltet" ist. Sie werden durch eine gestrichelte Linie mit den anderen UML-Konstrukten verbunden.

Bild 4-28 Darstellung einer Notiz in UML

Klassendiagramme

Gleichartige Objekte werden, wie in Kapitel 4.1 näher definiert, zu Klassen zusammengefasst. Klassendiagramme enthalten nun solche Klassen als zweidimensionale Symbole, wobei deren innere Strukturen und die Beziehungen untereinander dargestellt sind. Bei Klassendiagrammen handelt es sich um statische Strukturen, sie verändern sich also im Laufe der Zeit nicht.

Die Notation einer Klasse innerhalb des UML-Diagramms ist durch ein Rechteck gegeben, welches maximal drei Unterteilungen enthält: Im oberen Teil steht der Name der jeweiligen Klasse, im mittleren Teil steht eine Liste der Attribute der Klasse und im unteren Teil stehen schließlich die Methoden, welche diese Klasse zur Verfügung stellt (werden auch manchmal *Klassenoperationen* genannt). Der mittlere und untere Teil kann auch leer bleiben oder ganz wegfallen.

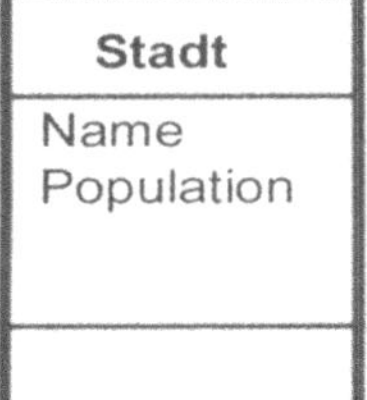

Bild 4-29 Beispiele für Klassen

Instanzendiagramme

Es ist auch möglich, einzelne Instanzen der Klassen in UML darzustellen. So eine Darstellung heißt dann *Instanzendiagramm*. Die Werte der Instanzen werden unterhalb des jeweiligen Objektnamens aufgelistet.

Die Notation der Objekte in einem Instanzendiagramm ist ähnlich wie die bei Klassen:

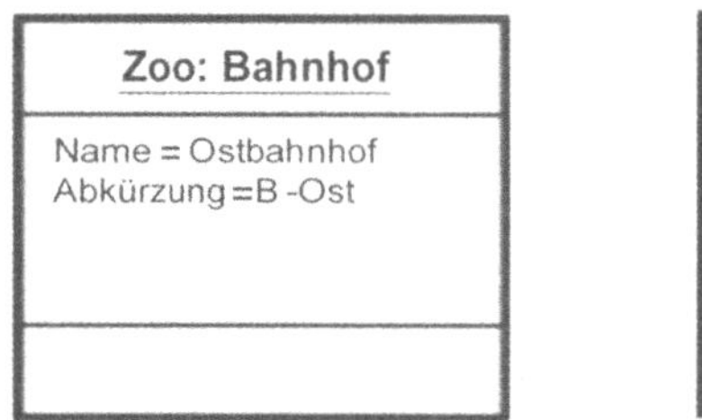

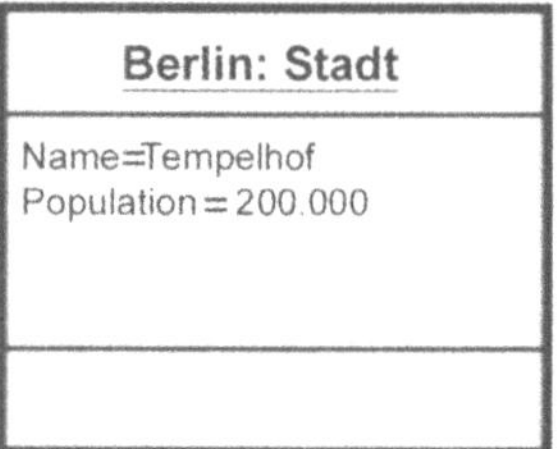

Bild 4-30 Instanzendiagramm

Wie beim Klassendiagramm werden beim Instanzendiagramm die Objektattribute unterhalb des Klassennamens/Objektnamens aufgelistet. Die Werte der Objektattribute stehen hinter dem Attributnamen, getrennt durch ein Gleichheitszeichen. Der Objektname steht links vor dem Klassennamen durch einen Doppelpunkt getrennt und beides ist unterstrichen.

Als Analogie kann man sich merken: Objekte verhalten sich zu Klassen wir die Werte zu den Attributen. Für die Datenmodellierung spielen aber die Klassendiagramme die größere Rolle, Instanzdiagramme werden nur dann benutzt, wenn z.B. ein Szenario betrachtet werden soll. Objekte haben Identität, Werte nicht.

Grundsätzlich kann man UML-Diagramme bereits in der Analysephase einsetzen, aber der Schwerpunkt liegt gewiss in der Entwurfsphase. In der Analysephase kennt man u.U. noch gar nicht alle Attribute und läßt daher üblichweise identifizierende Schlüsselattribute weg. In der Entwurfsphase jedoch müssen alle Attribuite eines Objekts aufgelistet werden, auch die Schlüsselattribute!

Analyse-Phase

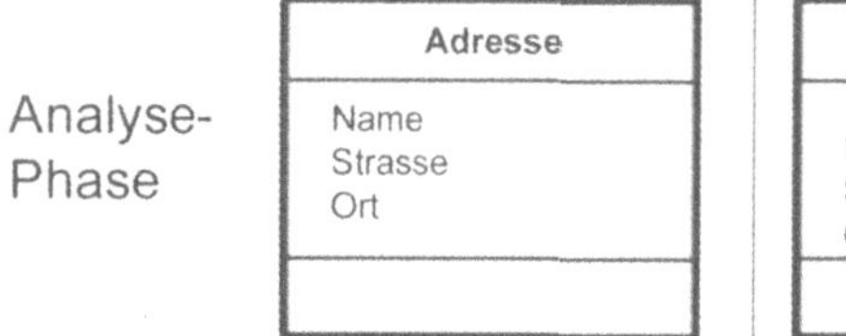

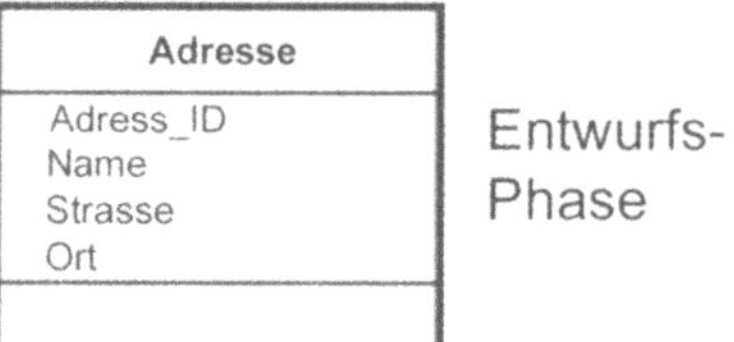

Entwurfs-Phase

Bild 4-31 Objektattribute in der Analysephase und in der Entwurfsphase

Operationen und Methoden

Eine Funktion oder Prozedur, die auf oder von Objekten einer Klasse angewendet wird, hatten wir *Methode* (bzw. *Operation*) genannt (vgl. Kap. 4.1.1). Solche Methoden werden im unteren Teil des Klassensymbols aufgelistet. Der Name einer Methode kann dabei gefolgt sein von optionalen Details wie z.B. einer Argumentenliste oder der Angabe des Datentyps des Rückgabewerts. Operationen, die auf mehrere Klassen angewendet werden, heißen *polymorph*.

Häufig wird nicht zwischen den Begriffen *Operation* und *Methode* unterschieden und sie werden synonym verwendet. Genau genommen jedoch versteht man unter einer Methode die *Implementation* der jeweiligen Operation. Eine Methode ist also immer durch eine Software repräsentiert, was die Operation (noch) nicht sein muss. Außerdem kann es sein, dass *eine* polymorphe Operation *verschiedene* Methoden implementiert hat. Angenommen, eine Klasse „Equipment" besitzt eine Operation „kalkuliereKosten". Diese Operation sei polymorph und die zugehörigen Methoden können voneinander verschieden sein; die Berechnung der Kosten z.B. einer Pumpe kann eine andere Formel benutzen wie die Berechnung eines Tanks. Alle diese Methoden führen logisch gesehen dieselbe Task aus, können aber durch verschiedene Programme realisiert sein. Objektorientierte Software wählt automatisch die passende Methode aus, um die jeweilige Operation gemäß der Klasse des Zielobjektes zu berechnen.

Links und Assoziationen

Neben den zweidimensionalen Klassensymbolen kommen im UML-Diagramm auch die Beziehungen zwischen den Klassen durch Pfade zum Ausdruck. Solche Beziehungen können nun verschiedenster Art sein. Zwei wichtige Beziehungstypen sind Links und Assoziationen.

Def. 4.2.2.1 (*Link*)

Ein Link ist eine physische oder konzeptionelle Verbindung zwischen Objekten.

In der Regel werden mit einem Link zwei Objekte verbunden, es können aber auch drei oder mehrere sein.

Def. 4.2.2.2 (*Assoziation*)

Eine Assoziation ist eine Beschreibung einer Gruppe von Links, welche eine gemeinsame Struktur und Semantik besitzen.

Damit stellt ein Link also eine Instanz einer Assoziation dar.

Die Links einer Assozitaion stellen Objekte der gleichen Klassen zueinander in Beziehung und haben ähnliche Eigenschaften, die man auch *Link-Attribute* nennt. Damit beschreibt eine Assozitaion eine Menge potenzieller Links in der gleichen Weise, wie eine Klasse eine Menge potenzieller Objekte beschreibt. Den Relationen zwischen Entitäten aus der ER-Modellierung entsprechen hier die Assoziationen zwischen Klassen.

Die nachfolgenden Abbildungen illustrieren die Schreibweisen für Links und Assoziationen. Eine Assoziation wird dargestellt als Linie, welche die beiden Klassen verbindet. Wie üblich werden die Kardinalitätsbeschränkungen an die Klassen geschrieben (das Symbol * bedeutet „viele", siehe unten). Es ist bei UML-Diagrammen häufiger anzutreffen, dass sich Kardinalitäten direkt auf die Rollen, und *nicht* auf die inversen Rollen zu beziehen. Wir beziehen uns allerdings weiter bei unseren Assoziationen und deren Beschriftungen auf die inversen Rollen, wie wir das bereits bei den ER- und den SER-Diagrammen getan haben.

Bild 4-32 Assoziation

Ein Link wird dargestellt durch eine Line, welche die zueinander in Beziehung stehenden Objekte verbindet. Eine "Linie" kann dabei aus mehreren Liniensegmenten bestehen. Zum Beispiel bedienen in nachfolgendem Bild 4-33 die Flughäfen SEA und BOE beide die Stadt Seattle.

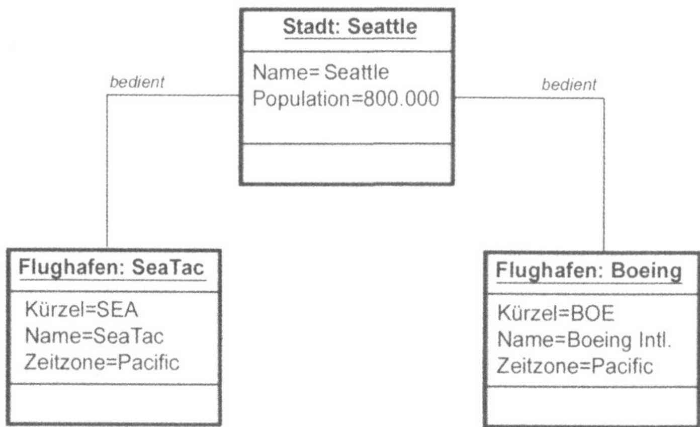

Bild 4-33 Links

Für die Kardinalitätsbeschränkungen der Assoziationen gilt (Beschriftung der Pfade):

Assoziationstyp	UML
genau ein	keine Beschriftung oder *1*
viele (kein oder mehr)	*
kein oder ein	*0..1*
ein oder mehr	*1..**
geordnet viele	*ordered**
numerisch (z.B. 2,3 und 4)	*2..4*

Betrachten wir wieder unser Beispiel aus Bild 4-17. Als UML-Diagramm sieht es folgendermaßen aus (Bild 4-34):

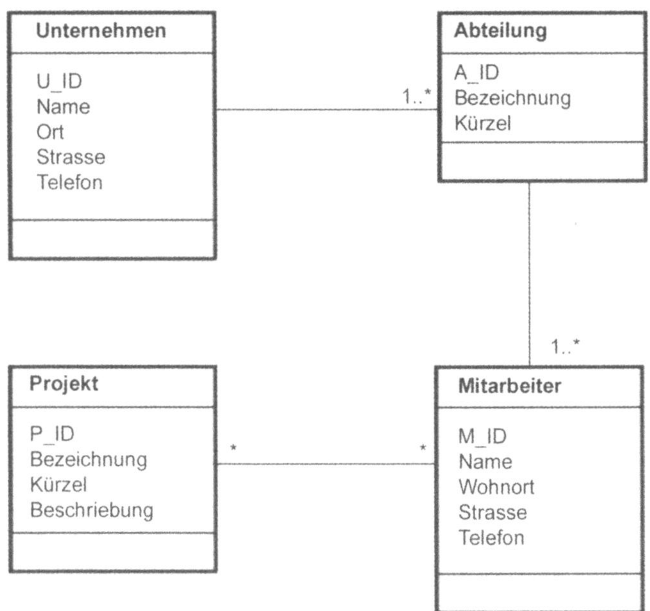

Bild 4-34 Klassendiagramm

Die Assoziation zwischen den Klassen *Projekt* und *Mitarbeiter* stellt eine *viele-viele-*Assoziation dar. Dabei kann natürlich zwischen einem Objektpaar maximal ein einziger Link bestehen. Es können auch wieder mehrere Assoziationen zwischen Klassen bestehen. In diesem Fall sollten die Rollenbeschriftungen – wie wir schon bei der ER- und SER-Modellierung sahen - nicht fehlen:

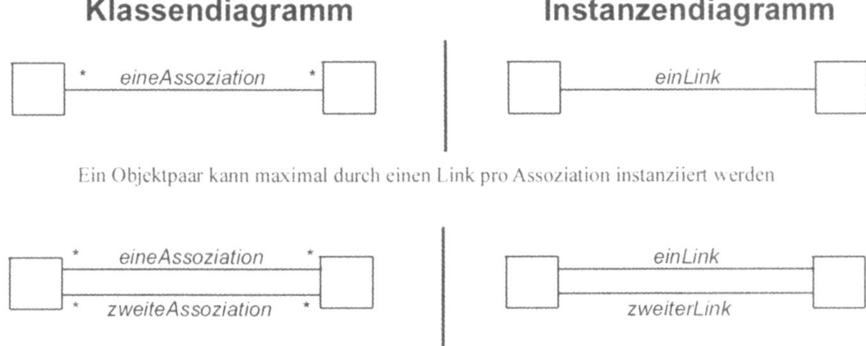

Bild 4-35 Mehrfach-Assoziationen

Rollennamen werden manchmal auch Pseudoattribute genannt.

In Bild 4-34 sind nur die Entitäten mit ihren Attributen eingezeichnet. Nun gibt es aber Attribute, welche als Eigenschaft einer Assoziation angesehen werden können:

> **Def. 4.2.2.3** (*Link-Attribut*)
>
> Ein Link-Attribut ist eine Eigenschaft einer Assoziation, welche einen Namen hat und für jeden Link der Assoziation einen Wert besitzt.

Linkattribute werden in einem Klassensymbol ohne Klassennamen eingetragen und das Klassensymbol wird durch eine gestrichelte Linie, die senkrecht zur Assoziation steht, eingetragen. Am Ende der gestrichelten Linie zeigt ein ausgefüllter Pfeil auf das Klassensymbol (vgl. Bild 4-36).

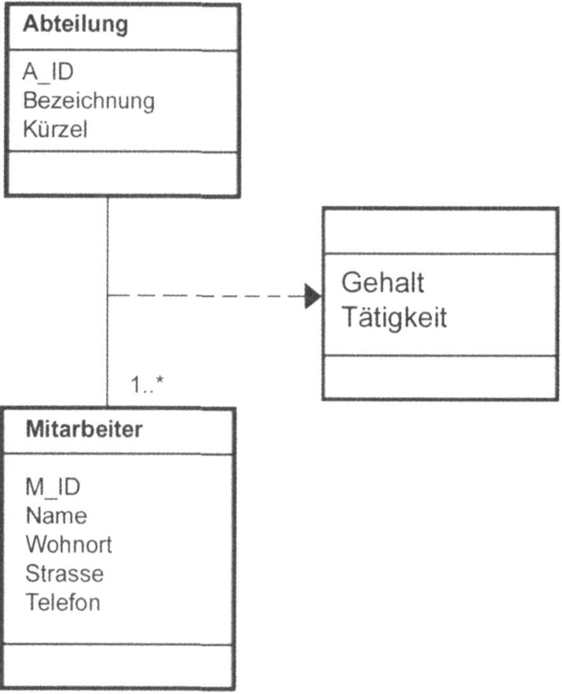

Bild 4-36 Link-Attribute

Die Link-Attribute *Gehalt* und *Tätigkeit* aus Bild 4-36 könnten im Prinzip auch als Klassenattribute zu der Klasse *Mitarbeiter* hinzugenommen werden, was aber nicht empfehlenswert ist (außer, man realisiert das Ganze in einer relationalen Datenbank, da gibt es keine andere sinnvolle Möglichkeit). Ein Link-Attribut ist also eine Eigenschaft der Assoziation und sollte daher nicht einer der Objektklassen zugeschrieben werden. Man entdeckt Link-Attribute häufig durch Adverbien in einer Problembeschreibung oder durch die Abstraktion bekannter Werte. Auf jeden Fall sind Link-Attribute dadurch gekennzeichnet, dass sie Eigenschaften beider an einer Assoziation beteiligten Klassen betreffen, und nicht nur eine Klasse allein.

Bei der relationalen Datenmodellierung sahen wir, dass n:m-Relationen durch eigene Tabellen realisiert wurden. In diese werden naturgemäß alle die Attribute gepackt, die auch ausschließlich für die Beziehung zuständig sind. Analog kann man die Link-Attribute der UML-Modellierung in eine eigene Klasse aufnehmen, was vor allem bei *viele-viele*-Assoziationen sinnvoll ist, da man hier ohnehin eine eigene Relationenklasse aufmachen wird.

Def. 4.2.2.4 (*Assoziationsklasse*)

Eine Assoziationsklasse ist eine Assoziation, deren Link-Objekte in einer eigenen Klasse untergebracht sind und deren Links an weiteren Assoziationen teilnehmen können.

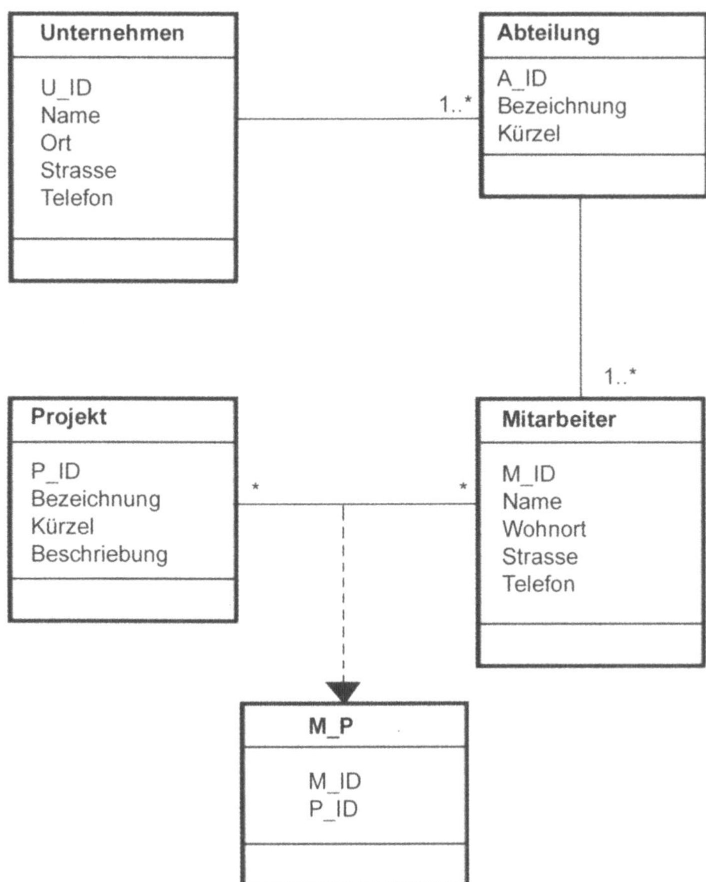

Bild 4-37 Klassendiagramm mit Assoziationsklasse

Bild 4-37 zeigt so eine Assoziationsklasse (*M_P*). Wichtig ist eben, dass, wie in Def. 4.2.2.4 angezeigt, die Links einer Assoziationsklasse selbst wiederum an anderen Assoziationen partizipieren können. Mit anderen Worten: Assoziationsklassen werden formal behandelt wie alle anderen Klassen auch , insbesondere können eben weitere Assoziationen zwischen ihnen und anderen Klassen bestehen. Dennoch unterscheiden sich Assoziationsklassen von gewöhnlichen Klassen dadurch, dass sie Eigenschaften sowohl von Klassen als auch von Assoziationen besitzen. Wie die Links einer Assoziation leiten die Instanzen einer Assoziationsklasse bestimmte Eigenschaften von den Instanzen der konstituierenden Klasse ab. Link-Attribute selbst kann man als die einfachste Version einer Assoziationsklasse auffassen.

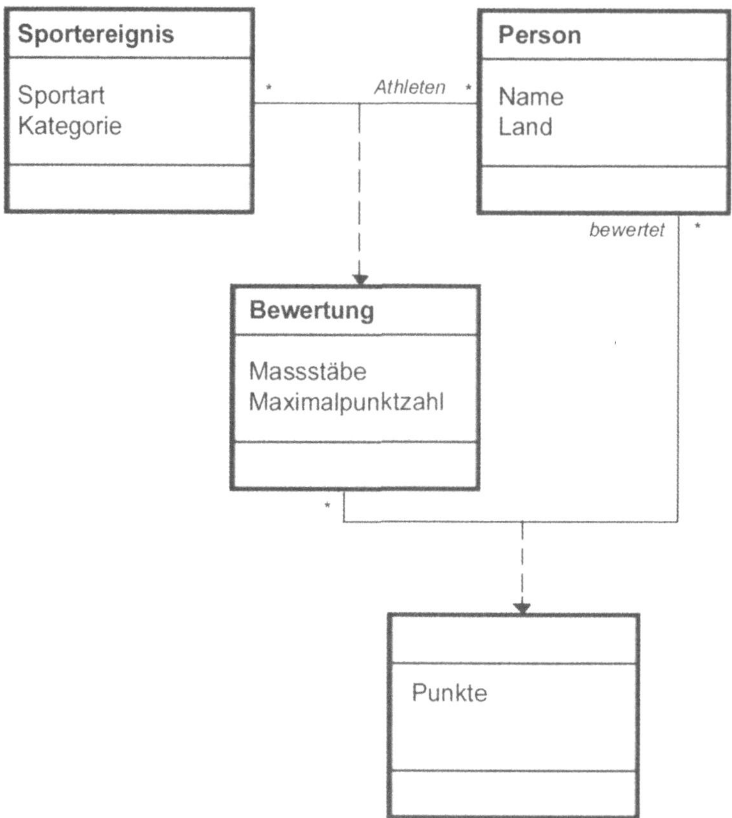

Bild 4-38 Assoziationsklassen mit weiteren Link-Attributen

Bild 4-38 zeigt die Möglichkeit, dass Assoziationsklassen an weiteren Assoziationen teilnehmen können. Die Assoziationsklasse *Bewertung* ist selbst an einer Assoziation beteiligt, dessen Link-Attribut *Punkte* heißt. In der Klasse *Person* befinden sich also sowohl Athleten als auch Punktrichter.

Natürlich sind auch in UML reflexive Beziehungen darstellbar (Bild 4-39):

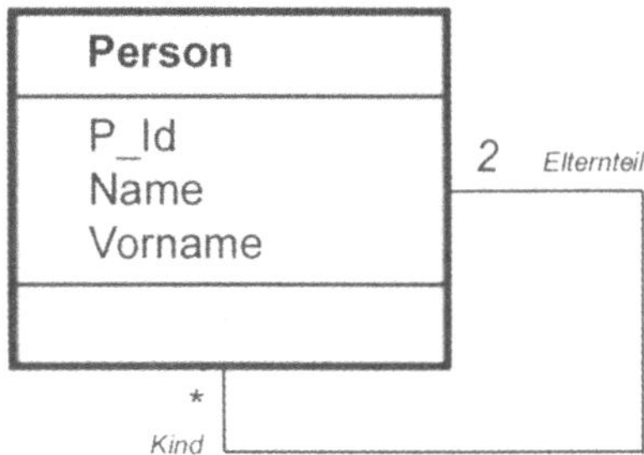

Bild 4-39 Klassendiagramm mit reflexiver Beziehung

Auch hier kann bei Bedarf die Assoziation als Link Attribut oder Assoziationsklasse eingezeichnet werden.

Bisher hatten wir noch keine nähere Attributsbeschreibung in UML kennen gelernt. Dies ist auch nicht üblich, aber man kann natürlich dann noch eine genau Beschreibung der Attribute wie bei der ER- oder SE-Modellierung zusätzlich vornehmen. In der UML-Notation ist man allerdings bestrebt, so viel Information wie möglich direkt in das UML-Diagramm zu bringen. Deswegen schreibt man die Attribute in der Regel auch gleich in die Klassensymbole mit hinein, so dass auf eine detaillierte Attributsbeschreibung in der Entwurfsphase verzichtet werden kann und diese erst in bei Implementierung erfolgt. Das stellt natürlich vor das Problem, dass die Schlüsselattribute, welche bei Assoziationen als Fremdschlüssel dienen, aus dem Diagramm nicht ohne weiteres entnommen werden können. Um diese Information dennoch zu erhalten, kann man die für die Assoziation qualifizierenden Attribute gesondert kennzeichnen.

> **Def. 4.2.2.5** (*Qualifizierte Assoziationen*)
>
> Eine qualifizierte Assoziation ist eine Assoziation, in welcher die Multiplizität einer *viele-* Beziehung durch ein Attribut, welches qualifizierendes Attribut oder Qualifizierer genannt wird, herabgesetzt wird.

Qualifizieren kann man 1:n- und n:m-Assoziationen. Oft kann dadurch die 1:n-Beziehung zu einer 1:1-Beziehung oder eine n:m-Beziehung zu einer 1:n-Beziehung reduziert werden. Qualifizierte Assoziationen mit einer Ziel-Mulitplizität von *eins* oder *null-oder-eins* spezifizieren einen präzisen Pfad zur Auffindung des Zielobjekts ausgehend vom Quellobjekt. In UML wird das qualifizierende Attribut der „n-Seite" herausgezogen und in eine eigene Box geschrieben, welche an das Ende der Verbindungslinie der Assoziation an das andere Klassensymbol außen angeheftet wird. Die Quellklasse zusammen mit dem Qualifizierer bildet die Zielklasse. Die nächste Abbildung (Bild 4-40) zeigt eine typische Anwendung für eine qualifizierte Assoziation (es wurden nicht alle Attribute eingezeichnet). Eine Bank hat bekanntlich viele Konten. Die Kombination der BLZ zusammen mit der Kontonummer liefert ein eindeutiges Konto. Ohne Qualifizierer wird auf viele Objekte der Klasse *Konto* referiert. Zusammen mit dem Qualifizierer wird genau auf ein Objekt referiert. Die 1:n-Assoziation hat sich damit auf eine 1:1- Assoziation reduziert, und es ist sofort ersichtlich, dass das Attribut *Kontonr* der Klasse *Konto* dasjenige Attribut ist, welches die Kontonummer einer Bank eindeutig identifiziert.

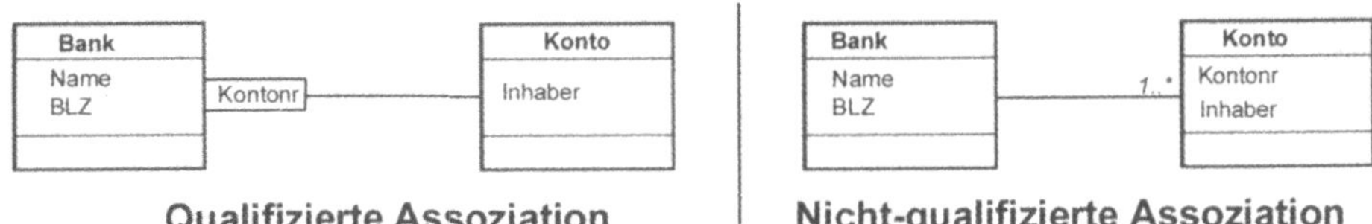

Qualifizierte Assoziation   **Nicht-qualifizierte Assoziation**

Bild 4-40 Qualifizierte vs. nicht-qualifizierte Assoziation

Generalisierung/Spezialisierung und Vererbung

Die objektorientierte Methode ist besonders gut dafür geeignet, einen Sachverhalt zu realisieren, der Generalisierung genannt wird. Dabei handelt es sich um eine Modellierung, bei der redundante Attribute und/oder Methoden in Klassen herausgenommen und einer einzigen, „generellen" Klasse zu eigen gemacht werden.

> **Def. 4.2.2.6** (*Generalisierung*)
>
> Unter Generalisierung versteht man die Beziehung zwischen einer Klasse (der Super- oder Basis- oder Oberklasse) und einer oder mehreren Variationen (auch abgeleitete Klassen oder Subklassen oder Unterklassen genannt) dieser Klasse. Die Sichtweise ist dabei von unten nach oben: von den abgeleiteten Klassen wird nach oben zur Superklasse verallgemeinert.

Der Begriff „Variation" bedeutet hier, wie bereits angedeutet, dass redundante Attribute und Methoden in den Subklassen aus deren Darstellung herausgenommen und in die Basisklasse verlegt werden. Generalisation organisiert Klassen durch ihre Ähnlichkeiten bzw. Differenzen, wobei eine Strukturierung der Objekte erfolgt. Die Basisklasse enthält die gemeinsamen Attribute und Methoden, aber auch evtl. Zustandsdiagramme und Assoziationen. Die abgeleiteten Klassen enthalten nur noch die spezifischen Attribute, Methoden, Zustandsdiagramme und Assoziationen. Es können dabei mehrere Ebenen von generalisierten Beziehungen auftreten. Eine Instanz einer abgeleiteten Klasse ist gleichzeitig eine (transitive) Instanz all ihrer Superklassen.

> **Def. 4.2.2.7** (*Spezialisierung*)
>
> Unter dem Begriff Spezialisierung versteht man den gleichen Sachverhalt wie bei der Generalisierung, jedoch ist die Perspektive von der Basisklasse auf die Subklassen gerichtet.

Während die Generalisierung also eine Bottom-Up-Perspektive darstellt, beginnend mit den Subklassen, nach oben zur generelleren Superklasse aufschauend, wo Gemeinsamkeiten abstrahiert werden, so stellt die Spezialisierung eine Top-Down-Perspektive dar, beginnend mit der Superklasse, welche sich in ihre Variationen aufsplittet. Modellierungstechnisch und auch im UML-Diagramm besteht allerdings kein sichtbarer Unterschied, es handelt sich genau um den gleichen Sachverhalt.

Einfache Generalisierung erzeugt damit eine Hierarchie innerhalb von Klassen. Jede Subklasse hat eine unmittelbare Superklasse.

Im UML-Diagramm werden Generalisierungen durch einen hohlen Pfeil dargestellt, welcher mit der Spitze direkt die Superklasse berührt und an deren Ende die Verbindungslinie zu den Subklassen startet. Man kann jede Subklasse mit einer eigenen Verbindungslinie und mit Pfeil ausstatten, jedoch ist es übersichtlicher, die abgeleiteten Klassen zu gruppieren und einen Baum zu erzeugen.

Bild 4-41 zeigt ein typisches Beispiel für eine Generalisierung. Alle Geldanlagen besitzen einen Namen und einen momentanen Wert in einer bestimmten Währung. Aktien haben eine vierteljährliche Dividende, welche vom Vorstand festgesetzt wird. Pfandbriefe haben ein Fälligkeitsdatum, einen Fälligkeitswert und entweder eine feste oder variable Verzinsungsrate. Dann gibt es unterschiedliche Arten von Versicherungen wie Lebensversicherungen, Krankenversicherungen etc.; natürlich ist dafür ein Jahresbeitrag zu entrichten.

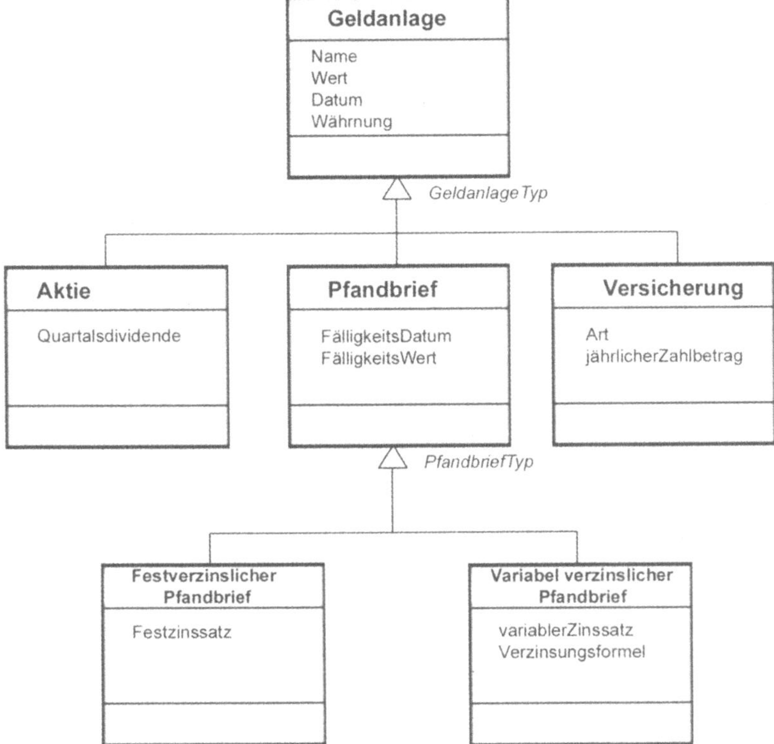

Bild 4-41 Generalisierung am Beispiel Geldanlagen

Neben den hohlen Pfeilen in Bild 4-41 steht noch eine optionale Bezeichnung. In objektorientierten Datenbanksystemen spielt diese keine besondere Rolle, doch in relationalen Datenbanksystemen lassen sich Generalisierungen nicht direkt implementieren. Dann macht es Sinn, daraus Relationen zu erstellen. So könnte eine Tabelle mit den Attributen der Klasse *Geldanlage* erzeugt werden und drei Tabellen mit jeweils den Attributen der Klassen *Aktie*, *Pfandbrief* und *Versicherung*, welche dann zu der Tabelle der Klasse *Geldanlage* jeweils in einer abgewandelten 1:1-Beziehung stehen. Damit aber klar ist, welche Objekte der jeweiligen drei Subklassen-Tabellen zu welchem Objekt der Geldanlage-Tabelle gehören, muss eine eindeutige Identifizierung vorhanden sein. Diese Aufgabe können –wie immer- Schlüsselattribute übernehmen. In der Tabelle der Basisklasse empfiehlt sich unter Umständen, ein weiteres Attribut hinzuzunehmen, welches den Typ der Geldanlage angibt (z.B. eine mit dem Wert *1* für Aktien, dem Wert *2* für Pfandbriefe und dem Wert *3* für Versicherungen). Hierfür eignet sich dann das Attribut, welches neben dem Generalisierungspfeil steht. Da dieses Attribut die „Unterscheidung" zwischen den abgeleiteten Klassen darstellt, heiß es Diskriminator.

Def. 4.2.2.8 (*Diskriminator*)

Der Diskriminator ist ein Attribut, das einen Wert für jede Subklasse besitzt. Der Wert selbst zeigt an, welche Unterklasse ein Objekt weiter beschreibt.

Der Diskriminator stellt also die Basis einer Generalisierung dar. In Bild 4-41 sind *GeldanlageTyp* und *PfandbriefTyp* Diskriminatoren.

Eine weitere Spezifizierung für eine Generalisierung können zwei Angaben sein, welche in geschweiften Klammer ebenfalls in die Nähe des Generalisierungspfeils geschrieben werden. Dabei handelt es sich umfolgendes:

Def. 4.2.2.9 (*complete/incomplete*)

Wenn die Exemplarmenge einer Basisklasse nur aus Exemplaren der Unterklassen aufgebaut ist, so heißt die Spezialisierung komplett oder vollständig (engl. complete), andernfalls unvollständig (engl. incomplete).

Eine vollständige Spezialisierung hat demnach nur Instanzen in ihren Subklassen. Der nächste Begriff unterscheidet, ob gleiche Objekte in mehreren abgeleiteten Klassen einer Basisklasse vorkommen können oder nicht.

Def. 4.2.2.10 (*disjoint/overlapping*)

Wenn die Exemplarmengen der Unterklassen paarweise verschieden sind, so nennt man die Spezialisierung bzw. die Subklassen disjunkt (engl. disjoint), andernfalls überlappend (engl. overlapping).

Betrachtet man z.B. eine Basisklasse *Person* und die Subklassen *Kunde* und *Lieferant* (vgl. Bild 4-42, die Attribute wurden weggelassen). Dies wäre dann ein Beispiel für eine überlappende Spezialisierung, da eine Person sowohl Kunde als auch Lieferant sein kann. Außerdem wäre die Spezialisierung dazu noch unvollständig, denn es kann Personen geben, die weder Kunde noch Lieferant sind (z.B. Privatpersonen).

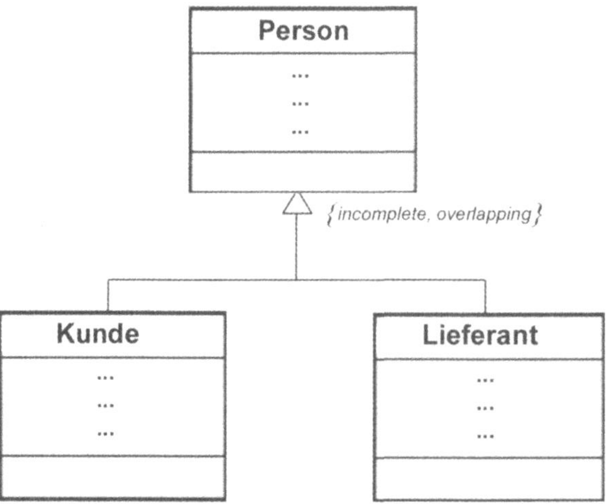

Bild 4-42 Unvollständige, überlappende Spezialisierung

Man kann die Vollständigkeit jedoch erzwingen, in dem man weitere Subklassen hinzunimmt (z.B. in Bild 4-24 eine Subklasse *Privatperson*). Im Fall einer vollständigen Spezialisierung besitzt eine Basisklasse selbst gar keine direkten Instanzen mehr. Solche Klassen nennt man abstrakte Klassen.

Def. 4.2.2.11 (*abstrakte Klasse*)

Eine Klasse ohne direkte Instanzen heißt abstrakt, andernfalls konkret.

Die Basisklassen *Geldanlage* und *Pfandbrief* aus Bild 4-41 sind Beispiele für abstrakte Klassen. Hier ist also die Generalisierung vollständig. Die Unterklassen *Aktie, Pfandbrief* und *Versicherung* sind hier disjunkt, da keine ihrer Instanzen gleichzeitig Exemplar einer der anderen Unterklassen sein kann. Es sei noch ein weiterer wichtiger Begriff im Zusammenhang mit der Generalisierung/Spezialisierung erwähnt:

Def. 4.2.2.12 (*Vererbung*)

Unter Vererbung wird der Mechanismus verstanden, welcher die Attribute, Methoden, Zustandsdiagramme und Assoziationen einer Basisklasse seinen abgeleiteten Klassen zur Verfügung stellt.

Die Objekte der Subklasse verhalten sich also so, dass sie neben ihren eigenen Attributen noch die Attribute der Superklasse besitzen. Ererbte Eigenschaften können von der Basisklasse wiederverwendet oder von der abgeleiteten Klasse überschrieben werden. Neue Eigenschaften können der abgeleiteten Klasse hinzugefügt werden. Die Subklasse *FestverzinslicherPfandbrief* aus Bild 4-41 hat durch den Mechanismus der Vererbung also insgesamt 7 Attribute: *Name, Wert, Datum, Währung, FälligkeitsDatum, FälligkeitsWert* und *Festzinssatz*. Die Begriffe Generalisierung, Spezialisierung und Vererbung werden gemeinhin synonym verwendet, da sie alle den gleichen Sachverhalt zum Ausdruck bringen (obwohl alle drei Begriffe unterschiedliche Definitionen besitzen). Grundsätzlich ist es noch möglich, dass eine Subklasse Eigenschaften von mehreren Basisklassen erbt. Dieser Sachverhalt wird *Mehrfachvererbung* genannt. Der Vorteil dieser komplizierten Form der Generalisierung besteht darin, dass man eine höhere Flexibilität bei der Spezifikation der Klassen hat und dass bessere Wiederverwendungsmöglichkeiten bestehen. Ein Beispiel einer Mehrfachvererbung zeigt Bild 4-43.

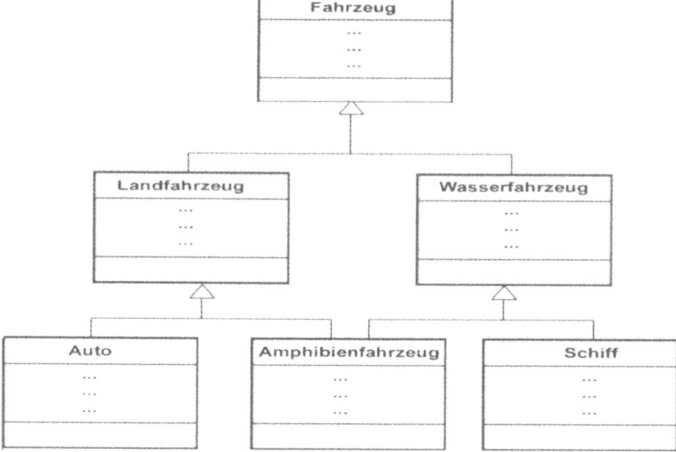

Bild 4-43 Mehrfachvererbung

Wenden wir uns nun der Frage zu, wie man Generalisierungen in eine relationale Datenbank umsetzen könnte. Da gibt es mehrere Möglichkeiten. Eine davon ist in Bild 4-44 demonstriert. Dort wird der Versuch einer Umsetzung des Beispiels aus Bild 4-41 getätigt, wobei der Einfachheit halber hier die Klasse Pfandbrief als konkrete Klasse betrachtet wird und keine weiteren Subklassen mehr besitzen soll. Damit haben wir also nur die Basisklasse *Geldanlage* sowie die drei abgeleiteten Klassen *Aktie*, *Pfandbrief* und *Versicherung*.

Geldanlage : Tabelle

Id	GeldanlageTyp	Name	Wert	Datum	Währung
1	1	BASF	22200	01.01.00	EUR
2	1	ABB	50000	01.01.99	USD
1	2	Gerling	27000	01.04.90	DM
2	2	BASF	28889	01.05.80	DM
1	3	Gerling	50000	01.01.90	DM
2	3	Gerling	2000000	01.01.80	DM

Datensatz: 1 von 6

Aktie : Tabelle

Aktie_ID	Quartalsdividende
1	277
2	372

Datensatz: 2 von 2

Pfandbrief : Tabelle

Pfand_ID	FälligkeitsDatum	FälligkeitsWert
1	10.10.01	30000
2	11.11.01	35000

Datensatz: 2 von 2

Versicherung : Tabelle

Vers_Id	Art	jährlicherZahlbetrag
1	Leben	2000
2	KFZ	800

Datensatz: 3 von 3

Bild 4-44 Generalisierung umgesetzt in einer relationalen Datenbank

Das Attribut *Id* der Tabelle *Geldanlage* in Bild 4.44 enthält den Wert des jeweiligen Attributs aus *Aktie_ID*, *Pfand_ID* oder *Vers_ID* der betreffenden Tabellen *Aktie*, *Pfandbrief* bzw. *Versicherung*. Der Inhalt des Attributs *GeldanlageTyp* ist *1* für Einträge des entsprechenden Datensatzes aus der Tabelle *Aktie*, *2* für Einträge aus der Tabelle *Pfandbrief* und *3* für Einträge aus der Tabelle *Versicherung*. Der Schlüssel der Tabelle *Geldanlage* wird gebildet zusammen aus den beiden Attributen *Id* und *GeldanlageTyp*. Diese Art der Realisierung ist jedoch aus verschiedenen Gründen unvorteilhaft, z.B. ist der Primärschlüssel der Tabelle Geldanlage aus mehreren Attributen zusammengesetzt.

Es gibt aber noch andere Möglichkeiten, Generalisierungen in relationalen Datenbanken zu realisieren. So kann man in der Tabelle der Basisklasse *Geldanlage* das Attribut *Geldanlagetyp* auch weglassen und eine eigene *Geldanalage_ID* als Schlüssel (z.B. fortlaufende Nummer) dort einführen. Dann wird die Tabelle *Geldanlage* zur „*1*-Seite" von drei *1:m*-Beziehungen, wobei die drei „*m*-Seiten" von den Tabellen der abgeleiteten Klassen gebildet werden, also von den Tabellen *Aktie*, *Pfandbrief* und *Versicherung*. In diesen drei Tabellen ist dann der Schlüssel der Tabelle *Geldanlage* als Fremdschlüssel enthalten (vgl. Bild 4-45).

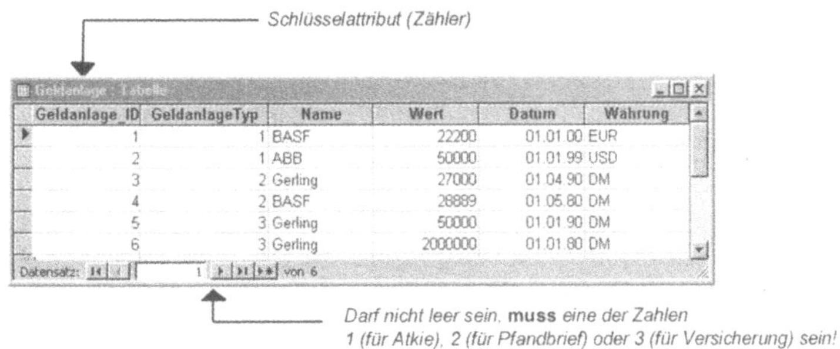

Bild 4-45 Alternative Realisierung einer Generalisierung in relationalen Datenbanken

Dieser Fremdschlüssel kann dann auch zum Primärschlüsselattribut in jeder der drei Tabellen deklariert werden, so dass die *1:m*-Beziehung praktisch nur für *m=0* oder *m=1* gilt. Nun wissen wir aber, dass die Spezialisierung in unserem konkreten Beispiel vollständig ist, d.h. es dürfen keine Einträge „allein" in der Tabelle Geldanlage vorkommen, die keine Entsprechung in wenigstens einer der drei Subtabellen haben. Zusätzlich sind die Subklassen disjunkt gewesen. Um diesen Sachverhalt abzubilden, bietet sich an, in die Tabelle *Geldanlage* wieder das Attribut *GeldanlageTyp* einzuführen und mit einer der drei Nummern zu versehen, auf die sich der Eintrag in den Sub-Tabellen bezieht. Wenn man dann noch fordert, dass das Attribut *Geldanlage-Typ* nicht leer sein darf, also immer eine der drei Zahlen *1,2* oder *3* beinhalten *muss*, dann hat man die Spezialisierung vollständig und disjunkt abgebildet (vgl. Bild 4-46).

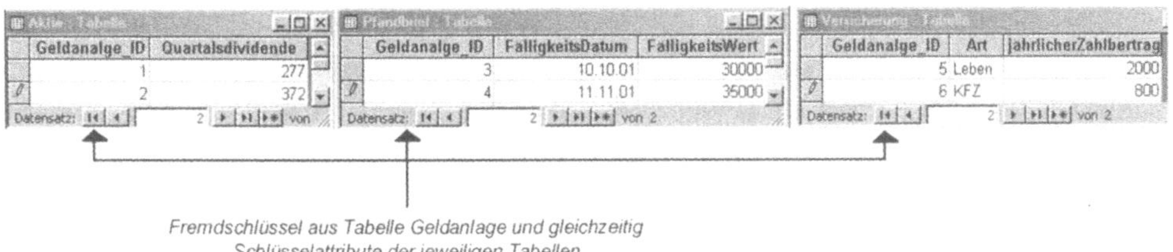

Bild 4-46 Umsetzung einer vollständigen, disjunkten Spezialisierung in einer relationalen Datenbank

Umsetzung einer Generalisierung in einer relationalen Datenbank

Nachfolgend seien die Umsetzungsmöglichkeiten einer einfachen Generalisierung zusammengefasst, wobei die Fälle vollständig/unvollständig sowie disjunkt/überlappend unterschieden werden. Es sei eine Basisklasse gegeben und n zugehörige Unterklassen. Vorgehensweise:

Fall 1: Spezialisierung ist *{incomplete, overlapping}*

1. Erzeugen einer Tabelle aus der Basisklasse (nachfolgend *Basistabelle* genannt) mit einem eigenen Schlüsselattribut (fortlaufende Nummer, im folgenden *Basis_ID* genannt).

2. Erzeugen von n Tabellen, wobei jede Tabelle (im folgenden *Untertabellen* genannt) einer der Unterklassen entspricht und damit jeweils deren Attribute besitzt. In jede dieser *Untertabellen* wird ein weiteres Attribut hinzugefügt, welches als Fremdschlüsselattribut des Schlüssels der *Basistabelle* dient (also auf das Attribut *Basis_ID* der *Basistabelle* referiert und immer einen dieser Werte enthalten muss). In jeder der n Tabellen wird dieses Fremdschlüsselattribut gleichzeitig zum Schlüsselattribut deklariert.

3. Jetzt wird formal eine *1:m*-Beziehung zwischen der *Basistabelle* und jeder der *Untertabellen* hergestellt (da das Fremdschlüsselattribut jeder *Untertabelle* gleichzeitig auch Primärschlüssel der *Untertabelle* ist, kann m nur gleich *0* oder *1* sein).

Fall 2: Spezialisierung ist *{complete, overlapping}*

1. Falls nicht vorhanden, im UML-Diagramm einen Diskriminator bei der betreffenden Generalisierung einzeichnen.

2. Erzeugen einer Tabelle aus der Basisklasse (nachfolgend *Basistabelle* genannt) mit einem eigenen Schlüsselattribut (fortlaufende Nummer, im folgenden *Basis_ID* genannt) und n weiteren Attributen (nachfolgend *Diskriminatorattribute* genannt), welche vom Datentyp *Boole (ja/nein)* sind, deren Defaultwert *nein* ist, die aber nicht alle gleichzeitig den Eintrag *nein* enthalten dürfen (also wenigstens eines der n Attribute muss den Wert *ja* bekommen).

3. Erzeugen von n Tabellen, wobei jede Tabelle (im folgenden *Untertabellen* genannt) einer der Unterklassen entspricht und damit jeweils deren Attribute besitzt. In jede dieser *Untertabellen* wird ein weiteres Attribut hinzugefügt, welches als Fremdschlüsselattribut des Schlüssels der *Basistabelle* dient (also auf das Attribut *Basis_ID* der *Basistabelle* referiert und immer einen dieser Werte enthalten muss). In jeder der n Tabellen wird dieses Fremdschlüsselattribut gleichzeitig zum Schlüsselattribut deklariert.

4. Die Werte der *Diskriminatorattribute* werden wie folgt festgesetzt: Wenn der Wert des Attributs *Basis_ID* eines Datensatzes der *Basistabelle* in einem Satz der *k*-ten *Untertabelle* (*k*∈{*1,...,n*}) als Fremdschlüssel enthalten ist, wird das *k*-te Diskriminatorattribut der *Basistabelle* auf den Wert *ja* gesetzt. Es können ein, mehrere oder alle Diskriminatorattribute den Wert ja enthalten, je nach dem ob die *Basis_ID* der Basistabelle in einem, mehreren oder allen Untertabellen als Fremdschlüssel vorkommt. Alle anderen Diskriminatorattribute enthalten den (Default-) Wert *nein*.

5. Jetzt wird formal eine *1:m*-Beziehung zwischen der *Basistabelle* und jeder der *Untertabellen* hergestellt (da das Fremdschlüsselattribut jeder *Untertabelle* gleichzeitig auch Schlüssel der *Untertabelle* ist, kann *m* nur gleich *0* oder *1* sein).

Alternativ kann auch die Vorgehensweise für Fall 1 (*{incomplete, overlapping}*) gewählt und zusätzlich eine Routine implementiert werden, die sicherstellt, dass in der Basistabelle kein Satz vorkommt, dessen Wert des Attributs *Basis_ID* nicht *mindestens in einer* der Untertabellen als Fremdschlüssel (und damit hier auch als Primärschlüssel) vorhanden ist.

Fall 3: Spezialisierung ist *{complete, disjoint}*

1. Falls nicht vorhanden, im UML-Diagramm einen Diskriminator bei der betreffenden Generalisierung einzeichnen.

2. Erzeugen einer Tabelle aus der Basisklasse (nachfolgend *Basistabelle* genannt) mit einem eigenen Schlüsselattribut (fortlaufende Nummer, im folgenden *Basis_ID* genannt) und einem weiteren Attribut, welches dem Diskriminator entspricht (nachfolgend *Diskriminatorattribut* genannt). Eine Eigenschaft des *Diskriminatorattributs* muss sein, dass es nicht leer sein darf und immer genau eine der Zahlen *1,2,...n* enthalten *muss*.

3. Erzeugen von *n* Tabellen, wobei jede Tabelle (im folgenden *Untertabellen* genannt) einer der Unterklassen entspricht und damit jeweils deren Attribute besitzt. In jede dieser *Untertabellen* wird ein weiteres Attribut hinzugefügt, welches als Fremdschlüsselattribut des Schlüssel der *Basistabelle* dient (also auf das Attribut *Basis_ID* der *Basistabelle* referiert und immer einen dieser Werte enthalten muss). In jeder der *n* Tabellen wird dieses Fremdschlüsselattribut gleichzeitig zum Schlüsselattribut deklariert.

4. Das *Diskriminatorattribut* bekommt diejenige Zahl *k*∈{*1,...,n*} als Wert zugewiesen, für die gilt: In der *k*-ten *Untertabelle* ist die *Basis_ID* als Fremdschlüssel enthalten.

5. Jetzt wird formal eine *1:m*-Beziehung zwischen der *Basistabelle* und jeder der *Untertabellen* hergestellt (da das Fremdschlüsselattribut jeder *Untertabelle* gleichzeitig auch Primärschlüssel der *Untertabelle* ist, kann *m* nur gleich *0* oder *1* sein).

Alternativ kann auch die Vorgehensweise für Fall 1 (*{incomplete, overlapping}*) gewählt und zusätzlich eine Routine implementiert werden, die sicherstellt, dass in der Basistabelle kein Satz vorkommt, dessen Wert des Attributs *Basis_ID* nicht *genau in einer* der Untertabellen als Fremdschlüssel (und damit hier auch als Primärschlüssel) vorhanden ist.

Fall 4: Spezialisierung ist *{incomplete, disjoint}*

1. Falls nicht vorhanden, im UML-Diagramm einen Diskriminator bei der betreffenden Generalisierung einzeichnen.

2. Erzeugen einer Tabelle aus der Basisklasse (nachfolgend *Basistabelle* genannt) mit einem eigenen Schlüsselattribut (fortlaufende Nummer, im folgenden *Basis_ID* genannt) und einem weiteren Attribut, welches dem Diskriminator entspricht (nachfolgend *Diskriminatorattribut* genannt); Eigenschaft des *Diskriminatorattributs* muss sein, dass es nicht leer sein darf und immer genau eine der Zahlen *0,1,2,...n* enthält (der Defaultwert sei *0*).

3. Erzeugen von *n* Tabellen, wobei jede Tabelle (im folgenden *Untertabellen* genannt) einer der Unterklassen entspricht und damit jeweils deren Attribute besitzt. In jede dieser *Untertabellen* wird ein weiteres Attribut hinzugefügt, welches als Fremdschlüsselattribut des Schlüssels der *Basistabelle* dient (also auf das Attribut *Basis_ID* der *Basistabelle* referiert und immer einen dieser Werte enthalten muss). In jeder der *n* Tabellen wird dieses Fremdschlüsselattribut gleichzeitig zum Schlüsselattribut deklariert.

4. Das *Diskriminatorattribut* bekommt die Zahl $k \in \{1,...,n\}$ als Wert zugewiesen, wenn die *k*-te *Untertabelle* die *Basis_ID* als Fremdschlüssel enthält. Ansonsten wird dem *Diskriminatorattribut* der Wert *k=0* zugewiesen (was andeutet, dass es keinen zugeordneten Datensatz in einer der *Untertabellen* gibt).

5. Jetzt wird formal eine *1:m*-Beziehung zwischen der *Basistabelle* und jeder der *Untertabellen* hergestellt (da das Fremdschlüsselattribut jeder *Untertabelle* gleichzeitig auch Schlüssel der *Untertabelle* ist, kann *m* nur gleich *0* oder *1* sein).

Alternativ kann auch die Vorgehensweise für Fall 1 (*{incomplete, overlapping}*) gewählt und zusätzlich eine Routine implementiert werden, die sicherstellt, dass der Wert des Attributs *Basis_ID* in *keiner* oder *genau einer* der Untertabellen als Fremdschlüssel (und damit hier auch als Primärschlüssel) vorhanden ist.

Die obige Vorgehensweise sollte allerdings nicht „blind" bei allen Generalisierungen angewendet werden. Es sollte vielmehr zuerst geprüft werden, ob es nicht generell eine sinnvollere Umsetzung der Verhältnisse im UML-Diagramm z.B. in ein ER- oder SER-Diagramm gibt, welche dann direkt in ein relationales Datenbanksystem implementiert werden kann. Dies zeigt sich z.B. an der UML-Modellierung unseres Beispiels der Lizenzabrechnung (vgl. Bild 4-47).

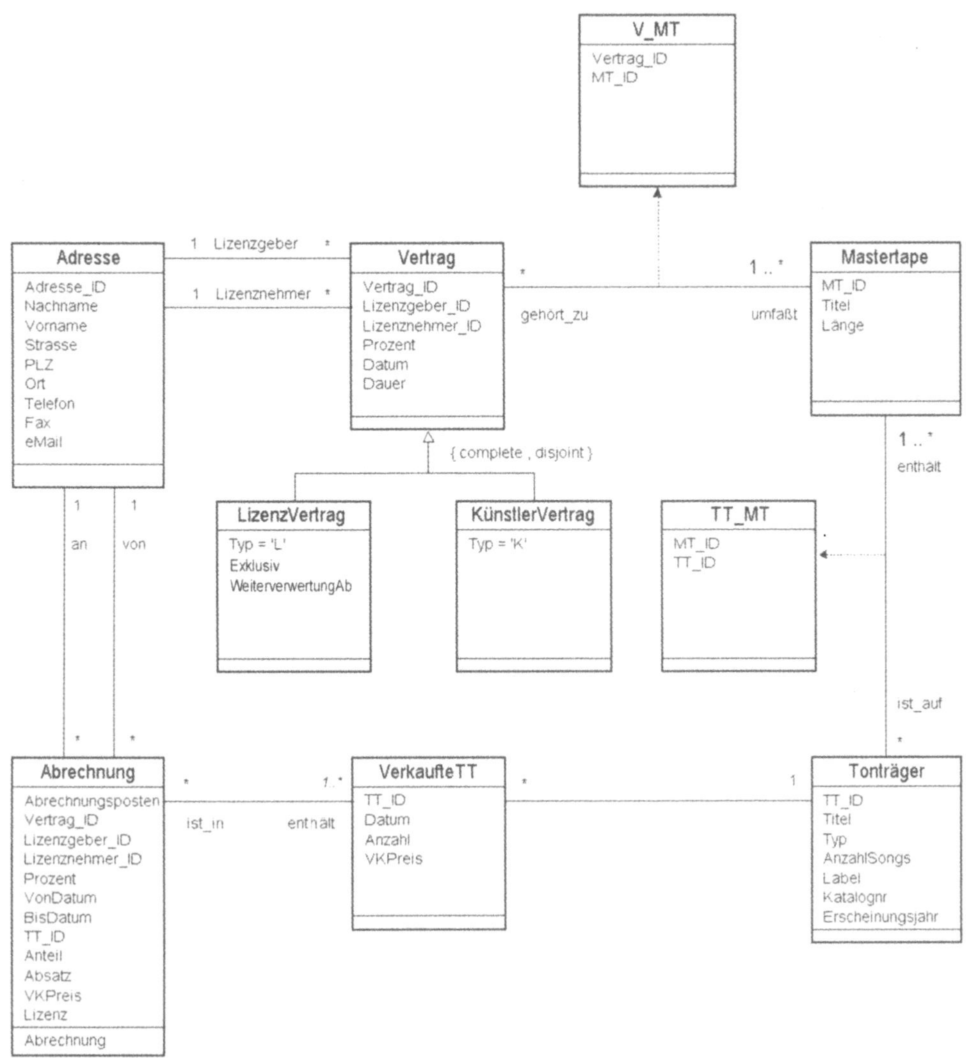

Bild 4-47 UML-Diagramm Beispiel Lizenzabrechnung

Würde man diesen Sachverhalt zunächst aus der objektorientierten Sicht modellieren, so könnte man auf die Idee kommen, dass man eine Klasse *Vertrag* und zwei abgeleitete Klassen *Künstlervertrag* und *Lizenzvertrag* (steht synonym für Schallplattenvertrag) einführt, was durchaus sinnvoll ist. Bei der Umsetzung in ein relationales Datenbanksystem wäre es aber äußerst unschön, gemäß der obigen Vorgehensweise für die Umsetzung einer Generalisierung in eine relationale Datenbank vorzugehen. Das wäre zwar möglich und sicher nicht falsch, doch ist es natürlich viel einfacher, die Attribute *Vertragstyp*, *Exklusiv* und *WeiterverwertungAB* direkt in die Tabelle *Vertrag* aufzunehmen. Da Künstlerverträge immer Exklusivverträge darstellen, Lizenzverträge mit Plattenfirmen aber nicht unbedingt, kann auch das Attribut *Exklusiv* mit aufgenommen werden. Gleiches gilt für die Weiterverwertung nach Vertragsablauf (bei Künstlerverträgen irrelevant, da der Produzent Eigentümer des Mastertapes ist). Dies wurde ja in den relationalen Ansätzen des Beispiels auch so gemacht, vgl. Abschnitt 4.2.1.

Aggregation

Eine wichtige Rolle bei der UML-Modellierung spielt ein weiterer Beziehungstyp, die sog. Aggregation. Sie ermöglicht es, eine Gesamtheits-Teile-Beziehung grafisch darzustellen. Die Aggregation darf auf keinen Fall mit der Vererbung bzw. Generalisierung/Spezialisierung verwechselt werden; es handelt sich dabei um einen völlig anderen Sachverhalt.

> **Def. 4.2.2.13** (*Aggregation*)
>
> Unter Aggregation versteht man die Beziehung zwischen einer Klasse von Objekten, die eine Komponentengruppe bilden und einer oder mehrere anderer Klassen, deren Objekte die Komponenten bilden.

Aggregationen sind also Ganzheits-Teile-Relationen, welche in mehreren Ebenen vorkommen können. Aggregationen besitzen die Transitivitätseigenschaft: Wenn A Teil von B ist und B Teil von C, dann ist A auch Teil von C. Zudem sind Aggregationen antisymmetrisch: Wenn A Teil von B ist, dann ist B nicht Teil von A. Die Transitivitätseigenschaft ermöglicht es, den transitiven Abschluss der Ganzheit zu bilden, d.h. man kann alle Komponenten direkt oder indirekt berechnen, die zu der Komponentengruppe (Gesamtheit) gehören. Der Begriff transitiver Abschluss kommt aus der Graphentheorie und man versteht unter dem transitiven Abschluss eines Knotens die Menge aller Knoten, welche durch eine Folge von Kanten erreichbar ist. In UML-Diagrammen werden Aggregation wie Assoziationen dargestellt, wobei wie bei der Generalisierung eine Baumstruktur verwendet wird und die Verbindungslinie von einem kleinen Diamant ausgeht, welcher die Gesamtheitsklasse berührt. Eine Aggregatsbeziehung ist im Wesentlichen eine binäre Assoziation, d.h. eine Paarbildung zwischen der Komponentengruppenklasse und einer Komponentenklasse. Daher korrespondiert eine Komponentengruppenklasse, die mehrere Komponentenklassen besitzt, mit mehreren Aggregationen. Jede Paarbildung definiert also eine Aggregation, so dass die Multiplizität jeder Komponente innerhalb der Komponentengruppe spezifiziert werden kann. Eine Aggregation kann wie jede andere Assoziation qualifiziert sein, Rollen haben und Link-Attribute besitzen.

In Bild 4-48 stellt die Klasse *PC* eine Komponentengruppe (Gesamtheit) dar. Ein *PC* besteht physikalisch aus einem oder mehreren *Monitoren*, einer *Systemeinheit*, keiner oder einer *Maus* sowie einer *Tastatur*. Die Komponente *Systemeinheit* wiederum besteht aus einem *Gehäuse*, einer *CPU*, viel *RAM* und keinem oder einem *Lüfter* zur Kühlung. Anders als bei der Spezialisierung, wo die Eigenschaften einer Basisklasse durch ihre abgeleiteten Klassen verfeinert werden, wird hier die Klasse einer Komponentengruppe in ihre Bestandteile zerlegt. Es gibt daher natürlich auch kein Vererbungsmechanismus bei Aggregationen. Zur Bestimmung, ob eine Assoziation eine Aggregation ist oder nicht, mag es hilfreich sein, für die potenziellen Komponentenklassen die „ist-ein-Bestandteil-von"-Frage zu stellen. Im Zweifelsfall sollte die in Frage kommende Beziehung zunächst einfach also normale Assoziation modelliert werden.

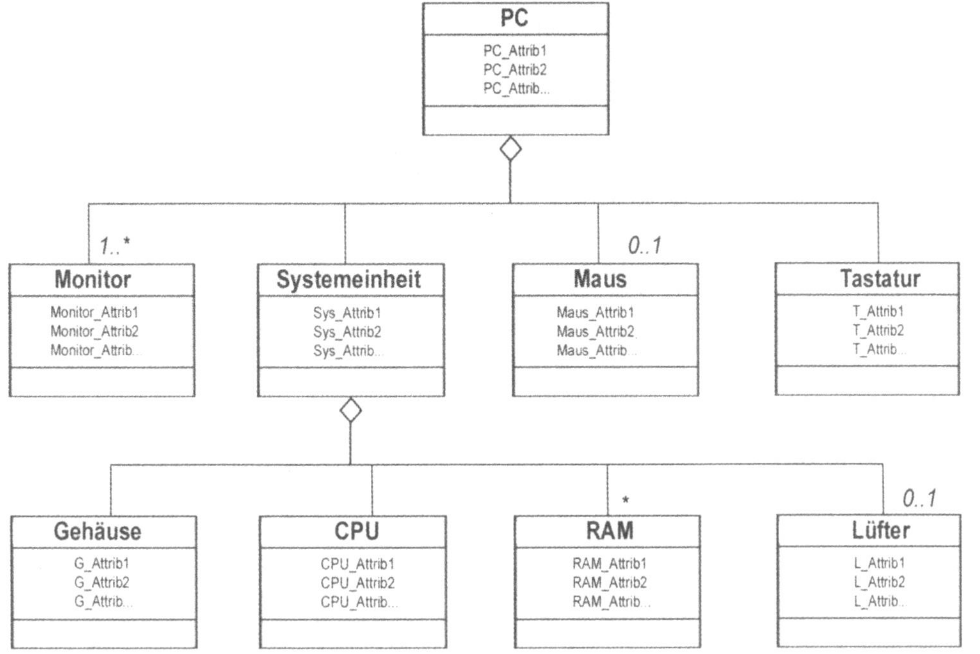

Bild 4-48 Aggregationen

Während die abgeleiteten Klassen einer Basisklasse in einer „oder"-Beziehung zueinander stehen (eine Geldanlage ist eine Aktie *oder* eine Pfandbrief *oder* eine Versicherung), stehen die Komponentenklassen einer Komponentengruppenklasse in einer „und"-Beziehung (ein PC besteht aus Monitor *und* Systemeinheit *und* Maus *und* Tastatur).

Manchmal wird noch zwischen *physikalischer Aggregation* und *Katalog-Aggregation* unterschieden. Die physikalische Aggregation bezeichnet eine Aggregation, bei der jedes Objekt einer Komponentenklasse maximal einem einzigen Objekt der Komponentengruppenklasse zugeordnet ist. Demgegenüber ist bei der Katalog-Aggregation ein Objekt einer Komponentenklasse für mehrere Komponentengruppenklassen nutzbar (z.B. eine Schraube als Instanz einer Komponentenklasse kann in mehreren Komponentengruppenklassen wie z.B. Motoren, Möbel etc. benötigt werden).

Die relationale Umsetzung einer Aggregation ist relativ einfach (falls mehrere Aggregationsebenen vorhanden sind, wird „von oben nach unten" vorgegangen): Es wird eine Tabelle angelegt, welche alle Attribute der Komponentengruppenklasse enthält und alle Attribute aller in einer *1:1*-Beziehung stehenden Komponentenklassen. Diese Tabelle besitze einen Primärschlüssel (z.B. laufende Nummer). Für alle anderen Komponentenklassen werden eigene Tabellen angelegt mit dem Primärschlüssel der Komponentengruppentabelle als Fremdschlüssel und dann eine *1:n*-Beziehung zwischen diesen beiden Tabellen hergestellt. Damit stehen diejenigen Komponenten, die in *1:1*-Beziehung zur Komponentengruppe standen, direkt in der Komponentengruppentabelle mit drin und die restlichen Komponenten in den anderen Tabellen referieren auf die Komponentengruppentabelle. Bezogen auf das Beispiel aus Bild 4-48 würde das heißen, dass zuerst eine Tabelle *PC* angelegt wird mit allen Attributen der Klassen *PC, System-*

einheit und *Tastatur*. Der Primärschlüssel dieser Tabelle sei *PC_ID*. Danach werden zwei Tabellen *Monitor* und *Maus* mit jeweils den Attributen aus den entsprechenden Klassen angelegt, die als Fremdschlüssel den Schlüssel *PC_ID* der Tabelle *PC* erhalten. Danach wird eine *1:n*-Beziehung zwischen der Tabelle PC („*1*-Seite“) und den Tabellen *Tastatur* bzw. *Maus* („*n*-Seiten“) angelegt. Nun wird die nächste tieferliegende Ebene betrachtet. Die Klasse *Systemeinheit* steht in einer 1:1-Beziehung mit den aggregierten Klassen *Gehäuse* und *CPU*. Da die Klasse *Systemeinheit* bereits in die Tabelle *PC* „inkorporiert“ wurde, benötigt man dafür keine eigene Tabelle mehr, sondern nimmt stattdessen die Tabelle *PC* selbst, da sie ja bereits alle Attribute der Klasse *Systemeinheit* enthält. Die Folge ist, dass die Tabelle *PC* jetzt noch um die Attribute der Klassen *Gehäuse* und *CPU* erweitert wird. Schließlich werden die beiden Tabellen *RAM* und *Lüfter* mit den entsprechenden Attributen erzeugt und diese erhalten wieder als Fremdschlüsselattribute die *PC_ID*. Auch hier werden dann die *1:-n*-Beziehungen zwischen der Tabelle *PC* und den Tabellen *RAM* und *Lüfter* erzeugt (vgl. Bild 4-49).

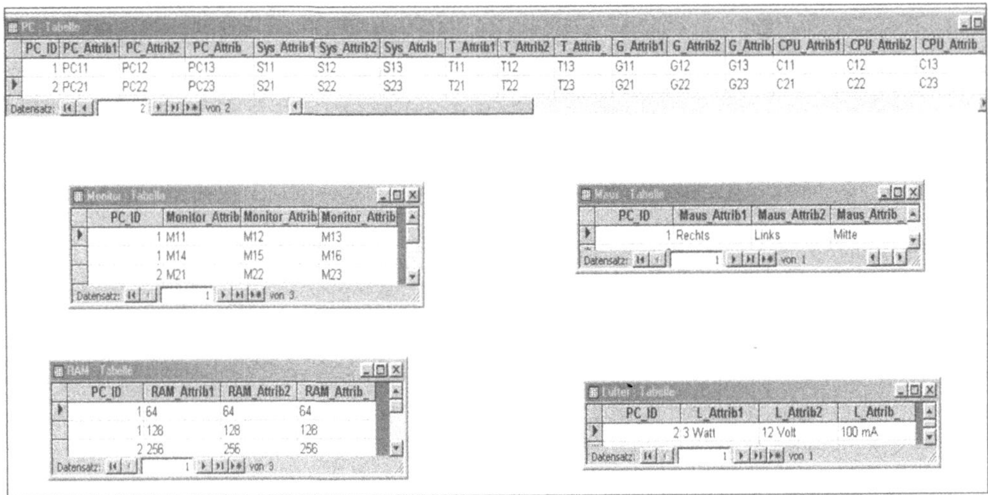

Bild 4-49 Relationale Umsetzung einer Aggregation

Im umgesetzten Beispiel in Bild 4-49 hat z.B. der PC mit der *PC_ID=1* zwei Monitore, eine Maus und zwei RAM-Bänke, jedoch keinen Lüfter. Der PC mit *PC_ID=2* hat einen Monitor, keine Maus, eine RAM-Bank und einen Lüfter.

Man kann für Aggregationen über mehrere Ebenen hinweg auch sofort eine „Mastertabelle“ anlegen, in der alle Attribute aller Klassen fortgesetzter *1:1*-Beziehungen von der obersten bis zur untersten Ebene direkt eingebaut werden und alle restlichen Klassen als eigenständige Tabellen erzeugen und in relationale *1:n*-Beziehung zur Mastertabelle setzen.

Die hier beschriebenen Möglichkeiten der UML-Datenmodellierung sind bei weitem nicht vollständig. Die Originalspezifikation der UML ist über 600 Seiten stark und enthält dementsprechend alle möglichen Facetten und Methoden einer umfassenden objektorientierten Datenmodellierung. Diese alle hier darzustellen würde den Rahmen dieses Buches mehr als sprengen, so dass wir uns nur auf die wichtigsten Fälle konzentrierten. Dennoch sind damit sicher die

Mehrzahl der in der Praxis vorkommenden Fälle hinreichend modellierbar. Zum Schluss dieses Abschnittes seinen noch ein paar praktische Tipps zur effizienten Anwendung der UML angegeben.

Praktische Tipps zur UML-Datenmodellierung:

- Sicherstellen, dass man das Problem wirklich verstanden hat; der Inhalt eines Objektmodells sollte von seiner Bedeutung für die zu entwickelnde Anwendung geprägt sein.

- Das Modell sollte so einfach wie möglich sein, d.h. so wenig Klassen wie möglich verwenden, Redundanzen vermeiden und Vorsicht bei Klassen, die schwer zu definieren sind! Ihre Stellung im Modell sollte ggf. nochmals genau untersucht werden.

- Das gesamte Layout des Diagramms sollte übersichtlich aufgebaut sein. Dazu gehört z.B., dass sich möglicht keine Linien überschneiden und dass wichtige Klassen hervorgehoben werden, z.B. durch ihre Stellung im Diagramm oder durch eine spezielle Schriftfarbe oder ähnliches.

- Die Namen der Klassen, Attribute, Methoden und Assoziationen sollten wohlüberlegt gewählt werden. Sie sollten kurz und bündig, eindeutig und trotzdem aussagekräftig sein. Es kann durchaus Sinn machen, über Namen länger zu diskutieren, denn dadurch wird oft ein tieferes Verständnis des Modells erzielt.

- In der Analysephase kann mit Assoziationen noch relativ unspezifiziert und großzügig umgegangen werden; in der Entwurfsphase sollten diese dann jedoch genauer modelliert werden z.B. durch Spezialisierungen, Aggregationen etc.

- Die Entscheidungen über die Multiplizitäten von Assoziationen sollten äußerst sorgfältig getroffen werden.

- Vorsicht ist geboten, wenn gleiche Klassen mehrfach verwendet werden. Rollen sollten unbedingt benutzt werden um Referenzen auf gleiche Klassen zu vereinheitlichen.

- Während der Analysephase sollte man potenzielle Link-Attribute nicht in den zugehörigen Klassen unterbringen; man sollte Objekte und Links im Modell möglichst direkt beschreiben. Später, beim Entwurf oder der Implementierung, kann diese Information zum Zwecke der effizienteren Ausführung dann durchaus kombiniert werden.

- Wenn Rollen mit der Multiplizität *viele* vorhanden sind, dann sollte versucht werden, ob diese nicht durch Einführung von qualifizierenden Attributen reduziert werden kann; außerdem erhöht die Verwendung von Qualifizierern die Präzision und Lesbarkeit des Modells.

- Ein erstelltes Modell sollte mehrmals überprüft und ggf. überarbeitet werden. Wenn möglich, sollten auch andere Personen das Modell überprüfen, und man sollte offen für mögliche Verbesserungen sein. Dadurch werden oft die Namen klarer gewählt, die Abstraktion verbessert, Fehler beseitigt und ein insgesamt besseres Modell erzeugt. In der Praxis sind die endgültigen Modelle fast immer das Ergebnis mehrerer Überarbeitungsschritte.

- Zur Sicherheit sollten Instanzendiagramme herangezogen werden, gerade wenn noch Unklarheiten über bestimmte Sachverhalte vorliegen. Instanzendiagramme helfen das Problem besser zu verstehen und ggf. effizienter zu lösen. Man sollte nicht davor zurückschrecken, dass Instanzendiagramme sehr groß und unübersichtlich werden können. Dann empfiehlt es sich, Teildiagramme zu erzeugen.

Object Modeling Technique (OMT)

Die Object Modeling Technique stellt in gewissem Sinn den Vorgänger von UML dar. Sie wurde von Rumbaugh [6] und anderen in den frühen neunziger Jahren des letzten Jahrhunderts entwickelt und verfeinert und ist im Prinzip dem UML-Ansatz sehr ähnlich, was nicht wundert, war doch die OMT-Methode vor Einführung von UML die am weitesten verbreitete Modellierungstechnik. OMT enthält im Prinzip schon alle Konstrukte der hier vorgestellten UML, so dass im vorliegenden Abschnitt eigentlich nur noch auf die grafischen Entsprechungen eingegangen werden muss. Wie auch bei UML sind Klassen durch Rechtecke dargestellt, die in gleicher Weise in die drei Teile für den Klassennamen, die Attribute und die Methoden unterteilt sind. Die Verbindungslinien zwischen den Klassen sind ebenfalls gleich aufgebaut, genau wie die Rollenbeschriftungen auch. Abweichungen gibt es jedoch in der Schreibweise für die Multiplizitäten und für den Pfeil bei der Vererbung (Bild 4-50):

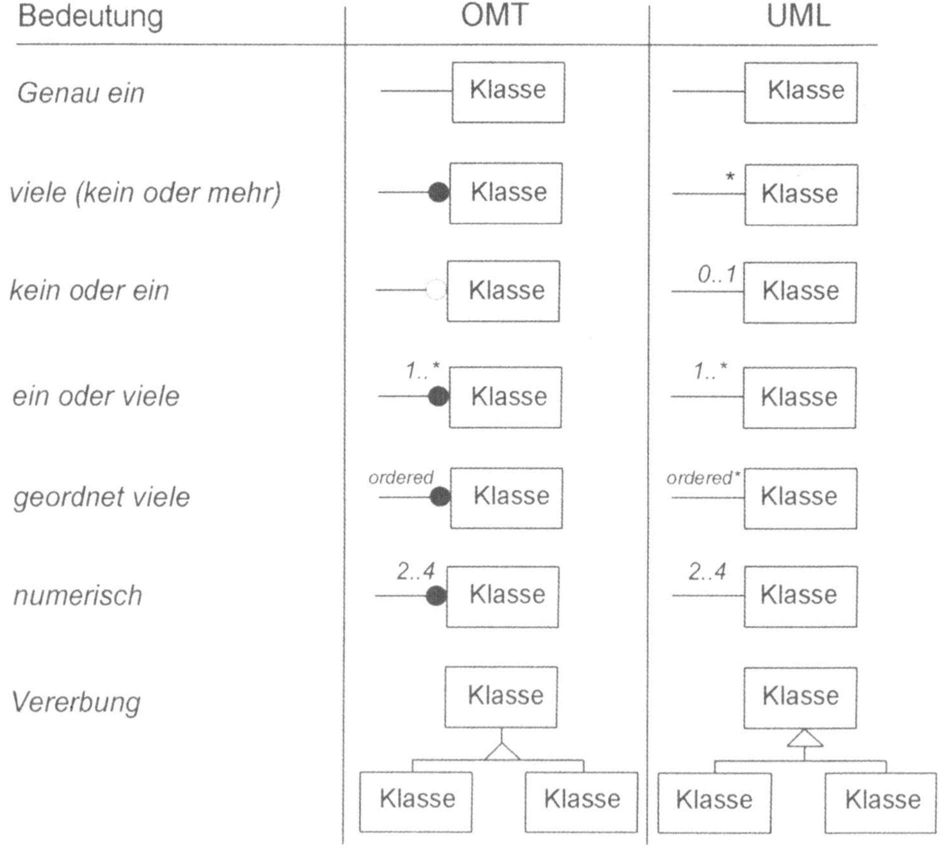

Bild 4-50 OMT vs. UML

Die Darstellungen für sonstige Assoziationen wie Aggregation etc. bleiben gleich. Bild 4-51 zeigt ein OMT-Diagramm des dem Bild 4-47 zugrunde liegenden UML-Diagramms unseres Beispiels der Lizenzabrechnung.

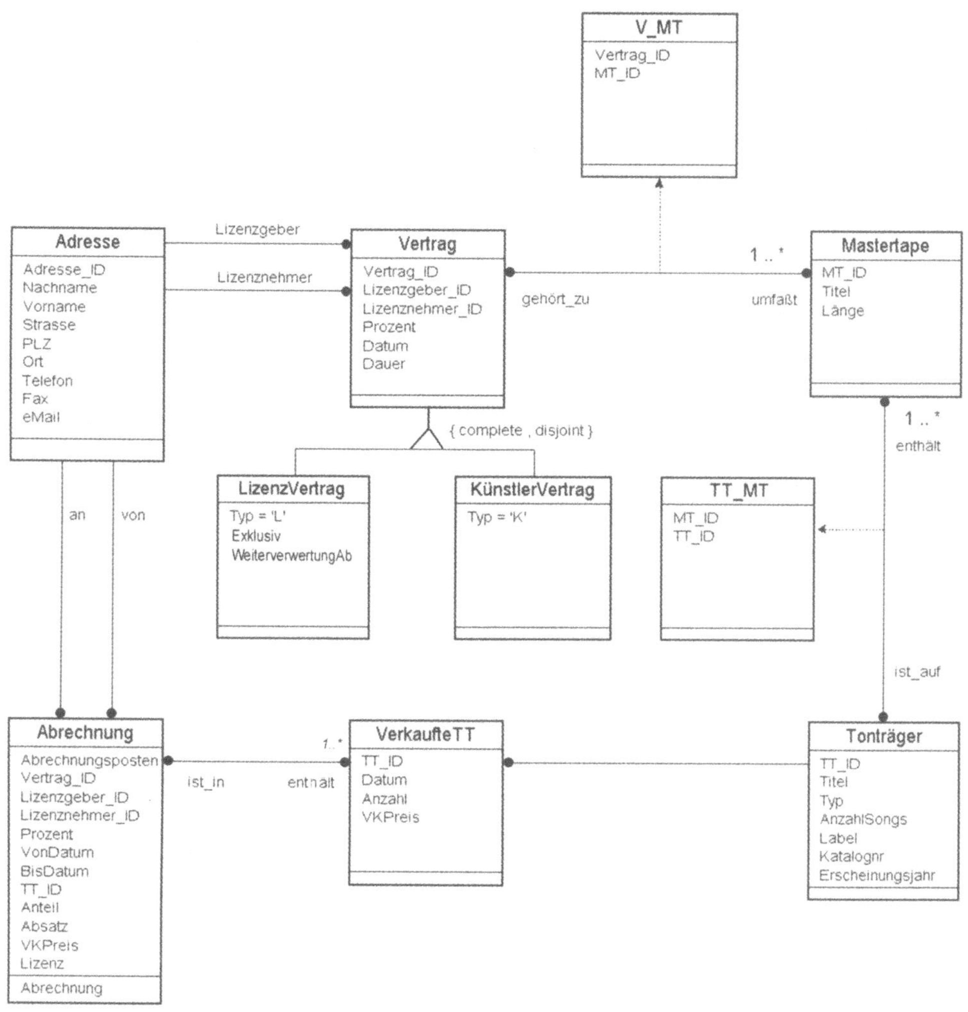

Bild 4-51 OMT-Diagramm Beispiel Lizenzabrechnung

Klassendiagramme nach Coad & Yourdon

Eine noch weiter als die OMT-Methode zurückreichende Technik wurde von Coad und Yourdon [7] entwickelt. Wie schon bei der OMT soll auch hier nur kurz auf die wichtigsten Unterschiede zu UML in der grafischen Darstellung der Datenmodellierung eingegangen werden. Der zunächst auffälligste Unterschied besteht in der optischen Unterscheidung zwischen abstrakten und konkreten Klassen. Abstrakte Klasse werden durch ein Rechteck mit leicht abgerundeten Ecken dargestellt, wobei wieder die übliche Unterteilung in die 3 Teile für Klassenname, Attribute und Methoden vorgenommen wird. Eine nicht-abstrakte Klasse besitzt einen Doppelrahmen, ebenfalls wieder mit leicht abgerundeten Ecken. Vererbungen werden durch einen Halbkreis anstatt durch ein Dreieck dargestellt (vgl. Bild 4-52 und Bild 4-53).

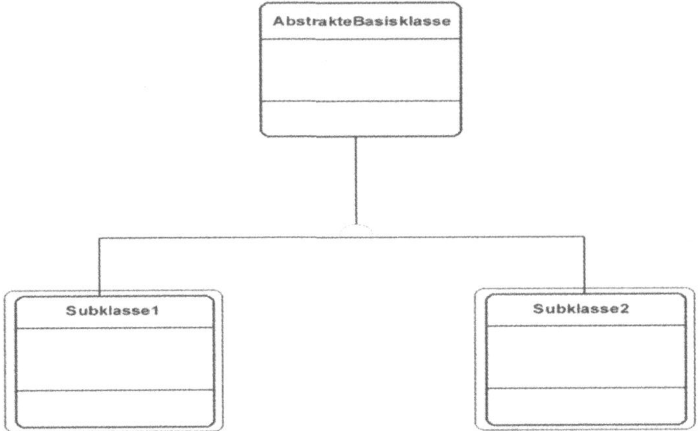

Bild 4-52 Vererbung mit abstrakter Basisklasse

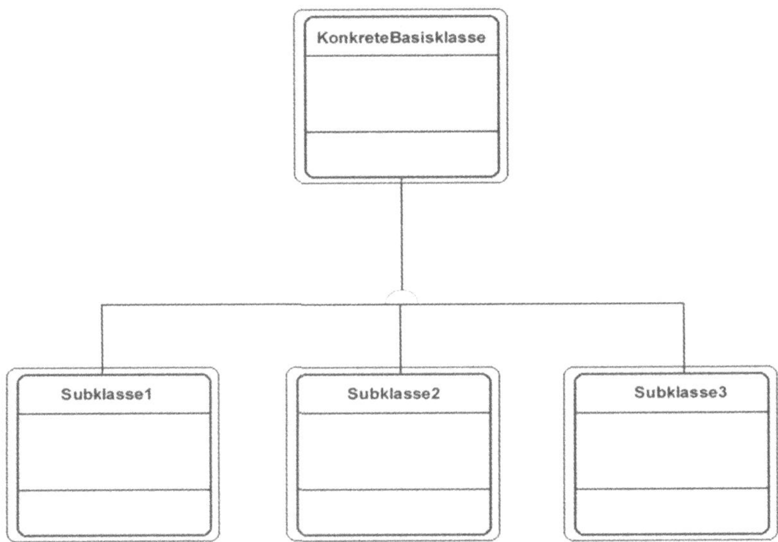

Bild 4-53 Vererbung mit konkreter Basisklasse

Der Doppelrahmen deutet also an, dass die entsprechende Klasse konkrete Instanzen hat. Wichtig ist hierbei die Tatsache, dass die Verbindungslinien der Vererbungen bei konkreten Klassen immer am Innern des Doppelrahmens beginnen und enden (und bei abstrakten Klassen natürlich direkt an dem einfachen Rahmen).

Assoziationen werden, wie bereits erwähnt, durch gewöhnliche Verbindungslinien repräsentiert. Es ist dabei eine Eigenart der Coad-Yourdon-Diagramme, dass diese Verbindungslinien nur an der äußeren Linie der Doppelrahmen beginnen und enden dürfen. Die Idee hierbei ist, dass normalerweise Assoziationen eine Verbindung von Klassen darstellen, die auf Instanzenebene Links zwischen Objekten repräsentieren. Und da abstrakte Klassen keine eigenen Objekte besitzen, kann auch keine Objektverbindung in Form von Objekt-Links hergestellt werden. Da abstrakte Klassen keinen Doppelrahmen besitzen, kann man also keine Assoziationen mit ihnen realisieren. Während in UML dies zumindest grafisch keinen Unterschied macht, muss also bei Coad-Yourdon-Diagrammen bei abstrakten Basisklassen jede Assoziation auf die abgeleiteten Klassen bezogen werden, was ggf. zu unübersichtlichen Mehrfachverbindungen führen kann. Insbesondere bei disjunkten Unterklassen muss dann durch die Kardinalitätsbeschränkungen darauf geachtet werden, das die Disjunkt-Eigenschaft erhalten bleibt.

Aggregationen werden bei Coad und Yourdon durch ein Dreieck dargestellt. Die Rollen bzw. inversen Rollen werden wie üblich beschriftet und die Multiplizitäten bei Assoziationen üblicherweise durch die Kardinalitätsbeschränkungen *(min,max)* bezeichnet.

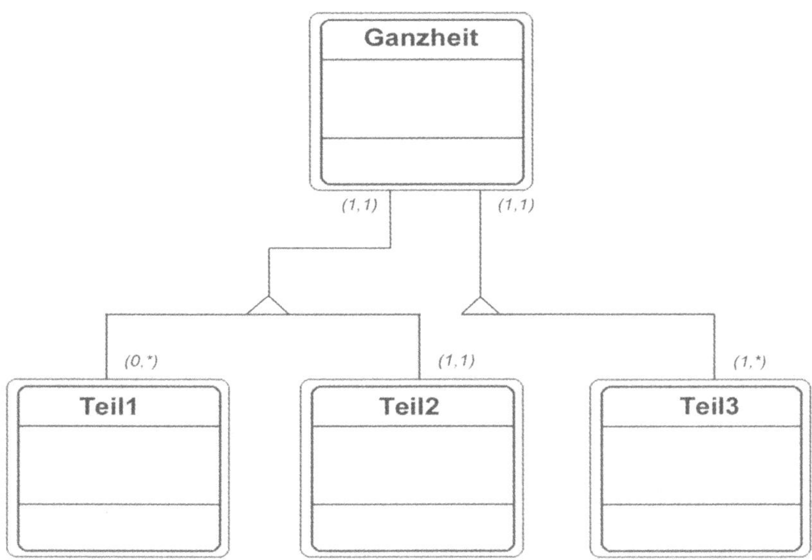

Bild 4-54 Aggregationen in Coad-Yourdon-Diagrammen

Wenn in Klassen bestimmte Methoden aufgerufen werden, so ist dies natürlich immer mit einem Informationsaustausch verbunden. Eine Basisklasse kann z.B. eine Methode starten, die Daten von einer Unterklasse anfordert. Solche Nachrichten lassen sich in Coad-Yourdon-Diagrammen durch einen durchgezogen Pfeil mit ausgefüllter Pfeilspitze darstellen. Dabei geht der Pfeil von der die Nachricht initiierenden Klasse aus und endet mit der Pfeilspitze bei der Klasse, welche die Nachricht empfängt. Sendet eine Klasse eine Nachricht gleichzeitig an mehrere Klassen, so wird sie *polymorphe Nachricht* genannt. Dies ist nicht zu Verwechseln mit dem Begriff *Polymorphismus*, welcher bedeutet, dass sich ein und die selbe Operation in verschiedenen Klassen unterschiedlich verhalten kann.

Nachfolgend sei schließlich noch das Coad-Yourdon-Diagramm unseres Beispiels einer Lizenzabrechnung angegeben.

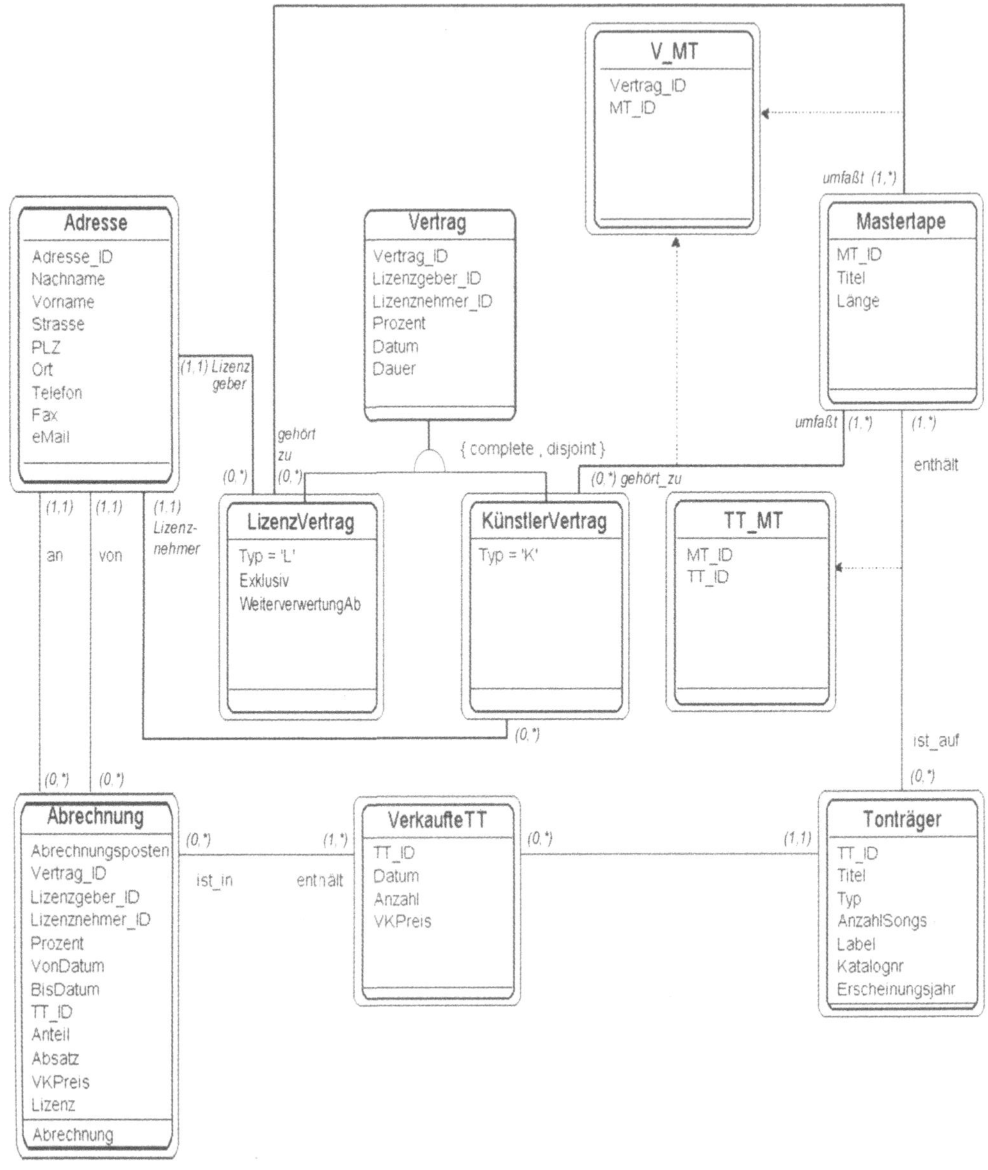

Bild 4-55 Coad-Yourdon-Diagramm Beispiel Lizenzabrechnung

Die Darstellung der Coad-Yourdon-Modellierung des Lizenzabrechnungssystems ist etwas komplexer als die OMT- oder UML-Darstellung. Dies liegt daran, dass hier keine Assoziationen mit abstrakten Klassen möglich sind. Deswegen mussten die Assoziationen, die ursprünglich mit der Basisklasse *Vertrag* bestanden, auf die konkreten Unterklassen *Lizenzvertrag* und *Künstlervertrag* übertragen werden.

Es gibt noch einige weitere Modellierungsansätze, die nicht alle hier dargestellt werden konnten. Auch sind die hier präsentierten Modellierungstechniken nur unvollständig beschrieben; vor allem sind in jeder Modellierungsart gewisse Problemfelder vorhanden, auf die hier nicht eingegangen wurde. Dem interessierten Leser wird empfohlen, weiterführende Fachliteratur zu lesen. In der Regel haben die genannten Autoren der verschiedenen Modellierungstechniken jeweils mehrere Bücher zu ihren eigenen Verfahren geschrieben.

5 Implementierung

Ist das Datenmodell entworfen, so geht es in die Implementierungsphase. Das heißt, hier muss das Datenmodell auf einem Computer umgesetzt und es muss programmiert werden, damit eine lauffähige Anwendung entsteht. Wie in Abschnitt 1.1 erläutert, wurde in den Anfangstadien der Softwareentwicklung kaum eine Planung eines Projekts mit Ansätzen des Softwareengineering durchgeführt, was zu großen Teilen die Softwarekrise auslöste (böse Zungen behaupten, diese dauere heute noch an). Früher wurde häufig drauflos programmiert, also das getan, was nach dem Wasserfallmodell erst in der 4. Phase gemacht wird, nämlich implementiert. Dies hatte Softwareentwicklungen aufwandsmäßig weitgehend unkalkulierbar gemacht, von den Entwicklungszeiten ganz zu schweigen. Es kann gar nicht oft genug betont werden, wie wichtig eine vernünftige Planung des Projekts ist, selbst wenn es nicht besonders groß ist. Vom Lebenszyklus eines Entwicklungsprojekts her betrachtet spart man das an Zeit, was man durch eine vorsichtige Planung anwendet, um ein Vielfaches bei der Programmierung hinterher ein. Zudem erspart man sich dadurch viel Frust und Ärger. Außerdem ist heutzutage durch den Einsatz weitgehend objektorientierter Entwicklungssysteme die Lage wesentlich entspannter als das noch vor ein paar Jahren der Fall war. Damals ging man in der Regel strikt nach dem Wasserfallmodell vor (vgl. Abschnitt 2.2), was dazu führte, dass zuerst relativ lange Zeit nur auf dem Papier geplant wurde bevor das erste Stückchen Software programmiert worden ist. Die Kunden bekamen erst sehr spät zum ersten Mal die Anwendung zu Gesicht. Heute geht man zwar für die Grobplanung immer noch nach dem Wasserfallmodell vor, doch durchläuft man Teile dieser Phasen mehrmals zyklisch. Das heißt, es wird eigentlich, wenn es um die Realisierung geht, nach dem Spiralmodell vorgegangen (vgl. Abschnitt 2.3). Das wiederum bedeutet aber, dass doch schon recht bald ein Prototyp entwickelt wird, der mit dem Anwender im frühen Stadium des Projekt abgestimmt werden kann. Früher wäre das gar nicht möglich gewesen, da z.B. die Programmierung einer Bildschirmmaske unverhältnismäßig viel Programmierzeit verschlang, so dass dies nur zu reinen Test- oder Vorführzwecken mit dem Risiko der Verwerfung nicht gemacht werden konnte. Heute lassen sich Masken mit entsprechenden Werkzeugen sehr schnell durch „Drag and Drop" realisieren und dann einem Kunden vorführen. Wurde richtig geplant, so ist die Phase Implementierung eigentlich nur eine Formsache. Es gibt sogar Ansätze und teilweise bereits Werkzeuge, die die Implementierung einer Anwendung automatisieren.

5.1 Klassenschemata und Generalisierungen

Da in der Praxis kaum objektorientierte Datenbanksysteme verbreitet sind, richtet sich der Schwerpunkt dieses Kapitels auf eine Realisierung mit relationalen Datenbanksystemen, wobei jedoch durchaus objektorientierte Programmierung dabei benutzt wird. Ein Werkzeug wie z.B. MS-Access® stellt solch ein relationales Datenbanksystem dar, welches die Visual Basic for Applications Engine (VBA) zur Datenmanipulation benutzt. VBA stellt viele objektorientierte Features zur Verfügung, wenn auch nicht alle. Wir werden in den später präsentierten Beispielen vorwiegend diese mittels VBA demonstrieren. Da MS-Access® ein relationales Datenbanksystem darstellt, werden allerdings keine Möglichkeiten benötigt und auch nicht geboten, z.B. abstrakte Basisklassen oder Vererbung umzusetzen. Wenn man so etwas braucht, müsste man es selbst programmieren.

Anders verhält es sich mit Sprachen wie *Java, C++* oder *Eifel*, die eine direkte Umsetzung der meisten Prinzipien eines objektorientierten Schemas erlauben. Da wir den Schwerpunkt auf die relationale Umsetzung legen, sollen hier die Objekt-Umsetzungsmöglichkeiten lediglich an einem Beispiel angedeutet werden. Dieses basiert auf ein von J. Rumbaugh [6] selbst vorge-stelltes Beispiel und zeigt die objektorientierte Umsetzung eines UML-Schemas mit Hilfe von C++.

Es sei ein einfacher Grafikeditor zu entwickeln, der nachfolgende UML-Beschreibung besitzt (Bild 5-1).

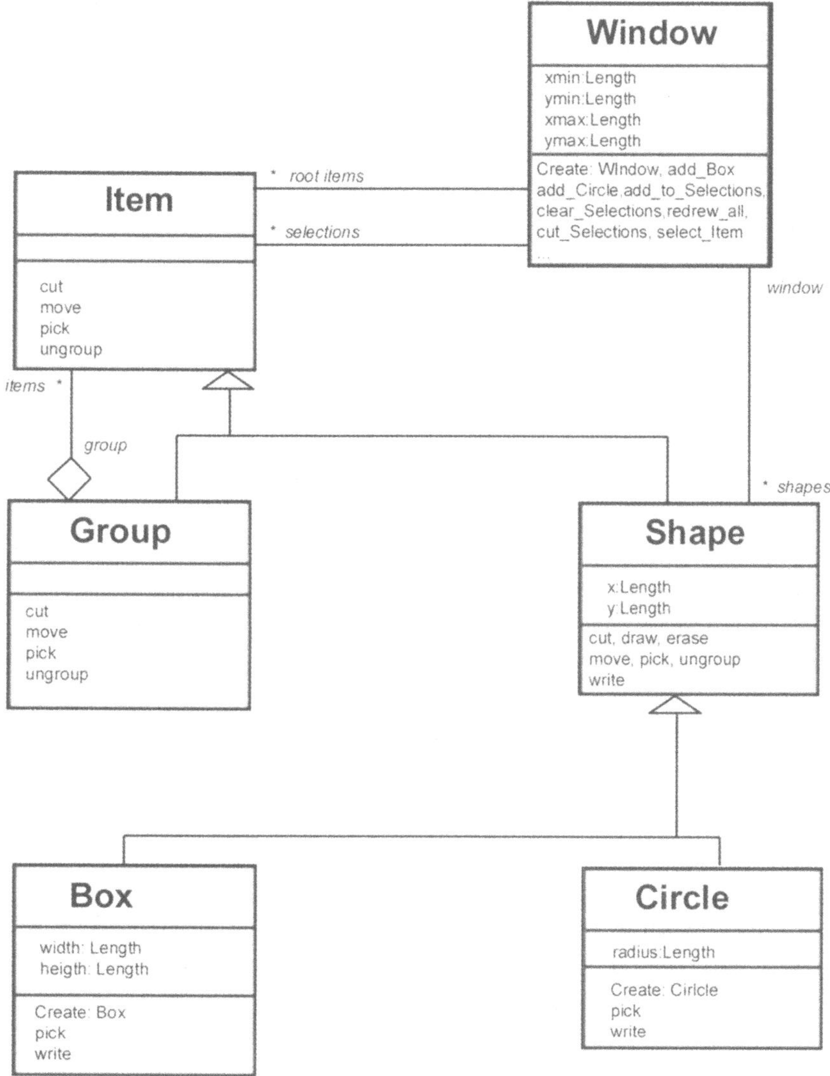

Bild 5-1 Einfacher Grafikeditor

Mir dem Editor soll es möglich sein, rekursive Gruppen von Formen aus Boxen und Kreisen zu konstruieren. Ein Fenster enthält eine Menge von Formen. Diese können Gruppen bilden oder Gruppen können selbst aus kleineren Gruppen bestehen. Elemente (Items), das sind wiederum Formen oder Gruppen, die zu keiner Gruppe gehören, sind Grundelemente im Fenster und können manipuliert werden. Diese können ausgewählt (selected) werden, in dem man auf die Form klickt. So markierte Elemente können verschoben werden. Natürlich muss man Markierungen wieder aufheben oder neue Formen erzeugen können. Die Klassendefinition in C^{++} sieht z.B. so aus:

```
class Window
{
public:
// constructor method must have same name as the class
Window (Length x0,Length y0,Length width, Length height);
// destructor method must have same name as the class
~Window ();
// instance methods
void add box (Length x, Length y,
              Length width, Length height);
void add~circle (Length x, Length y, Length radius);
void clear_selections();
void cut_selections();
Group * group_selections();
void move_selections (Length deltax, Length deltay);
void redraw_all();
void select~item (Length x, Length y);
void ungroup selections();
private:
Length xmin;
Length ymin;
Length xmax;
Length ymax;
void add_to_selections(Shape* shape); );
```

In C^{++} dürfen Methoden nicht den gleichen Namen wie ein Attribut haben. Die Methode für das Erzeugen von Objekten (s.u.) muss jedoch den gleichen Namen wie die Klasse haben. Die Methoden werden durch das Schlüsselwort *viod* zunächst nur deklariert. Diese Methoden werden durch das Schlüsselwort *public* öffentlich zur Verfügung gestellt, während die Methode *add-to-selections* nur für die Klasse *Window* intern genutzt wird. Der Datentyp *Length* ist selbst vereinbart z.B. durch

```
Typdef float Length;
```

Zur Erzeugung von Objekten müssen, da C^{++} keine eigenen Klassenobjekte zur Instanzbildung besitzt, spezielle Operatoren benutzt werden. Um eine neue Instanz zu initialisieren, verwendet C^{++} eine spezielle Konstruktor-Operation. Der Name der Methode für den Klassenkonstruktor muss dabei dem Klassennamen entsprechen, z.B.

```cpp
Window::Window (Length x0, Length y0,
                Length width, Length height)
{
xmin = x0; ymin = y0;
xmax = x0 + width; ymax = y0 + height;
}
```

Der Konstruktor wird jedes Mal ausgeführt, wenn Speicherplatz für eine neue Objektinstanz angefordert und zugeteilt wird.

Um eine Vererbung in C^{++} zu realisieren, werden zunähst die Basisklasse definiert und dann die abgeleiteten Klassen. Nachfolgend sei z.B. die Klasse *Item* als Basisklasse für die Unterklasse *Shape* und *Box* und *Circle* als abgeleitete Klassen der Basisklasse *Shape* implementiert:

```cpp
class Item
{
public:
virtual void cut () = 0;
virtual void move (Length deltax, Length deltay) = 0;
virtual Boolean pick (Length px, Length py) = 0;
virtual void ungroup() = 0;
};
class Shape: public Item
{
protected:
Length x; Length y;
public:
void cut () ;
void draw() {write (COLOR_FOREGROUND);}
void erase () {write (COLOR_BACKGROUND);}
void move (Length deltax, Length deltay);
virtual Boolean pick (Length px, Length py) = 0;
void ungroup() {}
virtual void write (Color color) - 0;
};
```

```
class Box: public Shape
{
protected:
Length width;
Length height;
public:
Box (Length x0, Length y0, Length width0, Length height0);
Boolean pick (Length px, Length py);
void write (Color color);
};
class Circle: public Shape
{
protected:
Length radius;
public:
Circle (Length x0, Length y0, Length radius0);
Boolean pick (Length px, Length py);
void write (Color color);
};
```

Vererbte Attribute müssen in den Unterklassen nicht nochmals deklariert werden (es sei denn, sie waren *privat*). *Protected* Attribute sind auch für Unterklassen zugänglich. Methoden sind auch vererbbar und müssen in der Basisklasse, sollen sie von einer Unterklassen überschrieben werden können, als *virtuell* und in der Unterklasse nochmals deklariert werden.

Schließlich sei noch ein Beispiel zur Implementierung von Assoziationen angegeben. In C^{++} kann dies mit Zeigern realisiert werden. Nachfolgend sei die *1:-m*-Assoziaton zwischen *Item* und *Group* implementiert:

```
class Item
{
// weitere Deklarationen wie vorher
private:
Group * group;
friend Group::add_item (Item *);
friend Group::remove_item (Item *);
public:
Group * get group () {return group;} };

class Group: public Item
```

```
{
// weitere Deklarationen wie vorher
private:
ItemSet * items ;
public:
void add_item (Item *);
void remove_item (Item *);
```
ItemSet * get~items () {return items;}
```
};
```

Wichtig ist, darauf zu achten, dass bei jeder Hinzunahme von Assoziationen auch die Zeiger aktualisiert werden, z.B. durch:

```
void Group::add_item (Item *item)
{
item->group = this;
items->add (item);
{
void Group::remove_item (Item *item)
{
item->group = 0;
items->remove (item);
}
```

Die Methoden der Klasse *Group* können das Attribut *group* in einem *Item*-Objekt aktualisieren. Dies liegt daran, dass der Befehl *friend* diese Methoden entsprechend zu „Freunden" der Klasse erklärt. Normalerweise müsste noch geprüft werden, ob sich ein Element bereits in einer Gruppe befindet, was hier weggelassen wurde. Die Klasse ItemSet ist eine Zusammenfassung, welche eine Menge von Elementen aufnehmen kann. Sie könnte so aussehen:

```
Class ItemSet
{
public: ItemSet (); // erzeugt eine leere Menge
~ItemSet (); // Löscht eine Menge
void add (Item *); // Fügt ein Element der Menge hinzu
void remove (Item *); // löscht ein Element aus der Menge
Boolean includes (Item *); // Prüft das Vorhandensein eines E-
lementes in der Menge
int size (); // Gibt die Anzahl Elemente der Menge zurück
};
```

Die Implementierung eines Datenbanksystems wird man gewöhnlich nicht in C^{++} durchführen. Dafür eignen sich eher objektorientierte oder relationale Datenbanksysteme. Objektorientierte Datenbanksysteme sind (noch) relativ rar und wenig verbreitet, im Gegensatz zu einer Fülle von Werkzeugen und Entwicklungssystemen für relationale Datenbanken. Der heutige Standard ist der, dass in der Regel UML-Diagramme in der Entwurfsphase entwickelt und danach z.B. mit den in Abschnitt 4.2.2 beschriebenen Verfahren in relationale Schemata umgesetzt werden.

5.2 Tabellenobjekte, Beziehungsklassen

Hat man die relationale Datenmodellierung abgeschlossen, so stellt sich zunächst das Problem, wie man die Entitäten oder Klassen auf den Computer bringt. Im Kapitel 4 wurden des öfteren Screen-Shots von Tabellen abgebildet. Wie sind diese entstanden? Darüber soll zunächst geredet werden. Ohne zu tief in die Welt der relationalen Datenbankprogrammierung eindringen zu wollen, sollen doch ein paar Wege aufgezeigt werden. Zunächst sollte man es vermeiden, alles „von Hand" zu programmieren. Es gibt ausgereifte und leistungsfähige Werkzeug zur Erstellung von relationalen Tabellen und meistens gleich auch für die gesamte Anwendung. Die Tabellen der Screen-Shots aus Kapitel 4 wurden mit dem relationalen Datenbankentwicklungssystem MS-Access® entworfen. Gleiches gilt für die Screen-Shots der meisten Maskendarstellungen, die im nächsten Abschnitt zu finden sind. Obwohl in Systemen wie MS-Access® die Tabellen mehr oder weniger per Mausklick erzeugt werden können, soll doch der eingebürgerte Standard zur Implementierung und Abfrage in relationalen Tabellen kurz angerissen werden.

5.2.1 SQL

SQL ist die Abkürzung für Standard Query Language, eine Sprache der sogenannten 4. Generation. Sie zählt daher zu den dialogorientierten Abfragesprachen. Damit ist es möglich, Tabellenobjekte und deren Beziehungen anzulegen und zu bearbeiten sowie Abfragen für die Zusammenstellung gewisser Daten zu tätigen. Bei SQL handelt es sich um einen weit verbreiteten Standard, der in viele Programmiersprachen integriert ist. Nachfolgend seien die wichtigsten SQL-Befehle aufgelistet. Diese wurden vorzugsweise an Beispielen erläutert, die leicht auf andere Probleme zu übertragen sind. Naturgemäß kann es sich bei einem Buch über Softwareengineering nur um einen kleinen Auszug solcher Befehle handeln. Dem ambitionierten Datenbankentwickler steht eine Fülle von ausführlicher Literatur zum Thema Datenbankentwicklung zur Verfügung (z.B. [8]), die weit über das hier gesagte hinausgeht. Hier also einige wichtige SQL-Befehle zur Erstellung eines Datenschemas.

CREATE/ALTER/DROP TABLE:

Der Befehl CREATE TABLE dient zum Anlegen einer Tabelle. Sein allgemeines Format hat folgenden Aufbau:

```
CREATE TABLE Tabellenname
(
Attributname 1 Attributtyp 1,
Attributname 2 Attributtyp 2,
.............................................................,
```

```
. . . . . . . . . . . . . . . . . . . . . . . . . . . . . . . . . . . . . . . . . . . . . . ,
Attributname n Attributtyp n
)
```

Beispiel:

```
CREATE TABLE PERSON
(
Id INTEGER,
Name CHARACTER(20),
Vorname CHARACTER(20),
Strasse CHARACTER(5),
Nr CHARACTER(5),
Plz CHARACTER(10),
Ort CHARACTER(20),
Land CHARACTER(20),
Tel CHARACTER(15)
)
```

Dieser Befehl sogar dafür, dass eine Tabelle mit dem Namen *Person* angelegt wird, welche die Attribute *Id, Name, Vorname, Strasse, Nr, PLZ, Ort, Land* und *Tel* mit den angegebenen Domains enthält. Neben dem einfach Anlegen muss es natürlich auch möglich sein, neben den jeweiligen Domains noch weitere Attributseigenschaften wie z.B. Primärschlüssel etc. anzugeben. Dazu können in Verbindung mit dem CREATE-Befehl noch folgende optionale Schlüsselwörter hinzugenommen werden:

Schlüsselwort in SQL	Beschreibung	Wirkt auf	
		Spalte	Tabelle
Not Null	Es muss ein Eintrag erfolgen	X	
Unique	Es darf keine Duplikate geben	X	X
Pimary Key	Primärschlüssel (ist immer Not Null und Unique)	X	X
Check	Sichert Einhaltung von Bedingungen	X	X
References	Sichert referentielle Integrität	X	X
Foreign Key	Fremdschlüssel, sichert referentielle Integrität	X	X
Default	Legt Standardeintrag fest	X	X

Beispiel:

```
CREATE TABLE Mitarbeiter
(
Mitnr INTEGER PRIMARY KEY,
Name CHARACTER(10) NOT NULL,
Vorname CHARACTER(10),
Ort CHARACTER(20) DEFAULT 'Seattle'
Geburtsjahr INTEGER
Beruf CHARACTER(20)
TelNrIntern INTEGER CHECK (1000<TelNrIntern<9999)
)
```

In obiger Tabelle tritt der Term *referentielle Integrität* auf. Referentielle Integrität bedeutet, dass bei einer *1:n*-Beziehung auf der *n*-Seite keine Datensätze enthalten sein dürfen, die einen Fremdschlüsseleintrag besitzen, der auf einen nicht vorhandenen Datensatz der *1*-Seite referiert. Mit anderen Worten: Für jeden auf der *n*-Seite vorkommenden Fremdschlüsseleintrag muss auf der *1*-Seite ein „passender" Datensatz vorhandenen sein, der diesen Fremdschlüsseleintrag als Primärschlüsseleintrag hat. Des Weiteren regeln die Integritätsbedingungen, was passiert, wenn in Beziehung stehende Objekte geändert oder gelöscht werden. So kann man z.B. festlegen, ob beim Löschen eines Datensatzes auf der *1*-Seite automatisch alle auf diesen Satz referierende Datensätze der Tabellen der *n*-Seiten mit gelöscht werden sollen (Kaskadenlöschen genannt), oder ob erst alle zu dem Primärschlüssel der *1*-Seite gehörigen Sätze der *n*-Seite gelöscht werden müssen, bevor der entsprechende Satz der *1*-Seite gelöscht werden kann. Ähnliches gilt bei nachträglicher Änderung von Primärschlüsseln einer *1*-Seite: Es kann bestimmt werden, dass sich eine Veränderung am Primärschlüssel der *1*-Seite sofort auch auf alle darauf referierten Fremdschlüssel in Tabellen der *n*-Seiten auswirkt und diese automatisch mit geändert werden oder nicht.

In der Praxis kann es vorkommen, dass man eine Tabelle anlegen möchte, deren Attribute zum Teil bereits in einer anderen Tabelle vorhanden sind. In nachfolgendem Beispiel sei eine Tabelle *PERSON_KURZ* erzeugt, in der nur die Attribute *Id* und *Nachname* aus einer bereits vorhandenen Tabelle PERSON stehen sollen. Dazu kann man folgenden Befehl benutzen:

```
CREATE TABLE PERSON_KURZ (Id, Name)
AS SELECT Id, Name
FROM PERSON
```

Das Abändern von Attributen ist auch möglich durch folgenden Befehl:

```
ALTER TABLE Tabellenname ADD/MODIFY
(
Attributname 1 Attributtyp 1,
```

```
Attributname 2 Attributtyp 2,
.................................................,
.................................................,
Attributname n Attributtyp n
)
```

Möchte man eine ganze Tabelle löschen, so lautet der Befehl hierzu:

```
DROP TABLE Tabellenname
```

Die SELECT-Anweisung:

Die SELECT-Anweisung erlaubt es, Datenkombinationen aus bestehenden Tabellen zum Anschauen und Weiterverarbeiten zu erzeugen. Es werden die folgenden Festlegungen zur Charakterisierung der allgemeinen Form benutzt:

1. Alle Angaben, die in eckigen Klammern [ ] stehen, sind optional - d.h.sie müssen nicht in einem SELECT-Befehl stehen. Die Klammern selbst gehören nicht zu dem SELECT-Befehl.

2. Das Zeichen | bedeutet *oder* - d.h. es steht zwischen zwei oder mehr Möglichkeiten, von denen nur eine in einem wirklichen SELECT - Befehl vorkommen darf.

Allgemeines Format:

```
SELECT [ALL  |  DISTINCT] *  |  Attributliste 1
FROM Tabelle 1 [Tabelle 1_Aliasname]
[
,Tabelle 2 [Tabelle 2_Aliasname],
.................................................,
Tabelle n [Tabelle n_Aliasname]
]
[WHERE Bedingung1]
[GROUP BY Attributliste 2]
[HAVING Bedingung 2]
[ORDER BY Attributliste 3]
```

Dabei bedeuten:

```
ALL              Alle Datensätze
DISTINCT         Keine Dubletten
*                Alle Attribute nach FROM
```

WHERE	Logische Filterbedingung
Bedingung1	Logische Bedingungenen auf die Attribute mit OR, AND, BETWEEN, IN, LIKE, NOT etc.
GROUP BY	Gruppiert nach Attributen
HAVING	Bedingungen für GROUP
ORDER BY	Sortierung

Mit dem SELECT-Befehl lassen sich die meisten der relationalen Operationen aus Abschnitt 4.1.1 wie die Projektion und Selektion und Join realisieren. Dabei werden den Attributen, wenn sie aus verschiedenen Tabellen kommen, noch die Tabellennamen durch einen Punkt getrennt voran gestellt. Betrachten wir dazu das Beispiel eines Joins:

```
SELECT    m.pers_nr,   m.nachname,   m.vorname,   m.abt,   m.blz,
          a.bezeichnung, m.kontonr
FORM      MITARBEITER m, ABTELUNG a, BANK b
WHERE     m.abt=a.abt AND m.blz=b.blz
```

Nachfolgend noch einige weitere Beispiele für die SELECT-Anweisung:

```
SELECT * FROM BESTELLUNGEN
WHERE
(
Artikel_Id = 4 OR Artikel_Id = 10
)
AND NOT Kunde_Id = 20
```

Hier werden alle Attribute einer Tabelle *BESTELLUNGEN* angezeigt und alle Datensätze, deren Attribute *Artikel_Id* gleich *4* oder *10* sind und deren Wert im Attribut *Kunde_Id* ungleich *20* ist.

```
SELECT * FROM PERSON
WHERE Id IN (1,3,5,7)
```

Hier werden alle Attribute einer Tabelle *PERSON* angezeigt, bei denen der Wert des Attributs *Id* eine der Zahlen *1,3,5* oder *7* ist.

```
SELECT Bezeichnung, Preis
FROM ARTIKEL
WHERE Preis  > = 100
AND Preis  < = 1000
```

Dieses Beispiel liefert die Anzeige der beiden Attribute *Bezeichnung* und *Preis* für alle Datensätze der Tabelle *ARTIKEL*, deren Einträge im Attribut *Preis* zwischen *100* und *1000* liegen.

```
SELECT *
FROM BESTELLUNGEN
WHERE Datum BETWEEN
DATE('01.01.1996') AND DATE('31.01.1996')
```

Hier werden alle Attribute der Tabelle *BESTELLUNGEN* angezeigt, deren Einträge im Attribut *Datum* zwischen dem *01.01.1996* und dem *31.01.1996* liegen.

```
SELECT *
FROM PERSON
WHERE Land != 'USA'
```

Hier werden alle Attribute und Datensätze der Tabelle *PERSON* angezeigt, für die der Eintrag im Attribut *Land* nicht USA ist. Allerdings birgt dieses Konstrukt eine bekannte Falle: es werden auch alle Datensätze unterdrückt, deren Attributswert NULL (als ganz ohne Eintragung) ist! Mit anderen Worten: Der Vergleich erfolgt nur für von NULL verschiedene Attributswerte. Man verwendet daher besser folgende Abfrage:

```
SELECT *
FROM PERSON
WHERE Land != 'USA'
OR Land IS NULL
```

```
SELECT *
FROM PERSON
WHERE Name LIKE 'C%'
```

Diese Abfrage liefert alle Datensätze der Tabelle *PERSON*, deren Einträge im Attribut *Name* mit dem Buchstaben „C" beginnen.

```
SELECT *
FROM PERSON
WHERE Name LIKE 'Me_er'
```

Hier kommen alle Datensätze der Tabelle *PERSON*, deren Namenseinträge *Meyer, Meier, Meher* etc. lauten.

Man kann den SELECT-Befehl auch verschachtelt in Unterabfragen benutzen, wie folgendes Beispiel zeigt:

```
SELECT *
FROM ARTIKEL
WHERE Id IN
```

```
(
SELECT Artikel_Id
FROM BESTELLUNGEN
)
```

Hier werden alle Datensätze der Tabelle *ARTIKEL* zurückgegeben, deren Inhalte des Attributs *Id* (der Tabelle *Artikel*) übereinstimmen mit den Inhalten des Attributs *Artikel_Id* der Tabelle *BESTELLUNGEN*. Anders ausgedrückt, es kommen alle Datensätze der Tabelle *Artikel*, für die eine Bestellung vorhanden ist. Nachfolgende Abfrage liefert die gleichen Ergebnisse:

```
SELECT *
FROM ARTIKEL
WHERE EXISTS
(
SELECT *
FROM BESTELLUNGEN
WHERE ARTIKEL. Id = BESTELLUNGEN. Artikel_Id
)
```

Man sieht hier wieder, daß man Attributslisten auch mit dem Tabellennamen davor, durch Punkt getrennt, eingeben kann. Das ist immer dann sinnvol, wenn man mehrere Tabellen in einer Abfrage hat.

```
SELECT Gruppen_Id, MAX(Preis)
FROM ARTIKEL
GROUP BY Gruppen_Id
```

Diese Abfrage liefert zu jeder Gruppe, die in der Artikeltabelle von den Artikeln einer Artikelgruppe gebildet werden, den Preis des teuersten Artikels.

```
SELECT *
FROM ARTIKEL
WHERE Preis =
(
SELECT MIN(Preis)
FROM ARTIKEL
)
```

Dies liefert die Artikeldaten des Artikels mit dem kleinsten Artikelpreis.

```
SELECT Kunde_Id, COUNT(*), SUM(Menge)
FROM BESTELLUNGEN
GROUP BY Kunde_Id
HAVING SUM(Menge)  >  20
```

Diese Abfrage liefert diejenigen Kunden sowie die Anzahl ihrer Bestellungen und die Anzahl der insgesamt bestellten Artikel, bei denen diese Anzahl > 20 ist. COUNT(Term) ermittelt dabei die Anzahl der Tupel, die in der Gruppe bei der durch *Term* definierten Projektion auftreten.

```
SELECT *
FROM PERSON
ORDER BY Name, Vorname
```

Hier werden alle Attribute der Tabelle *Person* nach *Name* und *Vorname* sortiert ausgegeben.

```
SELECT Artikel_Id, SUM(Menge)
FROM BESTELLUNGEN
GROUP BY Artikel_Id
ORDER BY 2 DESC, Artikel_Id
```

Diese Abfrage liefert die *Artikel_Id*'s und die dazugehörigen Bestellmengen-Summen aus der Tabelle *Bestellungen* in absteigender Reihenfolge, und zwar nach der Summe der Bestellmengen sortiert. Bei gleicher Bestellmengen-Summe soll aufsteigend nach *Artikel_Id* sortiert werden.

```
SELECT *
FROM TAB1, TAB2
```

Hier wird das kartesische Produkt zweier Tabellen mit all ihren Attributen erzeugt.

```
SELECT DISTINCT A.Bezeichnung, AG.Bezeichnung
FROM ARTIKEL A, ARTIKEL_GRUPPE AG
WHERE A.Gruppen_Id = AG.Id
ORDER BY AG.Bezeichnung, A.Bezeichnung
```

Dies liefert für jeden Artikel seine Bezeichnung und die Bezeichnung der Artikelgruppe, und zwar nach Artikelgruppen geordnet.

Mit der INSERT - Anweisung werden Sätze in eine Tabelle hinzugefügt:

```
INSERT INTO Tabellenname [Attributname 1, .... ]
VALUES (Attributwert 1, ...... )
```

Mit UPDATE können Werte in einer Tabelle geändert werden, z.B.:

```
UPDATE PERSON
SET Strasse = 'Kleiststrasse',
Nr = '31'
Plz = '60318'
```

```
WHERE Id = 12
```

DELETE löscht Sätze, z.B.:

```
DELETE FROM ARTIKEL_GRUPPE AG
WHERE AG.Id = 1
AND NOT EXISTS
(
SELECT *
FROM ARTIKEL A
WHERE A.Gruppen_Id = AG.Id
)
```

Hier werden alle Einträge gelöscht, welche zu der Artikelgruppe mit der Id=1 gehören, aber nur unter der Bedingung, dass es keine Sätze in der Artikeltabelle mehr gibt, die zu der Artikelgruppe 1 gehören.

Diese Beispiele sollen genügen, um die Mächtigkeit von SQL zu demonstrieren. Glücklicherweise ist es bei vielen Datenbank Management Systemen (DBMS) so, dass das Erstellen von Tabellen und das Anlegen von Datenstrukturen und teilweise sogar die Abfragen mehr oder weniger per Mausklick durchgeführt werden können.

Wenn eine Anwendung aus dem Entwurf heraus implementiert werden soll, so sollten folgende Schritte in dieser Reihenfolge durchgeführt werden:

1. Anlegen aller Tabellenstrukturen

2. Anlegen aller relationalen Beziehungen

3. Evtl. hier bereits Eingabe einiger Testdaten direkt in die Tabellen, um zu prüfen, ob die Relationen die erwarteten Resultate liefern

4. Erzeugen aller benötigten Abfragen

5. Erzeugen von Bildschirmmasken (Screen-Objekte)

6. Erzeugung von Print-Outs oder ggf. Export-Schnittstellen (Ausgabe-Objekte)

7. Codierung der selbst zu schreibenden Funktionen

8. Einbau der Funktionen in die jeweiligen Masken oder Ausgabe-Objekte

Natürlich müssen die Punkte 5-8 nicht alle völlig komplett jeweils für sich abgeschlossen werden. Es ist sinnvoller (vgl. Spiralmodell, Abschnitt 2.3), diese Punkte zyklisch zu durchlaufen und dabei stufenweise zu vervollständigen.

Betrachten wir als erstes Beispiel das Anlegen einer Tabelle in MS-Access®. Anstatt mit dem Create-Befehl von SQL dies zu tun (was natürlich auch in Access möglich ist), kann man einfach in die vorgegebene Klasse *Tabellen* gehen und dort im Menü die Methode *Neu* aufrufen, welche eine neue Tabelle anlegt. Entsprechend werden die Methoden *Entwurf* (zum Bearbeiten) und *Löschen* etc. zur Verfügung gestellt. Die jeweiligen Attribute können angelegt und jeweils aus einer Menge vorgefertigter Eigenschaften die passenden herausgegriffen werden.

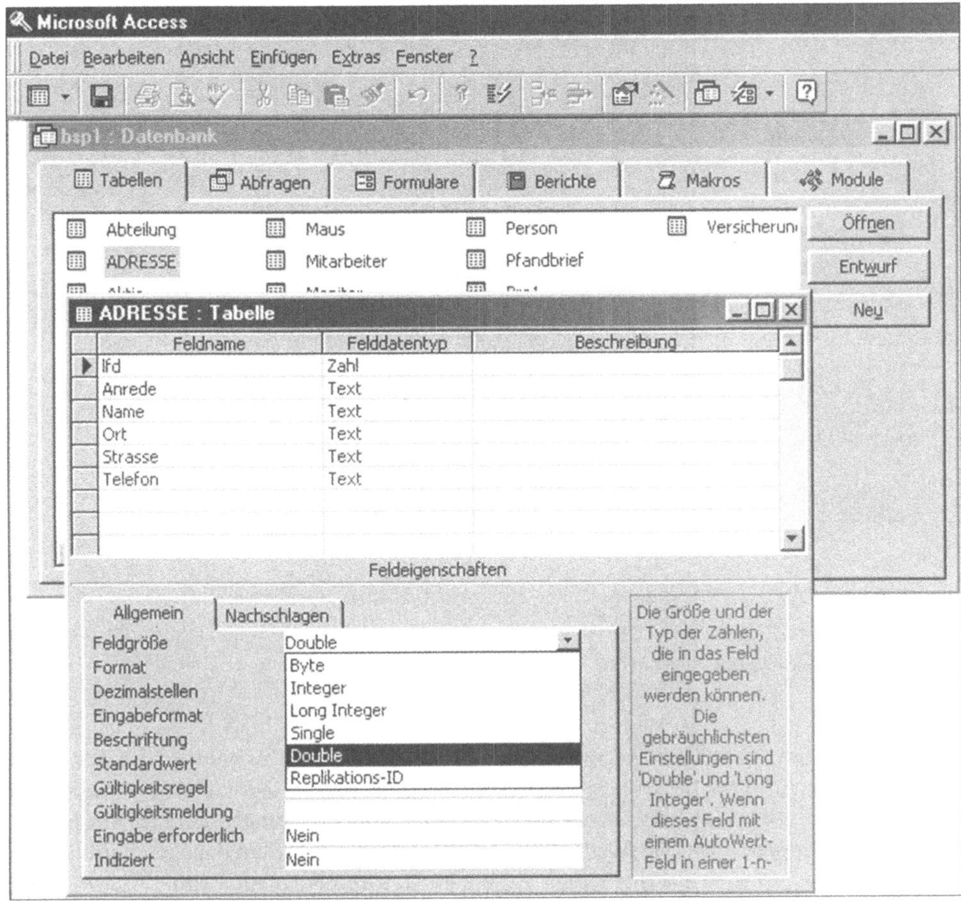

Bild 5-2 Erzeugen und Bearbeiten von Tabellenstrukturen

In Bild 5-2 sehen wir das Anlegen der Tabelle *Adresse* durch Betätigen der Schaltfläche *Neu* innerhalb der Klasse *Tabellen*. Die Namen der Attribute (hier *Feldname* genannt) sowie die zugehörigen Domains (hier *Felddatentyp* genannt) können eingetragen und spezifische Eigenschaften zugeordnet werden. Man sieht auch, dass unter den Eigenschaften (*Allgemein*) sich Begriffe wie *Standardwert* oder *Gültigkeitsregel* befinden, welche in SQL ihre Entsprechung in *Default* und *Check* haben. Zu Beachten ist, dass auch die Primärschlüssel entsprechend des Planungsschemas anzulegen sind.

Sind auf diese Weise alle Tabellen einer Anwendung definiert, so müssen als nächstes die relationalen Beziehungen realisiert werden. Als Beispiel diene wiederum MS-Access®. Hier lassen sich Beziehungen besonders einfach anlegen. In einem eigenen Beziehungsfenster kann man die beteiligten Tabellen importieren und dann per Maus das oder die Schlüsselattribut(e) von der *1*-Seite auf die *n*-Seite „ziehen". Danach öffnet sich ein weiteres Fenster, wo die Angaben zur referentiellen Integrität gemacht werden.

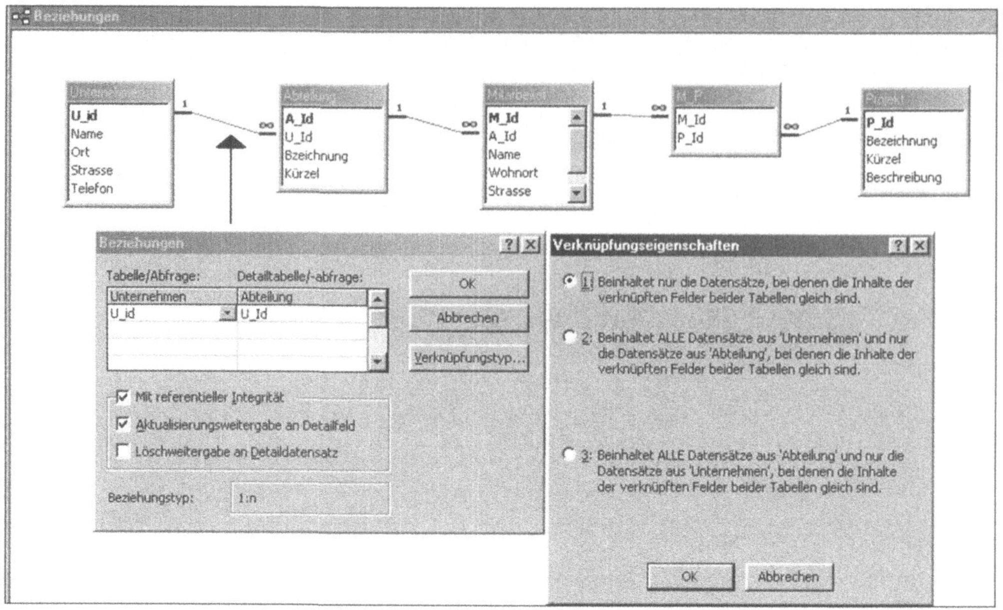

Bild 5-3 Implementierung von Relationen

In Bild 5-3 sind die relationalen Verknüpfungen des Beispiels aus Abschnitt 4.2.1 (Bild 4-24) implementiert. Die Verknüpfungseigenschaft „mit referentieller Integrität" sollte unbedingt ausgewählt werden, ebenso die Aktualisierungsweitergabe von Änderungen am Primärschlüssel der *1*-Seite an die *n*-Seite. Die Löschweitergabe (Kaskadenlöschen) sollte dagegen wirklich nur ausgewählt werden, wenn der Kunde dies ausdrücklich wünscht, denn beim Löschen eines Datensatzes der *1*-Seite kann sonst eine ganze Flut von Löschungen auf allen davon abhängigen *n*-Seiten einsetzen. Bei den Verknüpfungseigenschaften kann noch ausgewählt werden, ob die relationale Beziehung vollständig oder nur teilweise realisiert werden soll. Bei atomaren Primärschlüsseln spielt diese Einstellung keine Rolle, doch bei zusammengesetzten Primärschlüsseln kann hier angegeben werden, ob die Verknüpfung der Instanzen der Tabellen nur erfolgen soll, wenn alle Inhalte der Attribute des Primärschlüssels eines Datensatzes auf der *1*-Seite die gleichen Werte haben wie die zugehörigen Fremdschlüsselattributsinhalte der *n*-Seite, oder ob bereits Teilmengen davon ausreichen. Gewöhnlich wird man hier den vorgeschlagenen Verknüpfungstyp *Gleichheit* beibehalten.

Die Beziehungen sollte man anlegen, bevor man irgend welche Daten in die Tabellen eingibt, denn im Falle inkonsistenter Eingaben kann unter Umständen die referentielle Integrität verletzt sein, und die gewünschte Beziehung lässt sich dann gar nicht erstellen. Sind schließlich alle Beziehungen angelegt, so ist es sinnvoll, einige Testdaten anzulegen, und zwar aus verschiedenen Gründen. Zunächst sieht man bereits beim Anlegen, ob die Integritätseigenschaften sinnvoll gewählt wurden. Inkonsistente Eingaben werden nämlich bereits bei der Eingabe abgelehnt (vgl. Bild 5-4). Außerdem sind angelegte Testdaten später bei der Entwicklung von Bildschirmmasken dann in denselben auch schon sichtbar, und man muss nicht nur mit leeren Screens arbeiten.

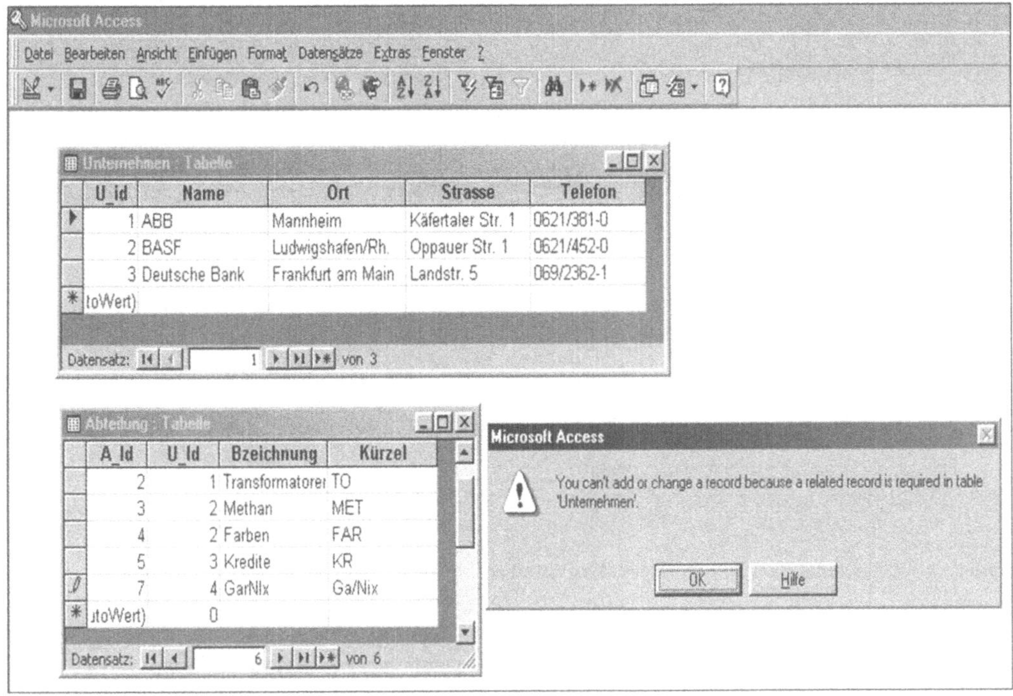

Bild 5-4 Inkonsistente Dateneingabe

Bild 5-4 zeigt den Versuch, einen Datensatz in die Tabelle *Abteilung* aufzunehmen, welche die *n*-Seite einer *1:n*-Beziehung zur Tabelle *Unternehmen* (*1*-Seite) darstellt, bei der die referentiellen Integritätsbedingung erfordern, dass in der Tabelle *Abteilung* keine Fremdschlüssel-Id's angelegt werden können, die nicht Primärschlüssel in der Tabelle *Unternehmen* sind. Dieser Versuch wird mit einer entsprechenden Fehlermeldung des Systems unterbunden.

Ähnlich verhält es sich mit dem Versuch des Löschens eines Datensatzes aus der *1*-Seite. Da das Kaskadenlöschen beim Anlegen der Beziehung verboten wurde (siehe Bild 5-4), kommt bei einem entsprechenden Versuch eine Fehlermeldung, die darauf hinweist, dass auf der *n*-Seite noch Datensätze vorhanden sind, deren Fremdschlüsseleintrag auf den Primärschlüssel des zu löschenden Datensatzes der *1*-Seite referiert (vgl. Bild 5-5). Um dies durchführen zu können, müssen zuerst alle Datensätze der *n*-Seite gelöscht werden, bevor der entsprechende Datensatz der *1*-Seite gelöscht werden kann.

In Bild 5-5 ist zu erkennen, dass der Datensatz der Tabelle *Unternehmen* mit der *U_Id=2* nicht gelöscht werden kann, da in der Tabelle *Abteilung* die beiden Datensätze mit *A_Id=3* und *A_Id=4* darauf referieren.

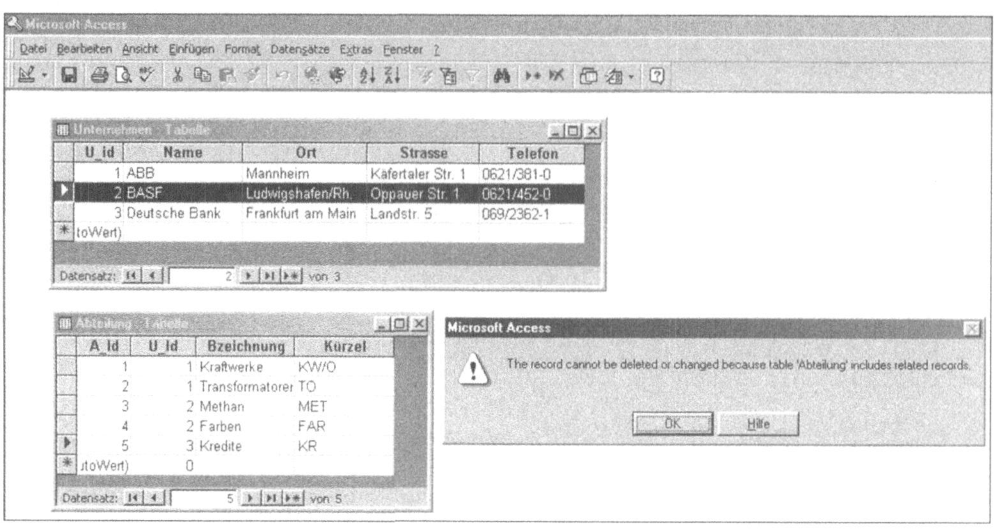

Bild 5-5 Kaskadenlöschen ist vom Entwickler untersagt worden

Was das DBMS von Access nicht von sich aus macht, ist die Relationentabelle einer *n:m*-Beziehung automatisch zu ergänzen, sobald auf beiden Seiten neue Datensätze angelegt werden. Dies ist auch sinnvoll, denn es ist in der Regel nicht ausgeschlossen, dass *n=0* oder *m=0* ist. In einem dieser Fälle heißt dies nämlich, dass es in einer der beiden Entitätstabellen einen Datensatz geben kann, der gar nicht in Relation zu einem Satz der anderen Entitätstabelle steht. Ist jedoch im Schema gefordert, dass immer *n>0* und *m>0* sein muss, dann kann man mit Hilfe einer SQL-Abfrage erzwingen, dass automatisch bei Anlagen neuer Datensätze in den beiden Entitätstabellen auch der entsprechende Datensatz in der Beziehungstabelle mit angelegt wird. Hierzu erstellt man ein sogenanntes Abfrage-Objekt. Dabei handelt es sich um ein Objekt, das Ergebnis einer SQL-Abfrage ist und sich so verhält, es wäre es eine eigene, neue Tabelle. In Wirklichkeit handelt es sich aber um zusammengesetzte Teile der an der Abfrage beteiligten Tabellen. In Access nennt man solche Pseudo-Tabellen, die eine Abfrage repräsentieren, auch Dynasets. Die SQL-Abfrage sieht so aus:

```
SELECT  Mitarbeiter.M_Id,  Mitarbeiter.A_Id,  Mitarbeiter.Name,
Projekt.P_Id, Projekt.Bezeichnung, M_P.M_Id, M_P.P_Id
FROM Projekt INNER JOIN (Mitarbeiter INNER JOIN M_P ON Mitar-
beiter.M_Id = M_P.M_Id) ON Projekt.P_Id = M_P.P_Id;
```

Die Access-Bezeichnung *Inner Join* stellt den üblichen *Theta-Join* dar (vgl. Abschnitt 4.1.1), wobei folgender Syntax gilt:

Access-Syntax:

. . .

```
FROM Tabelle1 INNER JOIN Tabelle2 ON Tabelle1.Feld1 VerglOp
Tabelle2.Feld2
```

Die INNER JOIN-Operation besteht aus folgenden Teilen:

Teil	Beschreibung
Tabelle1, Tabelle2	Die Namen der Tabellen, aus denen Datensätze kombiniert werden
Feld1, Feld2	Die Namen der Attribute, die verknüpft werden. Nichtnumerische Attribute müssen im Datentyp und in der Art der enthaltenen Daten übereinstimmen, können aber unterschiedliche Attributsnamen haben.
VerglOp	Ein beliebiger relationaler Vergleichsoperator: "=", "<", ">", "<=", ">=" oder "<>"

MS-Access bietet die Möglichkeit, nach Anklicken der Klasse „Abfragen" entweder direkt in einem SQL-Fenster die entsprechenden SQL-Befehle einzugeben, oder aber in einem grafischen Fenster die Tabellen und Attribute via „Drag-and-Drop" zusammenzustellen (vgl. Bild 5-6).

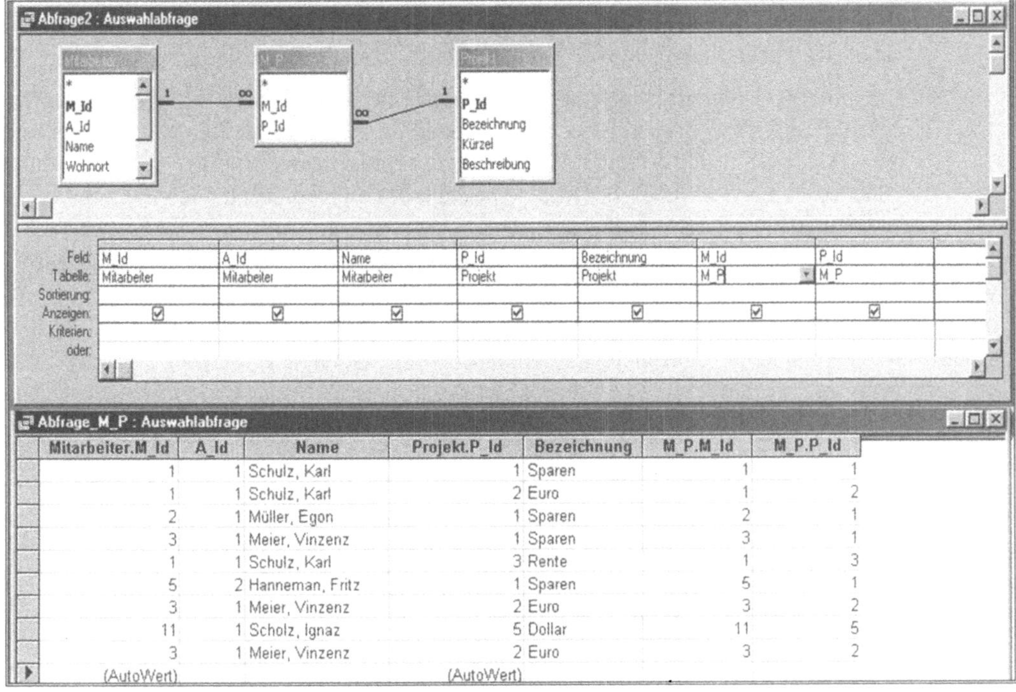

Bild 5-6 Grafischer Abfrageeditor in MS-Access®

Auf den ersten Blick scheint das Abfrageergebnis in Bild 5-6 redundant, denn z.B. der Datensatz mit dem Herrn *Schulz, Karl* steht zweimal hintereinander da. Diese Redundanz ist aber nicht wirklich vorhanden, denn wenn man z.B. mit dem Cursor in irgend *einen* der beiden Datensätze der Abfrage hineingeht und z.B. den Namen von *Schulz* in *Knöll* abändert, dann werden sofort alle Sätze in der Abfrage, die auf sich auf den gleichen Datensatz beziehen, automatisch mit abgeändert (eigentlich wird in der Originaltabelle der dort nur einmal vorhandene *Schulz* in *Knöll* abgeändert und die Abfrage sofort aktualisiert, so dass alle ehemaligen *Schulz* zu *Knöll* werden). Auch ist es nicht erforderlich, alle Attribute redundant einzugeben, wenn man nur eine neue relationale Zuordnung zweier bereits vorhandener Datensätze tätigen möchte. Will man z.B. den vorhanden Mitarbeiter *Meier, Vinzenz* nur dem vorhanden Projekt *Euro* zuordnen, so genügt es, in den letzten beiden Spalten der Abfrage die entsprechenden ID's einzugeben (hier: *M_P.M_Id=3* und *M_P.P_Id=2*). Die anderen Attribute dieses Satzes werden umgehend wieder automatisch mit den entsprechenden Einträgen gefüllt.

Die durch eine SQL-Abfrage entstehenden Dynasets sind so natürlich nicht dem späteren Anwender zuzumuten. Im Abschnitt 5.3 werden wir sehen, wie benutzerfreundliche Bildschirmmasken um ein Dynaset „herum" aufgebaut sein sollten.

Es ist manchmal erforderlich, dass das Zusammenstellen von Daten aus mehreren Tabellen gar nicht mit einer SQL-Abfrage vorgenommen wird, sondern dass man tatsächlich statt eines Dynasets eine echte Tabelle vorsieht, die mit Hilfe eines VBA-Programms aufgefüllt wird. Dies kann folgende Gründe haben:

1. Die Datenstruktur des Schemas oder der Abfrage ist zu kompliziert; z.B. kann Access verschachtelte Abfragen nur bis zu einem bestimmten Grad verarbeiten, vgl. Bild 5-7.

2. Die Abfrage dauert zu lange (z.B. Joins werden bekanntlich über das kartesische Produkt mit anschließender Selektion und Projektion gebildet; der Join zweier Tabellen, die z.B. jeweils 1.000 Datensätze beinhalten, erzeugt temporär eine Mengenprodukt-Tabelle, die aus 1.000.000 Datensätze besteht, auf die dann auch noch die Selektionsbedingung angewendet wird).

Dies sind dann die Fälle, wo man mit „Drag-and-Drop" und purer Mausklickerei beim besten Willen nicht mehr weiterkommt. Hier ist der VBA-Programmierer gefragt. In Bild 5-7 ist z.B. die Abbildung eines sehr komplizierten Datenschemas zu sehen. Obwohl wegen der technischen Verkleinerung keine Einzelheiten zu erkennen sind, sieht man doch, dass hier zig Tabellen vorhanden sind, die auf komplexe Weise miteinander in relationalen Verknüpfungen stehen. Man sieht, dass die Primärschlüssel mancher Tabellen sich aus bis zu 8 Attributen zusammensetzen und die Beziehungen sehr vielfältig sind. Bei diesem konkreten Beispiel mussten für bestimmte Auswertungszwecke Daten aus verschiedenen Tabellen herausgeholt werden, was zunächst mit einer SQL-Abfrage versucht wurde zu realisieren. Erste Abfrage-Tests ergaben dabei Wartezeiten bis zu 20 Minuten. Durch einen effizienten VBA-Code konnten die gleichen Ergebnisse schließlich in weniger als 2 Sekunden erzeugt werden, eine Wartezeit, die einem Anwender schon eher zumutbar ist. Wie kommt das? Nun, dazu müssen wir uns ein bisschen mit objektorientierter Programmierung (OOP) beschäftigen. Es wurde bereits in Abschnitt 5.1 über einige Konstrukte wie Vererbung und Assoziationen in C^{++} gesprochen. Nachfolgend soll aber noch grundlegender über einige Prinzipien der objektorientierten Programmierung gesprochen werden, wobei wir für die Beispiele auf Visual Basic für Applications (VBA) zurückgreifen. Grundsätzlich finden sich aber diese Prinzipien in allen OOPs wieder, so dass es für das grundlegende Verständnis eigentlich egal ist, in welcher Sprache man das lernt.

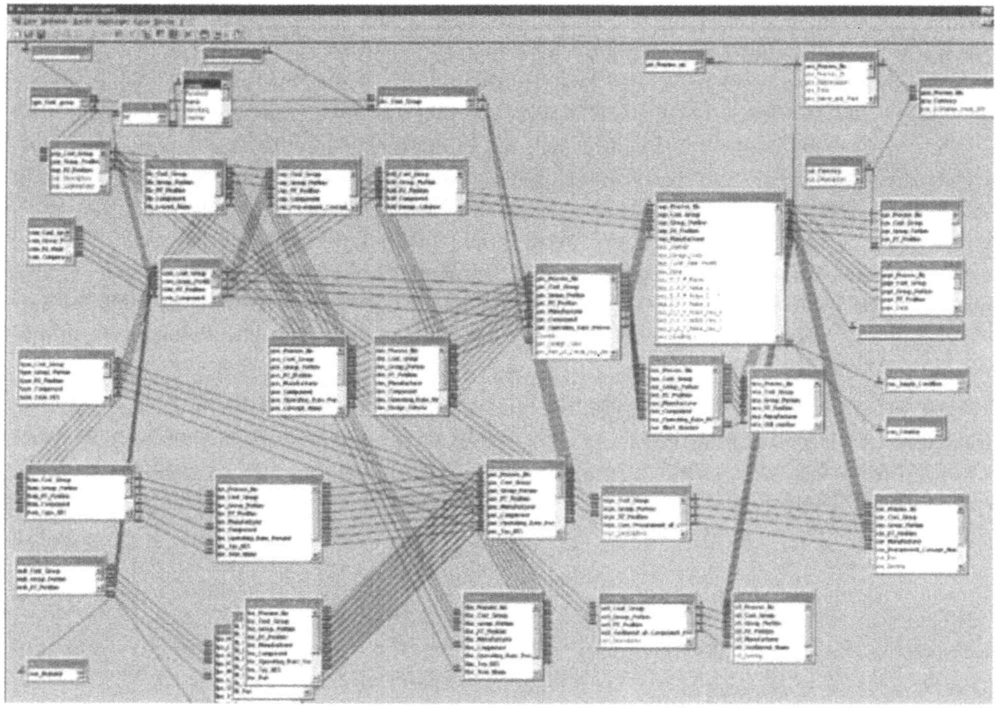

Bild 5-7 Zu komplexe Datenstruktur für manche SQL-Abfragen

5.2.2 Objektorientierte Prinzipien

Bereits die ersten höheren Programmiersprachen kannten den Begriff des Datentyps. Darunter verstand man die Interpretationsvorschrift des Inhaltes einer Speicherzelle im Rechner. Wenn z.B. in einer dieser Programmiersprachen zwei Zuweisungen der Form

```
a=120
```

```
b="x"
```

getätigt wurden, so waren (und sind heute noch) a und b die Pseudo-Namen für Speicherzellen im Rechner. a und b werden oft als „Variable" bezeichnet, was mathematisch nicht ganz richtig ist, denn ihr Wert ist ja zu jeder Zeit bekannt; trotzdem werden wir uns im folgenden diesem verbreiteten Sprachgebrauch anschließen. Im einfachen Fall eines 8-bit-Rechners bedeutete dies, dass in die Speicherzelle mit dem Namen a die Binärzahl der Dezimalzahl *120*, also *01111000*, abgelegt wurde. Im Falle der Speicherzelle mit Namen b wurde der ASCII-Code des Buchstabens x abgelegt: *01111000*. Wie man sieht, ist die Binärdarstellung gleich. Wenn jetzt aber die Werte von a und b wieder ausgelesen und z.B. auf dem Bildschirm ausgegeben werden sollen, so muss der Computer natürlich wissen, ob er die Binärzahl *01111000* als numerische Zahl (*120*) oder als Buchstabe gemäß der ASCII-Tabelle (*x*) interpretieren soll. Und diese Information wird als der *Datentyp* dem Computer beim Abspeichern mitgeteilt. Im einfachsten Fall und für obiges Beispiel ausreichend sind das die Typen *numerisch* (für a) und *alphanume-risch* (für x). In vielen Programmiersprachen müssen diese beiden Datentypen nicht extra vereinbart werden, denn es wird angenommen, dass Zahlen immer numerisch und Buchstabenfolgen in Hochkomma immer alphanumerisch zu interpretieren sind. Aber im Laufe der Zeit reichte diese Zweiteilung nicht mehr aus. Die Anforderungen an die Softwareentwicklung stiegen permanent, und es kamen schnell Datentypen wir *integer*, *real*, *binary*, *character* und *string* etc. hinzu, die dann in einem Deklarationsteil des Programms vereinbart werden mussten. Auch konnten schon bald eigene Datentypen erfunden werden, z.B. *wochentag*, der dann als Domain die Menge *{Montag, Dienstag, Mittwoch, Donnerstag, Freitag, Samstag, Sonntag}* haben konnte. Der Vorteil liegt auf der Hand: Wird in einem Programm eine Variable vom Datentyp *wochentag* deklariert, so braucht nicht an jeder Stelle im Programm, wo diese Variable benutzt wird (z.B. bei einer Tastatureingabe am Bildschirm) nachgeprüft zu werden, ob auch wirklich ein möglicher Wochentag eingegeben worden ist. Viele Konsistenz- und Plausibilitätsprüfungen können entfallen.

Ein wesentliches Prinzip objektorientierter Programmiersprachen ist es nun, dass es spezielle Datentypen für *Objekte* gibt, die dann folgerichtig *Objektdatentypen* genannt werden. Diese können dann zu Klassen zusammengefasst werden. Wir werden im Laufe dieses Kapitels einige solcher Objektdatentypen näher kennen lernen. Betrachten wir eine typische Vereinbarung aus einem VBA-Programm in MS-Access®:

```
Dim dbank As Database
Dim dtab As Recordset
Set dbank = CurrentDb()
Set dtab = dbank.OpenRecordset("a90umw")
```

Der `DIM`-Befehl wird in VBA zur Deklarierung des Datentyps benutzt. Hinter dem Wörtchen *As* steht dann der jeweilige Datentyp. Zulässige Typen sind: *Byte, Boolean, Integer, Long, Currency, Single, Double, Decimal, Date, String* (für Zeichenfolgen variabler Länge), *String * Länge* (für Zeichenfolgen fester Länge), *Object, Variant*, ein benutzerdefinierter Typ oder ein *Objekttyp.*

Database ist z.B. ein Objekttyp, der eine ganze Datenbank kennzeichnet. Der Objektvariable *dbank* kann damit später ein Inhalt zugeordnet werden, der auf eine Datenbank verweist. Durch den Befehl `Set dbank = CurrentDb()` wird die aktuelle ACCESS-Datenbank zugewiesen. Es wäre auch denkbar, hier eine externe Datenbank unter Angabe des Laufwerks und Pfads und Dateinamens zuzuweisen. Der Datentyp Recordset ermöglicht es, der Objektvariablen *dtab* eine Tabelle mit Namen *a90umw* zuzuweisen. Dabei wird auch ein allgemeines Prinzip deutlich: Die Befehlszeile

```
Set dtab = dbank.OpenRecordset("a90umw")
```

liefert uns nicht nur die „Wertzuweisung" der Tabelle mit Namen *a90umw* zu der Objektvariable *dtab*, sondern diese Tabelle wird gleichzeitig geöffnet. Allgemein gilt für den Zugriff auf *Objekte* einer Klasse mit einer *Methode* der Syntax:

```
Objekt.Methode
```

Die Methode *OpenRecordset*, welche auf die Objektvariable *dbank*, die den aktuellen Wert *CurrentDb()* hat, zugreift, öffnet damit die Tabelle *a90umw* und weist die geöffnete Tabelle der Objektvariable *dtab* zu. Liefert der Zugriff einer Methode auf ein Objekt wieder ein Objekt, so kann darauf mit weiteren Methoden zugegriffen werden:

```
                Objekt.Methode1.Methode2.Methode3 ...
```
Hier liefert *Objekt.Methode1* ein weiteres Objekt, auf das mit *Methode2* zugegriffen wird und wieder ein Objekt liefert, das mit *Methode3* angesprochen wird und so weiter. Natürlich ist es auch möglich, Tabellen zu erzeugen, z.B.:

```
Dim dbDatenbank As Database
Dim dtNamensDef As TableDef
Dim dfFelder As Field  .
Set dbDatenbank = CurrentDb()
Set dtNamensDef = dbDatenbank.CreateTableDef("a90layout")
Set dfFelder = dtNamensDef.CreateField("zustand", DB_TEXT, 30)
dtNamensDef.Fields.Append dfFelder
Set dfFelder = dtNamensDef.CreateField("ab_kuerz", DB_TEXT, 7)
dtNamensDef.Fields.Append dfFelder
Set dfFelder = dtNamensDef.CreateField("text", DB_MEMO)
dtNamensDef.Fields.Append dfFelder
Set dfFelder = dtNamensDef.CreateField("namsitz", DB_MEMO)
dtNamensDef.Fields.Append dfFelder
Set dfFelder = dtNamensDef.CreateField("ku_ze", DB_TEXT, 10)
dtNamensDef.Fields.Append dfFelder
Set dfFelder = dtNamensDef.CreateField("telwas", DB_TEXT, 15)
dtNamensDef.Fields.Append dfFelder
Set dfFelder = dtNamensDef.CreateField("tel", DB_TEXT, 50)
dtNamensDef.Fields.Append dfFelder
Set dfFelder = dtNamensDef.CreateField("ftext", DB_MEMO)
dtNamensDef.Fields.Append dfFelder
Set dfFelder = dtNamensDef.CreateField("linie", DB_TEXT, 120)
dtNamensDef.Fields.Append dfFelder
Set dfFelder = dtNamensDef.CreateField("recno", DB_LONG)
dtNamensDef.Fields.Append dfFelder
Set dfFelder = dtNamensDef.CreateField("SW", dbBoolean)
dtNamensDef.Fields.Append dfFelder
dbDatenbank.TableDefs.Append dtNamensDef
```

In diesem Beispiel wird ein Datentyp *TableDef* benutzt, der Objektvariablen *dtNamensDef* den Objektdatentyp der Tabellennamen zuzuweisen. Entsprechend deklariert der Objektdatentyp *Field* die Objektvariable *dfFelder* vom Datentyp eines Attributs für die Tabelle. Die benutzte Methode *CreateTableDef* erzeugt eine neue Tabelle mit Namen *a90layout* und weist diese der Objektvariable *dtNamensDef* zu. Auf diese Objekte wirkt dann die Methode *CreateField* derart, dass Attributsname, Attributsdatentyp und ggf. weitere Eigenschaften implementiert werden. Durch die Methode *Append* werden dann diese Objekte jeweils an die bereits vorhandenen angehängt. Die Methode

```
dtNamensDef.Fields.Append dfFelder
```

wird jeweils dazu benutzt, den Inhalt der Objektvariablen *dfFelder* in die Liste der Attribute aufzunehmen, wobei der Befehl

```
dbDatenbank.TableDefs.Append dtNamensDef
```

schließlich die Tabelle *dtNamensDef* in die Tabellenklasse aufnimmt. Nachdem das getan ist, findet sich die Tabelle (hier mit Namen *a90layout*) in der Auflistung der Tabellenobjekte der Tabellenklasse (vgl. Bild 5-8).

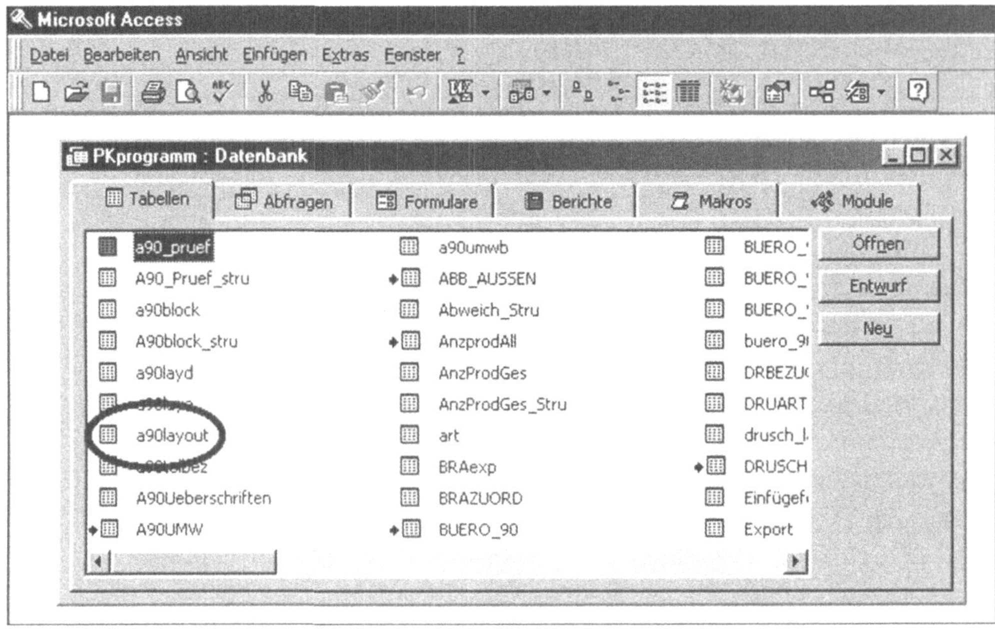

Bild 5-8 Auflistung der Klasse Tabellen

Die Struktur der über das VBA-Programm erzeugten Tabelle lässt sich auch ansehen und ggf. bearbeiten, in dem auf Entwurf geklickt wird.

Die Erzeugung von Tabellen durch VBA-Code bietet den Vorteil, dass vor allem temporäre Tabellen, die immer wieder gefüllt werden um z.B. für Grafiken o.ä. zur Verfügung zu stehen, neu erzeugt und wieder gelöscht werden können. Grundsätzlich braucht man dafür natürlich nicht immer die Tabelle neu zu erzeugen, sondern man könnte sie nur ein einziges Mal erzeugen und hinterher nach Bedarf lediglich die Inhalte löschen und neu auffüllen. Dies kann man z.B. mit folgenden Anweisungen machen:

```
Dim dbank As Database
Dim dtab As Recordset
```

```
Set dbank = CurrentDb()
Set dtab = dbank.OpenRecordset("a90layout")
Do While not dtab.eof
  dtab.Delete
  dtab.MoveNext
Loop
```

Es wird also in einer Schleife jeder Datensatz gelöscht, in dem mit der Methode *Delete* auf die Objektvariable *dtab* und damit auf das Tabellenobjekt *a90layout* zugegriffen wird.

Dabei gibt es aber ein Problem: Wenn Datensätze aus Tabellen gelöscht werden, dann werden diese nicht physikalisch gelöscht, sondern nur markiert und sind nicht mehr sichtbar (logisches Löschen). Bei jeder Benutzung werden also die alten Datensätze weiterhin Speicherplatz benötigen, was eine Datenbank stark aufblähen und langsam machen kann. Die Datensätze werden erst nach einem Komprimierungslauf über die ganze Datenbank wirklich physikalisch gelöscht. Solche Komprimierungsläufe sind aber immer mit einem Ausstieg aus der Datenbank verbunden und können daher nicht jedes Mal nur wegen des Löschens von Datensätzen durchgeführt werden. Deswegen bietet es sich an, lieber die ganze Tabelle zu löschen (die dann sofort auch physikalisch gelöscht ist) und bei Bedarf neu zu erzeugen.

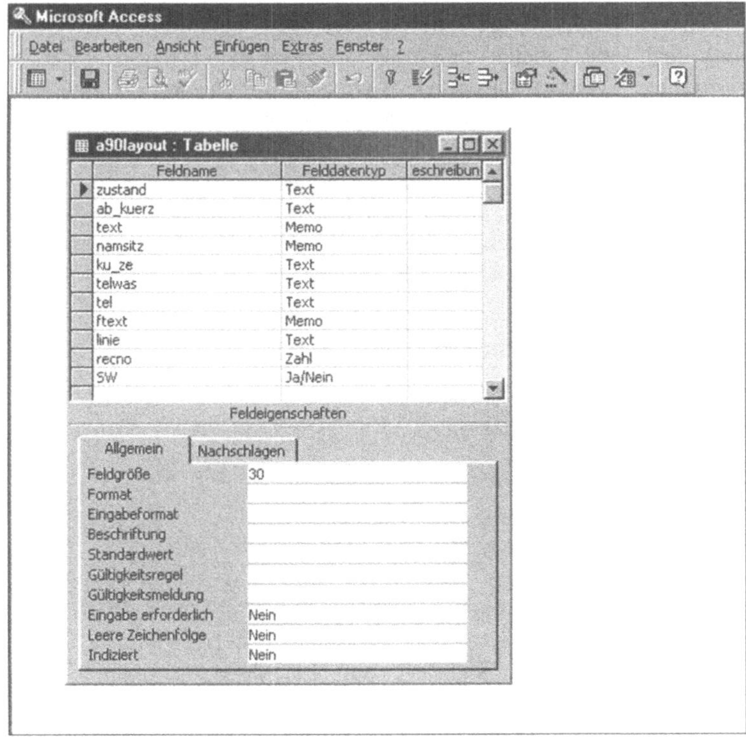

Bild 5-9 Struktur der über VBA-Code erzeugten Tabelle

Eine andere Methode kann darin bestehen, dass man z.B. nur eine Tabelle als „Strukturtabelle"
manuell über das normale Menü erzeugt und diese dann einfach bei Bedarf kopiert, diese Kopie
auffüllt mit den benötigten temporären Datensätzen und nach Verarbeitung diese Tabellen-
Kopie wieder physikalisch löscht. Damit erzeugt man eine Art Vererbung: Die Struktur- oder
Referenztabelle stellt das Äquivalent einer abstrakte Basisklasse dar, die selbst also keine Objekte (Datensätze) besitzt. Durch das Kopieren „vererbt" sie ihre Attribute und deren Eigenschaften auf ihre Kopie, die dann temporär mit Datensätzen gefüllt wird. In unserem Beispiel
könnte das dann so aussehen:

```
Dim dbank As Database
Dim dtab As Recordset
Set dbank = CurrentDb()
If tabelle("a90layout") Then
    DoCmd.DeleteObject A_TABLE, "a90layout"
End If
DoCmd.CopyObject , "a90layout", A_TABLE, "a90layout_stru"
Set dtab = dbank.OpenRecordset("a90layout")
```

Hier wird vorausgesetzt, dass eine manuell angelegte Tabelle mit Namen *a90layout_stru* existiert, die selbst keine Datensätze enthält. Zunächst wird mit Hilfe einer Funktion *tabelle (tabellenname)* überprüft, ob evtl. noch eine Tabelle mit Name *a90layout* in der Klasse *Tabellen*
vorhanden ist. Wenn ja, wird diese gelöscht. Anschließend wird mit der Methode *CopyObject*
die vorhandene Tabelle *a90layout_stru* kopiert und die Kopie erhält den Namen *a90layout*.
Schließlich wird diese Tabelle dann ganz normal geöffnet und kann dann gefüllt werden. Die
benutzten Methoden *DeleteObject* und *CopyObject* werden auf die Klasse *DoCmd* angewendet;
diese steht für *do command* und bezeichnet eine Art Dummy-Klasse, die immer dann herangezogen wird, wenn eine Methode auf gar kein weiteres Objekt wirkt bzw. die Methodenparame-
ter bereits alle erforderlichen Angaben enthalten, wie z.B. die Namen der zu löschenden oder
zu kopierenden Tabellen etc.

Die benutzte Funktion *tabelle(...)* sieht folgendermaßen aus:

```
Function tabelle(x_tabnam As String)
Dim dbank As Database
Dim tbl As TableDef
Set dbank = CurrentDb()
tabelle = False
For Each tbl In dbank.TableDefs
    If x_tabnam = tbl.NAME Then tabelle = True
Next
End Function
```

Diese Funktion liefert den Boole'schen Wert *true* zurück, wenn die Tabelle, die sich in der Variablen *x_tabnam* verbirgt, in der Auflistung aller Tabellen gefunden wurde, ansonsten den Wert *false*. Dies geschieht dadurch, dass durch eine *For Each ... In ...* –Schleife die Liste der Tabellennamen (erzeugt durch die Methode *TableDef,* angewendet auf die Objektvariable *dbank* und damit auf das Objekt der aktuellen Datenbank) durchsucht wird. Der übergebene String (in *x_tabnam*) wird verglichen mit den Namen der Tabellenliste, in dem durch die Methode *NAME*, angewendet auf das aktuelle Tabellenobjekt (*tbl*), dessen Name aus den Listeneinträgen zurückgegeben wird. Die Methode *TableDef* erzeugt die in Bild 5-8 zu sehende Liste.

Nachdem wir nun an Beispielen gesehen haben, wie Tabellen erzeugt, gelöscht und deren Existenz in der Klasse *Tabelle* festgestellt werden können, soll nachfolgend erläutert werden, wie die Bearbeitung der *Inhalte* der Tabellen mittels VBA realisiert wird. Der Grund dafür war ja, dass die Anwendung von SQL seine Grenzen findet, wenn die Abfragen zu komplex oder die Datenmengen zu groß werden. Die Inhalte einer Tabelle können sehr einfach abgegriffen und/oder manipuliert werden:

```
Dim dbank As Database
Dim dtab As Recordset
Set dbank = CurrentDb()
Set dtab = dbank.OpenRecordset("a90layout")
dtab.MoveFirst
xsw = dtab("SW")
xzustand = dtab("zustand")
If xsw = true then
   xzustand = "Ausgelagert: " & xzustand
   dtab.edit
   dtab("zustand") = xzustand
   dtab.update
endif
```

Dieses einfache Programm öffnet die Tabelle *a90layout*, bewegt sich zum ersten Datensatz mit der Methode *MoveFirst* und schaut nach, ob der Wert des Attributs *SW* auf *ja* gesetzt ist. Wenn dies der Fall ist, dann wird vor den vorhandenen Eintrag des Attributs *zustand* der Präfix „Ausgelagert:" durch Stringaddition (&) gesetzt. Um dies wirklich in der Tabelle abändern zu können, muss der aktuelle Datensatz durch die Methode *edit* zum Überschreiben gekennzeichnet werden. Die Methode *update* überschreibt dann schließlich die alten Attributswerte des Satzes durch die neuen. Das Anlegen neuer Datensätze erfolgt durch die Anweisung

```
dtab.addNew
```

wobei auch analog wie bei der Methode *.edit* mit *.update* das endgültige Anlegen des Satzes bestätigt werden muss.

Was nun Abfragen in Visual Basic tatsächlich schnell machen kann, ist die Tatsache, dass die Zugriffszeit auf Datensätze in großen Tabellen durch geeignete Indizierungen wesentlich verkürzt werden kann. Um dies effizient zu nutzen, muss das Prinzip der Indizierung verstanden sein, welches daher kurz erläutert wird.

Werden in einer Tabelle Datensätze hinzugefügt, so wird dadurch die physikalische Reihenfolge der Datensätze festgelegt. Die Sätze werden einfach hintereinander angelegt in der Reihenfolge, wie der Nutzer sie eingibt (Bild 5-10). Eine interne Satznummer, die unsichtbar ist, identifiziert die Datensätze eindeutig und repräsentiert die Eingabereihenfolge der Sätze. Auf diese Nummer kann nicht direkt zugegriffen werden, weder vom Anwender noch über VBA-Programme vom Entwickler. Deswegen ist ein vom Entwickler angelegter Primärschlüssel sinnvoll, denn darauf kann natürlich mittels eines VBA-Codes zugegriffen werden. Außerdem werden diese Schlüssel unter Umständen für relationale Verknüpfungen benötigt.

TITEL	GESELL	ABT
Hochstromtechnik in Kraftwerken	ABC	/NE
SF6-Leistungsschalter, Typ HPL	ABC	
SF6-Generatorleistungsschalter Typ HEC	XYZ	
Das Modulare Umspannwerk - MUW. Modular, flexibel, wirtschaftlich	XYZ	
Qualitätsmanagement-Handbuch	CES	
Schaltanlagenkonzept PS-1. Funktion, Lieferzeit, Kosten	CES	/AC
SchnellumschalteinrichtungenTyp SUE 2000	CES	/BD
C.O.S. Das Serviceprogramm für Energie-Dienstleister	CES	
Diagnose - Vor jedem Start ein gründlicher System-Check	DEE	
FAME - Wer die Betriebskosten schneller senkt...	DEE	
RETROFIT. Mit der besseren Boxenstrategie auf die Überholspur	JHD	
Produktprogramm	JHD	
Überspannungsableiter Mittelspannung-Produktübersicht	CES	
DECES-Image-Brochure: Innovative by tradition	CES	
CALPOS - Perfection for Productivity	JHD	
SF6-Circuit Breaker. Type HPL	CES	
Hydraulic Spring Drives Type HMB	ABC	

Bild 5-10 Unsortierte Tabelle

Bild 5-10 zeigt eine Tabelle, in der die Titel von Druckschriften bestimmter Gesellschaften und ggf. Abteilungen in der Reihenfolge angezeigt werden, wie sie eingegeben wurden. Angenommen, in dieser Tabelle wären 100.000 Datensätze und es soll ein ganz bestimmter Datensatz gesucht werden. Der entsprechender SQL-Befehl dazu wäre

SELECT DRU.TITEL, DRU.GESELL, DRU.ABT

FROM DRU

WHERE (((DRU.TITEL)="CALPOS - Perfection for Productivity"))

Die Ausführung dieser Abfrage durchsucht die Tabelle sequenziell bis der gesuchte Datensatz erreicht wurde. Wäre dieser Datensatz nun der 99.999ste, so würde die Abfrage relativ lange dauern. Viel schneller ginge es, wenn diese Tabelle nach Inhalten des Attributs *TITEL* sortiert wäre. Dann können nämlich Suchalgorithmen wie z.B. das Bisektionsverfahren angewendet werden. Dieses Verfahren ist ähnlich wie wenn wir einen bestimmten Namen im Telefonbuch suchen: Weil das Telefonbuch nach Namen sortiert ist, können wir z.B. bei der Suche nach dem Namen „Schubert" das Telefonbuch irgendwo ungefähr in der Mitte aufschlagen. Nun sehen wir, ob der Name Schubert in der linken oder rechten Hälfte sein muss, in dem wir die aktuellen Namen vergleichen. Sind wir z.B. bei Namen, die „M" beginnen angelangt, so werden wir nur noch im rechten, also hinteren Teil des Telefonbuches weiter suchen. Damit haben wir die Suchmenge mit einem einzigen Vergleich um ca. die Hälfte reduziert, da wir jetzt nur noch in dem Teil „M-Z" weitersuchen. Da können wir jetzt wieder die rechte Buchhälfte „halbieren", in dem wir dort wieder ungefähr in der Mitte aufschlagen. Dann sehen wir wieder nach, ob der Name „Schubert" vor oder hinter dem aufgeschlagen Teil steht. Angenommen, wir sind jetzt beim Buchstaben „Q" gelandet, so wissen wir, dass wir jetzt die linke Hälfte der letzten Teilung weiter durchsuchen müssen. Damit haben wir mit bisher nur 2 Entscheidungen die Suchmenge um ¾ reduziert. Diese fortgesetzten Halbierungen der Suchmengen nennt man Bisektion. Dieses Prinzip führt auch auf dem Computer dazu, dass Tabellen selbst mit Millionen Datensätzen in Millisekunden durchsucht werden können. Voraussetzung dafür ist allerdings, dass die Datensätze –wie im Telefonbuch- sortiert nach dem Suchattribut vorliegen. Nun wäre es natürlich völlig sinnlos, vor jedem Suchen zuerst die Tabelle zu sortieren, denn das Sortieren einer Tabelle dauert noch viel länger als das serielle Durchsuchen. Daher wäre eine Möglichkeit, die Tabelle nur einmal zu sortieren und dann sortiert abzulegen. Dies hat aber wieder verschiedene Nachteile:

1. Wenn man nach verschiedenen Attributen suchen will, so müsste die Tabelle nach jedem der in Frage kommenden Suchattribute komplett redundant mehrfach sortiert abgelegt werden

2. Wird ein Datensatz hinzugefügt, gelöscht oder geändert, so muss die Sortierung von neuem erfolgen und/oder die Änderungen müssen redundant in jeder Sortierungstabelle vorgenommen werden

Diese Nachteile werden vermieden, in dem eine Zwischenlösung gefunden wird: die Indizierung. Dabei wird folgendes gemacht: Jeder Datensatz in einer Tabelle enthält die bereits erwähnte interne, eindeutige „Adresse", meistens eine laufende Satznummer, die die Reihenfolge der Eingabe der Datensätze repräsentiert. Diese Satznummer ist normalerweise unsichtbar. Sie stellt eine interne Sortierung dar (eine laufende Nummer ist die natürlichste Art der Sortierung, zu dem noch eindeutig). Angenommen, es soll in der Tabelle aus Bild 5-10 eine Indizierung über das Attribut *TITEL* durchgeführt werden. Dann wird eine weitere (interne, unsichtbare, aber physikalisch vorhandene) Tabelle, eine sogenannte Indextabelle, angelegt, die aus zwei Attributen besteht: Dem Attribut *TITEL* sowie der internen Satznummer der Originaltabelle. Die Indextabelle ist allerdings nach dem Attribut *TITEL* sortiert (vgl. Bild 5-11). Sucht man jetzt einen Eintrag im Attribut *TITEL* in der Originaltabelle, so wird im Hintergrund zuerst in der Indextabelle mit dem Bisektionsverfahren nach dem Eintrag gesucht. Dies dauert nur Millisekunden, auch wenn Millionen von Einträgen vorhanden sind. Ist der Datensatz in der Indextabelle gefunden, so wird der Wert der zugehörigen Satznummer in der Originaltabelle gesucht, und zwar wieder mit dem Bisektionsverfahren (da die Originaltabelle ja von vornherein nach der Satznummer sortiert ist). Da auch diese zweite Suche nur Millisekunden dauert, ist der Satz in der Originaltabelle praktisch ohne messbaren Zeitverlust aufgefunden. Entsprechend schnell geht die Anpassung der Indextabellen, wenn Datensätze bearbeitet oder hinzugefügt werden. Der entsprechende Eintrag in den Indextabellen erfolgt sofort nach Abschluss der Bearbeitung und wird gemäß dem Bisektionsverfahren wieder im Millisekundenbereich geleistet. Natürlich kann ein Index auch über mehrere Attribute angelegt werden. Es wäre in unserem Beispiel z.B. möglich, immer nur innerhalb einer Gesellschaft sortierte Titel zu wünschen, und die Gesellschaften sollen selbst auch sortiert sein. Dann würde die Indextabelle drei Attribute besitzen: Die Satznummer der Originaltabelle und die zwei Attribute *GESELL* und *TITEL*. Ein weiterer Vorteil indizierten Tabellen ist der, dass man die Originaltabelle auch sortiert nach einem Index verarbeiten kann. Mann kann sich z.B. die Originaltabelle unter Nutzung des Indexes nach *TITEL* sortiert anzeigen lassen. Oder man kann die Originaltabelle in einem VBA-Programm mit dem Index zusammen öffnen und auf Sätze zugreifen. Immer verhält sich die Tabelle so, als wäre sie nach dem Index sortiert, obwohl die scheinbare Sortierung immer zur Laufzeit erzeugt wird. Wegen des schnellen bisektionellen Zugriffs ist das annähernd in Echtzeit machbar.

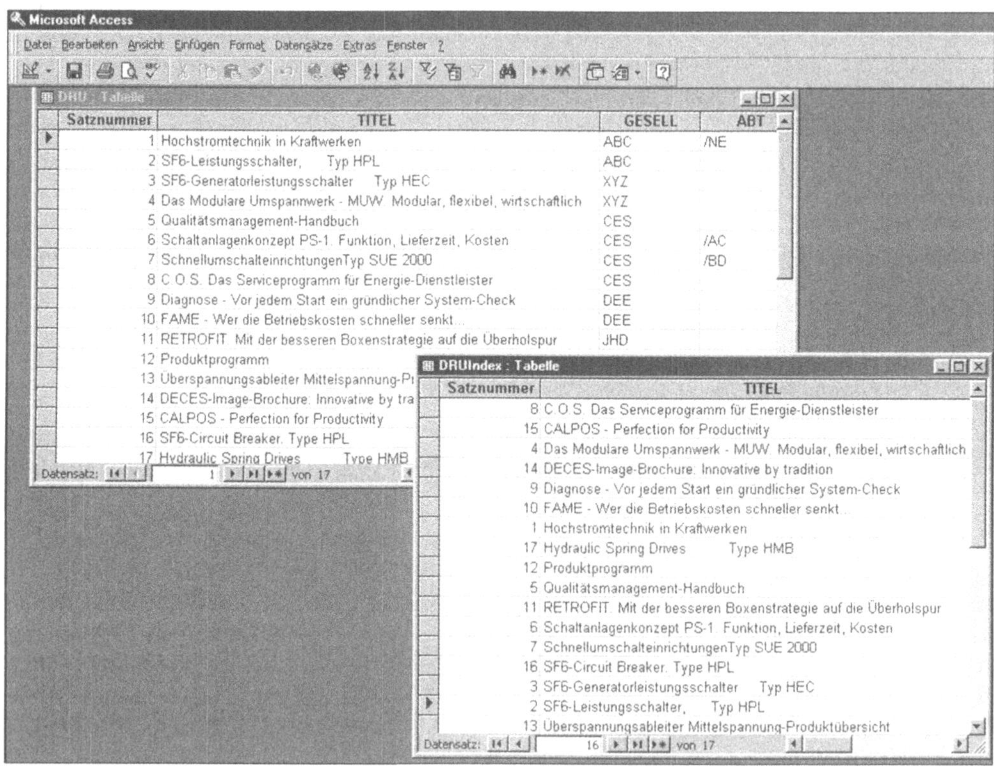

Bild 5-11 Original- und Indextabelle

In Bild 5-11 ist die Originaltabelle sowie eine Indextabelle über den *TITEL* nachgebildet. Die Indextabelle ist nach dem Indexattribut sortiert, die Originaltabelle nach der internen Satznummer. Das Anlegen eines Indexes geschieht in SQL für unser Beispiel mittels

```
CREATE INDEX DRUindex ON Dru (TITEL)
```

Dabei ist DRUindex der Name der Indextabelle. In MS-Access® kann der Index auch menügeführt in den Struktureigenschaften der Tabelle angelegt werden (vgl. Bild 5-12). Dies kann

auch nachträglich noch geschehen, wenn also bereits Datensätze in der Tabelle sind. Zu bedenken ist bei der Indizierung, dass natürlich für die Indextabellen Speicherplatz benötigt wird,
d.h. die Datenbank vergrößert sich mit jedem angelegten Index. Immerhin ist eine optimale
Balance zwischen Zugriffsgeschwindigkeit und Speicherplatzbelegung gefunden. Dennoch
sollte man nicht unnötig Indexe vergeben. Werden bestimmte Abfragen nur sehr selten durchgeführt, z.B. einmal im Jahr, so ist einem User durchaus zuzumuten, dass so eine Abfrage auch
einmal ein paar Minuten dauern kann. Dafür permanent eine Indextabelle herum zu schleppen
ist dann evtl. nicht gerechtfertigt. Das sollte allerdings in jedem konkreten Fall mit dem Anwender abgesprochen werden.

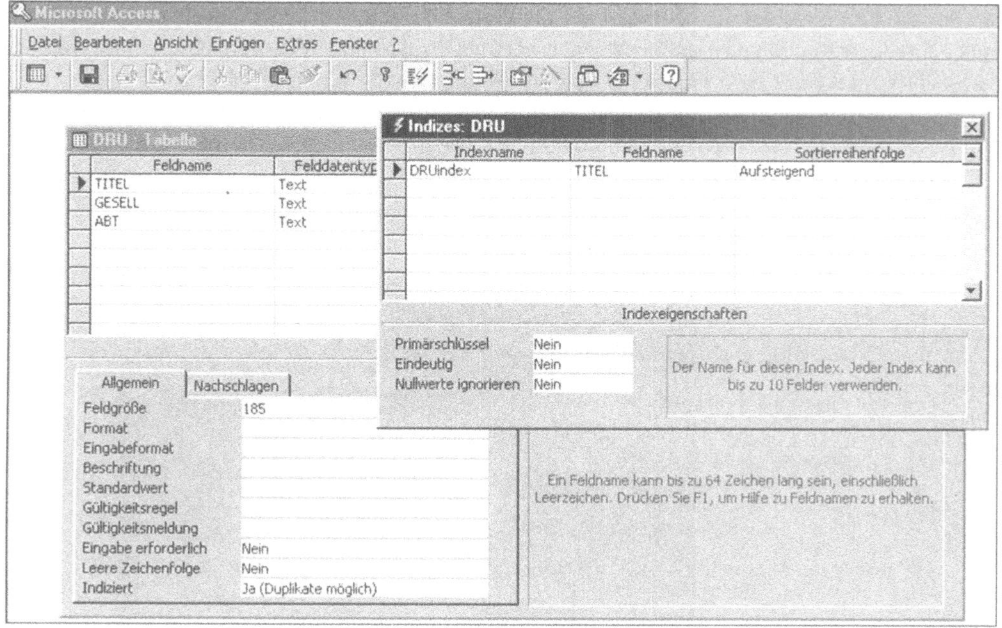

Bild 5-12 Anlegen von Indexen

Wird in einer Tabelle ein Primärschlüssel erstellt, so wird ein Index über die beteiligten Attribute erstellt. Die zugehörige Indextabelle erhält den Default-Namen *PrimaryKey*. Eine Tabelle
mit einem Index wird nach dem Öffnen automatisch nach dem Index sortiert angezeigt.

Das Zusammenstellen von Daten mit Hilfe von Indexen ist das Geheimnis der schnellen Erzeugung von Abfragen und Zugriffen. Dazu müssen wir noch wissen, wie so ein Zugriff von Visual
Basic aus erfolgt. Dies sei an folgendem Beispiel demonstriert:

```
Dim dbank As Database
Dim dtab As Recordset
Set dbank = CurrentDb()
Set dtab = dbank.OpenRecordset("DRU")
```

```
dtab.Index = "DRUindex"
dtab.Seek "=", "FAME - Wer die Betriebskosten schneller senkt..."
If Not dtab.NoMatch Then
    xxx = MsgBox("Passende Gesellschaft: " & dtab("GESELL"))
End If
```

Diese Programmbeispiel zeigt, wie eine bisektionelle Suche in VBA realisiert wird. Zunächst wird die Tabelle *DRU* wie üblich geöffnet. Danach wird mit der Methode *dtab.Index* die gewünschte Indextabelle angezogen (hier *DRUindex*). Dies ist Voraussetzung für den bisektionellen Suchbefehl *Seek*, der als Methode auf die Objektvariable *dtab* angewendet wird. Als Parameter hierfür wurde das Gleichheitszeichen verwendet, was andeutet, dass der dahinter folgende Suchtext exakt mit dem Feldinhalt übereinstimmen muss. Wenn die Suche erfolgreich war, dann scheitert die Methode *dtab.NoMatch* und es wird eine Massage-Box mit dem Inhalt des Attributs *GESELL* angezeigt, der dem gefundenen Datensatz entspricht (Bild 5-13).

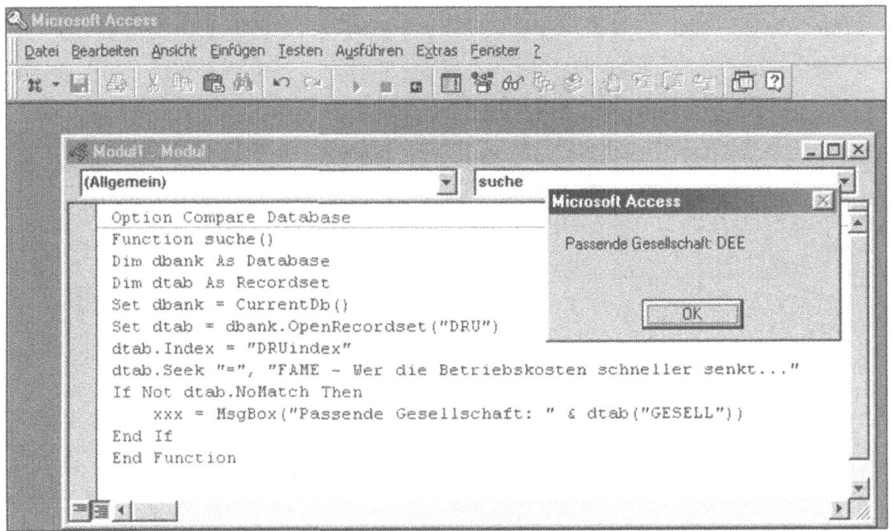

Bild 5-13 Schneller Zugriff über Indexe

Mit den hier demonstrierten Methoden kann also eine SQL-Abfrage, falls erforderlich, umgangen werden, in dem durch geeignete Indizierung und über ein VBA-Programm die benötigten Daten zusammengestellt und z.B. in eine Zwischentabelle geschrieben werden. Diese Zwischentabelle übernimmt dann die Funktion des sonst bei einer Abfrage entsehenden Dynasets. Während bei einer Abfrage das Dynaset automatisch angelegt und hinterher wieder gelöscht wird, muss dies bei einer tatsächlich erzeugten Zwischentabelle in VBA selbst gemacht werden. Wie das im Einzelnen geht, haben wir ja bereits gesehen.

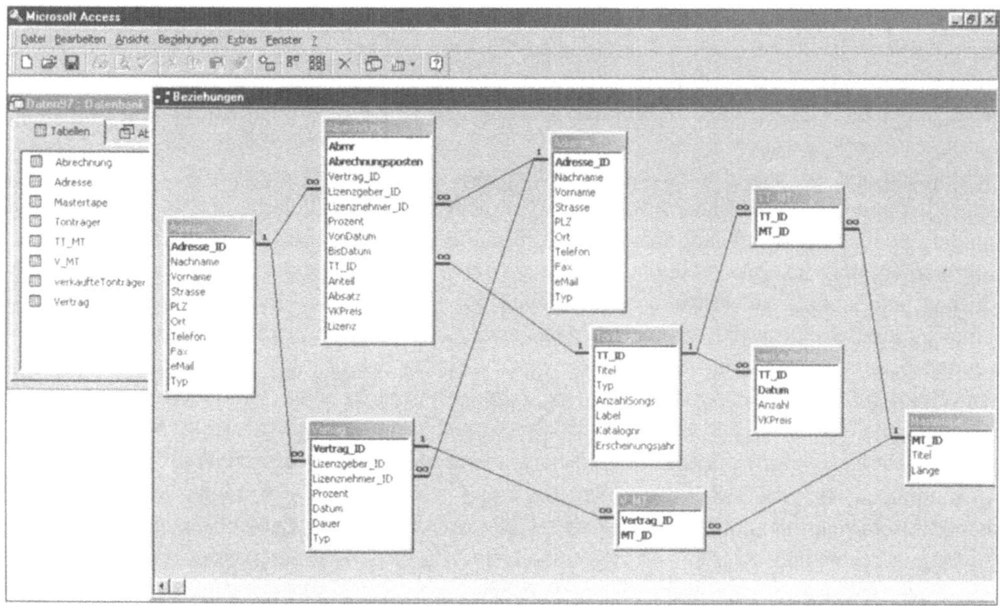

Bild 5-14 Implementierte Tabellen und Beziehungen Beispiel Lizenzabrechnung

In Bild 5-14 ist die Realisierung der Tabellenobjekte und Beziehungsklassen unseres Beispiels einer Lizenzabrechnung dargestellt. Die genaue Definition der Attribute und ihrer Eigenschaften wurde ja bereits in Abschnitt 4.2.1 vorgenommen. In obiger Abbildung sind die Primärschlüsselattribute der beteiligten Tabellen fett gedruckt dargestellt.

Die hier beschriebenen VBA-Beispiele sollten lediglich die hinter der Programmierung liegenden Ideen aufzeigen. Diese Prinzipien sind in allen objektorientierten Sprachen die gleichen, nur die Syntax ist zum Teil etwas anders. Es kann daher nicht Anliegen eines Buches über Softwareengineering sein, in eine Programmiersprache einzuführen, sondern allenfalls durch Beispiele die Grundideen aufzuzeigen.

Nachdem wir hier die wichtigsten Prinzipien für die Bearbeitung von Tabellenklassen besprochen haben, soll nun der Fokus auf das gerichtet werden, was für den späteren Anwender am wichtigsten ist: Die Bedieneroberfläche des Programms.

5.3   Dialogobjekte, Screens

Man kann verschiedener Meinung sein darüber, ob die Entwicklung von Bildschirmmasken schon im DV-Entwurf vorgenommen werden sollte oder erst während der Implementierung. In der Tat ist es so, dass früher, bevor sich Prototyping etablierte, dies auf jeden Fall zuerst im Entwurf gemacht wurde. Da aber damals die Programmierung solcher Masken, wie bereits erwähnt, viel zu aufwändig gewesen wäre, hat man die Maskenentwürfe einfach gezeichnet. Das heißt, man hat die Bildschirme mit ihren Elementen teilweise sogar schon im Pflichtenheft zeichnerisch dargestellt, spätestens jedoch im DV-Entwurf. Da man heute aber über geeignete Tools verfügt und außerdem von der strikten linearen Abfolge der Phasen im Wasserfallmodell

abgekommen ist und eher die Spiralmodellphasen anwendet, ist der Maskenentwurf in die Implementierungsphase „gerutscht". Die Grenzen der Entwicklungsphasen sind ohnehin nicht starr
und sollten sogar projektspezifisch angepasst werden. Je nach Projektanforderungen kann es
daher durchaus Sinn machen, die Maskenentwürfe bereits in der DV-Entwurfsphase zu planen,
zumindest deren Hierarchien. Im Prototypingfall liegt aber die Maskenhierarchie oft noch gar
nicht genau fest, so dass eine zu starre Planung eher hinderlich als nützlich sein kann. Wir gehen jedenfalls davon aus, dass durch das Datenmodell implizit auch zumindest die abstrakten
Inhalte der Masken festliegen, denn die Attribute in den Objektklassen müssen mit Daten gefüllt werden, und die Klassen selbst sind bereits ein guter Ansatzpunkt für die zu entwerfenden
Masken und Menüs. Mittlerweile hat sich auch ein Verfahren für die Entwicklung von Bildschirmmasken etabliert, das in der Programmierung schon längst bekannt ist: Das Wiederver-
wenden bereits vorhandener Module. So etwas wird im Bereich der Maskenentwicklung mit
dem Begriff *Entwurfsmuster* umschrieben. Darunter versteht man vorgefertigte Bildschirm-
schemata, die immer wieder verwendet werden können und in Klassen zu sog. Screenobjekten
zusammengefasst sind. Beispiele für so etwas sind z.B. die Bildschirmmasken in Microsoft®-
Anwendungen wie z.B. MS-Word® oder MS-Excel®. Hier finden sich immer wieder die gleichen Bildschirmaufbauten. Dies bietet zweierlei Vorteile: Für den Entwickler, dass er nämlich
auf bereits bestehende Muster zurückgreifen kann und diese nur anzupassen braucht, und für
den Anwender, dass er sich, wenn er beispielsweise MS-Word® schon kennt, beim Einarbeiten
z.B. in MS-Excel® an seine Kenntnisse über die Funktionen und Menüpunkte anlehnen kann.
Es ist gerade zu ein Markenzeichen für große Softwarehersteller geworden, dass sie bei all
ihren Produkten ähnliche Bildschirmmasken mit vergleichbaren Funktionen an immer wieder
den selben Stellen erzeugen. Kennt man eines der Produkte bereits, dann liegt es nahe, bei dem
selben Herstellen ein anderes benötigtes Produkt mit ähnlichem Aufbau wieder zu kaufen, auch
wenn andere Hersteller ein vergleichbares Produkt anbieten. Die Psychologie und die schnelle-
ren Einarbeitungszeiten spielen hier eine wichtige Rolle. Dabei spielt auch noch der Begriff
Softwareergonomie eine große Rolle. Programme sollen für einen Anwender möglichst freund-
lich wirken, leicht zu bedienen und übersichtlich sein. Es sollte keine Maske existieren, auf der
nicht zu erkennen ist, wie man z.B. wieder aus ihr heraus kommt. Es sollen immer Hilfe-Fenster
aufrufbar sein, die dem Benutzer weiterhelfen können. Die Zeit dicker Benutzerhandbücher, wo
ein Anwender erst stundenlang nachlesen musste, wie er die Software bedienen muss, ist schon
lange vorbei. Deswegen beinhalten heutzutage Benutzerhandbücher, wenn sie denn überhaupt
noch existieren, allenfalls Erklärungen zu bestimmten Funktionen oder einen grundsätzlichen
Überblick über die Philosophie der Maskengestaltungen und ihrer Elemente und eine kurze
Erklärung der Schaltflächen oder ähnliches (vgl. das Beispiel eines Handbuchs im Anhang).

Ein Schwerpunkt dieses Abschnitts ist u.a. der möglichst allgemeine Aufbau von Menüs und
Bildschirmmasken in Abhängigkeit von zu realisierenden Problemfeldern. Es werden also bestimmte Datenmodellierungs-Situationen auf prinzipielle Maskenaufbauten angewendet und an
konkreten Beispielen dann auch gezeigt. Unser Ziel ist also, gewisse Entwurfsmuster für Stan-
dardsituationen bereit zu stellen. Die praktische Ausgestaltung ist natürlich Geschmackssache
und sollte mit dem zukünftigen Anwender abgesprochen werden. Da erweist sich das Prototyping als extrem vorteilhaft. Der Entwickler sollte aktiv Gestaltungsvorschläge machen, die er
sofort am Bildschirm dem zukünftigen Anwender zeigen kann. Der Anwender kann dann seine
Vorschläge oder Änderungswünsche einbringen, was dessen Akzeptanz wiederum wesentlich
steigert, da er das Gefühl hat, an der Entwicklung aktiv mitgewirkt zu haben. Es sei an dieser
Stelle überhaupt einmal erwähnt, dass die Akzeptanz einer Anwendung sehr stark psychologi-
sche Faktoren besitzt, die berücksichtigt werden sollen. Häufig ist es nämlich so, dass ein Auf-

traggeber ein Softwarehaus mit der Entwicklung einer Anwendung beauftragt und die späteren Anwender zu diesem Zeitpunkt kaum involviert sind. Es sollte besser schon frühzeitig mit den späteren Anwendern gesprochen werden, deren evtl. Ängste und Bedenken besprochen und aktive Vorschläge dieses Personenkreises zur Gestaltung der Benutzeroberfläche aufgenommen werden. Es gibt nichts Schlimmeres, als wenn eine Anwendung „von oben herab" den Nutzern „aufgedrückt" wird. An deren durchaus manchmal verständliche Renitenz können ganze Projekte scheitern. Es ist erstaunlich, wie manchmal z.B. einfach nur die Absprache der Wahl der Farbgestaltung der Menüs und Masken mit den zukünftigen Benutzern zu einer gesteigerten Akzeptanz führt, da die Benutzer das Gefühl haben, dass sie sich bei der Entwicklung einbringen konnten und nicht einfach alles über ihre „Köpfe hinweg" entschieden wurde.

Bevor mit der Entwicklung der Bildschirmmasken begonnen wird, sollten also mit dem Anwender oder Auftraggeber grundsätzliche Gestaltungsmerkmale abgesprochen werden. Häufig gibt es beim Kunden bereits firmeninterne Grundsätze, die nicht selten sogar in Leitfäden zur Softwaregestaltung (jedenfalls bei größeren Industriebetrieben) dem Entwickler zur Verfügung gestellt werden können. Dies kann z.B. festlegen, an welcher Stelle in den Masken das Firmenlogo zu sehen sein soll oder welche Hintergrundfarbe bei Anwendungen in dem Unternehmen üblich sind, wie die Schaltflächen prinzipiell anzuordnen sind und so weiter. Diese mehr kosmetischen Details sollen uns hier aber nicht besonders interessieren, denn es ist in der Regel eine Kleinigkeit, die hier präsentierten Beispiele betreffs solcher Layoutanforderungen umzugestalten. Dies geht oft mit ein paar Mausklicks in Sekundenschnelle. Wichtiger sind die allgemeinen Inhalte der Bildschirmobjekte, sowie die Grundsätze deren Erzeugung und Aufbau.

5.3.1 Navigationsmasken

Wenn eine Anwendung gestartet wird, so enthält die Einstiegsmaske in der Regel nur Schaltflächen zur weiteren Navigation und ggf. ein Firmenlogo oder ähnliches. Eine Zeit lang war es modern, nur die oberen Menüleisten oder reiterförmige Schaltflächen zu benutzen.

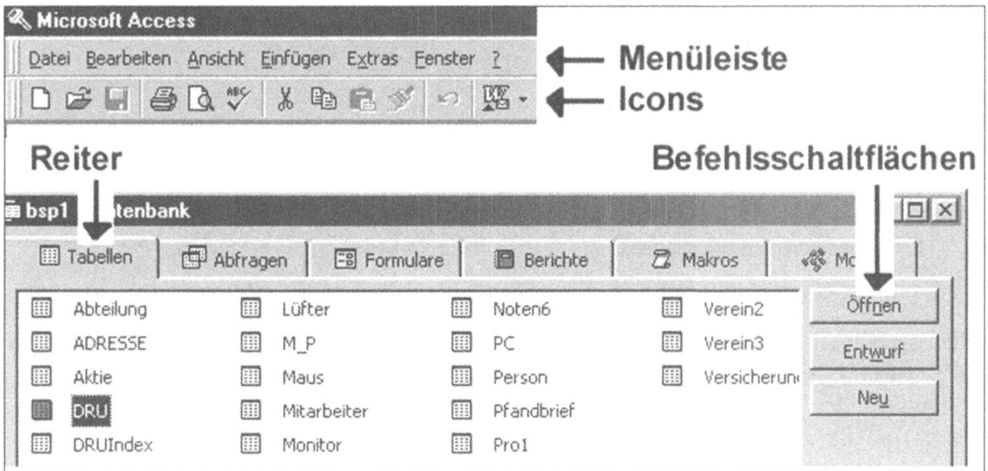

Bild 5-15 Screen-Elemente zur Navigation

In Bild 5-15 sind einige dieser Elemente zur Navigation abgebildet. Es hat sich gezeigt, dass Reiter eher verwirren, weshalb die in Bild 5-15 abgebildete reiterförmige Klassenauswahl für Tabellen, Abfrage, etc., welche der MS-Access97-Version entnommen wurden, in der MS-Access2000-Version wieder entfernt und als normale Schaltflächen zugänglich gemacht wurden. Auch Menüleisten alleine sind nicht sehr ergiebig, sie sollten nur zur Ergänzung zum normalen Navigationsmenü benutzt werden. Gleiches gilt für Icons, die nicht immer selbstsprechend sind. Wenn man sie schon einsetzt, so sollte wenigstens beim Hinbewegen des Mauszeigers ein kleiner Erklärungstext eingeblendet werden. Welche Elemente letztendlich bevorzugt eingesetzt werden, ist Geschmackssache. Es sollte ggf. mit dem Auftraggeber auch darüber Rücksprache gehalten werden. Wir werden uns daher auch nicht weiter mit solchen wieder eher kosmetischen Masken-Design-Fragen beschäftigen, sondern uns auf die Inhalte konzentrieren.

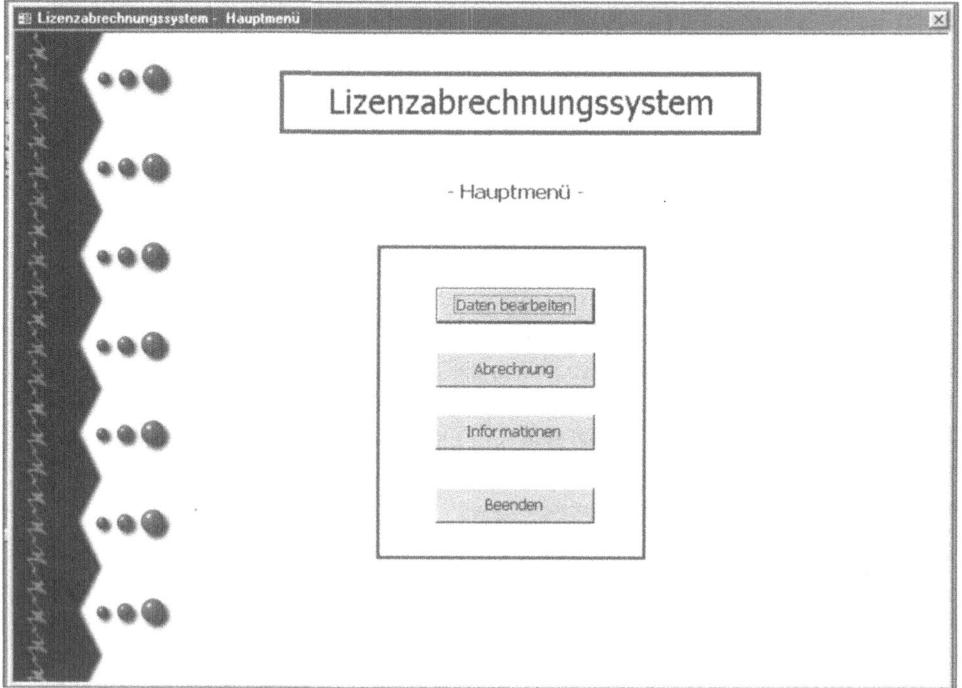

Bild 5-16 Beispiel einer Einstiegsmaske

Es ist psychologisch wichtig, dass gerade der Einstiegsbildschirm einfach und übersichtlich (also einladend) gehalten ist (vgl. Bild 5-16). Dazu benötigt man in der Regel keine Menüleisten oder sonstiges. Eine Handvoll Schaltflächen sollten genug sein, ggf. sind Untermenüs zu benutzen, um die Übersichtlichkeit zu wahren. Wichtig ist auf jeder Maske eine Schalfläche für „Beenden" oder „Rückkehr" oder ein Symbol zum Schließen (wie das kleine „x" oben rechts in der Menüleiste), damit immer wieder herausgefunden werden kann. Es sollte bei der Maskengröße noch auf die Bildschirmauflösung beim Kunden geachtet werden. Meistens lassen sich Rollbalken rechts und unten am Fensterrand einblenden, so dass auch Anwender mit kleinerer Bildschirmauflösung wenigsten alle Teile der Maske erreichen können.

Hinter einer Schaltfläche können sich prinzipiell vier verschiedene Dinge verbergen:

1. Ein Untermenu mit weiteren Schaltflächen

2. Ein reine Bildschirmanzeige ohne Editiermöglichkeiten (aber ggf. mit Auswahlmöglichkeiten. z.B. Liste von Datensätzen)

3. Eine Maske zur Datenerfassung

4. Kombinationen aus 1., 2. und 3.

Zum Beispiel das Abspielen eines Videoclips oder die Anzeige einer Autoreninformation des Anwendungsprogramms fällt unter Punkt 2 (vgl. Bild 5-17).

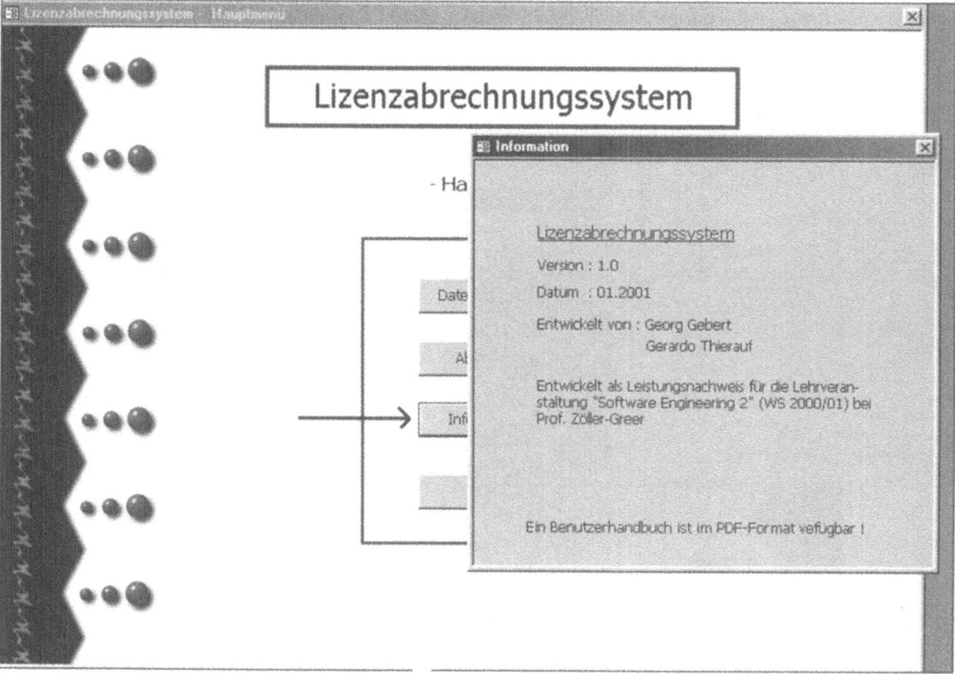

Bild 5-17 Beispiel einer reinen Anzeige-Maske

Schließlich gibt es noch Vollbild-Menüs und sog. Pop-Up-Menüs. Die Einstiegsmaske in das Beispiel der Lizenzabrechnung (Bild 5-16) ist ein Vollbild-Menü, während die Informationseinblendung in Bild 5-17 ein Pop-Up-Menü darstellt. Pop-Up-Menüs können sowohl für reine Informationen als auch für weitere Untermenüs oder für Datenerfassungsmasken eingesetzt werden.

Eine weitere wichtige Einstellung für eine Maske, die wir manchmal auch Screen-Objekt nennen, ist die Eigenschaft *gebunden*. Ein Screen-Objekt ist gebunden, wenn es erst verlassen werden kann, wenn es geschlossen ist. Es ist also bei gebundenen Fenstern nicht möglich, zu einem anderen Fenster zu wechseln, während das gebundene geöffnet ist. Dies ist eine wichtige Eigenschaft, die je nach Bedarf eingeschaltet werden kann. In Bild 5-18 sind einige der Grundeigenschaften von Bildschirmmasken, die in MS-Access® eingestellt werden können, zu sehen. Bildschirmmasken heißen dort übrigens Formulare. In Bild 5-18 sieht man eine solche Maske in der sogenannten Entwurfsansicht, die nur dem Entwickler zugänglich sein sollte.

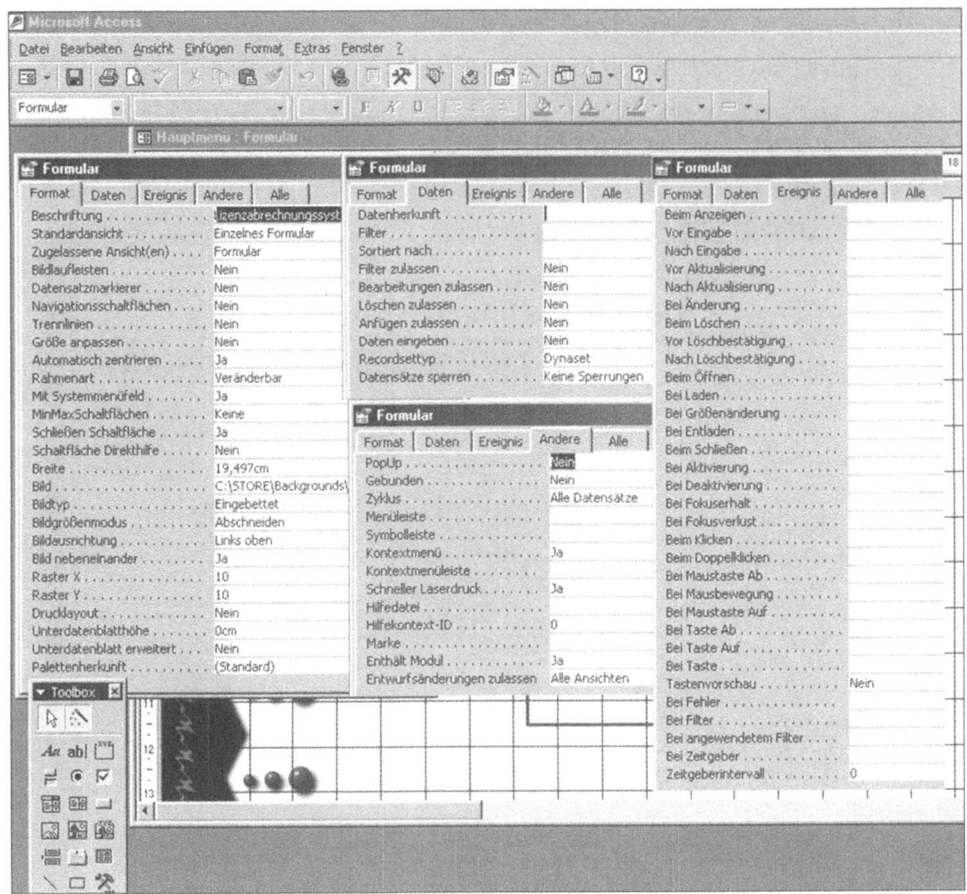

Bild 5-18 Eigenschaften von Bildschirmmasken

Bildschirmmasken, die als Fenster bzw. Formulare vorkommen, sind allerdings nicht die einzigen Screen-Objekte. Zunächst können Formulare z.B. auch Schaltflächen enthalten, die selbst auch Screen-Objekte sind. Außerdem können Formulare selbst weitere Formulare (Unterformulare) enthalten. Dies ist ein typisches Beispiel dafür, dass eine Klasse (Formular) als Instanz wieder eine Klasse (Schaltfläche oder Unterformular) besitzen kann. Die Instanzen haben selbst wieder Eigenschaften, die eingestellt werden können. Die Einstellungsmöglichkeiten selbst werden durch die Methoden vorgenommen, denn die Daten (z.B. die hinter einer Bildschirmmaske stecken) sind gekapselt, wie das bei allen Objekten der Fall ist. Bild 5-17 zeigt eine Einblendung nach Betätigen einer Schaltfläche. Das Objekt Schaltfläche muss also eine Eigenschaft besitzen, so dass „beim Klicken" eine Reaktion ausgelöst wird. Im Regelfall wird man dies durch ein VBA-Programm realisieren oder durch eine vom System bereits vorgefertigte Auswahl an Ereignissen, die in sogenannten Makros aktiviert werden kann.

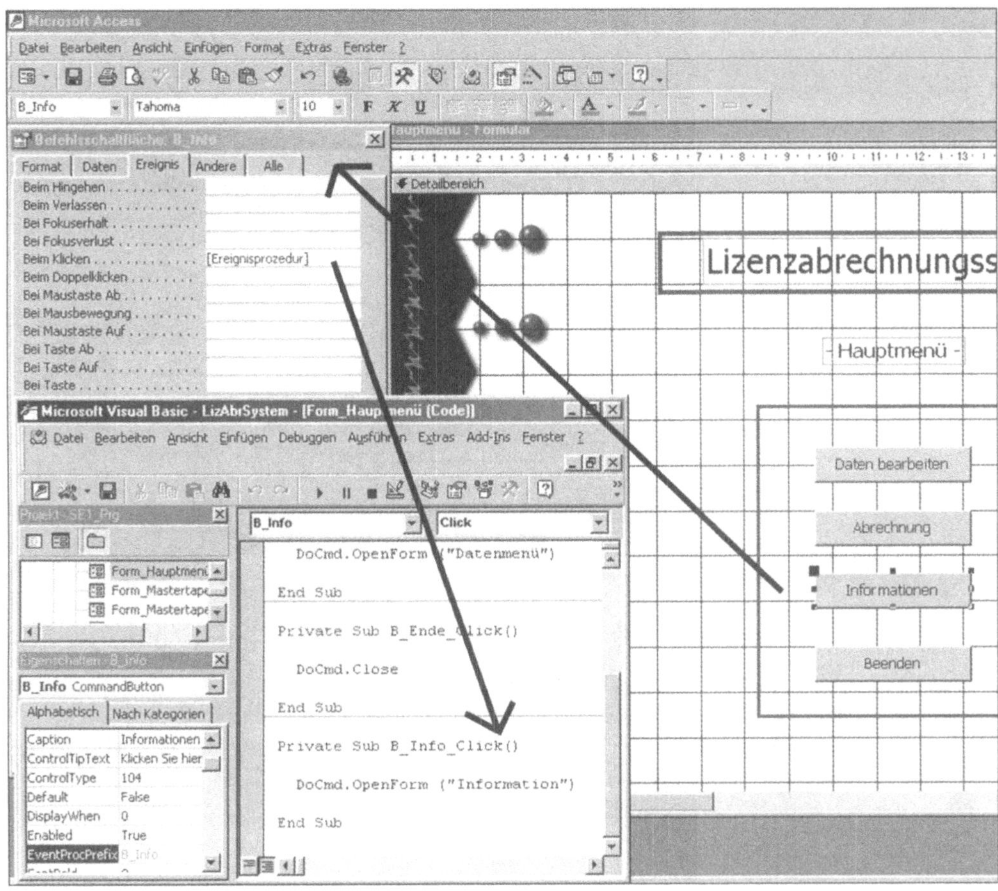

Bild 5-19 Eigenschaft „beim Klicken" einer Schaltfläche

Das Schaltflächenobjekt mit dem Namen *B_Info* aus Bild 5-19 besitzt als Eigenschaft *Beim Klicken* den Aufruf einer VBA-Rountine, die in MS-Access allgemein *Ereignisprozedur* genannt wird. In diesem konkreten Beispiel trägt diese Ereignisprozedur den Namen *B_Info_Click()* und es wird darin offensichtlich ein weiteres Formular geöffnet, welches den Namen *Information* trägt.

Es ist übrigens möglich, dass die Eigenschaften von Schaltflächen, Bildschirmmasken oder sonstigen Screen-Objekten auch via VBA-Code eingestellt werden können. So können Schaltflächen z.B. für manche Benutzer oder Situationen in ein und derselben Maske ein- oder ausgeblendet werden. Dies hat auch noch den Vorteil, dass manchmal gleiche Masken mehrfach genutzt werden können, aber unterschiedliche Schaltflächen besitzen, z.B. je nach dem, woher die Maske aufgerufen wird.

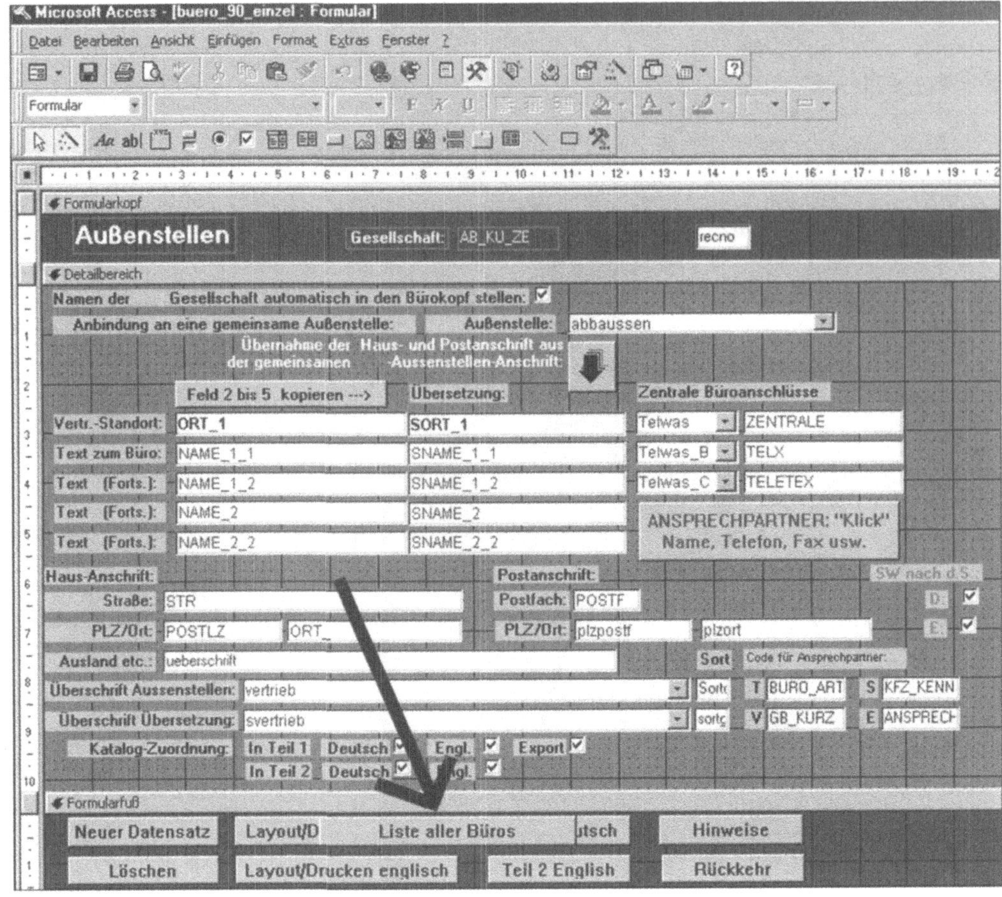

Bild 5-20 Eigenschaftsabhängige Schaltflächen

In Bild 5-20 kann man erkennen, dass im unteren Bereich sich mehrere Schaltflächen überlappen. Dies ist aber nur in der Entwurfsansicht so. In der User-Ansicht wird es immer so sein, dass entweder die Schaltfläche „Liste aller Büros" oder die darunter liegenden angezeigt werden. Das ist natürlich nicht automatisch so, sondern dafür muss mit einem entsprechenden VBA-Programm gesorgt werden. Es gibt u.a. eine Formulareigenschaft, die heißt „Beim Öffnen". Dort kann eine VBA-Routine als Ereignisprozedur aufgerufen werden, wo dann die Eigenschaften der Instanzen der Formularklasse über entsprechende Methoden eingestellt werden können. In obigem Beispiel verbirgt sich hinter dieser Prozedur folgendes:

```
Sub Buero_90_Einzel_Form_Open()

If fwoher = "Bur" Or fwoher = "teil2" Then

    Forms![buero_90_einzel].[Schaltfläche57].Visible = False

    Forms![buero_90_einzel].[Schaltfläche59].Visible = False

    Forms![buero_90_einzel].[Schaltfläche106].Visible = False
```

```
    Forms![buero_90_einzel].[Schaltfläche107].Visible = False
    Forms![buero_90_einzel].[Schaltfläche126].Visible = True
Else
    Forms![buero_90_einzel].[Schaltfläche57].Visible = True
    Forms![buero_90_einzel].[Schaltfläche59].Visible = True
    Forms![buero_90_einzel].[Schaltfläche106].Visible = True
    Forms![buero_90_einzel].[Schaltfläche107].Visible = True
    Forms![buero_90_einzel].[Schaltfläche126].Visible = False
End If
If super Then
    Forms![buero_90_einzel].SWE.Visible = True
    Forms![buero_90_einzel].SWD.Visible = True
    Forms![buero_90_einzel].SWEText.Visible = True
    Forms![buero_90_einzel].SWDText.Visible = True
    Forms![buero_90_einzel].SW.Visible = True
Else
    Forms![buero_90_einzel].SWE.Visible = False
    Forms![buero_90_einzel].SWD.Visible = False
    Forms![buero_90_einzel].SWEText.Visible = False
    Forms![buero_90_einzel].SWDText.Visible = False
    Forms![buero_90_einzel].SW.Visible = False
End If
End Sub
```

Es wird hier abhängig von der Herkunft, die durch den Wert einer globalen Variablen namens *fwoher* angezeigt wird, bestimmten Objekten, die die Schaltflächen des entsprechenden Formulars repräsentieren, durch die Methode *Visible* der Wert *true* oder *false* zugewiesen. Die Zeile

```
Forms![buero_90_einzel].[Schaltfläche57].Visible = False
```

verweist z.B. auf *Schaltfläche57* des Formulars *buero_90_einzel* und blendet die Schaltfläche aus. Dies funktioniert nicht nur für Schaltflächen, sondern im weiteren Verlauf der Routine wird auch bestimmten Eingabefeldern die Sichtbarkeit genommen. Das Objekt *SWD* ist z.B. eines der beiden kleinen Kästchen zum Abhaken im mittleren Bildbereich ganz rechts in Bild 5-20. Dieses Kästchen soll nur von einem Administrator, und nicht von gewöhnlichen Benutzern gesehen und/oder bearbeitet werden können. Beim Einloggen in das Programm aus Bild 5-20 wird abgefragt, ob es sich um einen solchen Administrator handelt. Wenn ja, wird eine globale Variable mit Namen *super* auf *true* gesetzt. Davon abhängig werden die Kästchen (*SWD* und *SWE*) samt Text davor sichtbar oder unsichtbar gemacht.

Die beiden alternativen, herkunftsabhängigen Ansichten sind in Bild 5-21 zu sehen.

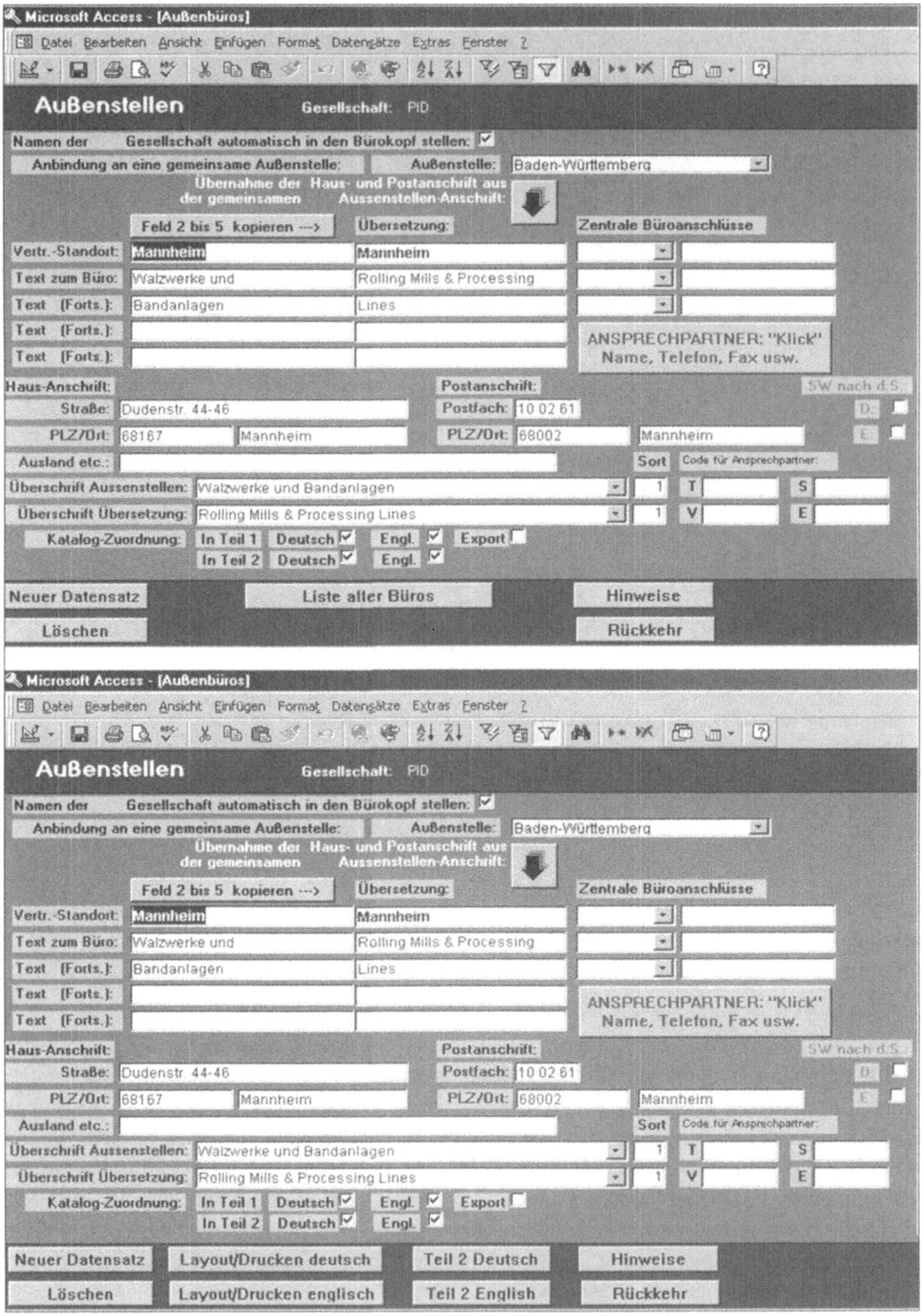

Bild 5-21 Alternative, herkunftsabhängige Ansichten des gleichen Formulars

Die Bilder 5-20 und 5-21 zeigen nun neben den Schaltflächen auch Felder zur Eingabe von Daten. Diesem Fall wollen wir uns als nächstes zuwenden.

5.1.1   Eingabemasken

Grundsätzlich können die Felder einer Eingabemaske, welche übrigens wieder Instanzen der Maske und gleichzeitig selbst Objekte mit Eigenschaften, auf die zugegriffen werden kann, darstellen, an Attribute eines Tabellenobjekts gebunden sein oder nicht. Wenn sie ungebunden sind, dann existiert deren eventuellen Inhalte nur solange, wie das Formular geöffnet ist. Es kann dann zwar auf die Werte (die Instanzen) dieser Feldobjekte zugegriffen werden, auch von einem VBA-Programm aus, doch bleiben diese Werte nicht gespeichert. Mit Schließen der Maske sind sie verschwunden. Aus diesem Grund wird man meistens eine Datenmaske auf eine Tabelle oder eine Abfrage basieren lassen. Die Felder einer Maske können sich immer nur auf eine einzige darunter liegende Klasse wie z.B. eine einzige Tabelle beziehen. Will man die Attribute mehrerer Tabellen zugänglich machen, so muss man diese zuerst mittels einer (SQL-) Abfrage in ein Dynaset bringen und das Formular dann auf dieses Query-Objekt beziehen. Eine weitere Alternative wäre, in das Formular dann noch Unterformulare einzubringen, die selbst Formulare sind und sich daher wieder auf genau ein Datenobjekt (Tabelle oder Abfrage) beziehen können. Dazu später mehr.

Im einfachsten Fall also wird man ein Formular auf eine Tabelle beziehen. Welche Tabelle (oder Abfrage) das ist, lässt sich in der Formulareigenschaft *Datenherkunft* angeben (vgl. Bild 5-22).

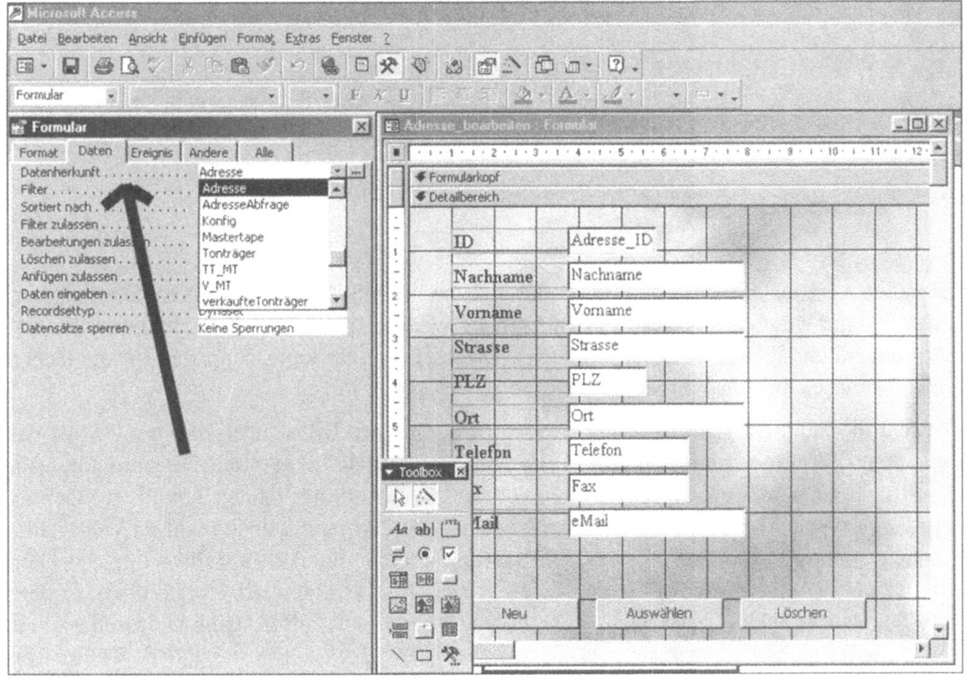

Bild 5-22 Datenherkunft einer Erfassungsmaske (Entwurfsansicht)

Die Attribute des Formulars aus Bild 5-22 beziehen sich auf die Tabelle *Adresse*. Die Namen der Attribute stehen in der Entwurfsansicht direkt in den zugeordneten Feldern. In der User-Ansicht stehen dafür natürlich die Werte der Attribute (Bild 5-23).

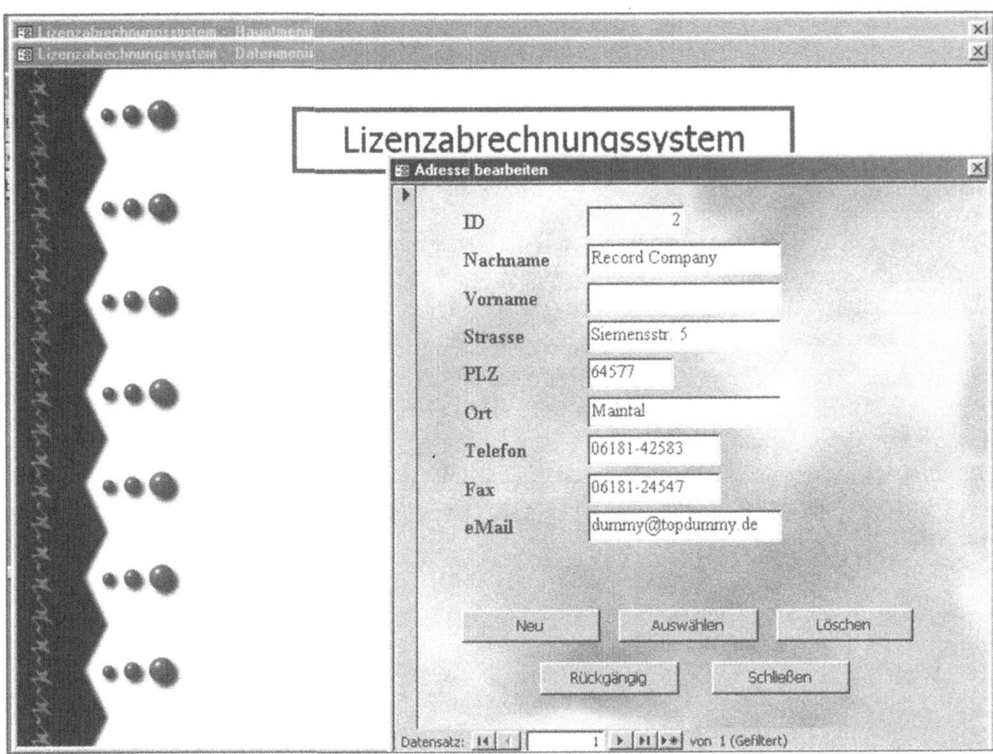

Bild 5-23 Tabellenbasiertes Formular

Das Erstellen von tabellenbasierten Formularen kann in MS-Access mit einem intelligenten Formular-Wizard gemacht werden, der mehr oder weniger per Mausklick ein Formular auf einer ausgewählten Tabelle basierend erzeugt. Dieses Formular kann dann den kosmetischen Layoutbedürfnissen hinterher angepasst werden.

Die Ansicht in Bild 5-23 stellt im Prinzip einen Datensatz pro Bildschirmseite dar. Das ist das Ergebnis einer Formulareigenschaft, die unter „Standardansicht" eingestellt werden kann (vgl. Bild 5-18). Die Einstellung *Einzelnes Formular* ist sicher immer dann sinnvoll, wenn man mehrere Erfassungsfelder übersichtlich anordnen möchte. Hat man jedoch nicht zu viele Attribute, oder wenn es eine entsprechende Anforderung seitens des Auftraggebers gibt, so kann man die Datensätze des Formulars auch in Zeilen oder Blöcken tabellarisch anordnen, in dem man als Standardansicht für das Formular *Endlosformular* auswählt. Dadurch lassen sich je nach Zeilenhöhe mehrere Datensätze gleichzeitig auf dem Bildschirm darstellen, welche mit Hilfe des Rollbalkens am rechten Fensterrand dann durchgesrcollt werden können (vgl. Bild 5-24).

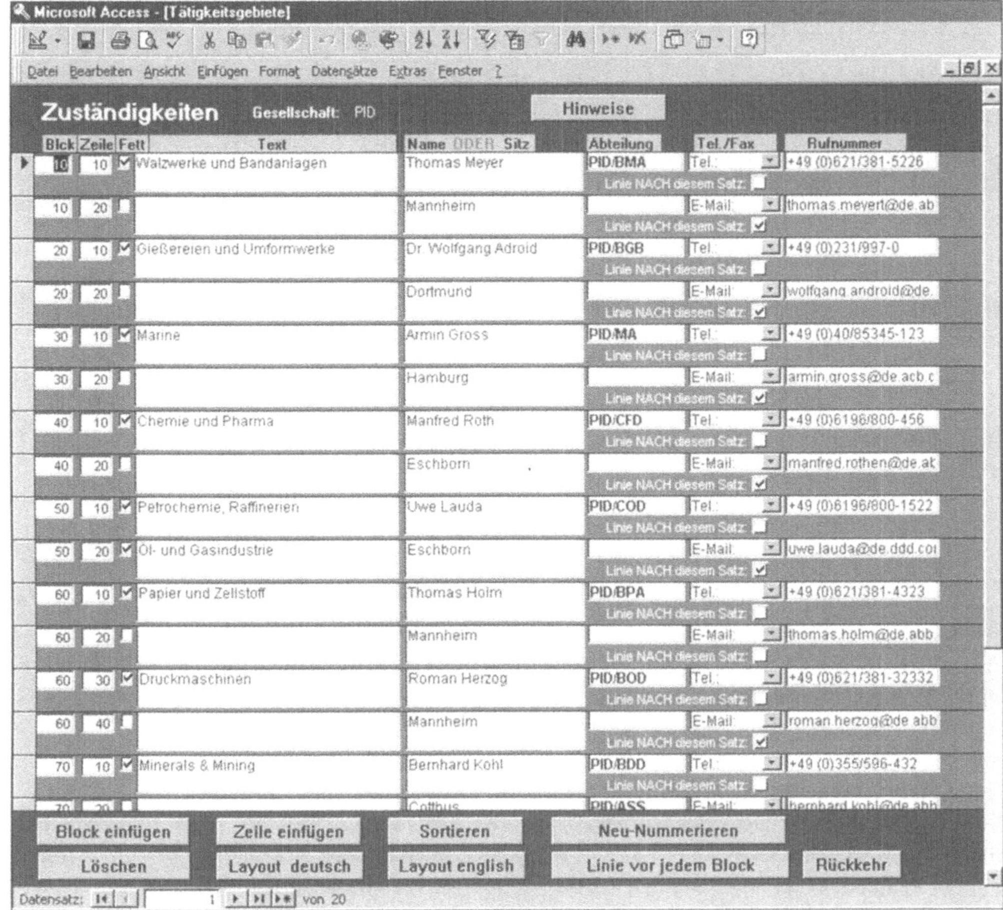

Bild 5-24 Endlosansicht eines Formulars

Eine Alternative zur Endlosansicht eines Formulars ist die sogenannte *Datenblattabsicht*. Diese Einstellungsmöglichkeit für die Eigenschaft *Standardansicht* eines Formulars erinnert an die direkte Darstellung von Tabellen. Hier wird jeder Datensatz in einer einzigen Zeile untergebracht, wobei ggf. mit dem horizontalen Rollbalken nach rechts und links gescrollt werden kann, damit alle Attribute zugänglich sind (vgl. Bild 5.25).

Die bisherigen Beispiele bezogen sich immer nur auf eine einzige dem Formular zugrunde liegende Tabelle. Nun kann es aber sein, dass Attribute mehrerer Tabellen in einem Formular angezeigt und bearbeitet werden sollen. Dafür gibt es prinzipiell zwei Möglichkeiten: Man kann über eine SQL-Abfrage ein Dynaset erzeugen, das die gewünschten Attribute enthält und dann das Formular auf das Dynaset basieren. Oder man erstellt für jede Tabelle ein eigenes Formular und bettet diese Formulare als Unterformulare in ein Hauptformular ein. Beide Methoden haben ihre Vor- und Nachteile, und es muss abhängig vom konkreten Fall und vor allem von den Anforderungen des Auftraggebers genau geplant werden, welche Möglichkeit realisiert werden soll.

Microsoft Access - [Tätigkeitsgebiete]

Datei Bearbeiten Ansicht Einfügen Format Datensätze Extras Fenster ?

block	zeile	FETT	TEXT	NAMSITZ	KU_ZE	Feld25	TEL	recno	Linie	SW	Kon
10	10	☑	Walzwerke und Ba	Thomas Meyer	PID/BMA	Tel.:	+49 (0)621/381-52	2886	☐	☐	
10	20	☐		Mannheim		E-Mail	thomas.meyert@de	2887	☑	☐	
20	10	☑	Gießereien und Um	Dr. Wolfgang Adro	PID/BGB	Tel.	+49 (0)231/997-0	2888	☐	☐	
20	20	☐		Dortmund		E-Mail	wolfgang.android@	2891	☑	☐	
30	10	☑	Marine	Armin Gross	PID/MA	Tel.	+49 (0)40/85345-1	2892	☐	☐	
30	20	☐		Hamburg		E-Mail	armin.gross@de.ac	2893	☑	☐	
40	10	☑	Chemie und Pharm	Manfred Roth	PID/CFD	Tel.:	+49 (0)6196/800-4	2897	☐	☐	
40	20	☐		Eschborn		E-Mail	manfred.rothen@d	2879	☑	☐	
50	10	☑	Petrochemie, Raffi	Uwe Lauda	PID/COD	Tel.:	+49 (0)6196/800-1	2880	☐	☐	
50	20	☑	Öl- und Gasindustri	Eschborn		E-Mail	uwe.lauda@de.ddi	2884	☑	☐	
60	10	☑	Papier und Zellstof	Thomas Holm	PID/BPA	Tel.:	+49 (0)621/381-43	2894	☐	☐	
60	20	☐		Mannheim		E-Mail	thomas.holm@de.a	2895	☐	☐	
60	30	☑	Druckmaschinen	Roman Herzog	PID/BOD	Tel.:	+49 (0)621/381-32	2885	☐	☐	
60	40	☐		Mannheim		E-Mail	roman.herzog@de	2878	☑	☐	
70	10	☑	Minerals & Mining	Bernhard Kohl	PID/BDD	Tel.	+49 (0)355/596-43	2883	☐	☐	
70	20	☐		Cottbus	PID/ASS	E-Mail	bernhard.kohl@de	2889	☑	☐	
80	10	☑	Service	Dr. Gerhard Maure	PID/SAS	Tel.:	+49 (0)621/381-42	2890	☐	☐	
80	20	☐	siehe PID/S	Mannheim		E-Mail	gerhard.maurer@d	2896	☑	☐	
90	10	☑	Turbolader	Rolf Deutsch	PID/T	Tel.:	+49 (0)40 317877-	2881	☐	☐	
90	20	☐	Siehe PID/T	Hamburg		E-Mail	@de.abb.com	2882	☐	☐	
		☐						(AutoWert)	☐	☐	

Datensatz: 20 von 20

Bild 5-25 Datenblattansicht eines Formulars

Die praktische Durchführung der Erstellung eines Formulars, welches auf einer Abfrage basiert, ist prinzipiell die gleiche wie beim Basieren auf eine einzelne Tabelle. Betrachten wir das schon mehrfach zitierte Beispiel von Unternehmen mit zugehörigen Abteilungen. Zur Erinnerung: Es handelte sich dabei um ein 1:n-Beziehung, d.h. ein Unternehmen kann mehrere Abteilungen besitzen. Angenommen, wir möchten ein Screen-Objekt erstellen, welches die Attribute *U_Id*, *Name* und *Ort* der Tabelle *Unternehmen* sowie die Attribute *A_Id* und *Bezeichnung* der „passenden" Datensätze der Tabelle *Abteilung* enthalten soll. In MS-Access gibt es dafür zwei Möglichkeiten:

1. Es wird eine Instanz der vorgegebenen Klasse *Abfragen* erstellt (vgl. Bild 5-26). Hierzu wählt man die Erstellung einer *Neuen Abfrage* aus fügt die gewünschte Tabelle aus einer Auswahlliste dem Editor-Fenster hinzu. Sind die ausgewählten Tabellen bereits relational verknüpft, so werden diese Verknüpfungen gleich mit angezeigt. Wenn nicht, so muss hier eine Verknüpfung erstellt werden, damit die Datensätze der beteiligten Tabellen untereinander zugeordnet werden können. Durch Drag-and-Drop zieht man jetzt die gewünschten Felder aus den Tabellen in den unteren Teil des Editors und kann die Attribute dort ggf. noch mit gewissen Sortierungs- oder Filterkriterien belegen. Schließlich speichert man diese Abfrage unter einem beliebigen Name ab, der dann dem Namen des Dynasets entspricht, auf welches später das Formular basieren soll.

2. Man erzeugt sofort das gewünschte Formular und trägt in der Entwurfsansicht in das Feld der Formulareigenschaft *Datenherkunft* (vgl. Bild 5-18) direkt den entsprechenden SQL-Befehl, der die gewünschten Attribute liefert, ein.

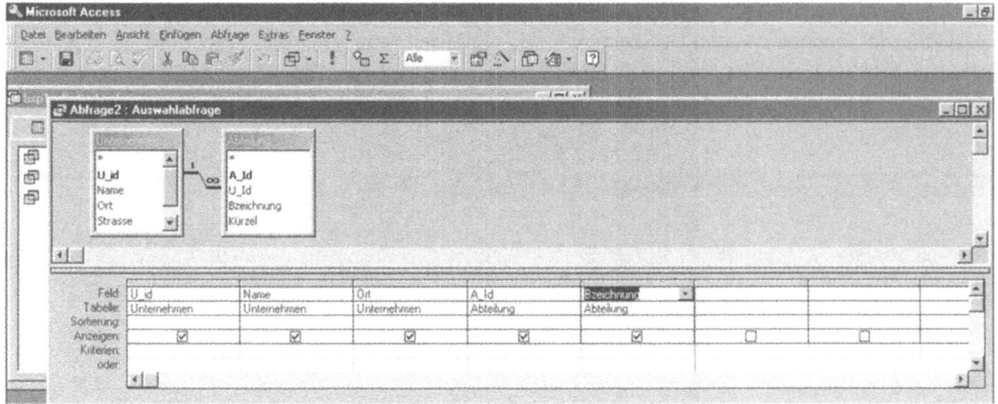

Bild 5-26 Erstellen eines Dynaset aus mehreren Tabellen

Die der Abfrage aus Bild 5-26 entsprechende SQL-Abfrage lautet:

```
SELECT  Unternehmen.U_id, Unternehmen.Name, Unternehmen.Ort,
        Abteilung.A_Id, Abteilung.Bzeichnung
FROM    Unternehmen INNER JOIN Abteilung
ON      Unternehmen.U_id = Abteilung.U_Id;
```

Zunächst mag es verwunderlich erscheinen, wieso man nicht einfach die Abfrage so formuliert:

```
SELECT  Unternehmen.U_id, Unternehmen.Name, Unternehmen.Ort,
        Abteilung.A_Id, Abteilung.Bzeichnung
FROM    Unternehmen, Abteilung
WHERE   Unternehmen.U_id = Abteilung.U_Id;
```

Das Abfrageergebnis ist in der Tat das gleiche. Jedoch liefert nur der *INNER JOIN* die Möglichkeit, die Datensätze auch zu bearbeiten, während die zweite Abfrage nur zur reinen Anzeige benutzt werden kann. Und da wir die Abfrage zum Zwecke der Bearbeitung der Attribute in einem Formular erstellen wollen, kann nur die erste der beiden SQL-Abfrageversionen in Frage kommen.

Im Formular selbst kann man dann in der Eigenschaft Datenherkunft aus einer Liste eine Tabelle oder ein Dynaset (=Name der abgespeicherten Abfrage) angeben, oder man trägt hier direkt den entsprechenden SQL-Text ein. In beiden Fällen ist die User-Ansicht die gleiche (vgl. Bild 5-27).

Nun erweist sich so eine Darstellung nicht immer als sinnvoll. Es wäre in unserem konkreten Beispiel sicher wünschenswerter, wenn auf einen Blick alle Abteilungen eines Unternehmens auf der Bildschirmmaske zu sehen wären. Um so etwas zu realisieren, sollte entweder zu jedem Unternehmen eine Liste der Abteilungen in das Formular eingebettet werden, oder es kann auch ein Formular erzeugt werden, in dem nur die Unternehmen zu sehen sind, und in dem eine Schaltfläche eingebettet ist, die bei Betätigung ein zweites Formular öffnet, das die zugehörigen Abteilungen enthält.

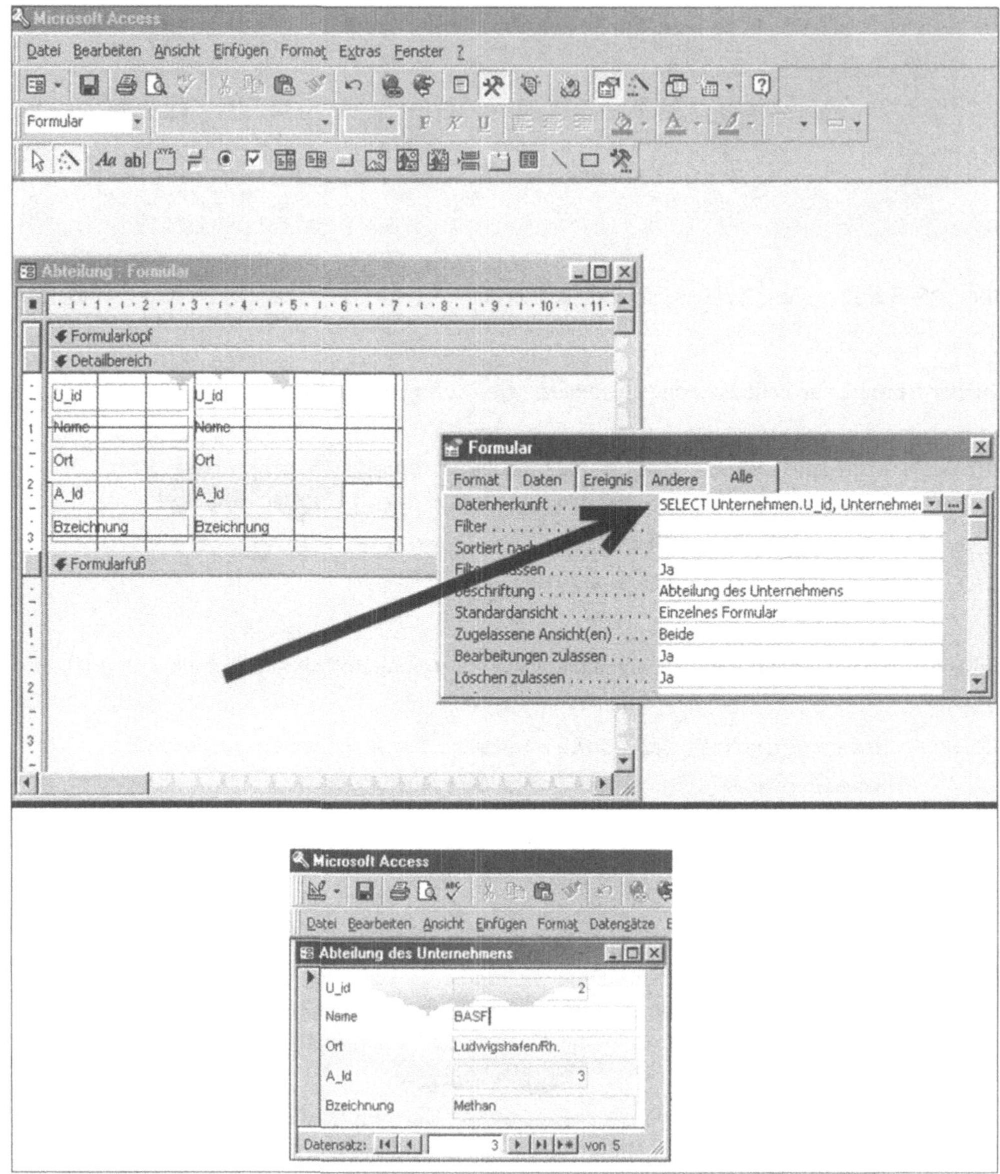

Bild 5-27 Entwurfs- und User-Ansicht eines auf einer Abfrage basierenden Einzel-Formulars

In beiden Fällen bedeutet dies, dass ein Hauptformular *Unternehmen* und ein Unterformular *Abteilung* erstellt werden muss. Beide Formulare werden zunächst getrennt erstellt, jedes basiert auf die entsprechende Tabelle, und anschließend werden die relationalen Zuordnungen im Hauptformular getroffen (oder man erstellt die Abfrage wie oben angegeben und erzeugt die Formulare mit Hilfe des Formular-Wizard). Diese beiden Möglichkeiten sind sehr hilfreich und universell einsetzbar.

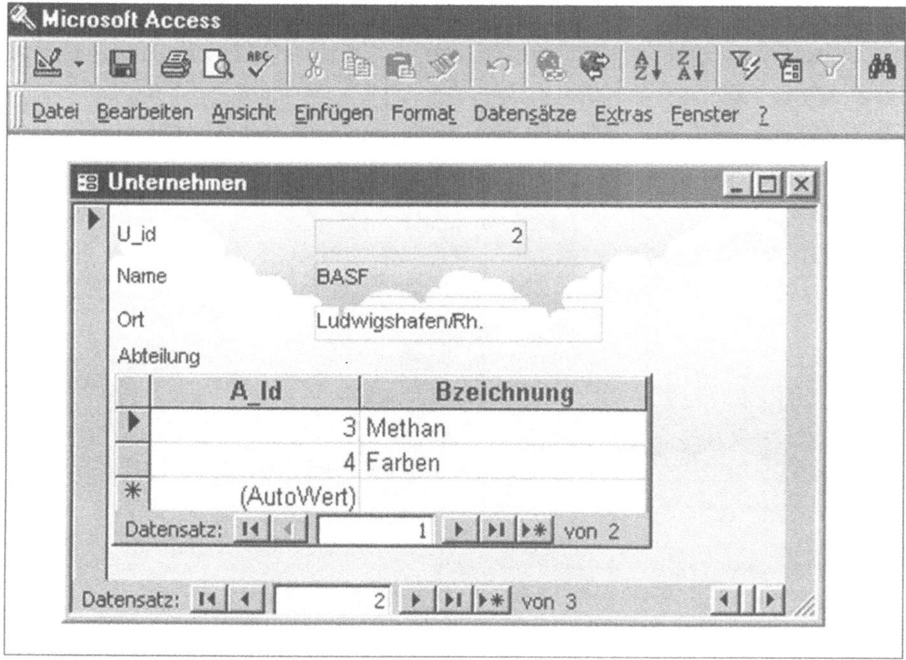

Bild 5-28 Hauptformular mit Unterformular

Bild 5-28 zeigt das Hauptformular, was auf der „*1*-Seite" der *1:n*-Beziehung basiert, also auf der Tabelle *Unternehmen*. Das Hauptformular ist sinnvollerweise ein Einzelformular, d.h. pro Datensatz aus der Tabelle *Unternehmen* wird eine Bildschirmseite angezeigt. Mit Hilfe der Navigationssymbole am unteren Bildrand des Hauptformulars wird in der Tabelle *Unternehmen* navigiert. Das eingebettete Unterformular, welches die zum jeweiligen Datensatz des Hauptformulars passenden, d.h. durch die relationale Beziehung zugeordneten Datensätze aus der Tabelle *Abteilung* anzeigt, ist in Datenblattansicht, damit alle passenden Datensätze auf einmal angezeigt werden können. Mit den Datensatznavigationssymbolen des Unterformulars kann innerhalb der Sätze der Tabelle *Abteilung* navigiert werden. Es können auch sowohl im Hauptformular wie im Unterformular jederzeit neue Datensätze angelegt werden (durch Klicken auf den Pfeil mit dem Stern, das Navigationssymbol ganz rechts an den Navigationsleisten). Geschieht dies um Unterformular, so werden diese neuen Datensätze automatisch dem aktuellen Datensatz des Hauptformulars zugeordnet. In der Entwurfsansicht (Bild 5-30) der beiden Formulare kann man erkennen, dass das Unterformular mit dem Namen *Abteilung Unterformular* im Hauptformular *Unternehmen* ein Steuerfeld darstellt, das gewisse Eigenschaften hat. In Bild 5-29 ist dieses Feld markiert, so dass sich die Eigenschaften im nebenstehenden Eigenschaftsfenster auf dieses Objekt beziehen. Wichtig sind hierbei die vier Eigenschaften *Name, Herkunftsobjekt, Verknüpfen von* und *Verknüpfen nach*.

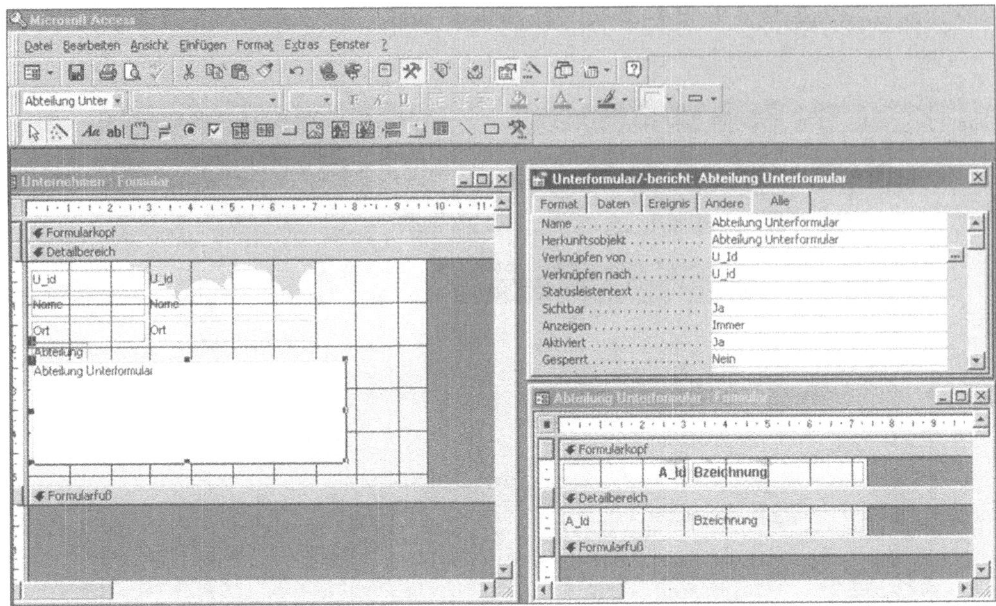

Bild 5-29 Haupt- und Unterformular in der Entwurfsansicht

Die Eigenschaft *Name* betrifft einfach den Namen des eingebetteten Objekts. Dieser kann beliebig vergeben werden. Dass er hier gleich gewählt wurde wie der Name des *Herkunftsobjekts*, welches den Namen des Unterformulars bezeichnet, ist Zufall. In das Eigenschaftsfeld *Verknüpfen von* wird nun der Name des Fremdschlüsselattributs der *n*-Seiten-Tabelle eingegeben, hier also das Attribut *U_Id* aus der Tabelle *Abteilung*, auf die ja das Unterformular basiert. Man nennt diesen Eintrag auch manchmal *LinkChildField*. Der Eintrag in das Eigenschaftsfeld *Verknüpfen nach* bezeichnet dementsprechend das Schlüsselattribut der *1*-Seiten-Tabelle, hier also das Attribut *U_id* aus der Tabelle Unternehmen; dieses wird auch *LinkMasterField* genannt. Damit wird gewährleistet, dass das Unterformular immer die passenden Datensätze zum aktuellen Datensatz des Hauptformulars anzeigt.

Grundsätzlich kann man in ein Hauptformular auch mehrere Unterformulare einbetten. Dies kann Sinn machen, wenn z.B. einer Mastertabelle relational mehrere Child-Tabellen zugeordnet sind, d.h. wenn es zu einer *1*-Seite mehrere *n*-Seiten gibt. Dann kann man für jede *n*-Seite ein Unterformular erzeugen und diese in das Hauptformular einbetten. Betrachten wir hierfür das Beispiel der relationalen Umsetzung einer Aggregation aus Abschnitt 4.2.2 (vgl. Bild 4-49). Hier existiert eine Master-Tabelle *PC* mit den vier dazu in *1:n*-Beziehung stehenden Tabellen *Monitor, Maus, RAM* und *Lüfter*. Bild 4-30 zeigt die Struktur einer entsprechenden Abfrage. Wichtig ist hier, dass die Verknüpfungseigenschaft jeder 1:n-Beziehung *inklusiv* gewählt wird, damit auch die Datensätze der Mastertabelle angezeigt werden, für die gar kein zugeordneter Datensatz aus einer Untertabelle existiert (z.B. hat nicht jede CPU einen Lüfter).

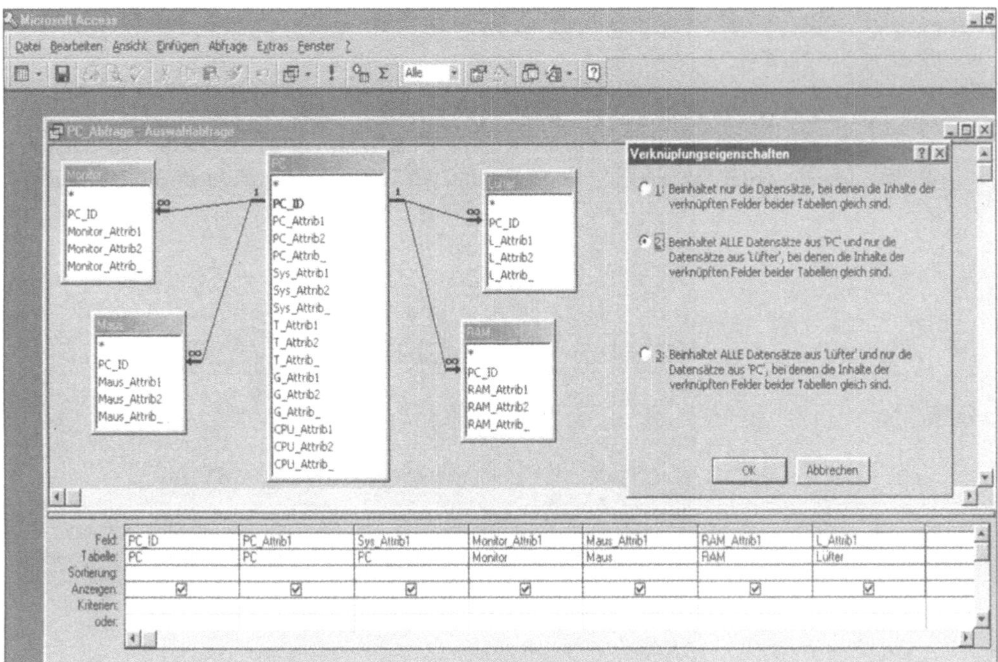

Bild 5-30 Mehrere *1:n*-Beziehungen zur gleichen Mastertabelle

Hier noch die entsprechende SQL-Abfrage in textueller Form:

```
SELECT  PC.PC_ID, PC.PC_Attrib1, PC.Sys_Attrib1,
        Monitor.Monitor_Attrib1,Maus.Maus_Attrib1,
        RAM.RAM_Attrib1, Lüfter.L_Attrib1
FROM    (((PC   LEFT JOIN Lüfter ON PC.PC_ID = Lüfter.PC_ID)
        LEFT JOIN Maus ON PC.PC_ID = Maus.PC_ID)
        LEFT JOIN Monitor ON PC.PC_ID = Monitor.PC_ID)
        LEFT JOIN RAM ON PC.PC_ID = RAM.PC_ID;
```

Die in der Abfrage dargestellten Attribute sollen nun für einen Anwender in ein Formular gestellt werden. Hierfür bietet sich die Erzeugung eines Hauptformulars, welches auf der Mastertabelle *PC* basiert, sowie von vier Unterformularen an, wobei jedes davon auf einer der Tabellen *Monitor, Maus, RAM* und *Lüfter* basiert. Nachdem diese insgesamt fünf Formulare erstellt worden sind, werden die Unterformulare in das Hauptformular eingebettet (durch Drag-and-Drop) und die Verknüpfungseigenschaften wie schon beschrieben entsprechend eingestellt. Das

Ergebnis ist dann ein Formular, welches zu jedem Datensatz der Tabelle PC gleichzeitig die passenden Datensätze aus den jeweiligen Untertabellen anzeigt (Bild 5-31).

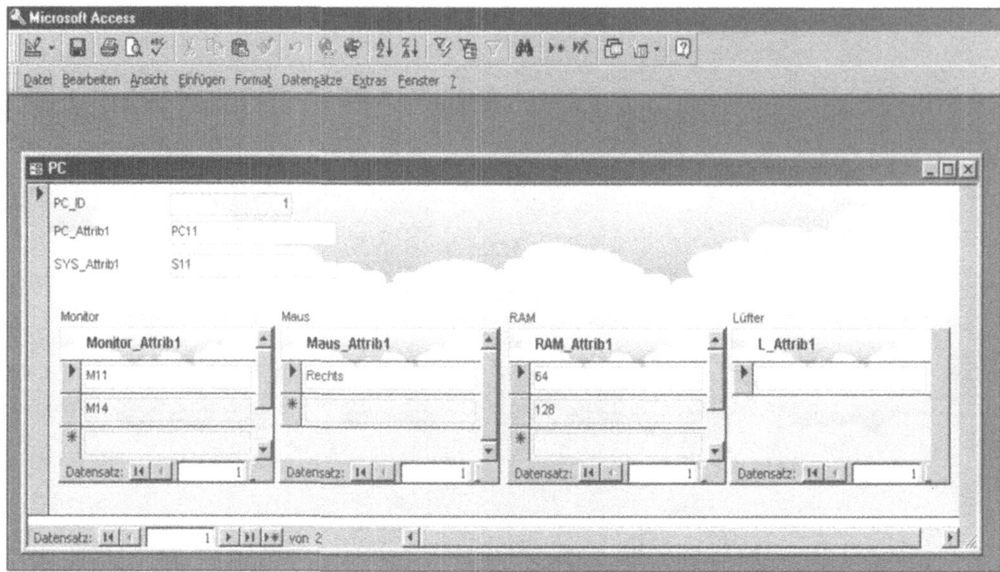

Bild 5-31 Hauptformular mit vier Unterformularen

Wie schon erwähnt, besteht zu der Einbettung von Unterformularen noch die Möglichkeit, Befehlsschaltflächen im Hauptformular anzubringen, bei deren Betätigung das entsprechende Unterformular in einem eigenen Formularfenster geöffnet und die zum Hauptfenster passenden Datensätze angezeigt werden. Dies birgt den Vorteil, dass man bei diesen Unterformularen nicht auf die tabellenförmige Darstellung (im Gegensatz zu eingebetteten Formularen) angewiesen ist. Man kann die Unterformulare wie das Hauptformular beliebig formatieren, z.B. eine ganze Bildschirmseite pro Datensatz eines Unterformulars benutzen (Bild 5-32).

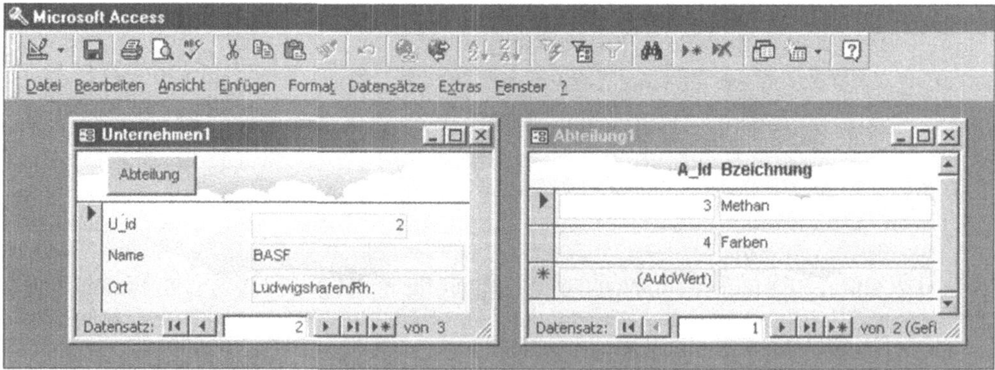

Bild 5-32 Unterformular über Befehlsschaltfläche

Die Schaltfläche *Abteilung* in Bild 5-32 wird betätigt, damit das Unterformular *Abteilung1*
geöffnet wird. Durch eine entsprechende Filterbedingung werden in dem Formular *Abteilung1*
dann nur die Datensätze angezeigt, die zu dem aktuellen Datensatz des Formulars *Unterneh-
men1* gehören. Dies wird dadurch erzeugt, dass die Eigenschaft „Beim Klicken" der Befehlsschaltfläche auf *Ereignisprozedur* geschaltet wird und damit ein entsprechender VBA-Code
ausgeführt wird. Er lautet:

```
Sub VerknüpfungUmschalten_Click()
    If ChildFormIsOpen() Then
        CloseChildForm
    Else
        OpenChildForm
        FilterChildForm
    End If
End Sub
```

Die aufgerufenen Unterprogramme lauten:

```
Private Sub FilterChildForm()
    If Me.NewRecord Then
        Forms![Abteilung1].DataEntry = True
    Else
        Forms![Abteilung1].Filter = "[U_Id] = " & Me![U_id]
        Forms![Abteilung1].FilterOn = True
    End If
End Sub


Private Sub OpenChildForm()
    DoCmd.OpenForm "Abteilung1"
    If Not Me![VerknüpfungUmschalten] Then
        Me![VerknüpfungUmschalten] = True
    End If
End Sub


Private Sub CloseChildForm()
    DoCmd.Close acForm, "Abteilung1"
    If Me![VerknüpfungUmschalten] Then
        Me![VerknüpfungUmschalten] = False
    End If
```

```
End Sub

Private Function ChildFormIsOpen()
    ChildFormIsOpen = (SysCmd(acSysCmdGetObjectState,   acForm,
"Abteilung1") And acObjStateOpen) <> False
End Function
```

Die meisten hier benutzten VBA-Statements sind selbstsprechend, so dass sie nicht näher erläutert werden müssen. Zu erwähnen wäre allenfalls, dass das Objekt *Me*, auf welches sich einige Methoden beziehen, das aufrufende Objekt ist (also das Formular *Unternehmen1*) und dass die Funktion *ChildFormIsOpen()* über bestimmte Systemkommandos abfragt, ob das Formular *Abteilung1* bereits geöffnet ist oder nicht. Dieser VBA-Code sorgt nämlich dafür, dass das Unterformular, wenn es einmal geöffnet ist, nicht wieder geschlossen werden muss, wenn im Hauptformular zum nächsten Datensatz gegangen wird. Das Unterformular bleibt „synchronisiert", d.h. es werden immer sofort alle zu dem im Hauptformular passenden Datensätze in dem Unterformular angezeigt.

Wir haben also gesehen, dass es mannigfaltige Möglichkeiten gibt, eine Tabelle oder $1{:}n$-Beziehungen zwischen Tabellen in Bildschirmmasken benutzergerecht darzustellen. Offen ist jedoch noch, wie man $n{:}m$-Beziehungen in Formularen darstellen kann. Wir sahen in den vorangegangenen Kapiteln, dass die Realisierung von $n{:}m$-Beziehungen in relationalen Datenbanken über eine dritte Tabelle erfolgen muss, welche die Fremdschlüssel der an der $n{:}m$-Beziehung beteiligten Tabellen enthält. Nun stellt sich hier das zusätzliche Problem, dass jede der beiden Haupttabellen die 1-Seiten für die Relationentabelle (welche die Fremdschlüssel enthält) darstellen und damit gleichberechtigt sind. Es gibt in diesem Sinn also keine bevorzugte Mastertabelle. Nun könnte man natürlich einfach eine der beiden Haupttabellen zur Mastertabelle deklarieren, doch egal welche der beiden Tabellen man dafür nimmt, so kann es ja immer sein, dass ein zugeordneter Datensatz aus der anderen Tabelle auch noch einem anderen Datensatz zugeordnet ist. Es muss also möglich sein, nicht nur, wie bei $1{:}n$-Beziehungen, auf der n-Seite *neue* Datensätze anzulegen, sondern aus den dort bereits evtl. schon vorhandenen Sätzen einen dem aktuellen Haupt-Datensatz zuzuordnen., ihn also auszuwählen. Aus diesem Grund sollte ein Auswahlfeld für die Datensätze der n-Seiten existieren. MS-Access® stellt dafür in seinen Formularen ein Steuerelement bereit, welches *Kombifeld* genannt wird. Dabei handelt es sich um ein Erfassungsfeld, welches –wie üblich- auf ein Attribut der zugrundeliegenden Tabelle basiert. Zusätzlich kann aber damit ein kleines Auswahlfenster geöffnet werden, das eine Liste von (ggf. anderen) Attributen anzeigt. Über eine SQL-Abfrage kann angegeben werden, welche Attribute in der Auswahlliste erscheinen und welches Attribut des entsprechenden Datensatzes aus der Liste in das auf das Kombifeld basierende Attribut geschrieben werden soll. Die Attribute bzw. Datensätze der Anzeige in der Liste können selbst von einer anderen Tabelle oder einer Abfrage stammen. Solch ein Kombifeld kommt also bei der Implementierung einer $n{:}m$-Beziehung zum Einsatz. Betrachten wir hierzu wieder unser Beispiel einer Lizenzabrechnung. Da besteht z.B. zwischen den Tabellen Mastertape und Tonträger eine $n{:}m$-Beziehung, denn ein in einem Tonstudio produzierter Song (Mastertape) kann sich auf verschiedenen Tonträgern befinden (Maxi-CD, Sampler, Best of... etc.) und ein Tonträger enthält in der Regel mehrere Songs. Im relationalen Datenmodell hatten wir deshalb eine weitere Tabelle *TT_MT* eingeführt, welche nur die beiden Schlüsselattribute *TT_ID* und *MT_ID* aus den jeweiligen Tabellen *Mastertape* und *Tonträger* als Fremdschlüssel enthält (vgl. Abschnitt 4.2.1).

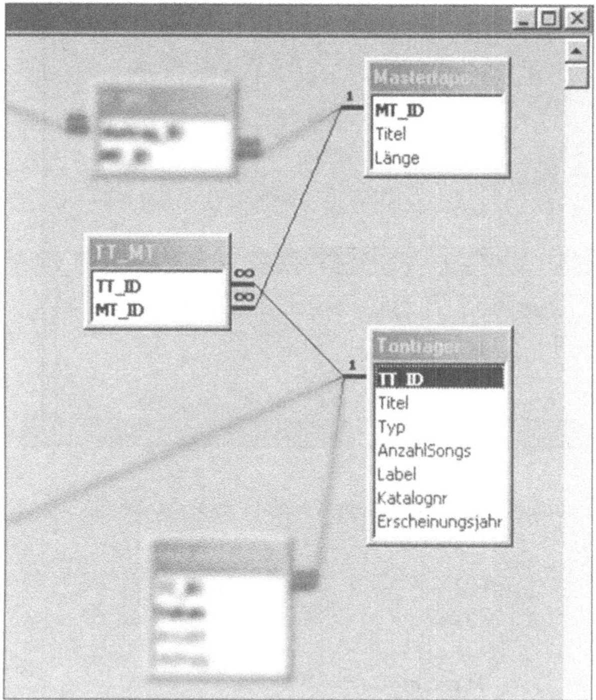

Bild 5-33 n:m-Beziehung Beispiel Lizenzabrechnung

Bild 5-33 zeigt den relevanten Ausschnitt aus den Beziehungen. Um aus dieser *n:m*-Beziehung entsprechende Bildschirmmasken zu machen, nutzt man aus, dass es sich aufgrund der Relationentabelle *TT_MT* eigentlich um zwei 1:n-Beziehungen handelt. Der erste Schritt besteht darin, dass man festlegt, auf welche der beiden an der *n:m*-Beziehung beteiligten Tabellen sich der Hauptbildschirm beziehen soll. Dies ist datentechnisch gesehen egal, doch von der Anwendung her kann es sinnvoll sein, mit einer der Masken als Hauptmaske zu arbeiten. Im Falle der Lizenzabrechnung wurde entschieden, dass die Tabelle Tonträger die Hauptmaske darstellt. Die Idee ist, dass in eine entsprechende Bildschirmmaske dann ein Unterformular eingebettet ist, wo diejenigen Songs (Mastertapes) zu sehen sind, die sich auf dem jeweiligen Tonträger befinden. Und hier kommt nun besagtes Kombifeld und die Relationentabelle *TT_MT* ins Spiel. Das Unterformular kann sich nämlich nicht direkt auf die Tabelle *Mastertape* beziehen, denn diese enthält ja gar keinen Fremdschlüssel, welcher der Tabelle *Tonträger*, auf die sich das Hauptformular bezieht, zugeordnet werden könnte. Alle Fremdschlüssel stehen bekanntlich in der Relationentabelle *TT_MT*. Letzte wiederum enthält aber *nur* die Fremdschlüssel, und es ist natürlich wünschenswert, dass in der eingebetteten Untertabelle nicht nur die Fremdschlüssel, sondern auch die Namen der Songs zu sehen sind. Aus diesem Grund ist es erforderlich, dass eine Abfrage erstellt wird, welche die Tabellen TT_MT und Mastertape miteinander verknüpft.

Auf diese Abfrage basiert dann das einzubettende Unterformular. Abbildung 5-34 zeigt diese
Abfrage im Abfrage-Editor von MS-Access®.

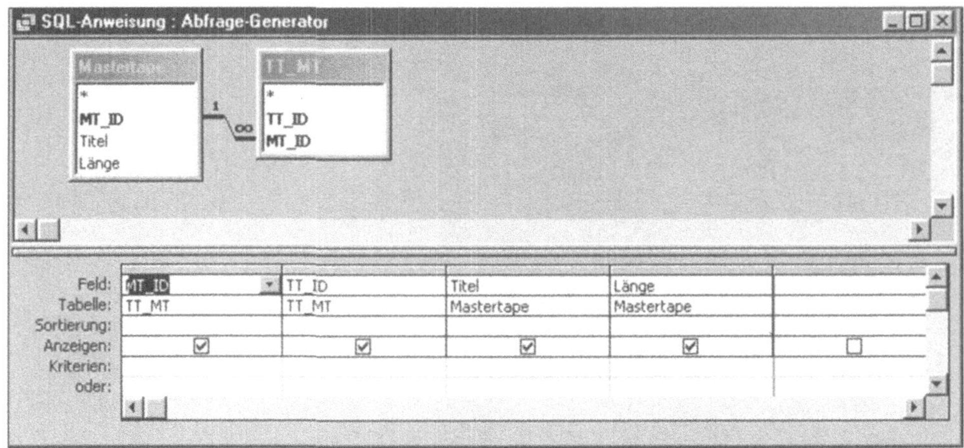

Bild 5-34 Abfrage für eingebettetes Unterformular der n:m-Beziehung Bespiel Lizenzabrechung

Der SQL-Text für die Abfrage lautet:

```
SELECT  TT_MT.MT_ID, TT_MT.TT_ID, Mastertape.Titel,
        Mastertape.Länge
FROM    Mastertape INNER JOIN TT_MT
        ON Mastertape.MT_ID = TT_MT.MT_ID;
```

Bevor nun das auf die Tabelle *Tonträger* basierende Hauptformular erzeugt wird, sollte zuerst
das Unterformular erstellt werden. Dieses basiert -wie erwähnt- auf der obigen Abfrage, wobei
allerdings das Kombifeld eingebaut werden sollte, damit bereits vorhandene Mastertapes über
dieses Auswahlfeld dem aktuellen Tonträger zugeordnet werden können. Bild 5-35 zeigt, wie
das Endresultat des Unterformulars aussehen soll. Man erkennt, dass in diesem tabellenförmi-
gen Endlosformular das erste Feld dem Attribut *MT_ID*, also der Mastertape-ID entspricht. Das
ganze Formular basiert ja auf der Abfrage, deren Bestandteil dieses Attribut ist. Klickt man auf
den kleinen Pfeil rechts am Kombifeld, so erscheint eine mögliche Auswahl aus Songs. Wenn
dieses Formular später in ein Hauptformular eingebettet ist, so muss natürlich dafür gesorgt
werden, dass nur diejenigen Datensätze angezeigt werden, die relational dem Tonträger zugeordnet sind, allerdings gilt dies nicht für die Auswahlliste des Kombifelds, da sollen ja alle
möglichen Datensätze angezeigt werden, denn es könnte ja sein, dass einer davon bisher noch
nicht dem Tonträger zugeordnet ist, diesem aber zugeordnet werden soll. Die Tonträger-ID
(*TT_ID*) müsste eigentlich in dem Unterformular nicht enthalten sein, doch wurde dies hier aus
Sicherheitsgründen gemacht. Die später im Hauptformular angezeigte Tonträger-ID muss dann
immer mit den angezeigten Tonträger-ID's des eingebetteten Unterformulars übereinstimmten.
Ist das Unterformular schließlich erstellt, so kann damit begonnen werden, das Hauptformular

zu erzeugen. Dort kann das bereits vorher fertiggestellte Unterformular einfach per Drag-and-Drop in die Entwickleransicht des Hauptformular gezogen werden.

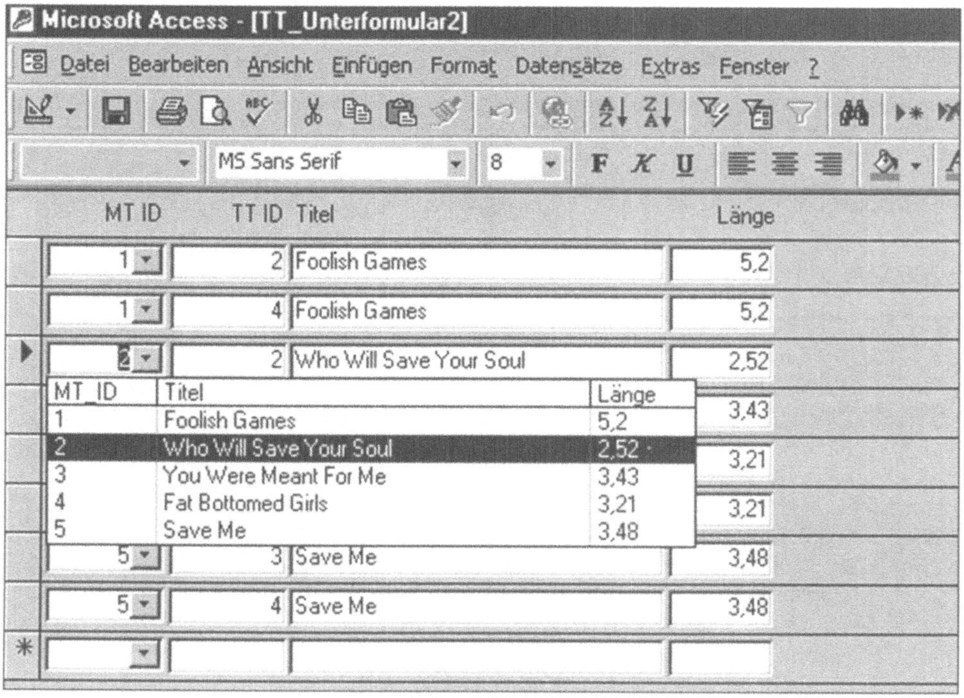

Bild 5-35 Datenansicht des Unterformulars und des Kombifelds Beispiel Lizenzabrechnung

Bild 5-36 zeigt noch die Entwurfsansicht des Unterformulars zusammen mit den Eigenschaften des Kombifelds. Unter der Eigenschaft *Datensatzherkunft* ist hier die Tabelle *Mastertape* eingetragen. Deswegen werden beim Anklicken des Kombifelds auch alle Felder dieser Tabelle angezeigt (vgl. Bild 5-35). Die Breite und Anzahl der Spalten können ebenfalls im Eigenschaftsfenster des Kombifelds eingestellt werden. Insbesondere kann eine Spaltenbreite auch auf die Breite *0* gesetzt und damit praktisch ausgeblendet werden. Trotzdem kann auch auf Spalten mit der Breite *0* z.B. mit einem VBA-Programm zugegriffen werden. Auf diese Art und Weise kann Information über den Datensatz abgegriffen werden, ohne dass die betreffenden Attribute dem Anwender angezeigt werden.

Anstatt einer Tabelle kann hier natürlich auch eine Abfrage angegeben werden. Dadurch ist man mit dem, was in der Liste des Kombifelds angezeigt werden soll, völlig flexibel. Es könnten z.B. zu dem jeweiligen Titel auch die Komponisten und Texter aus einer anderen Tabelle, die damit relational verknüpft ist, eingebaut werden, obwohl diese Information weder in der Tabelle Tonträger noch in der Tabelle Mastertape vorkommt. Oder es könnten weitere Filterbedingungen angegeben werden. In dem konkreten Beispiel ist dies aber alles nicht erforderlich, so dass das Kombifeld lediglich auf der Tabelle Mastertape ohne weitere Einschränkungen basiert. Erwähnenswert wäre noch die Kombifeld-Eigenschaft *Gebundene Spalte*. Hier wird diejenige Spalte der Kombifeld-Liste angegeben, dessen Attributswert in das dem Kombifeld eigentlich zugeordneten Attribut, also das Attribut, auf dem es basiert, übergeben werden soll. Das Kombifeld ist ja wie jedes andere Feld auch auf ein Attribut bezogen, welches Bestandteil der dem Unterformular zugrunde liegenden Tabelle oder Abfrage ist. Und die Kombifeld-Eigenschaft *Gebundene Spalte* gibt nun an, welches der Kombilisten-Attribute wertmäßig in dieses Attribut des Unterformulars nach Auswahl übertragen wird.

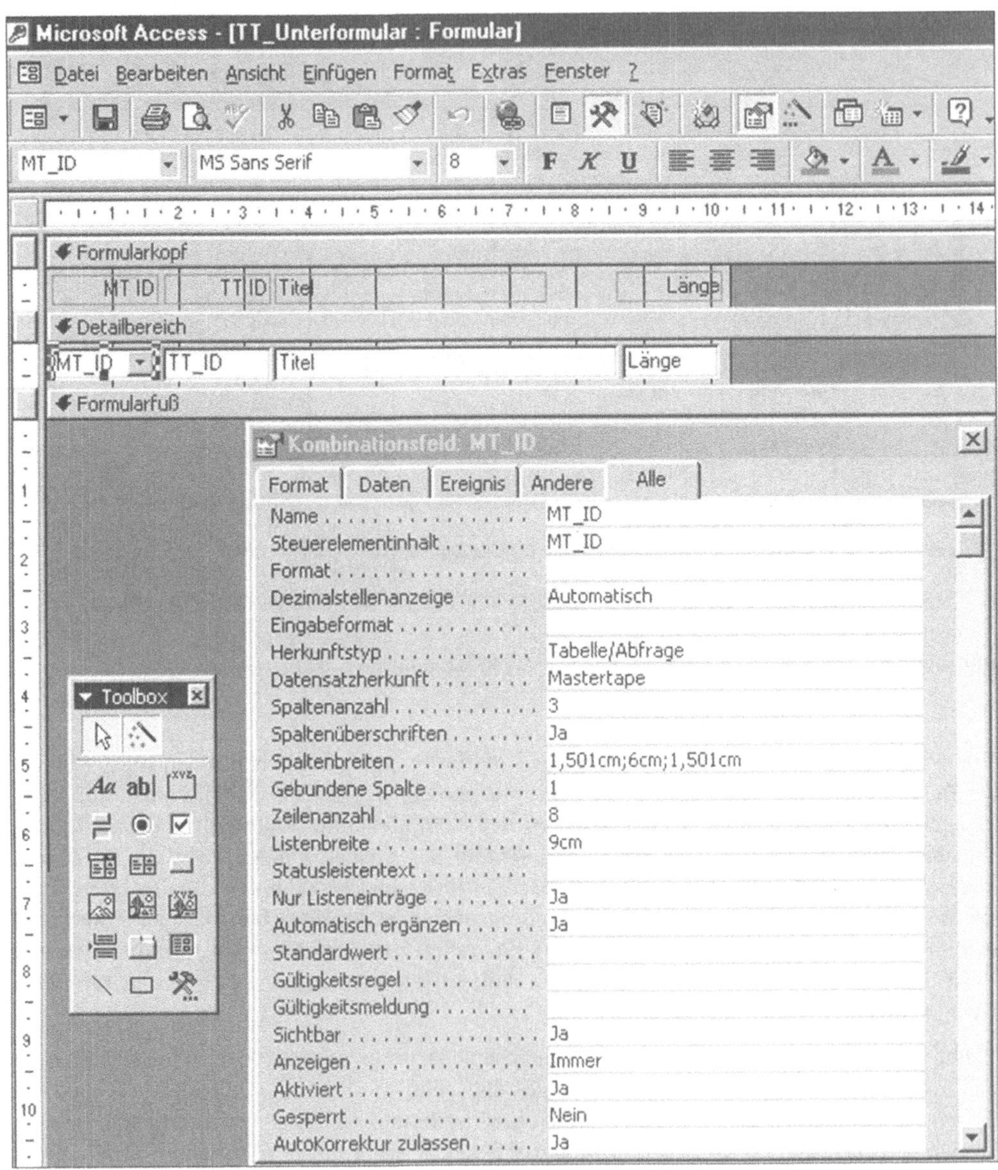

Bild 5-36 Eigenschaften eines Kombifelds

Wenden wir uns nun dem Hauptformular zu. Dieses soll ja auf der Tabelle Tonträger basieren. Bild 5-37 zeigt das Hauptformular mit seinem eingebetteten Unterformular.

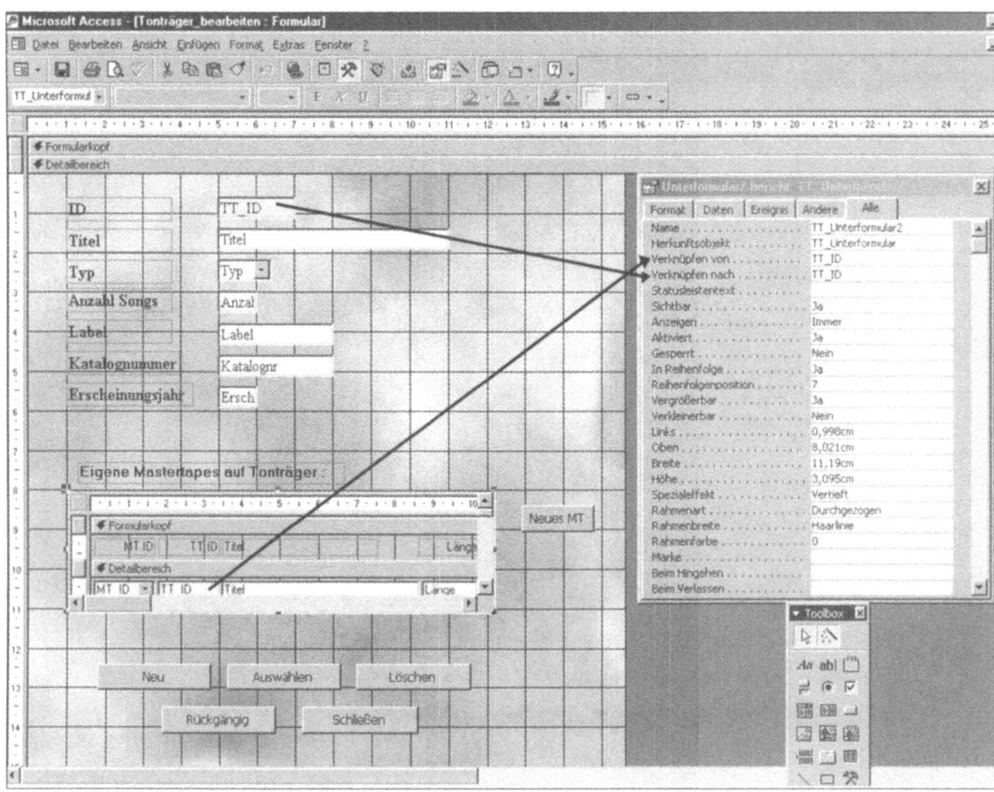

Bild 5-37 Hauptformular mit eingebettetem Unterformular Beispiel Lizenzabrechung

Die Tonträger-ID *TT_ID* der Tabelle *Tonträger* des Hauptformulars ist mit der Tonträger-ID *TT_ID* der Abfrage des Unterformulars verknüpft und sorgt so dafür, dass der Anwender im Unterformular immer die passenden Songs des aktuellen Tonträgers sieht. Es ist auch jederzeit möglich, im Unterformular einen neuen Datensatz hinzuzufügen; allerdings beschränkt sich in der gewählten Konstruktion das Hinzufügen von Datensätzen im Unterformular nur darauf, dass ein bereits in der Tabelle *Mastertape* vorhandener Datensatz über das Kombifeld dabei neu ausgewählt und damit dem aktuellen Datensatz der Tabelle *Tonträger* zugeordnet werden kann (Bild 5-38). Der Grund dafür ist, dass die Abfrage eigentlich hauptsächlich auf der Relationentabelle *TT_MT* basiert; die weiteren Felder aus der an der Abfrage beteiligten Tabelle *Mastertape* haben eigentlich nur informellen Charakter zum Zwecke der Anzeige. Und wenn ein Datensatz in der Relationentabelle *TT_MT* angelegt wird (was einer neuen Zuordnung eines Songs zum aktuellen Tonträger entspricht), so muss der Datensatz in der Tabelle *Mastertape* bereits vorhanden sein. Natürlich kann es aber dennoch vorkommen, dass man sich in einem aktuellen Datensatz der Tabelle *Tonträger* befindet und ein neues, noch gar nicht vorhandenes *Mastertape* zuordnen möchte. Es wäre jetzt sicher lästig, die aktuelle Maske erst verlassen zu müssen, um anderswo erst einen Datensatz in der Tabelle *Mastertape* neu anzulegen, bevor man anschließend wieder die Tonträger-Ansicht wechseln und den Satz dann im Unterformular auswählen kann.

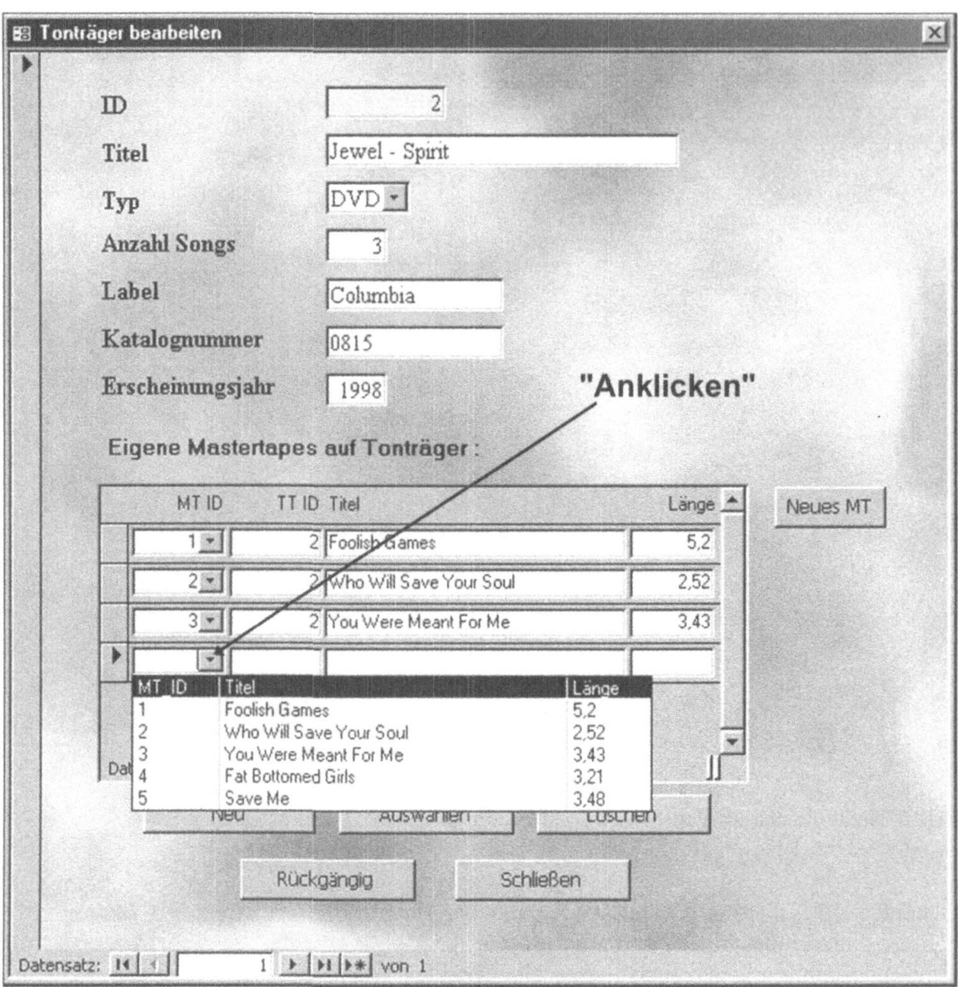

Bild 5-38 Zuordnung von Datensätzen aus dem Unterformular über Kombifeld

Zur Vermeidung dieser Navigationsgymnastik wurde einfach eine Schaltfläche mit der Bezeichnung „Neues MT" direkt neben dem Unterformular platziert. Wird diese Schaltfläche betätigt, so öffnet sich direkt die Erfassungsmaske zum Eintragen neuer Mastertapes, wo dann der gewünschte Datensatz in der Tabelle Mastertape neu angelegt werden kann. Nach Schließen dieses Zwischenformulars steht dann der neue Datensatz sofort in der Kombifeldliste zur Verfügung und kann dem aktuellen Tonträger-Datensatz zugewiesen werden (Bild 5-39).

Wir sind in unserem Beispiel bisher davon ausgegangen, dass wir einen bestimmten Datensatz aus der Tabelle *Tonträger* „am Wickel" haben und dort die Zuordnung zu Mastertapes machen. Offen ist aber noch, wie wir überhaupt zu dem aktuellen Tonträgerdatensatz gelangten. Dies soll noch nachfolgend erläutert werden.

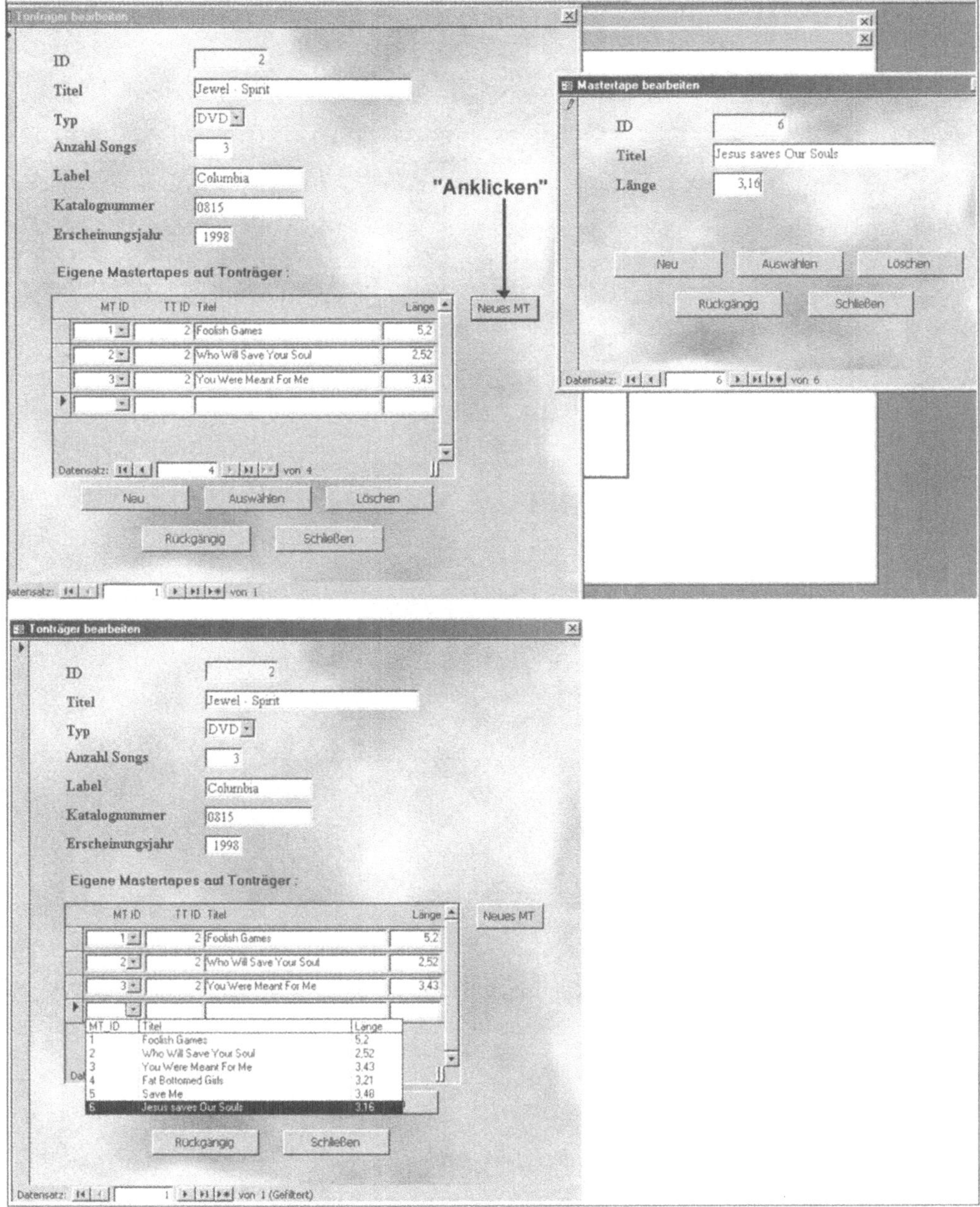

Bild 5-39 Anlegen neuer Datensätze zur Auswahl im Unterformular

Um einen Datensatz aus der Tabelle Tonträger auszuwählen, ist es sinnvoll, der Schaltfläche
„Tonträger" des Einstiegsmenüs zuerst eine Auswahlliste aller vorhandener Tonträger zuzuordnen (Bild 5-40). Durch Doppelklick auf einen der angezeigten Sätze wird in diesen verzweigt
und die Erfassungsmaske aus Bild 5-38 wird angezeigt.

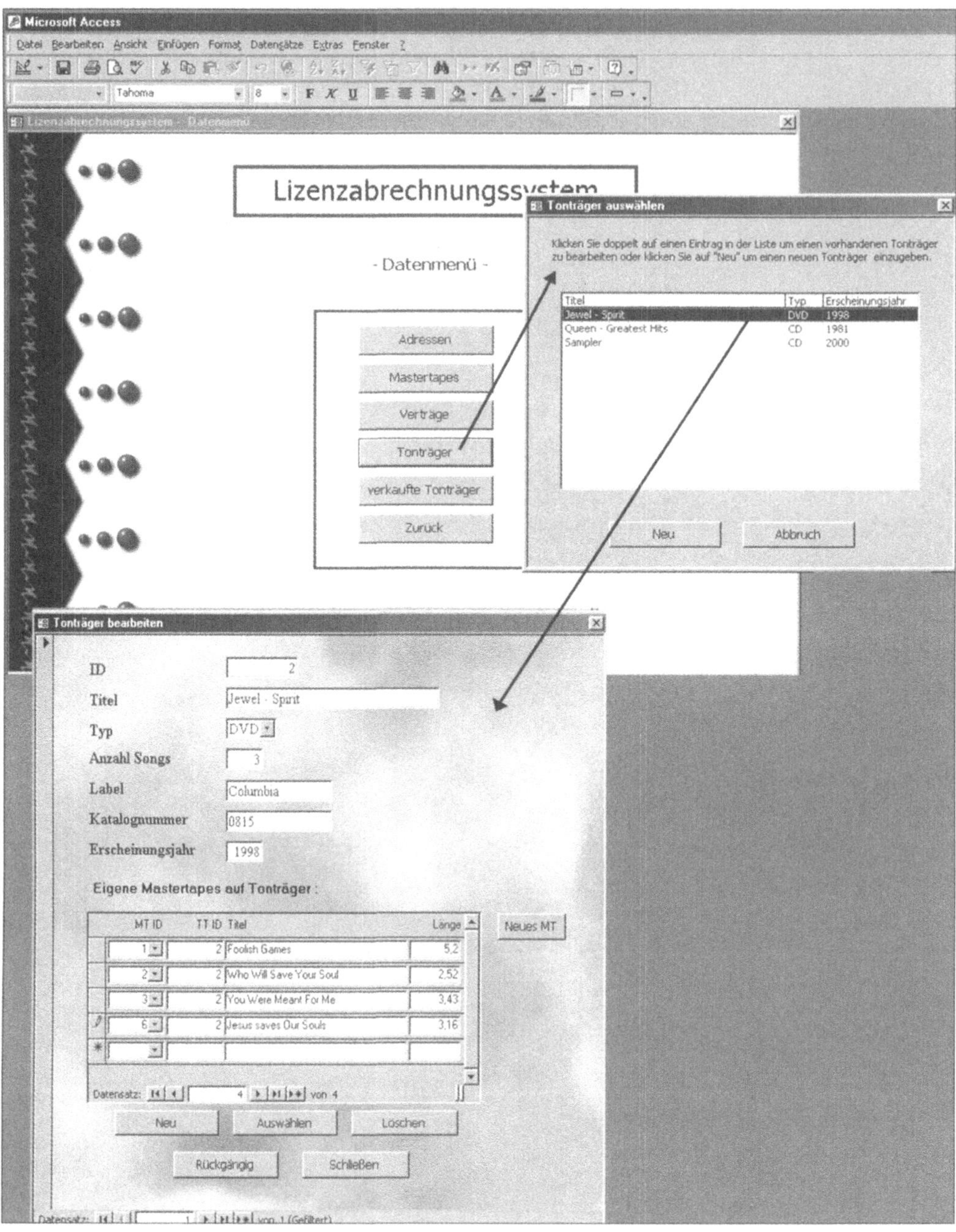

Bild 5-40 Auswahl eines Tonträgers

In Bild 5-40 ist der Weg zur Auswahl eines bestimmten Tonträgers aufgezeigt. Um einen anderen Tonträger innerhalb der Tonträger-Erfassungsmaske anzuwählen, wurde dort die Schaltfläche „Auswählen" angebracht, welche einfach die gleiche Tonträgerliste öffnet wie die Schaltfläche „Tonträger" in der Einstiegsmaske des Lizenzabrechnungsprogramms.

Die Auswahlliste ist in ein Formular eingebettet (siehe Bild 5-41).

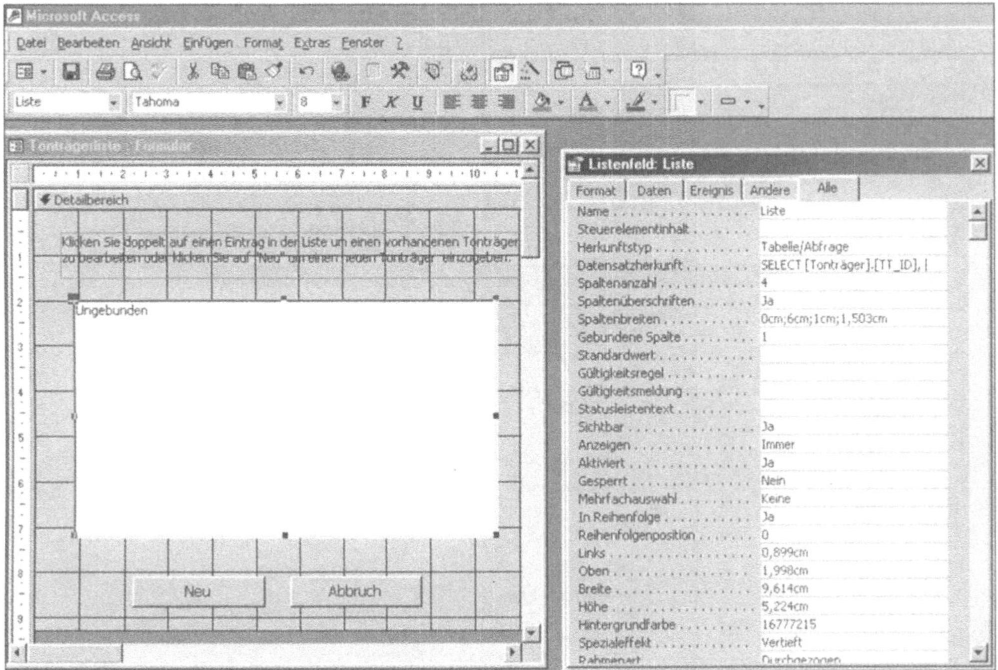

Bild 5-41 Auswahlliste

In das Formular mit Namen *Tonträgerliste* wird ein ungebundenes Steuerfeld mit Namen *Liste* vom Typ „Listenfeld" eingebettet. Ungebunden heißt hier, dass das Steuerelement keinem Attribut zugeordnet ist, denn das Formular *Tonträgerliste* basiert auf keiner Tabelle oder Abfrage. Die anzuzeigenden Einträge des Listenfelds müssen aber spezifiziert werden. Die geschieht in der Eigenschaft *Datensatzherkunft* des Listenfelds *Liste*. Der SQL-Text hierfür lautet

```
SELECT     [Tonträger].[TT_ID], [Tonträger].[Titel],
           [Tonträger].[Typ], [Tonträger].[Erscheinungsjahr]
FROM       Tonträger
ORDER BY   [Tonträger].[Titel];
```

Dadurch werden dem Listenfeld vier Spalten aus der Tabelle *Tonträger* zugewiesen. Bild 5-41 zeigt jedoch, dass die erste dieser vier Spalten die Breite *0 cm* besitzt und damit nicht angezeigt wird. Das dieser Spalte zugewiesene Attribut ist die Tonträger-ID, auf welche später noch zugegriffen werden muss (Bild 5-42).

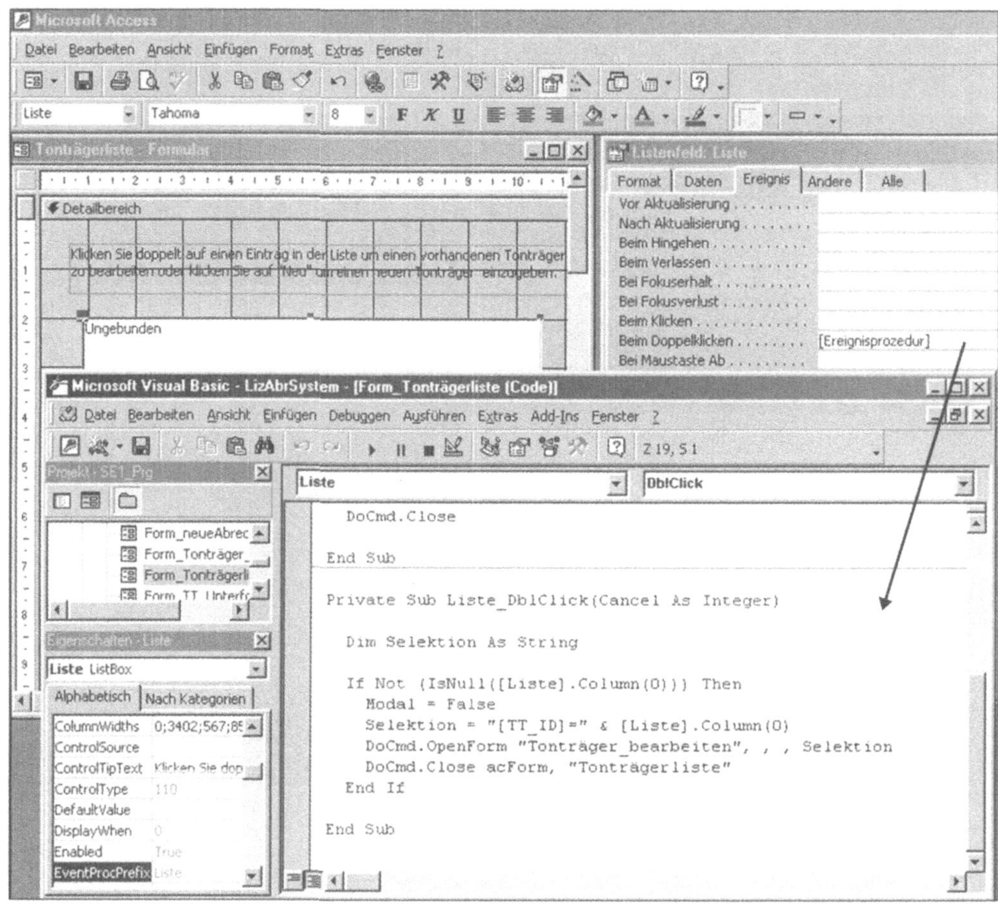

Bild 5-42 Zugriff auf einen Datensatz aus einem Listenfeld

Bild 5-42 zeigt was passiert, wenn der Anwender auf einen Satz aus der Liste doppelklickt. Es wird die im Visual Basic-Fenster angezeigte Ereignisprozedur gestartet. Die dort benutze Methode

$$[\text{Liste}].\text{Column}(n)$$

liefert den Wert der *(n+1)*-ten Spalte des Listenfelds *Liste*. Hier ist *n=0*, d.h. es wird der Wert der ersten Spalte, also die für den Anwender unsichtbare Tonträger-ID, zurückgeliefert. Zunächst wird also geprüft, ob in dieser Spalte überhaupt ein Wert steht. Wenn ja, wird in den if-Block verzweigt. Die Anweisung *Modal=False* zeigt an, dass das Formular gebunden ist. Danach wird der String-Variable *Selektion* ein Wert zugewiesen. Dieser Wert besteht aus einem Text, der die spätere Filterbedingung für das Formular *Tonträger* darstellt. Steht beispielsweise in der ersten, unsichtbaren Spalte des doppelgeklickten Listen-Datensatzes die Tonträger-ID *2*, so bekommt die Variable *Selektion* den Text-Wert *[TT_ID]=2*. Die Methode *DoCmd.Openform* schließlich öffnet das Formular *Tonträger*, wobei aber die Filterbedingung der Variable *Selektion* dafür sorgt, dass nur der Datensatz im Formular angezeigt wird, auf den die Filterbedingung passt.

Wir haben nun die wichtigsten Methoden zum Erzeugen von Bildschirmmasken erläutert. Die jeweiligen Fälle und allgemeinen Strategien seien nachfolgend zusammengefasst.

Allgemeine Vorgehensweise (Zusammenfassung):

Voraussetzung: alle Tabellen und Beziehungen sind bereits angelegt

1. Auswahlmasken

    Nach Einstieg in die Anwendung sollten die wichtigsten Schaltflächen zur weiteren Bearbeitung oder zum Verzweigen auf weitere Auswahlmasken zu sehen sein; es sollten aus Gründen der Übersichtlichkeit nicht zu viele Schaltflächen auf einer Maske stehen.

2. Masken für Tabellen, die nicht *1*-Seite einer Beziehung sind

    Die Erfassungsmasken solcher Tabellen sind Formulare, die direkt auf der jeweiligen Tabelle basieren; den Masken sollte ein Listenfeld zur Auswahl des gewünschten Datensatzes vorgeschaltet werden.

3. Masken für Tabellen, die 1-Seite einer Beziehung sind

    Solche Masken sind entweder die *1*-Seite einer *1:n*-Beziehung oder die definierte *1*-Seite, welche dann auf der Abfrage der Relationentabelle zusammen mit der *n*-Seite einer *n:m*-Beziehung basiert. In beiden Fällen wird die Tabelle bzw. Abfrage der *n*-Seite als Unterformular erstellt und dann in das auf die *1*-Seite basierende Hauptformular eingebettet; auch hier sollte ein Listenfeld zur Auswahl des gewünschten *1*-Seite-Datensatzes vorgeschaltet werden.

5.4   Ausgabe-Objekte, Reports

Wenn die Tabellen, Beziehungen und Eingabemaske fertiggestellt sind, so ist die Datenausgabe zu implementieren. Grundsätzlich kann eine Eingabemaske in der Regel natürlich auch ausgedruckt werden, jedoch ist dies im Allgemeinen nicht erwünscht, denn es werden ja alle Schaltflächen und Navigationselemente sowie Hintergrundsfarben der Formulare etc. mit ausgedruckt. Normalerweise bevorzugt der Anwender einen übersichtlichen Schwarz-Weiß-Ausdruck ohne Hintergrundsfarben oder ähnliches, da dies die Druckkosten nur unnötig hochtreibt. Hinzu kommt außerdem, dass oft spezielle Auswertungen gemacht werden sollen.

Nun sind nicht alle Ausgabeobjekte notwendigerweise Druckausgaben. Es ist natürlich auch denkbar, dass eine Auswertung nur auf dem Bildschirm angezeigt werden soll oder dass spezielle Ausgaben in eine Datei zur weiteren Verwertung geschrieben werden müssen. Was die Druckausgabe betrifft, so ist es sinnvoll, den Ausdruck zuerst auf dem Bildschirm möglichst 1:1 ansehen zu können und von dort dann, wenn gewünscht, den Befehl zum Ausdrucken zu geben. Deshalb unterscheidet sich eine reine Ausgabe für den Bildschirm für unsere Zwecke nicht von der Druckausgabe. Wir behandeln daher nur zwei verschiedene Fälle:

1. Ausgaben auf dem Bildschirm (die so auch ausgedruckt werden können, incl. Grafiken)

2. Ausgaben in Dateien (zur evtl. weiteren Verwertung)

5.4.1 Ausgaben für den Bildschirm/Drucker

Das Hauptkennzeichen für reine Ausgaben ist, dass diese Ausgaben nicht bearbeitet werden können. Sie dienen nur der Ansicht und sind im Gegensatz zu Erfassungsmasken nicht editierbar. Solche Ausgaben werden auch Berichte oder Reports genannt. In den meisten Tools zur Entwicklung von Anwenderprogrammen sind entsprechende Klassen vorgesehen (vgl. Bild 5-43).

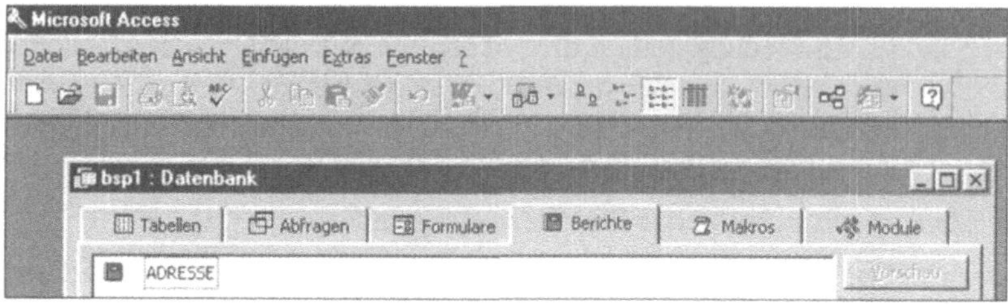

Bild 5-43 Klasse der Berichte in MS-Access®

Im Prinzip kann beim Entwickeln von Berichten genau wie bei den Eingabemasken vorgegangen werden, d.h. es können z.B. für einzelne Tabellen Berichte erzeugt werden (Bild 5-44).

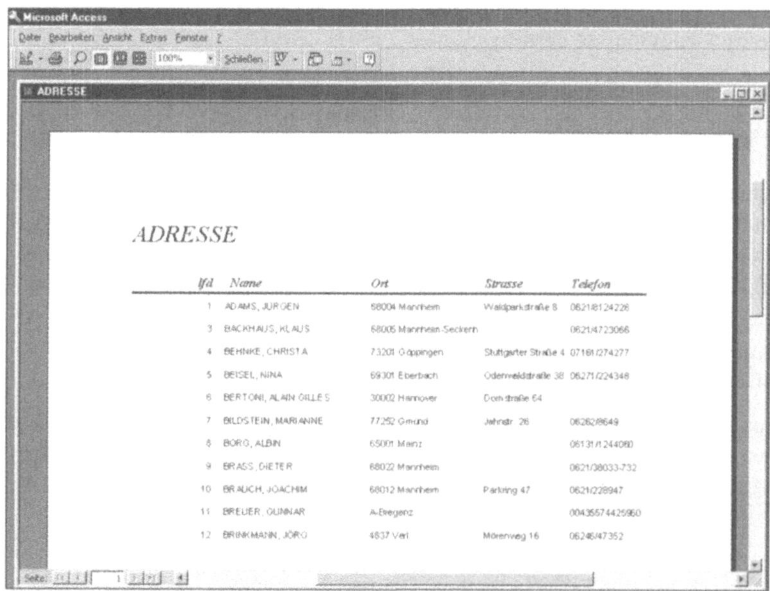

Bild 5-44 Einfacher Bericht basierend auf einer Tabelle

Sind Beziehungen vorhanden, so kann man auch Unterberichte in einen Hauptbericht einfügen und entsprechend die zugehörigen Datensätze der n-Seite zu einer 1-Seite anzeigen. Dies ist in vielen Fällen jedoch gar nicht erforderlich, denn es existiert bei Berichten ein Feature, dass sich „gruppieren" nennt. Es sei z.B. unser Beispiel vom Anfang dieses Kapitels betrachtet, wo einem Unternehmen mehrere Abteilungen, einer Abteilung mehrere Mitarbeiter und einem oder mehreren Mitarbeitern ein oder mehrere Projekte zugeordnet gewesen sein konnten. Um z.B. in einer Eingabemaske die Zuordnung der Mitarbeiter zu einem Projekt zu erkennen, würde man gemäß Abschnitt 5.3.2 das Maskenentwurfsschema für eine $n{:}m$-Beziehung anwenden: Man würde zunächst über ein Listenfeld einen der angebotenen Mitarbeiter anklicken und sieht dann diesen in einem Hauptformular, in welchem als Unterformular die zugewiesenen Projekte stehen (Bild 5-45).

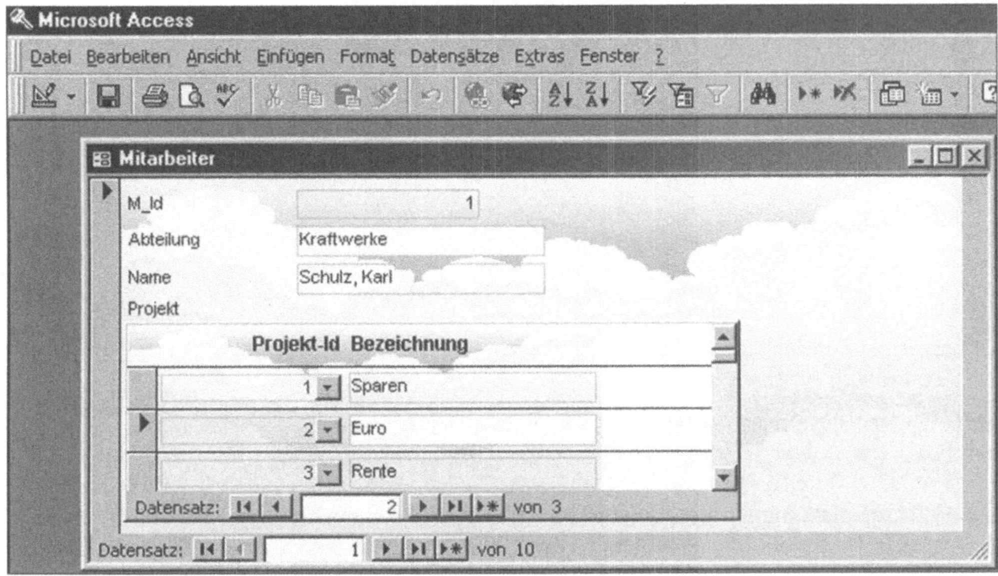

Bild 5-45 n:m-Beziehung Mitarbeiter-Projekt als Eingabemaske

Die Darstellung wie Bild 5-45 angegeben erweist sich jedoch für ein Ausgabe-Objekt als ungeeignet, denn erstens sieht man immer nur einen Mitarbeiter pro Bildschirm, und zweitens ist die Fläche des eingebetteten Unterformulars fest eingestellt und danach unveränderlich. Das heißt, wenn die Anzahl der Datensätze des Unterformulars (hier: die dem Mitarbeiter zugeordneten Projekte) größer wird als die angezeigte Fläche des Unterformulars hergibt, dann macht das bei Formularen nichts, denn es kann ja in dem Unterformular nach oben und unten gescrollt werden. Dies ist natürlich bei einem Ausdruck auf Papier nicht möglich. Hier wäre es wünschenswert, dass immer alle Projekte erscheinen, egal wie viele es sind, und dass zudem kein Platz verschwendet wird, wenn nur wenige oder gar keine Projekte einem Mitarbeiter zugewiesen sind. So eine „dynamische" Platzzuweisung für die abhängigen Datensätze der n-Seite kann in einem Bericht einfach realisiert werden. Bild 5-46 zeigt das gleiche Beispiel wie Bild 5-45, jetzt aber als Ausgabe-Objekt und für alle Mitarbeiter gleichzeitig. Die zugrunde liegende $n{:}m$-Beziehung kann hier also vollständig dargestellt werden.

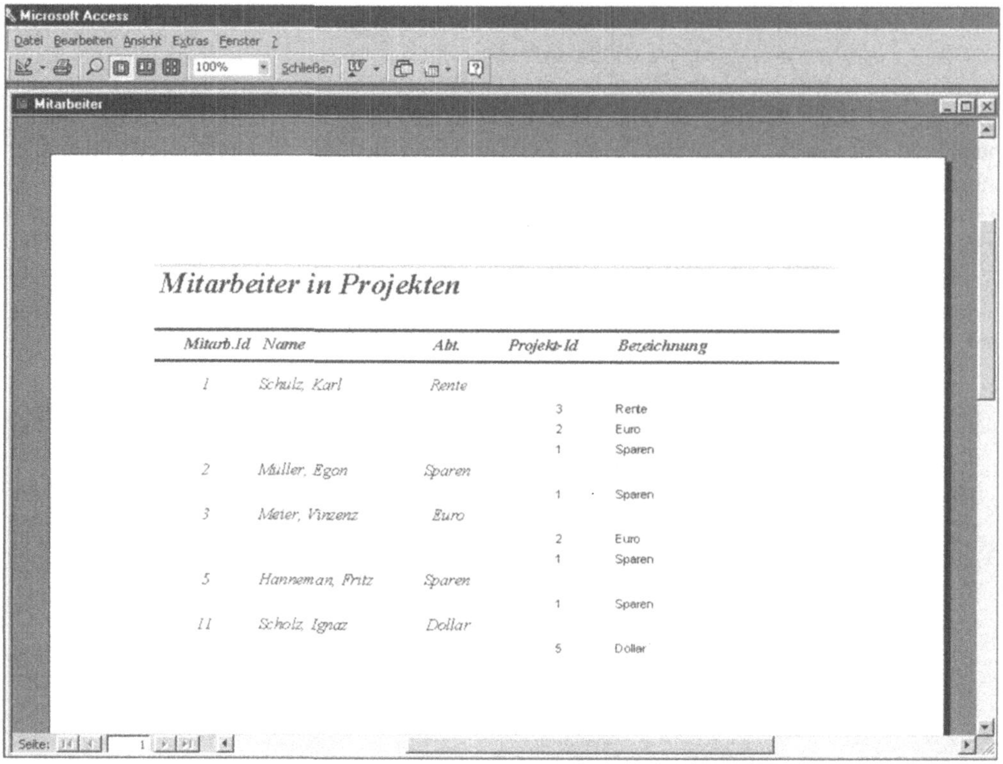

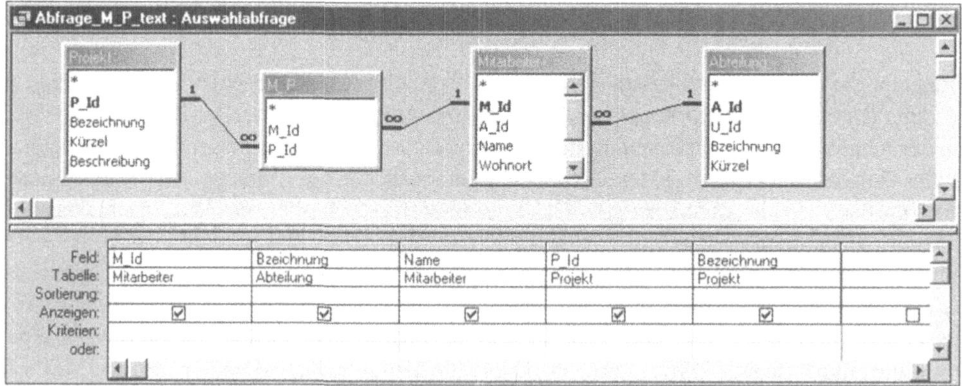

Bild 5-46 Darstellung einer *n:m*-Beziehung als Ausgabe-Objekt

Um das Zustandekommen des Berichts aus Bild 5-46 zu verstehen, sei zunächst die sowohl diesem Ausgabe-Objekt als auch dem Screen-Objekt aus Bild 5-45 zugrundeliegende Abfrage angegeben (Bild 5-47).

Bild 5-47 Die den Screen- und Ausgabe-Objekten des Beispiels zugrunde liegende Abfrage

Der SQL-Text für die Abfrage lautet:

```
SELECT  Mitarbeiter.M_Id, Abteilung.Bzeichnung,
        Mitarbeiter.Name, Projekt.P_Id, Projekt.Bezeichnung
FROM    Projekt  INNER JOIN ((Abteilung
                 INNER JOIN Mitarbeiter ON
                     Abteilung.A_Id = Mitarbeiter.A_Id)
                 INNER JOIN M_P ON Mitarbeiter.M_Id = M_P.M_Id)
                     ON Projekt.P_Id = M_P.P_Id;
```

Aus dem SQL-Text erkennt man, dass die Relationentabelle M_P an der Abfrage beteiligt ist, obwohl das zugehörige Dynaset davon keine Attribute enthält. Der Bericht aus Bild 5-46 enthält nun kein Unterformular, sondern die dargestellte Zusammenfassung kommt durch die bereits angedeutete Gruppierungseigenschaft in Berichten zustande. Im Prinzip besagt diese einfach, dass sich wiederholende Attributswerte nur in der ersten Zeile ausgegeben werden, nicht aber in Folgezeilen (Bild 5-48).

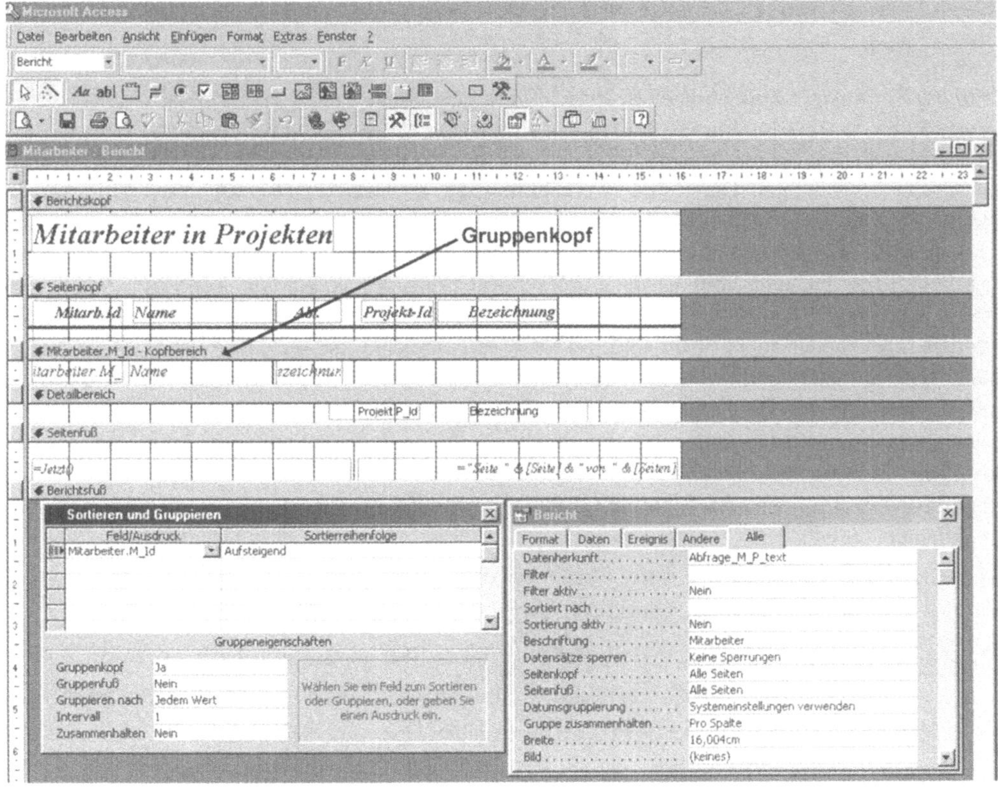

Bild 5-48 Entwurfsansicht eines Berichts

Betrachtet man Abbildung 5-48, so fällt zunächst auf, dass sich die Entwurfsansicht eines Berichtes nur unwesentlich von der eines Formulars unterscheidet. Was aber bei Formularen nicht existiert, ist die eingeblendete Eigenschaft „Gruppieren und Sortieren". In Berichten können eine oder mehrerer Gruppen angegeben werden. Für jede Gruppe werden in der Berichtsentwurfsseite ein oder mehrere Kopfbereiche mit zugehörigen Detailbereichen angelegt (eine Verschachtelung ist möglich). Im Kopfbereich stehen die Attribute, die bei Wiederholung gleicher Werte nur einmal auftauchen, und im Detailbereich stehen dann die jeweils zu dem Kopfbereich gehörigen, veränderlichen Attributeswerte. In obigem Beispiel steht der Mitarbeiter im Kopfbereich und die zugehörigen Projekte im Detailbereich.

Für Ausgabe-Objekte kann übrigens anstatt der Verwendung des *INNER JOIN* in der SQL-Abfrage jetzt auch die übersichtlichere *WHERE*-Klausel benutzt werden, da keine Datensätze bearbeitet werden müssen. Die dem obigen SQL-Text äquivalente Formulierung lautet:

```
SELECT  Mitarbeiter.M_Id, Abteilung.Bzeichnung,
        Mitarbeiter.Name, Projekt.P_Id, Projekt.Bezeichnung
FROM    Projekt, Abteilung, Mitarbeiter, M_P
WHERE   Abteilung.A_Id = Mitarbeiter.A_Id AND
        Mitarbeiter.M_Id = M_P.M_Id AND
        Projekt.P_Id = M_P.P_Id;
```

Wie bei Formularen können auch in Berichten ungebundene Felder eingerichtet werden, deren Werte sich z.B. über Funktionen errechnen. Zu diesem Zweck sei unser bekanntes Beispiel der Lizenzabrechnung herangezogen. Wie der Titel dieser Software schon besagt, soll nach Erfassung aller notwendigen Daten eine Abrechnung der an einen Produzenten oder Künstler zu zahlenden Anteile an verkauften Tonträgern durchgeführt werden. Wir erinnern uns daran, dass in dem jeweiligen Lizenzvertrag die Eingaben über den prozentualen Anteil, den der Lizenzgeber vom Lizenznehmer vom Großhandelsverkaufspreis der verkauften Tonträger erhält, gemacht wurden. Es kann aber sein, dass ein Tonträger mehr Songs enthält wie dem abzurechnenden Lizenzgeber zuzuordnen sind. So kann es beispielsweise sein, dass eine CD *15* Songs enthält, der Lizenzgeber, mit dem abgerechnet wird, aber nur *3* Songs davon geliefert hat (z.B. auf einem Sampler). Da gewöhnlich von verkauften Tonträgern und deren Verkaufspreis ausgegangen wird, muss bei der Lizenzabrechnung noch der Anteil der auf dem Tonträger tatsächlich vom Lizenzgeber eingebrachten Mastertapes berechnet und nur für diesen Anteil auch abgerechnet werden. Die Abrechnung für einen bestimmten Lizenzgeber wird demnach folgende Attribute enthalten:

```
Absatz    = Anzahl verkaufter Tonträger
Preis     = Großhandelsverkaufspreis
Anteil(%) = Der Anteil der tatsächlichen Mastertapes auf dem
            Tonträger (Gesamtzahl der Songs/Anzahl Mastertapes)
Prozent(%)= Die im Vertrag ausgehandelte prozentuale
            Beteiligung am Großhandelsverkaufspreis
```

Natürlich ist für die Abrechnung noch der Zeitraum zu berücksichtigen (*DatumVon, DatumBis*).

Grundsätzlich könnte man diese Berechnung direkt im Bericht anstellen. Da jedoch eine Historie über „alte" Abrechnungen gespeichert bleiben soll, wird zuerst über ein VBA-Programm eine Zwischentabelle *Abrechnung* angelegt, die die oben genannten Attribute enthält und deren Werte dann berechnet und dort abgespeichert werden. Zunächst sei hier der VBA-Code zur Erstellung der Tabelle und deren Inhalt angegeben.

```
Function Abrechnung(Vertrag As Long, BisDatum) As Long
   '** DA-Objekte für Datenbank-Zugriff
   Dim aktDB As Database
   Dim abfrageDef As QueryDef
   Dim abfrage As Recordset
   Dim tabelle As Recordset
   '** einfache Datentypen
   Dim LG, LN, TT, Absatz, abrnummer, abrposten As Long
   Dim AnzahlSongs, AnzahlMT As Byte
   Dim Prozent, Anteil As Single
   Dim VonDatum As Date
   Set aktDB = CurrentDb
   '** Vertragsdaten holen
   Set tabelle = aktDB.OpenRecordset("SELECT * FROM Vertrag
                   WHERE Vertrag_ID=" & Vertrag, dbOpenSnapshot)
   LG = tabelle("Lizenzgeber_ID")
   LN = tabelle("Lizenznehmer_ID")
   Prozent = tabelle("Prozent")
   tabelle.Close
   '** Letzte Abrechnungsnummer holen
   abrnummer = GetLetzteAbrNr() + 1
   abrposten = 0
   '**  Abfrage ausführen um Tabellen zu verbinden
   Set abfrageDef = aktDB.QueryDefs("AbrechnungAbfrage")
   abfrageDef.Parameters("Vertrag") = Vertrag
   VonDatum = GetLetztesDatum(Vertrag)
   abfrageDef.Parameters("vonDatum") = VonDatum
   abfrageDef.Parameters("bisDatum") = BisDatum
   Set abfrage = abfrageDef.OpenRecordset()
   '**  Abrechnung zum Schreiben öffnen
   Set tabelle = aktDB.OpenRecordset("Abrechnung")
   '**  Sonstige Daten aus Abfrage verarbeiten
   If abfrage.EOF And abfrage.BOF Then
```

```
      abrnummer = 0
  Else
    abfrage.MoveFirst
    While Not abfrage.EOF
      abrposten = abrposten + 1
      TT = abfrage("TT_ID")
      Absatz = abfrage("Anzahl")
      AnzahlSongs = abfrage("AnzahlSongs")
      Preis = abfrage("VKPreis")
      AnzahlMT = GetAnzahlMT(Vertrag, TT)
      Anteil = AnzahlMT / AnzahlSongs * 100
    '**    neuen Datensatz in Abrechnung einfügen
      tabelle.AddNew
      tabelle("Abrnr") = abrnummer
      tabelle("Abrechnungsposten") = abrposten
      tabelle("Vertrag_ID") = Vertrag
      tabelle("Lizenzgeber_ID") = LG
      tabelle("Lizenznehmer_ID") = LN
      tabelle("Prozent") = Prozent
      tabelle("vonDatum") = VonDatum
      tabelle("bisDatum") = BisDatum
      tabelle("TT_ID") = TT
      tabelle("Anteil") = Anteil
      tabelle("Absatz") = Absatz
      tabelle("VKPreis") = Preis
      tabelle("Lizenz") = Absatz * Preis * Anteil / 100
                          * Prozent / 100
      tabelle.Update
      abfrage.MoveNext
    Wend
  End If
  tabelle.Close
  abfrage.Close
  aktDB.Close
  Abrechnung = abrnummer
End Function
```

```
Private Function GetAnzahlMT(Vertrag, TT) As Byte
'** Liefert die Anz. der MTs zurück, die e. TT zugeordnet sind
  Dim aktDB As Database
  Dim tabelle As Recordset
  Dim AnzahlTupel As Byte
  Set aktDB = CurrentDb
  Set tabelle = aktDB.OpenRecordset("SELECT TT_MT.MT_ID
          FROM TT_MT INNER JOIN V_MT
              ON TT_MT.MT_ID = V_MT.MT_ID
          WHERE TT_MT.TT_ID=" & TT & "
          AND V_MT.Vertrag_ID= " & Vertrag, dbOpenSnapshot)
  AnzahlTupel = 0
  tabelle.MoveFirst
  While Not tabelle.EOF
    AnzahlTupel = AnzahlTupel + 1
    tabelle.MoveNext
  Wend
  tabelle.Close
  aktDB.Close
  GetAnzahlMT = AnzahlTupel
End Function


Private Function GetLetztesDatum(Vertrag As Long) As Date
'** Liefert das letzte Abrechnungsdatum eines Vertrages
  Dim aktDB As Database
  Dim tabelle As Recordset
  Dim letztesDatum As Date
  Set aktDB = CurrentDb
  Set tabelle = aktDB.OpenRecordset("SELECT bisDatum
              FROM Abrechnung
              WHERE Vertrag_ID=" & Vertrag & "
              ORDER BY BisDatum DESC", dbOpenSnapshot)
  If tabelle.EOF And tabelle.BOF Then
    letztesDatum = 0
  Else
    tabelle.MoveFirst
    letztesDatum = tabelle("bisDatum")
  End If
  tabelle.Close
```

```
aktDB.Close
GetLetztesDatum = letztesDatum
End Function


Private Function GetLetzteAbrNr()
   '**  Liefert letzte Abteilungsnummer aus Abrechnung zurück
   '**  Wird benötigt da hier PrimaryKey selbst verwaltet wird
Dim aktDB As Database
Dim tabelle As Recordset
Dim anr As Long
Set aktDB = CurrentDb
Set tabelle = aktDB.OpenRecordset("SELECT Abrnr
            FROM Abrechnung ORDER BY Abrnr DESC")
If tabelle.BOF And tabelle.EOF Then
  anr = 0
Else
  anr = tabelle("Abrnr")
End If
tabelle.Close
aktDB.Close
GetLetzteAbrNr = anr
End Function
```

Der VBA-Code ist wieder relativ selbstsprechend, so dass nur einige wenige Erläuterungen notwendig sind. Zunächst ist die Festlegung des Abrechnungszeitraums flexibel. Die Funktion *GetLetztesDatum(Vertrag)* sucht in der Abrechnungstabelle das letzte Abrechnungsdatum zu dem aktuell ausgewählten *Vertrag* heraus. Dieses stellt das *DatumVon* für die neue Abrechnung dar. Das *DatumBis* wird explizit eingegeben (oder bezieht sich auf das aktuelle Tagesdatum zum Zeitpunkt der Erstellung der Abrechnung). Der Parameter *dbOpenSnapshot*, der in Zusammenhang mit der Methode *OpenRecordset* benutzt wird, erzeugt eine temporäre Zwischentabelle. Mit Hilfe des zwischengeschalteten SELECT-Befehls als Parameter zur gleichen Methode werden bereits vorhandene Attribute und deren Werte aus einer bestehenden Tabelle für die Zwischentabelle benutzt. Die Methode *QueryDefs* öffnet eine bestehende Abfrage, und der Parameter *Parameter* übergibt Werte an die Abfrage zwecks Auswertung. Die Funktion *GetAnzahlMT(Vertrag, TT)* ermittelt die tatsächliche Anzahl an Mastertapes, die bezogen auf *Vertrag* sich auf dem Tonträger *TT* befinden. Diese Zahl bestimmt den Anteil für die Abrechnung.

Wenn also im Anwendungsprogramm *Lizenzabrechnung* eine neue Abrechnung erstellt wird, dann werden die angegeben VBA-Programme ausgeführt und damit die entsprechenden Datensätze für die Tabelle *Abrechnung* erzeugt. Danach wird der darauf basierende Bericht erzeugt. Da die Abrechnungsdaten permanent gespeichert sind, kann auch zu jedem beliebigen späteren Zeitpunkt die gleiche Abrechnung wieder geöffnet werden (eine Neuberechnung findet dann natürlich nicht mehr statt). Wir demonstrieren letzteres an einem Beispiel (Bild 5-49).

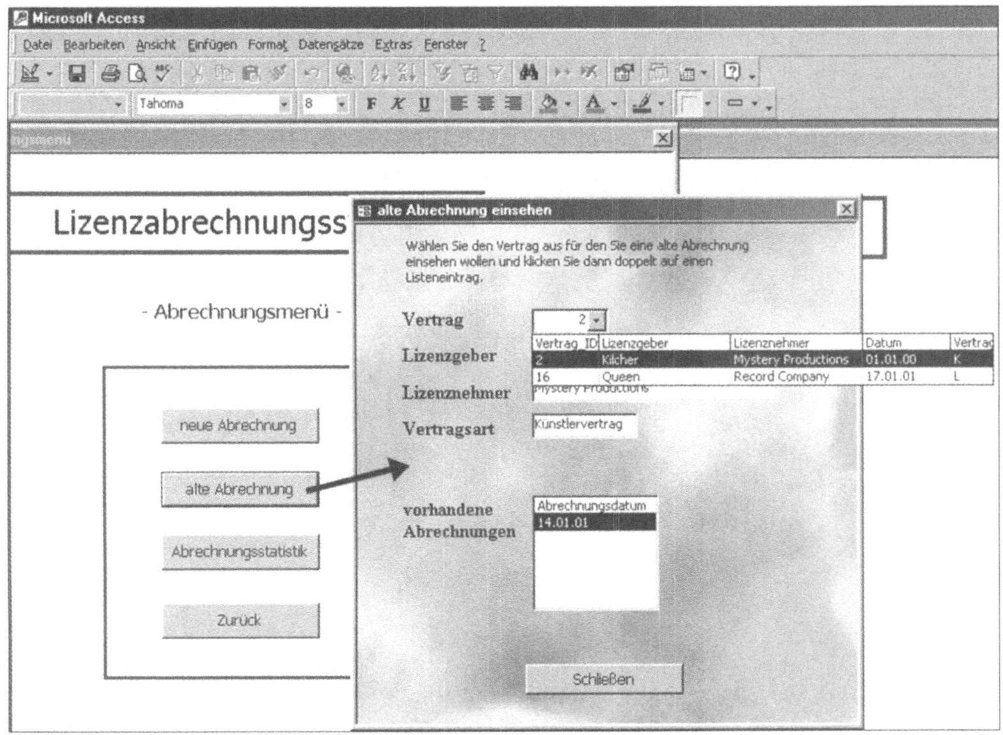

Bild 5-49 Auswahl einer vorhandenen Abrechnung zum Anzeigen

In Bild 5-49 kann man erkennen, dass nach Betätigen der Schaltfläche „alte Abrechnung" zunächst eine Auswahlmaske erscheint, in welcher mit Hilfe eines Kombifelds diejenige Vertrags-Id auswählt werden muss, auf die sich die Abrechnung beziehen soll. Die Werte der Lizenzgeber und Lizenznehmer sowie die Vertragsart (Künstlervertrag oder Produzentenvertrag) werden daraufhin automatisch angezeigt. Im unteren Teil erscheinen dann alle bisherigen Abrechnungsdaten. Man kann dann auf eines dieser Daten doppelklicken und gelangt in den entsprechenden Bericht.

Bild 5-50 zeigt die Useransicht dieses Berichts. Wie man sieht, wird die Lizenzabrechnung durch die jeweiligen verkauften Tonträger zusammen mit den abzurechnenden Beträgen angezeigt. Dieser Bericht basiert auf der Tabelle *Abrechnung*, welche die jeweiligen Daten zur Verfügung stellt. Es erscheinen wegen der dynamischen Darstellungsweise so viele Datensätze in dem Bericht, wie in der Tabelle Abrechnung zum angegebenen Vertrag bezüglich des ausgewählten Abrechnungsdatums insgesamt vorhanden sind. Am Ende der Datensatzliste steht schließlich die Summe aller Lizenzabrechnungsbeträge aus der aktuellen Abrechnung. Diese Summe wird jedoch nicht aus der Tabelle Abrechnung geholt, sondern sie errechnet sich aktuell beim Öffnen des Berichts. Zu diesem Zweck kann im sogenannten Berichtsfuß eine Summenfunktion eingebaut werden.

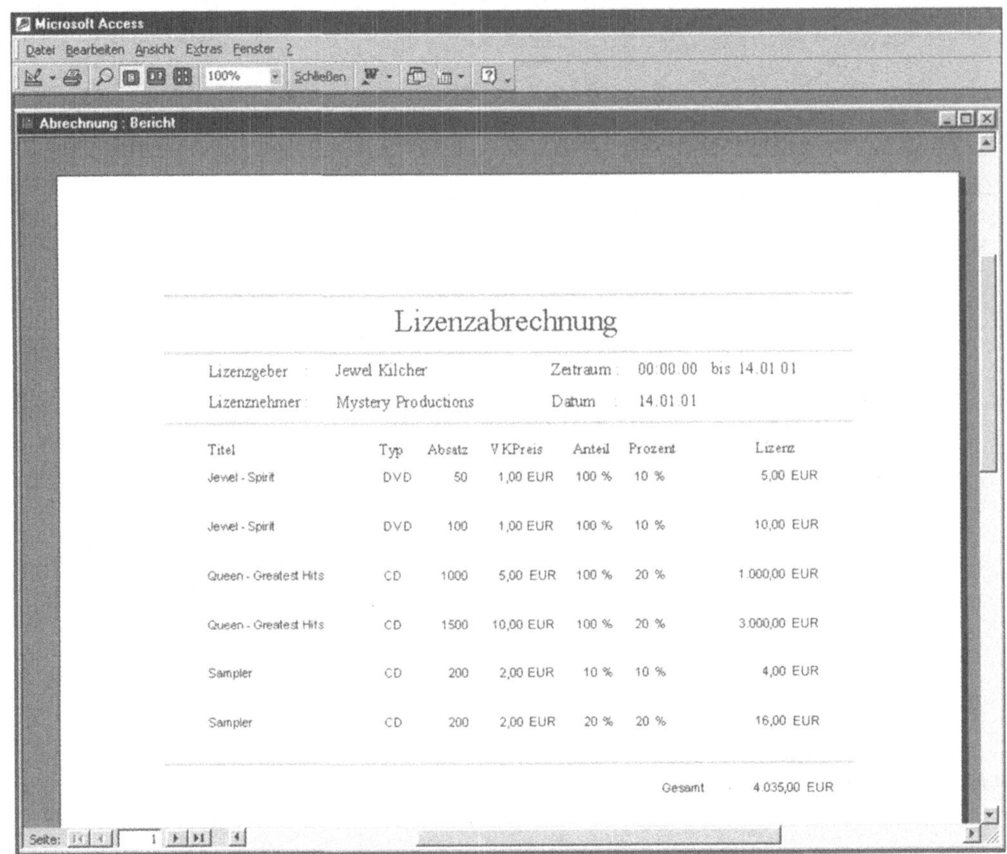

Bild 5-50 Useransicht des Berichts Lizenzabrechnung

In Bild 5-51 ist die Entwurfsansicht des Berichts zu sehen. Zu Demonstrationszwecken wurde allerdings absichtlich der Inhalt des Feldes Lizenz nicht aus der Tabelle *Abrechnung* genommen, sondern er wird aktuell berechnet, damit gezeigt werden kann, wie man Berechnungen direkt in einem Bericht (das gleiche gilt übrigens für ein Formular auch) erstellen kann.

Berechnende Felder werden zunächst als ungebunden in den Bericht eingebaut, d.h. sie basieren auf keines der Attribute der zugrunde liegenden Tabelle oder Abfrage. Nun trägt man in der Feldeigenschaft *Steuerelementinhalt* einfach die Berechnungsformel ein. Zu beachten ist dabei, dass der Eintrag mit einem Gleichheitszeichen beginnen muss (das muss er übrigens auch, wenn eine externe Standard- oder selbstgeschriebene VBA-Funktion für eine Berechnung benutzt wird). Die Namen der im Bericht vorkommenden an der Berechnungsformel beteiligten Felder müssen dabei in eckige Klammern geschrieben werden.

Im Berichtsfuß ist schließlich ein weiteres ungebundenes Feld eingerichtet, in welches die Summe aller Lizenzen ausgegeben wird. Hierfür wird die vorhandene Standardfunktion *Summe(Steuerelement)* benutzt, die, wie erwähnt, mit einem Gleichheitszeichen beginnen muss. Eintragungen im Berichtsfuß werden am Ende des Berichts ausgegeben, Einträge im Seitenfuß dagegen am unteren Rand jeder Seite.

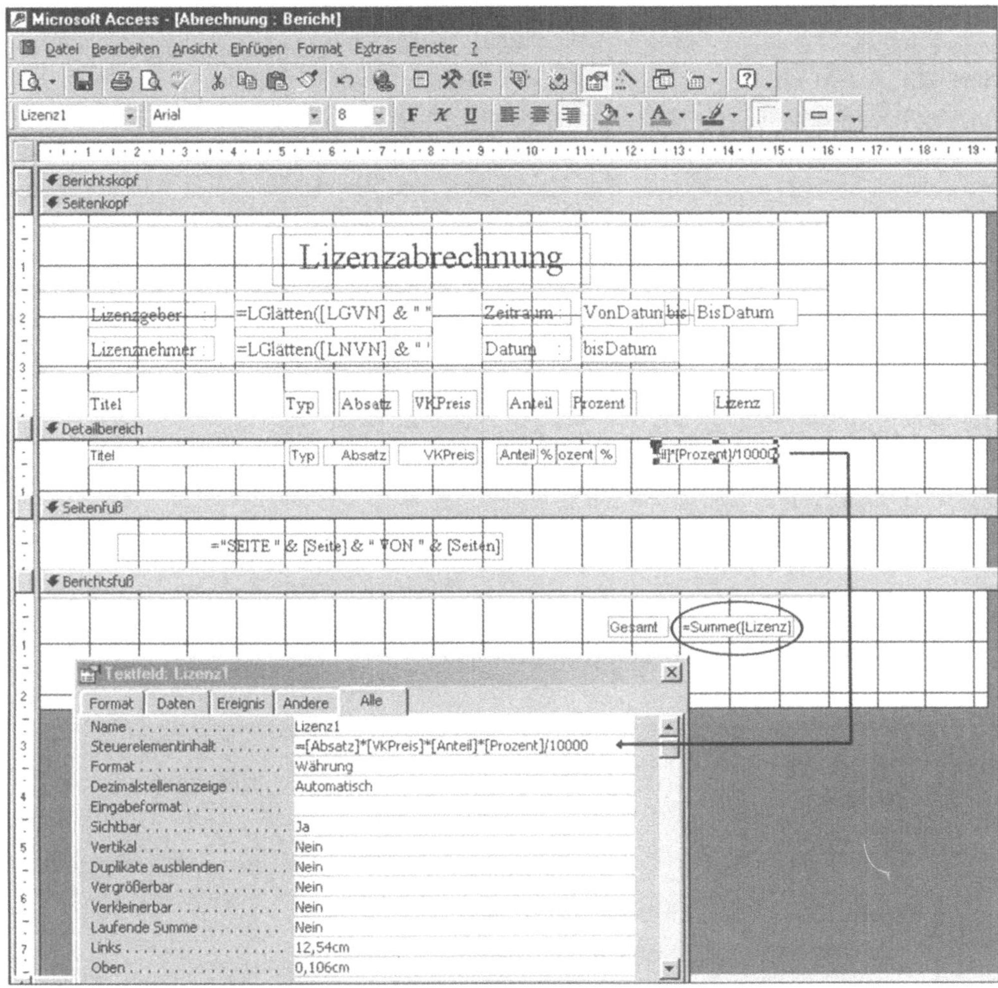

Bild 5-51 Entwurfsansicht des Berichts Lizenzabrechnung

Eine weitere Möglichkeit der Bildschirm- oder Druckerausgabe besteht in der Erzeugung von Grafiken. Diesem Thema wenden wir uns als nächstes zu.

Wenn wir hier über die Erzeugung von Grafiken sprechen, so ist nicht das Einbinden von irgendwelchen Bildern in Formulare und/oder Berichte gemeint. Dies ist zwar sehr einfach möglich, wenn die Bilder z.B. bereits im bmp- oder jpg-Format o.ä. vorliegen, doch wir verstehen darunter die Erzeugung von dynamischen Geschäftsgrafiken, welche auf Tabellen der Anwendung basieren und ständig aktuell sein müssen. Das können z.B. Balkendiagramme, Histogramme, Kuchengrafiken, Funktionsverläufe etc. sein. Grundsätzlich wird man dafür natürlich ein geeignetes Werkzeug verwenden; es wäre extrem aufwendig, so etwas „zu Fuß" zu programmieren. Zum Beispiel stellt MS-Office® ein Tool zur Verfügung, mit dem es sehr einfach möglich ist, Geschäftsgrafiken zu erstellen. Dieses Tool heißt MS-Graph® und ist von allem MS-Office®-Anwendungen aus nutzbar, insbesondere auch unter MS-Access®, wo wir ja unsere Beispiele erzeugen. MS-Graph® ist selbst keine aufrufbare Anwendung im üblichen Sinn, d.h. es gibt keinen Icon, mit dem man MS-Graph® aufrufen könnte. Dieses Tool läuft immer im Hintergrund, und man kann es nur aus einer MS-Office®-Anwendung heraus benutzen.

Basis dieses Tools ist eine Wertetabelle. Hierfür kann eine bereits vorhandene Tabelle z.B. aus MS-Access® verwendet werden oder es kann speziell dafür eine temporäre Tabelle erzeugt werden, welche die gewünschten Daten im geeigneten Format enthält. In unserem Beispiel der Lizenzabrechung könnte man z.B. daran interessiert sein, wie viele Tonträger und mit welchem Umsatz in welcher Abrechnungsperiode verkauft wurden. Um dies zu erreichen, wird eine SQL-Abfrage erzeugt:

```
SELECT  verkaufteTonträger.Datum, verkaufteTonträger.Anzahl,
        [verkaufteTonträger.vkpreis * verkaufteTonträger.Anzahl]
        AS Verdienst
FROM    verkaufteTonträger;
```

Nun muss ein Formular oder ein Bericht erzeugt werden, in welches ein Objekt vom Typ „Microsoft Graph Diagramm" eingefügt wird (Bild 5-52).

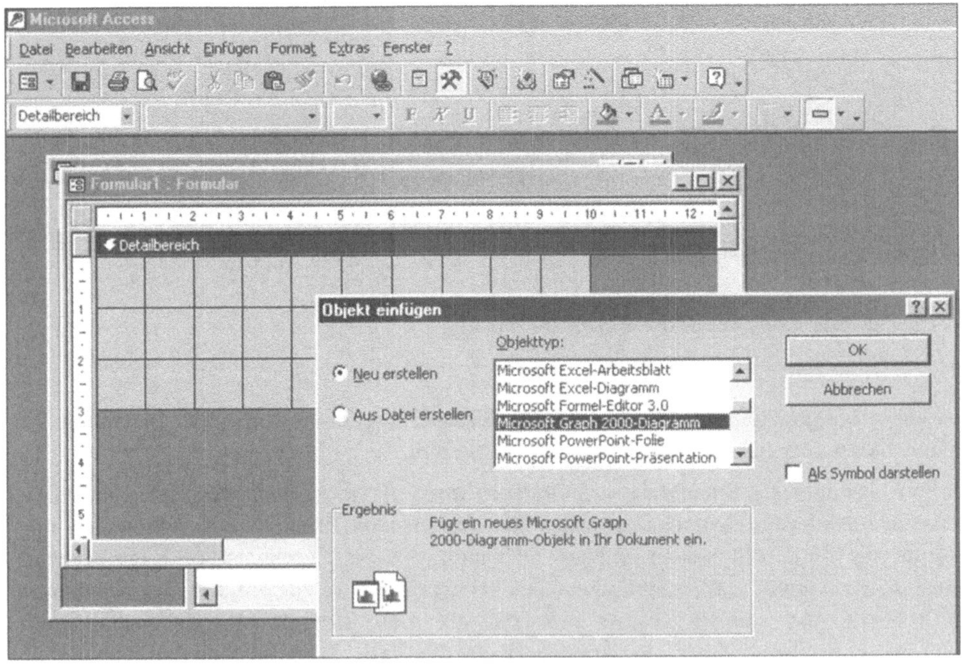

Bild 5-52 Einfügen eines Grafik-Objekts

Durch einfaches Drag-and-Drop kann die SQL-Abfrage als Wertetabelle mit dem Grafik-Objekt verknüpft werden; Bei jeder Änderung in der Tabelle *verkaufteTonträger* wird dann die Grafik immer sofort aktualisiert (Bild 5-53).

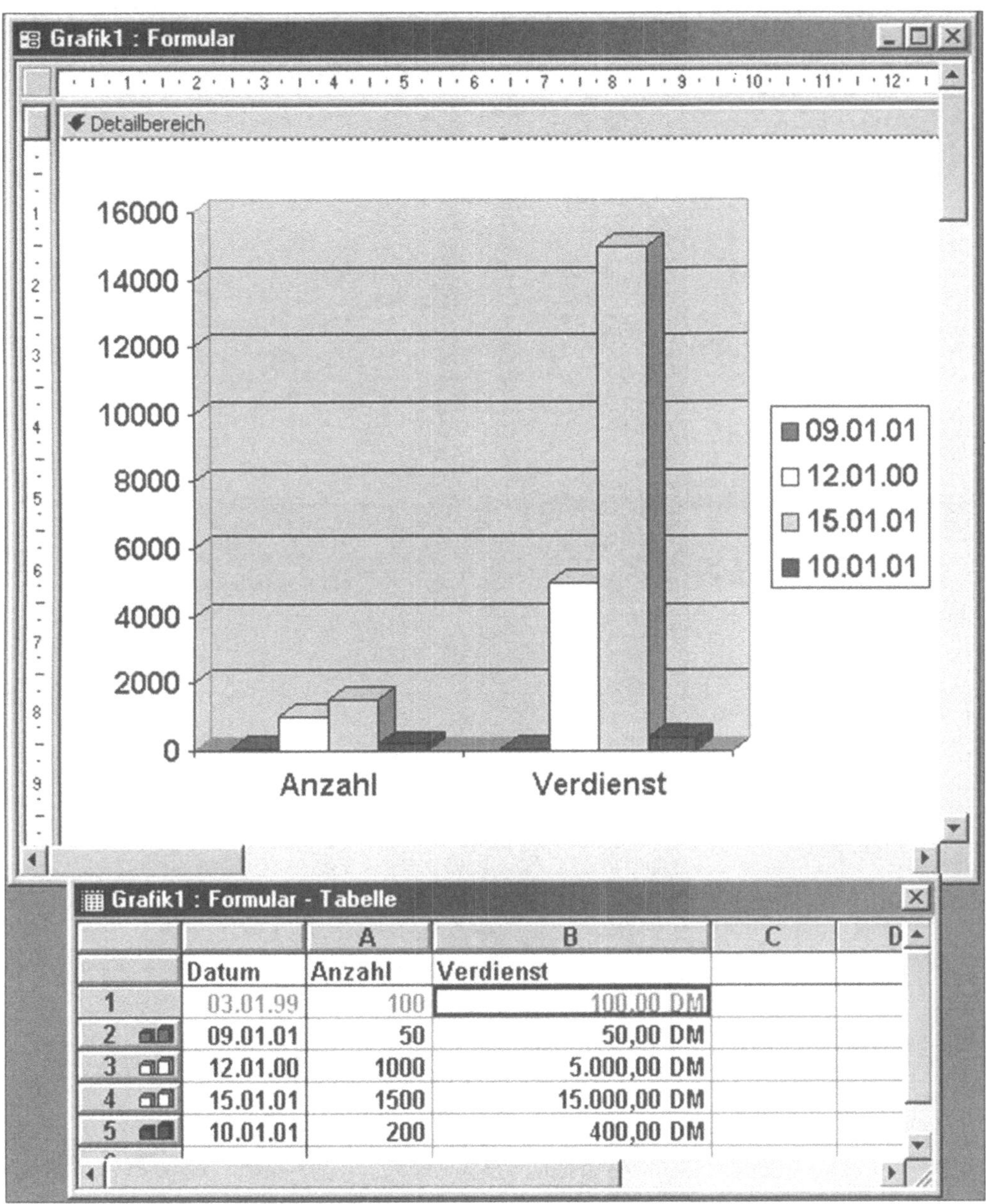

		A	B	C	D
	Datum	Anzahl	Verdienst		
1	03.01.99	100	100,00 DM		
2	09.01.01	50	50,00 DM		
3	12.01.00	1000	5.000,00 DM		
4	15.01.01	1500	15.000,00 DM		
5	10.01.01	200	400,00 DM		

Bild 5-53 Mit einer Grafik verknüpfte SQL-Abfrage

Allgemein dient immer die erste Spalte der Wertetabelle als die unabhängige Variable. Die weiteren Spalten werden von der ersten als abhängig betrachtet. Es können nachträglich Zeilen- und Spalten vertauscht und/oder verschiedenen Grafikformen ausgewählt werden (Bild 5-54).

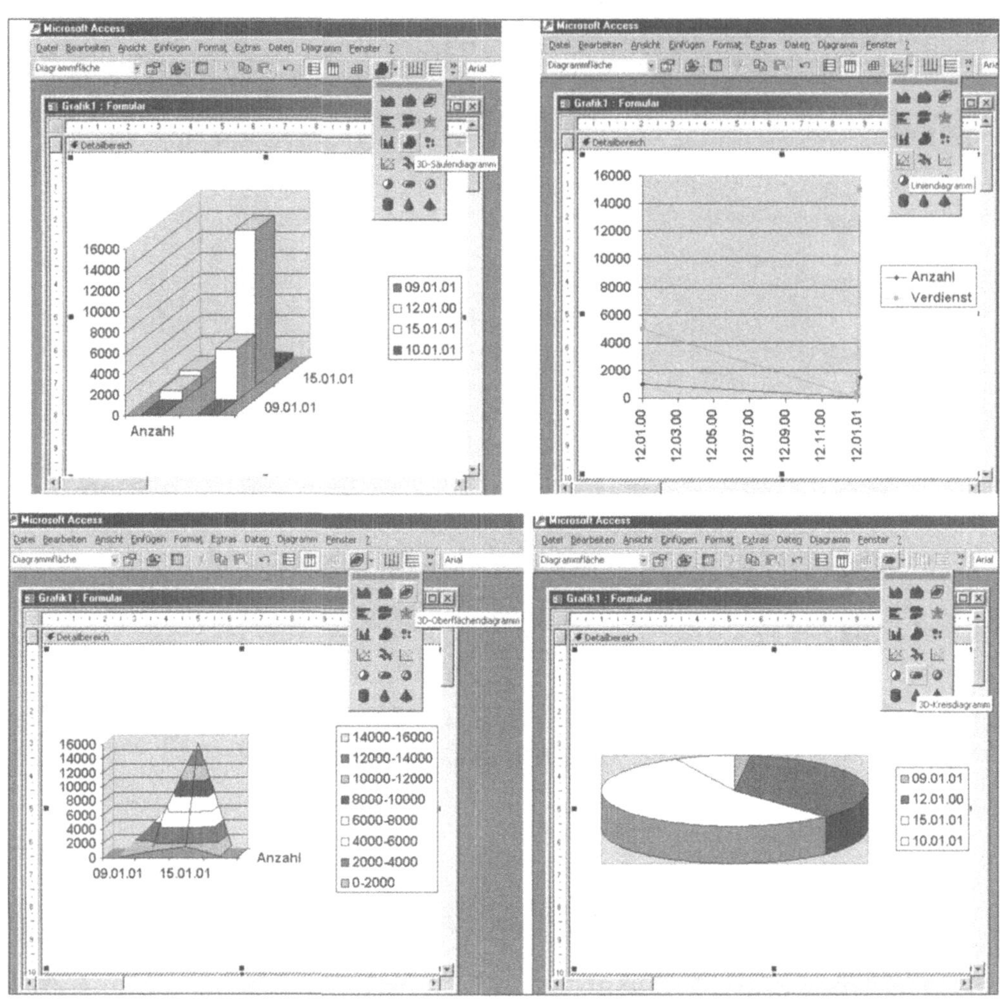

Bild 5-54 Verschiedene Darstellungen der Grafiken

Die Grafiken können sowohl in einen Bericht als auch in ein Formular eingefügt werden. Das Einfügen in ein Formular bietet den Vorteil, dass der Anwender durch Doppelklick auf die Grafik selbst den Grafiktyp bestimmen kann.

5.4.2 Ausgaben in eine externe Datei

Für die Ausgaben in eine externe Datei sind hauptsächlich zwischen zwei Möglichkeiten zu unterscheiden:

1. Ausgabe von Daten mittels internen Konvertierungstools

2. Zeichengesteuerte Ausgaben in eine Textdatei

Im ersten Fall wird ausgenutzt, dass gewisse Standardformate direkt ohne weitere Programmierung erzeugt werden können. So kann z.B. eine Tabelle oder SQL-Abfrage unter MS-Access®️ relativ einfach in ein Standardformat wie z.B. MS-Excel®️ exportiert werden (Bild 5-55).

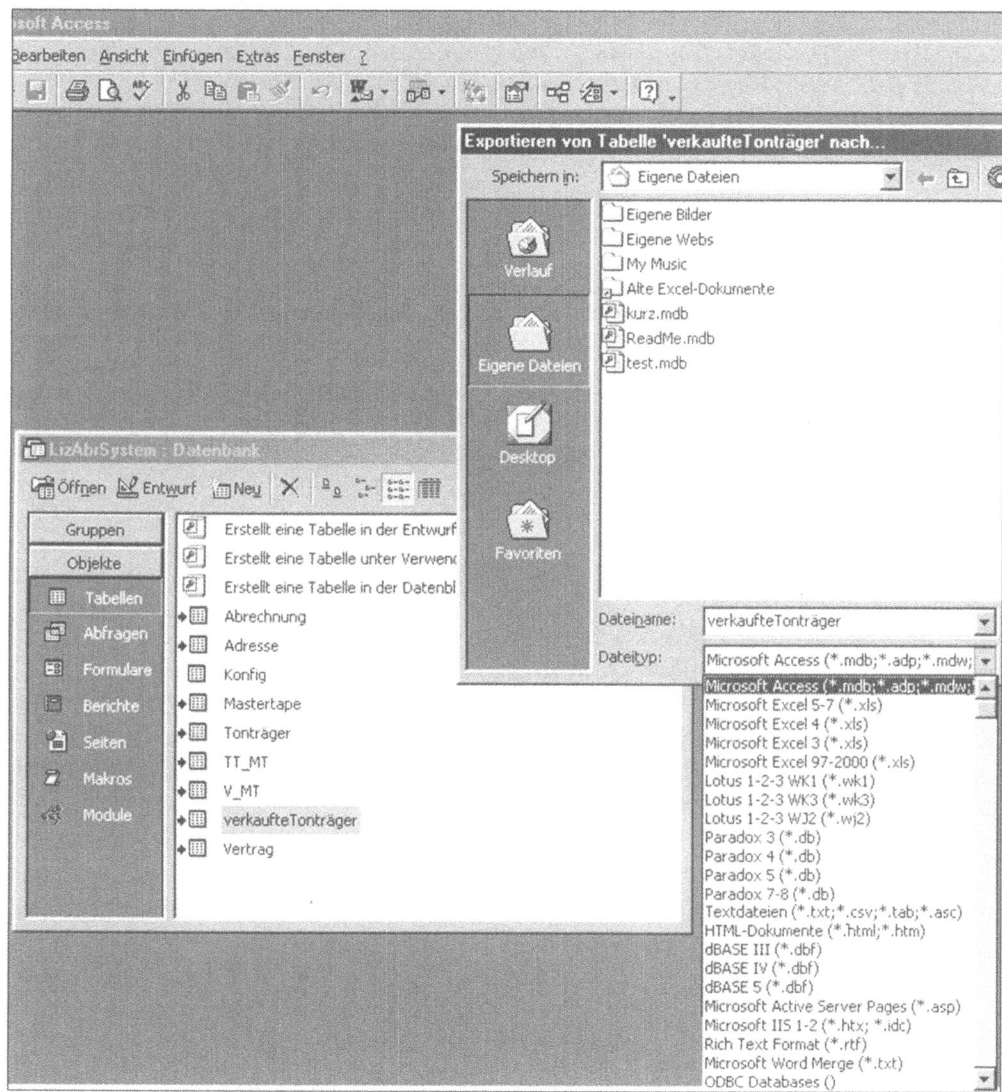

Bild 5-55 Umwandlung einer Tabelle in ein vorgefertigtes Standardformat

Natürlich sollte so eine Umwandlung für einen Anwender in ein entsprechendes Formular eingebettet und z.B. per Schaltfläche gestartet werden können (Bild 5-56). Es stehen die Konvertierungsvorlagen hierfür auch als VBA-Statements zur Verfügung. Dies gilt übrigens nicht nur für den Datenexport in ein anderes Format, sondern es gibt die gleichen Möglichkeiten auch für den Datenimport, d.h. es ist z.B. kein Problem, eine Excel-Tabelle nach MS-Access® zu importieren. Als Beispiel betrachten wird die beiden VBA-Befehle zum Exportieren einer Tabelle in ein anderes Datenbankformat und zum Exportieren in ein Spreadsheet-Format. Zunächst also der Befehl für den Export (und auch Import) in eine andere Datenbank:

DoCmd.TransferDatabase *[Transfertyp], Datenbankformat, Datenbankname[, Objekttyp], Herkunft, Ziel[, Nur Struktur][, Anmeldename speichern]*

Transfertyp   Eine der folgenden eingebauten Konstanten:

         acExport

         acImport

         acLink

Datenbankformat Ein Zeichenfolgenausdruck, der den Namen eines Datenbankformats angibt, das zum Importieren, Exportieren oder Verknüpfen von Daten verwendet werden kann:

         Microsoft Access (Standardwert)

         Jet 2.x

         Jet 3.x

         dBase III

         dBase IV

         dBase 5

         Paradox 5.x

         Paradox 7.x

         ODBC (-Datenbanken)

Datenbankname Ein Zeichenfolgenausdruck, der den vollständigen Namen und Pfad der Datenbank angibt, die zum Importieren, Exportieren oder Einbinden (Verknüpfen) von Daten verwendet werden soll.

Objekttyp   Eine der folgenden eingebauten Konstanten:

         acTable (Standardwert)

         acQuery

         acForm

         acReport

         acMacro

         acModule

         acDataAccessPage

         acServerView

         acDiagram

         acStoredProcedure

Herkunft   Ein Zeichenfolgenausdruck, der den Namen des Objekts angibt, dessen
                      Daten importiert, exportiert oder eingebunden werden sollen.

Ziel   Ein Zeichenfolgenausdruck, der den Namen des importierten, exportier-
                      ten oder eingebundenen (verknüpften) Objekts in der Zieldatenbank
                      angibt.

Nur Struktur   *True* (-1), um nur die Struktur einer Datenbanktabelle zu importieren
                      oder zu exportieren.

                      False (0), um die Struktur der Tabelle sowie deren Daten zu importieren
                      oder zu exportieren.

Anmeldename   *True*, um in der Verbindungszeichenfolge einer eingebundenen Tabelle
speichern   den Anmeldenamen (ID) und das Kennwort für eine ODBC-Datenbank
                      zu speichern, zu der die Tabelle gehört.

                      False, wenn Sie den Anmeldenamen und das Kennwort nicht speichern
                      möchten.

Entsprechend ist der VBA-Befehl zur Erzeugung eines Spreadsheet sehr hilfreich:

DoCmd.TransferSpreadsheet *[Transfertyp] [, Spreadsheettyp], Tabellenname, Dateiname [,
Besitzt Feldnamen] [, Bereich]*

Transfertyp   Eine der folgenden eingebauten Konstanten:

                      acImport (Standardwert)
                      acExport
                      acLink

Spreadsheettyp   Eine der folgenden eingebauten Konstanten oder deren numerische
                      Entsprechung:

                      0 acSpreadsheetTypeExcel3 (Standardwert)
                      6 acSpreadsheetTypeExcel4
                      5 acSpreadsheetTypeExcel5-7
                      8 acSpreadsheetTypeExcel8
                      8 acSpreadsheetTypeExcel9
                      2 acSpreadsheetTypeLotusWK1
                      3 acSpreadsheetTypeLotusWK3
                      7 acSpreadsheetTypeLotusWK4
                      4 acSpreadsheetTypeLotusWJ2 — nur japanische Version

Tabellenname   Ein Zeichenfolgenausdruck, der den Namen einer Microsoft Access-Tabelle zum Importieren, Exportieren oder Einbinden (Verknüpfen) von Kalkulationsdaten angibt, oder die Microsoft Access-Auswahlabfrage, deren Ergebnisse in eine Kalkulationstabelle exportiert werden sollen.

Dateiname   Ein Zeichenfolgenausdruck, der den Dateinamen und Pfad der Kalkulationstabelle angibt, die zum Importieren, Exportieren oder Einbinden (Verknüpfen) von Daten verwendet werden soll.

Besitzt Feldnamen   *True* (-1), um die erste Zeile der Kalkulationstabelle beim Importieren, Exportieren oder Einbinden (Verknüpfen) als Feldnamen zu verwenden.

                        False (0), wenn die erste Zeile als normale Datenzeile gelten soll.

Bereich   Ein Zeichenfolgenausdruck, der einen gültigen Zellenbereich oder den Namen eines Bereichs im Spreadsheet angibt. Dieses Argument betrifft nur das Importieren.

Eine ebenfalls sehr wichtige Funktion dient zur Erzeugung von Textdateien aus Tabellen oder Abfragen heraus:

DoCmd.TransferText *[Transfertyp][, Spezifikationsname], Tabellenname, Dateiname [, Besitzt Feldnamen][, HTML-Tabellenname][, Codepage]*

Transfertyp   Eine der folgenden eingebauten Konstanten:

                        acExportDelim
                        acExportFixed
                        acExportHTML
                        acExportMerge
                        acImportDelim (Voreinstellung)
                        acImportFixed
                        acImportHTML
                        acLinkDelim
                        acLinkFixed
                        acLinkHTML

Spezifikationsname   Ein Zeichenfolgenausdruck, der den Namen einer Import- oder Exportspezifikation angibt, die in der aktuellen Datenbank erstellt und gespeichert wurde. Zur Erstellung einer Schemadatei kann man den Import/Export-Assistenten für Text verwenden. Bei Textdateien mit Trennzeichen und Microsoft Word-Serienbriefdateien kann man dieses Argument weglassen, um so die Standardeinstellungen für das Importieren und Exportieren auszuwählen.

Tabellenname	Ein Zeichenfolgenausdruck, der den Namen einer Microsoft Access-Tabelle zum Importieren, Exportieren oder Einbinden (Verknüpfen) von Textdaten angibt, oder die Microsoft Access-Auswahlabfrage, deren Ergebnisse in eine Textdatei exportiert werden sollen.
Dateiname	Ein Zeichenfolgenausdruck, der den vollständigen Namen und den Pfad der Textdatei angibt, die zum Importieren, Exportieren oder Einbinden (Verknüpfen) von Daten verwendet werden soll. Es ist dabei darauf zu achten, dass der Dateinname tatsächlich vorhanden ist, sonst kommt es zu einer Fehlermeldung. Durch geeignete Abfragen wie z.B. mit dem dir()-Befehl kann die Existenz einer Datei zuvor erfragt werden.
Besitzt Feldnamen	*True* (-1), um die erste Zeile der Kalkulationstabelle beim Importieren, Exportieren oder Einbinden (Verknüpfen) als Feldnamen zu verwenden. *False* (0), wenn die erste Zeile als normale Datenzeile gelten soll.
HTML-Tabellenname	Ein Zeichenfolgenausdruck, der den Namen der Tabelle oder Liste in der HTML-Datei angibt, die importiert oder eingebunden (verknüpft) werden soll. Dieses Argument wird nur dann beachtet, wenn das Argument *Transfertyp* auf *acImportHTML* oder *acLinkHTML* eingestellt ist. Wird dieses Argument weggelassen, wird die erste Tabelle oder Liste in der HTML-Datei importiert oder verknüpft.
Codepage	Ein Wert des Typs *Long*, der den Zeichensatz der Codepage angibt

Damit können solche Befehlszeilen z.B. in Ereignisprozeduren für das Klicken auf eine Schaltfläche benutzt werden.

Nachfolgendes Beispiel zeigt den Transfer einer Tabelle, welche aus bestimmten Userdaten zusammengestellt und anschließend in das Excel-Format konvertiert wird.

Zunächst wird über ein bestimmtes Auswahlmenü in ein Untermenü verzweigt, welches einen Extrakt aus vorhandenen Daten erstellen soll (siehe Bild 5-56). Der Anwender kann dabei mittels eines Kombifeldes verschiedene Schlüsselworte (hier sog. KLSS-Nummern) auswählen, zu denen jeweils mehrere Datensätze in zwei Tabellen namens *dru* und *druex* existieren. Über eine sogenannte Inputbox wird noch der Pfad und Dateiname für die zu exportierende Excel-Datei erfragt. Die ausgewählten Datensätze werden zunächst extrahiert und anschließend in eine eigene Zwischentabelle namens *exel* geschrieben. Dies ist immer dann sinnvoll, wenn der Anwender eine bestimmte Formatvorgabe macht. In VBA kann die gewünschte Tabelle als leere Strukturtabelle angelegt werden, die im Prinzip schon so aussieht, wie es der Anwender für seine Excel-Tabelle gerne hätte. Diese Strukturtabelle wird dann bei Bedarf kopiert und mit den extrahierten Daten aufgefüllt. Am Schluss wird dann die so aufgefüllte Tabelle mit dem VBA-Methode *TransferSpreadsheet* in eine Excel-Tabelle umgewandelt.

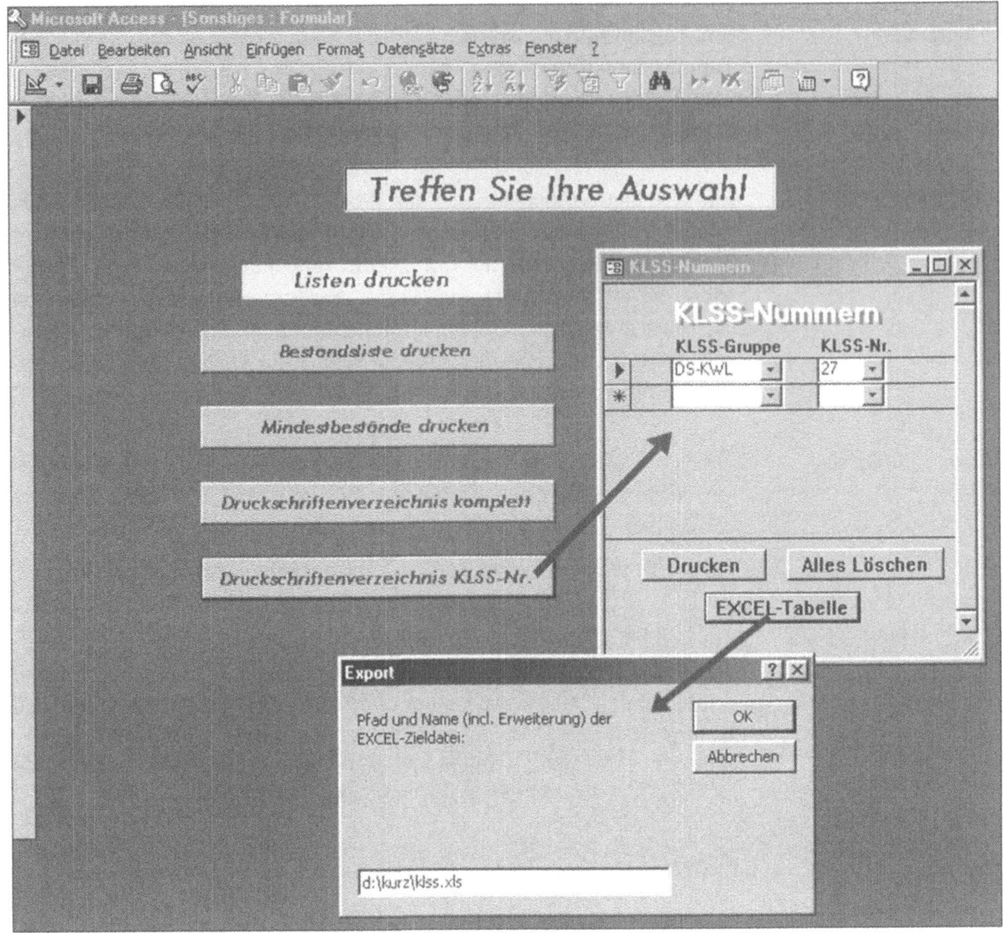

Bild 5-56 Erzeugen einer Excel-Tabelle aus mehreren MS-Access®-Tabellen

Nachfolgend noch einen Auszug des Visual-Basic-Codes zur Ausführung des Excel-Exports aus Bild 5-56.

```
Private Sub Schaltfläche17_Click()
'***Programm zur Ausführung des Excel-Exports
'***Defintion des Zwischenvektors
Static xa(30) As Variant
'***Defintion der Objektvariablen
Dim dbank As Database
Dim dru As Recordset
Dim druex As Recordset
```

```
Dim exel As Recordset
Set dbank = CurrentDb()
Set dru = dbank.OpenRecordset("Druckschrift")
Set druex = dbank.OpenRecordset("Druckschrift_KLSS")
dru.Index = "klssg"
druex.Index = "PrimaryKey"
'************ EXCEL-Transfer ******************
If tabelle("Druckschrift_KLSS_Ex") Then
    DoCmd.DeleteObject A_TABLE, "Druckschrift_KLSS_Ex"
End If
DoCmd.CopyObject , "Druckschrift_KLSS_Ex", A_TABLE,
                    "Druckschrift_KLSS_Ex_Stru"
Set exel = dbank.OpenRecordset("Druckschrift_KLSS_Ex")
Do While Not druex.EOF
    xdsnr = druex("Druckschrift Nr")
    dru.Seek "=", xdsnr
    If Not dru.NoMatch Then
        exel.AddNew
        exel("Druckschrift Nr") = dru("Druckschrift Nr")
        exel("Sprach-Kurzzeichen") = dru("Sprach-Kurzzeichen")
        exel("Titel") = dru("Titel")
        exel("Druckschrift-Art") = dru("Druckschrift-Art")
        exel("Seiten je Exemplar") = dru("Seiten je Exemplar")
        exel("KLSS-Verzeichnis") = dru("KLSS-Verzeichnis")
        exel("Status") = dru("Status")
        exel("Bemerkungen") = dru("Bemerkungen")
        exel("Gültig") = dru("Gültig")
        exel("ungültig seit") = dru("ungültig seit")
        exel("klss_gruppe") = druex("klss_gruppe")
        exel("klss_nr") = druex("klss_nr")
        exel.Update
    End If
    druex.MoveNext
Loop
exel.Close
xher = InputBox("Pfad und Name (incl. Erweiterung) der EXCEL-
Zieldatei: ", "Export", xlast)
If xher = "" Then exit sub
xher = UCase$(xher)
```

```
If Not isleer_var(Dir(xher)) Then
    aaa = MsgBox("Die Datei " & xher & " existiert bereits!
               Überschreiben?", 20, "Existierende Datei")
    If aaa = 6 Then
        Kill xher
    End If
End If
DoCmd.TransferSpreadsheet AcExport, 5, "Druckschrift_KLSS_Ex",
xher, True
End Sub
```

In obigem Programmbeispiel wird die erzeugte Tabelle in eine Excel-Datei umgewandelt; der Name der Excel-Datei wurde zuvor mit Hilfe des InputBox-Befehls erfragt und in der Variablen *xher* abgelegt. Der Name der zu diesem Zweck erzeugten und aufgefüllten Access-Tabelle war *Druckschrift_KLSS_Ex*. Die Variable *aaa* ist das Ergebnis einer Message-Box, welche den angegeben Text enthält und die beiden Schaltflächen *ja/nein* anbietet. Wurde „ja" angeklickt, so bekommt die Variable vom System den Wert *aaa=6* zugewiesen, was dazu führt, dass die alte Excel-Datei gleichen Namens gelöscht wird.

Nachdem wir nun einige vorgefertigte Umwandlungsmöglichkeiten von Access-Tabellen betrachtet haben, wenden wir uns jetzt dem allgemeineren Fall der zeichengesteuerten Textdateierzeugung zu. Dies ist die flexibelste Methode, eine externe Datei zu erzeugen, da hier deren Inhalt Zeichen für Zeichen nach Belieben festgelegt werden kann. Dies schließt sowohl beliebige Text- und Sonderzeichen wie auch harte und/oder weiche Zeilenenden („Return-Taste") oder Tabulatoren etc. ein. Auf diese Art und Weise lassen sich Daten aus Tabellen und sonstige Begrenzer oder Steuerzeichen mischen und genau formatieren. Die Anwendungen dafür sind schier unerschöpflich: Es können z.B. HTML-Skripts erzeugt werden oder Steuerdateien zur Weiterverarbeitung. Zur Demonstration sei hierfür folgendes Beispiel betrachtet:

Eine Firma hält die Datenbestände über ihre Produkte und Zuständigkeiten in einer Access-Datenbank vor. Diese Daten werden ständig aktualisiert und einmal im Jahr sollen sie dazu benutzt werden, einen Produktkatalog zu erstellen. Dabei soll der Produktkatalog in MS-Word® erzeugt werden und dann so zu einer Druckerei zum Zwecke der Vervielfältigung gehen. Das gewünschte Drucklayout ist dabei zwar in MS-Word®, nicht aber MS-Access® realisierbar. Die Idee daher ist, über eine Exportfunktion in MS-Access® eine Textdatei zu erstellen, die dann in Word als Word-Dokument geöffnet und mit Hilfe eines Word-VBA-Programms (in Word „Makro" genannt) gemäß den Drucklayout-Vorgaben formatiert wird (vgl. Bild 5-57). Damit nun der Word-Makro die richtigen Formatierungsbefehle durchführt, wurde vom Software-Entwickler eine eigene Formatierungsverschlüsselung ersonnen, die eigens erfundene Steuerworte den eigentlichen Daten voranstellt. In Word werden dann diese Steuersequenzen als Schlüssel für bestimme Formatierungsanweisungen benutzt. Praktisch wurde das Ganze so gelöst, dass zunächst innerhalb von Access eine Zwischentabelle aufgebaut wurde, welche statt der späteren Word-Formatierungsanweisungen zunächst einfach einen bestimmten Zahlencode als Tabellenattribut zugewiesen bekam (vgl. Bild 5.58). Dieser wird dann erst beim Erstellen der ASCII-Datei durch das Steuerwort ersetzt. Danach wird die erzeugte Textdatei in Word geöffnet und mittels des dortigen VBA-Makros so formatiert, dass das gewünschte Drucklayout entsteht. Diese Vorgehensweise vereint also die Vorteile der Programmierung und Datenhaltung von MS-Access® mit den Vorteilen der ansprechenden Formatierung in MS-Word®.

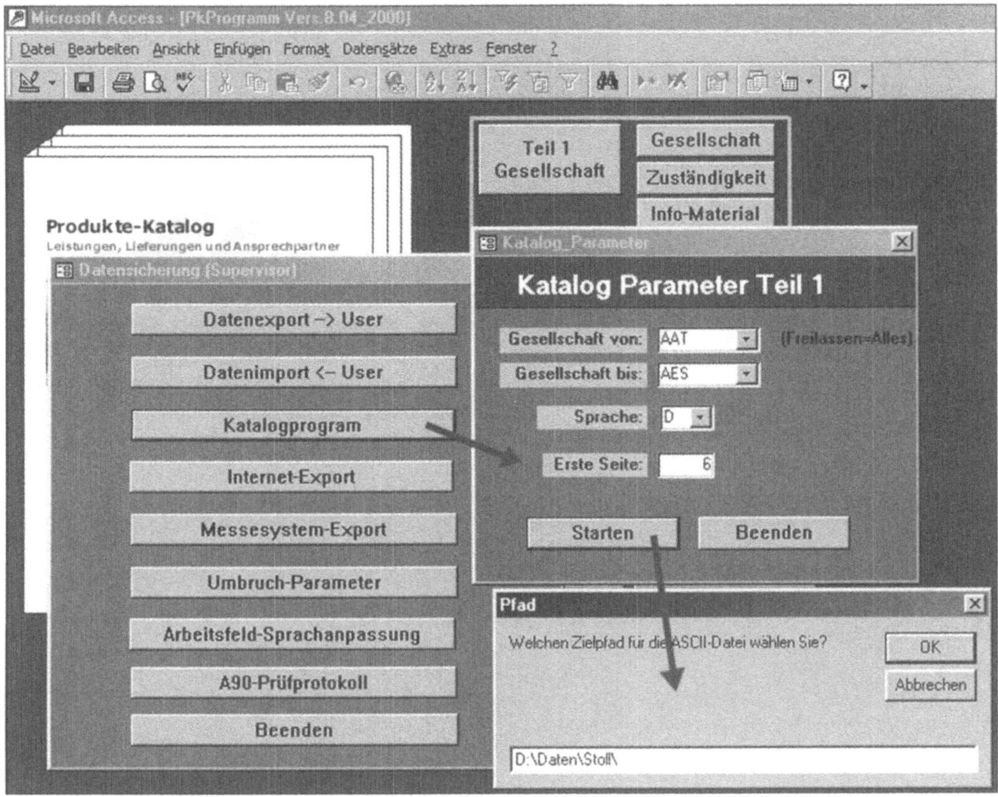

Bild 5-57 Starten eines Datenexports durch den Anwender

Durch drücken der OK-Schaltfläche in Bild 5-57 wird das nachfolgende Programm gestartet:

```
Function katalog_teil1_asci()
Dim dbank As Database
Dim katziel As Recordset
Dim katform As Recordset
Set dbank = CurrentDb()
Set katziel = dbank.OpenRecordset("Katalog_ziel")
Set katform = dbank.OpenRecordset("Teil1_formate")
katziel.Index = "recno"
katform.Index = "PrimaryKey"
Open xTeilPfad & "TEIL1.TXT" For Output As #1
```

```
Do While Not katziel.EOF
    katform.Seek "=", katziel("code")
    Print #1, Trim(katform("Abkürzung")) & katziel("text")
    katziel.MoveNext
Loop
```
Close #1
```
End Function
```

Die beiden benutzten Tabellen mischen den Code und das Schlüsselwort für die spätere Word-Formatierung (Bild 5.58).

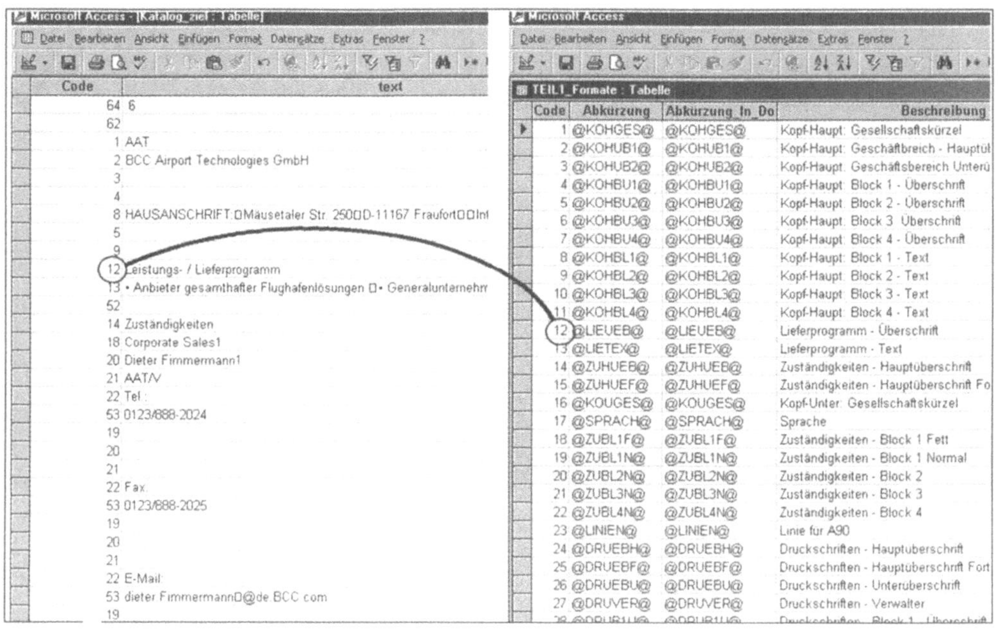

Bild 5-58 Code-Tabellen als Ausgangsbasis für die Textdatei

Der im VBA-Programm hervorgehobene Befehl

```
Open xTeilPfad & "TEIL1.TXT" For Output As #1
```

öffnet eine Datei mit Namen *Teil1.txt*, wobei die Variable *xTeilPfad* den durch die InputBox erfragten Pfad beinhaltet. Die Device-Nummer *#1* muss mit dem zugehörigen Print-Befehl korrespondieren:

```
Print #1, Trim(katform("Abkürzung")) & katziel("text")
```

Jeder Print-Befehl erzeugt danach automatisch einen Zeilenumbruch („Return-Taste"). Der Befehl

```
Close #1
```

schließlich schließt die Textdatei.

Bild 5-59 zeigt einen Ausschnitt der so entstandenen und in MS-Word® geöffneten Textdatei.

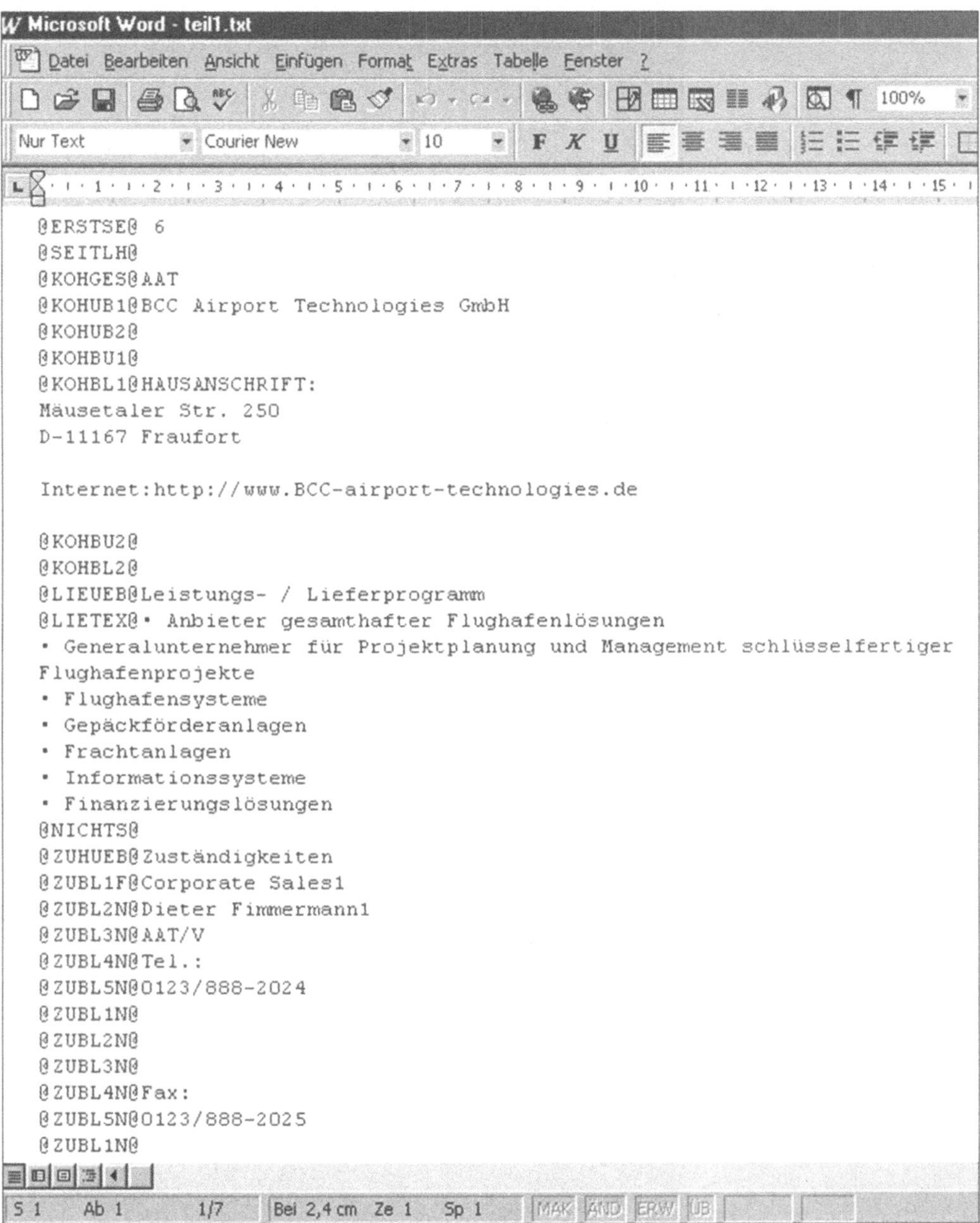

Bild 5-59 Erzeugte Textdatei

Ein in Word schließlich gestartetes VBA-Makro liest Zeile für Zeile die jeweiligen Steuerworte, die immer mit einem „@" beginnen und enden und ordnet sie ganz bestimmten Word-Formatierungsanweisungen zu, die dann ausgeführt werden (vgl. Bild 5-60).

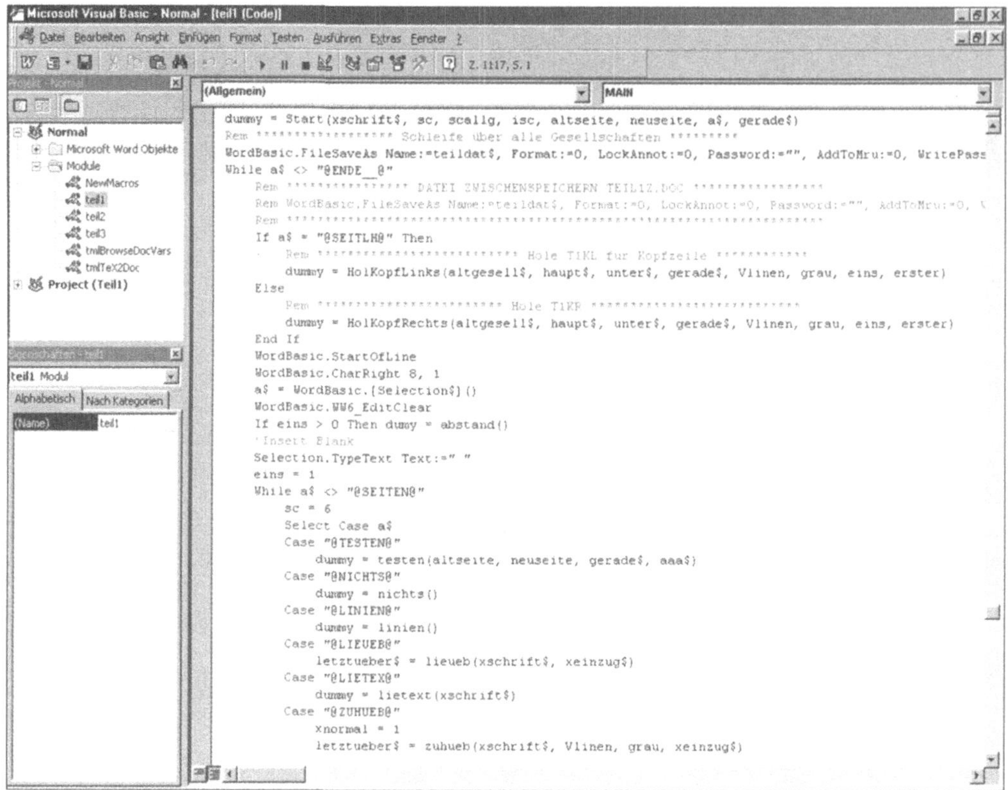

Bild 5-60 Ausschnitt aus dem VBA-Makro in MS-Word®

In Bild 5-60 ist ein Ausschnitt aus dem Word-Makro zu sehen, welcher auf das Dokument in Bild 5-59 angewendet wird. Man erkennt, dass hier nach den Schlüsselworten, die mit dem Symbol „@" beginnen und enden, gesucht und davon abhängig bestimmte Subroutinen aufgerufen werden, welche letztendlich die Word-Formatierung durchführen. Beispielsweise wird bei Antreffen des Schlüsselworts „@LIEUEB@" folgendes VBA-Programm aufgerufen:

```
Function lieueb(xschrift$, xeinzug$)
    WordBasic.ParaDown 1, 1
    WordBasic.ParaKeepWithNext 1
    WordBasic.Font xschrift$
    WordBasic.FontSize 12
    WordBasic.Bold
```

```
    If Vlinen = 1 Then
        WordBasic.BorderTop 1
        WordBasic.BorderBottom 1
    End If
    If grau = 1 Then
        WordBasic.ShadingPattern 8
        WordBasic.FormatFont Color:=8
    End If
    lieueb = WordBasic.[Selection$]()
    WordBasic.FormatParagraph FirstIndent:=xeinzug$
    WordBasic.CharRight 1
End Function
```

Ohne weiter ins Detail zu gehen, wird hier der nach dem Schlüsselwort stehende Text in eine bestimmte Größe gebracht und der Hintergrund als grauer Balken dargestellt. Das endgültige Drucklayout als Ergebnis der Makroausführung ist in Bild 5-61 zu sehen.

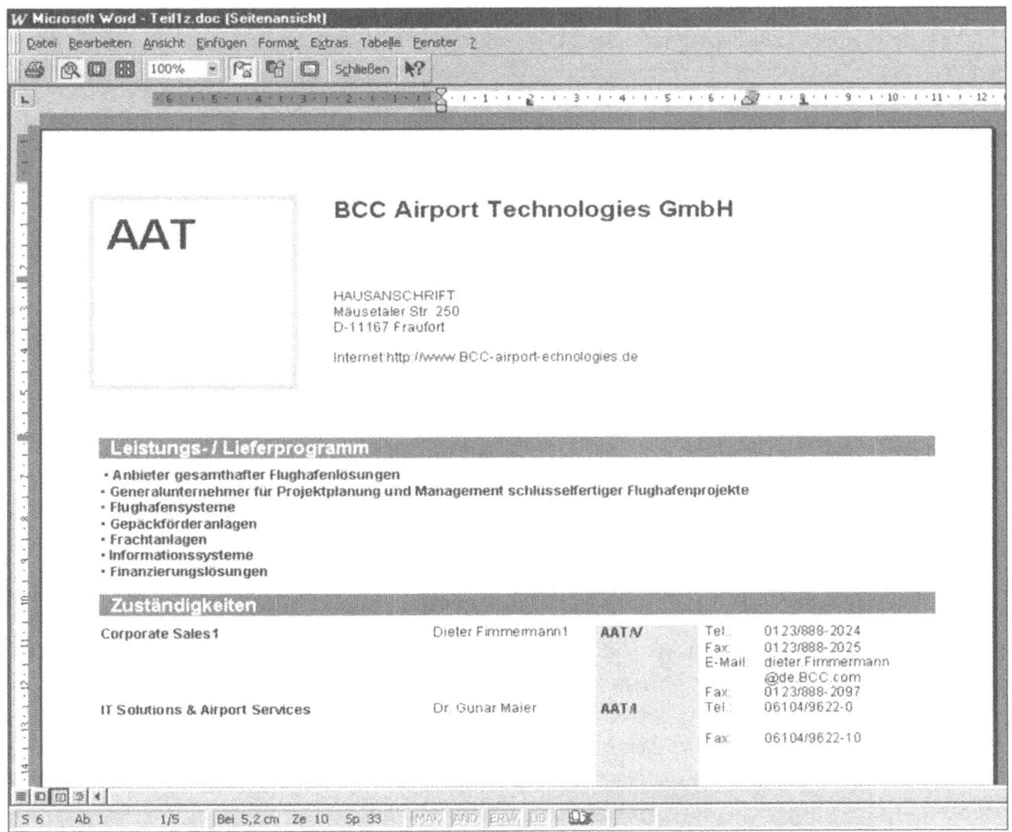

Bild 5-61 Ergebnis der Word-VBA-Makro-Ausführung

Wir haben also gesehen, dass es durchaus sinnvoll sein kann, wenn die Ausgabe Zeichen für Zeichen in eine Datei geschrieben wird. So kann aus einem Datenbestand jede denkbare Textdatei mit selbst zu bestimmendem Aussehen hervorgebracht werden.

5.4.3 Maskenhierarchiedarstellungen

Zum Abschluss dieses Kapitels soll noch kurz über die Möglichkeit, den Navigationsverlauf in Screen-Objekten darzustellen, gesprochen werden. Im Idealfall wird natürlich die vollständige Maskenhierarchie schon im Fachkonzept geplant. Wenn man strikt nach dem klassischen Wasserfallmodell vorgeht, ist dies sogar erforderlich. Allerdings haben wir gesehen, dass aufgrund der heute zur Verfügung stehenden Entwicklungstools zumindest teilweise ein Vorgehen nach dem Spiralmodell sinnvoll ist. Dies hat andererseits zur Folge, dass eine vollständige Maskenplanung gar nicht möglich ist, denn die jeweiligen Navigationen entstehen meistens erst während der ersten Prototypen. Und bis zum Schluss kann es noch möglich sein, dass sich hier etwas ändert. Daher sind Maskenhierarchieplanungen in der Regel nur partiell für die gerade zu entwickelnden Module sinvoll. Unabhängig davon sollte jedoch spätestens nach Beendigung der Implementierung ein Maskenhierarchiediagramm erstellt werden. Der Grund ist, dass dies einerseits für die sich anschließende Testphase eine hilfreiche Erleichterung ist, und andererseits kann so ein Maskenhierarchiediagramm z.B. im Benutzerhandbuch auch für den Anwender eine Hilfe sein, um schnell bestimmte Eingabemasken etc. aufzufinden.

Für die praktische Ausprägung so eines Maskenhierarchiediagramms gibt es viele Möglichkeiten. So kann z.B. eine verbale Formulierung, die durch textuelle Einrückungen die Hierarchien wiederspiegelt, erfolgen:

```
Hauptmenü
    Untermenü 1
        Untermenü 11
           Erfassen Daten 111
           Anzeigen Daten 112
        Untermenü 12
    Untermenü 2
        Drucken Daten 21
        Suchen Daten 22
...
```

Eine andere Alternative ist die grafische Darstellung. Hierbei ist es üblich, in Form eines Organigramms die jeweiligen Masken und Menüs darzustellen. Bild 5-62 zeigt dies am Beispiel unseres Lizenzabrechnungsprogramms. Je nach Komplexität kann so ein Diagramm auch in mehrere Teildiagramme zerlegt werden, wobei ein Hauptdiagramm die wichtigsten Verzweigungen zeigt, und dort gewisse Black-Boxen auf weitere Unterdiagramme verweisen, welche dann an anderer Stelle genauer dargestellt sind.

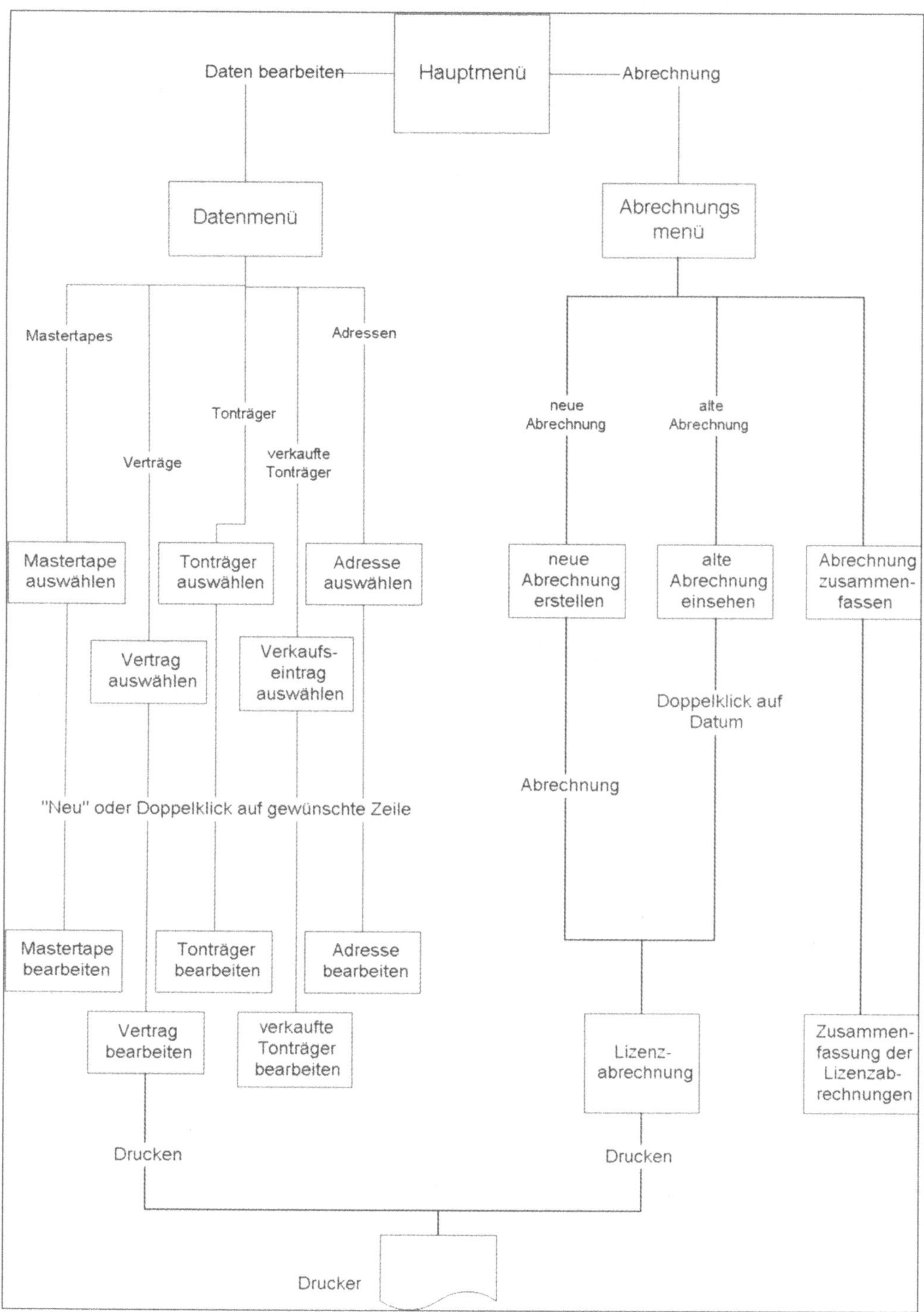

Bild 5-62 Maskenhierarchiediagramm Beispiel Lizenzabrechung

6 Testen und Installieren

Spätestens nach oder bereits während der Implementierung ist die Anwendung auf semantische sowie syntaktische Fehler zu untersuchen. Außerdem soll die Anwendung das Eingabe- und Ausgabeverhalten wie in der Spezifikation vorgesehen aufzeigen. Dies nennt man auch Validierung des Systems. Das systematische Testen von Software ist häufig ein vernachlässigter Teil des Entwicklungszyklus. Dabei stellt dieser Punkt oft eine sehr wichtige Angelegenheit dar, wie folgende zum Teil peinlichen Fälle zeigen:

- 1979 flog die erste Venussonde an ihrem Ziel vorbei, weil in einem Fortran-Programm ein Punkt mit einem Komma verwechselt wurde. Schaden: einige hundert Millionen Dollar.

- In Südfrankreich gab es 1984 eine Überschwemmung, da der Computer vom automatischen Sperrwerk die Überlaufgefahr nicht erkannte und zwei Schleusen öffnete.

- Die europäische Trägerakete Ariane 5 ist wegen eines Softwareproblems im Trägernavigationssystem verglüht und verursachte einen Gesamtschaden von fast 1 Milliarde EUR.

- Die Bank of New York buchte bei einer Zahlung versehentlich 32 Milliarden Dollar zuviel, weil ein 16-bit-Zähler überlief; die Bank musste sich für einen Tag 24 Milliarden Dollar leihen, bis der Fehler behoben war. Zinsverlust: 5 Millionen Dollar.

Die Liste ließe sich beliebig verlängern. Natürlich ist nicht jeder Softwarefehler so folgenschwer, doch eine fehlerfreie Anwendung sollte schon aus verkaufsstrategischen Gründen wünschenswert sein.

6.1 Fehlerursachen

Es gibt verschiedene Testphasen, welche verschiedenen Zwecken dienen. Dabei ist die Art der möglichen Fehlerentstehung zu berücksichtigen (vgl. Bild 6-1).

Anfordrungs-Definition	korrekte Anforderungen	fehlerhafte Anforderungen		
System-Spezifikation	korrekte Spezifikation	Spezifikations-Fehler	Induzierte Fehler aus Anforderungen	
Entwurf	korrekter Entwurf	Entwurfs-Fehler	Induzierte Fehler aus Anforderungen I Spezifikation	
Implementierung	korrektes Programm	Programm-Fehler	Induzierte Fehler aus Anforderungen I Spezifikation I Entwurf	
Test und Integration	korrektes Verhalten	korrigierte Fehler	bekannte, unkorrigierte Fehler	unbekannte Fehler

Bild 6-1 Fehlerursachen

Bild 6-1 zeigt, dass viele Fehlerursachen nicht erst bei der Programmierung auftreten, sondern Folgen von bereits in vorherigen Phasen gemachten Fehlern sind.

Es sind also die Fehler in verschiedene Kategorien einteilbar:

Planungsfehler

- Die Anforderungen sind zu schwammig
- Die Terminvorgaben sind unrealistisch
- Kein vernünftiges Risikomanagement (Projektverfolgung)
- Auswahl und Einsatz der Werkzeuge unzureichend vorbereitet
- Weiterbildung der Mitarbeiter unzureichend
- Es wird zu früh mit der Codierung begonnen
- Mangelndes Qualitätsmanagement
- Nichtbefolgung des Vorgehensmodells

Problem- und Systemanalyse

- Anforderungen und/oder Qualitätsmerkmale unzureichend
- Begriffsdefinitionen mangelhaft
- Mangelhaftes semantisches Datenmodell

Systementwurf

- Kein modularer Aufbau
- Mangelhafte Datenkapselung
- Systemarchitektur zu kompliziert
- Mangelhafte oder falsche ER- oder UML-Diagramme o.ä.
- Falsche Datenstrukturbeschreibungen

Kodierung

- Nichtbefolgung von Programmierstandards- und Richtlinien
- Keine modulare Programmierung (Top Down/Bottom Up)
- Ungünstige Namensvergabe
- Nicht objektorientiert

Verifizierung und Validierung

- Unsystematisches Testen
- Keine Abnahme der Phasenergebnisse

Betrieb und Wartung

- Dokumentation fehlt oder ist nicht adäquat oder veraltet
- Mangelnde Schulung von Anwendern
- Unzureichendes Konfigurationsmanagement

Am besten ist es, wenn in jeder Phase der Systementwicklung Qualitätsprüfungen durchgeführt werden. Dies setzt ein gut geplantes Reviewmanagement voraus, d.h. es ist wichtig, dass Meilensteine geplant werden, so dass in regelmäßigen Abständen die Ergebnisse überprüft werden können. Bei einer strikten Vorgehensweise nach dem Wasserfallmodell ist das nicht so einfach, weil erst spät mit der Kodierung begonnen wird, so dass der Anwender auf einem hohen abstrakten Niveau prüfen müsste. Da erweist sich die Vorgehensweise, jedenfalls wenn es zum Entwurf und Kodieren kommt, nach dem Spiralmodell als vorteilhafter (vgl. Abschnitt 2.3). Das mehrfache, zyklische Durchlaufen der Teilphasen *Analyse, Entwurf, Kodierung* und *Testen* erkennt hier frühzeitig eventuell vorhandene Mängel. Ansonsten sollte jede Spezifikation bezüglich ihrer internen Folgerichtigkeit und Widerspruchsfreiheit untersucht werden. Dabei sollte ihre Vollständigkeit und funktionale Entsprechung festgestellt werden. Natürlich muss auch jedes Programmmodul bezüglich der zugehörigen Spezifikation vollständig und funktional gleichwertig sein. Und auch Programmmodule müssen natürlich intern folgerichtig und widerspruchsfrei sein. Diese doch erheblichen Anforderungen können allenfalls erfüllt werden, wenn geeignete Teststrategien vorliegen.

6.2 Testmethoden

Es gibt verschiedene Testmethoden, die nachfolgend genauer betrachtet werden (vgl. Bild 6-2).

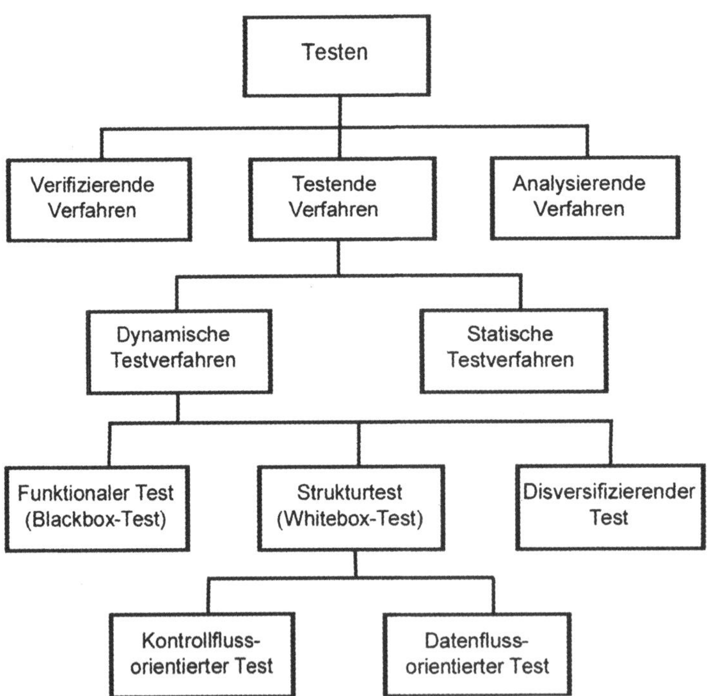

Bild 6-2 Überblick über die Testverfahren

Es würde den Rahmen dieses Buches sprengen, hier auf alle dargestellten Testverfahren ausführlich einzugehen. Es werden daher zunächst alle dargestellten Methoden kurz erläutert und anschließend nur auf einige besonders wichtige Verfahren genauer eingegangen.

Verifizierende Verfahren

Diese Verfahren haben das Ziel, die Korrektheit des Programms sicherzustellen. Hier unterscheidet man die eigentliche Verifikation von der sog. symbolischen Ausführung. Bei der *Verifikation* wird mit mathematischen Mitteln die Konsistenz zwischen Spezifikation und Implementation einer Systemkomponente getestet, während bei der *symbolischen Ausführung* ein Quellprogramm mit allgemeinen symbolischen Eingabewerten durch einen Interpreter getestet wird. Damit soll der Stichprobencharakter der dynamischen Testverfahren (siehe unten) beseitigt werden.

Testende Verfahren

Diese Testverfahren sollen ganz allgemein Fehler im Programm entdecken. Sie untergliedern sich in die dynamischen und die statischen Testverfahren (siehe unten).

Analysierende Verfahren

Hier werden die Eigenschaften von Systemkomponenten vermessen bzw. dargestellt und getestet. Es wird unter anderem die *Bindungsart der Systemkomponenten* analysiert. Ein funktionales Modul soll auch funktional gebunden sein, d.h. alle Elemente des Moduls sind an einer Verwirklichung einer einzigen, abgeschlossenen Funktion beteiligt. Des Weiteren gehören die sogenannten *Metriken* zu den analysierenden Verfahren. Metriken erlauben es, Eigenschaften wie z.B. die strukturelle Komplexität, die Programmlänge und die Anzahl der Kommentare quantitativ festzustellen. Um dies zu messen, gibt es sogenannte Halstead-Metriken oder auch zyklomatische Zahlen, die es erlauben, einen Quervergleich mit bisher ermittelnden Maßzahlen herzustellen. Abweichungen von den Erfahrungswerten deuten auf Anomalien hin, aus denen sowohl positive wie auch negative Aspekte hergeleitet werden können. Die gezielte *Analyse von Anomalien*, z.B. von Datenflussanomalien, zählt daher ebenfalls zu den analysierenden Testverfahren. Schließlich werden manchmal auch *Tabellen und Grafiken* herangezogen, um die Analyseergebnisse in gut lesbarer Form darzustellen.

Dynamische Testverfahren

Dieses aus einer Vielzahl von weiteren Methoden bestehende Verfahren basiert darauf, dass das übersetzte, ausführbare Programm mit konkreten Eingabewerten versehen und ausgeführt wird. Das Programm wird dabei in einer möglichst realen oder realitätsnahen Umgebung getestet. Da es sich hierbei, wie bereits erläutert, nur um Stichprobentests handelt, kann damit natürlich nicht die Korrektheit eines Programms vollständig bewiesen werden.

Statische Testverfahren

Bei den statischen Testverfahren werden Systemkomponenten nicht während der Laufzeit, sondern anhand des Quellcodes direkt getestet. Das heißt, man benötigt im Prinzip hier gar keinen Computer, sonder kann das Programm „auf Papier" analysieren und testen. Die Methoden *Inspection*, *Review* und *Walkthrough* sind wohl die bekanntesten dieser Verfahren. Sie werden später noch genauer betrachtet.

Funktionaler Test (Blackbox-Test)

Beim Funktionstest wird die Spezifikation der Systemkomponenten benutzt, um Testfälle zu erstellen. Hierzu zählen Methoden wie die *funktionale Äquivalenzklassenbildung, Grenzwert-*

analyse, Test spezieller Werte, Zufallstests, Test von Zustandsautomaten und *Ursache-Wirkungsanalyse*.

Strukturtest (Whitebox-Test)

Diese Testmethode versucht die Vollständigkeit bzw. Eignung einer Menge von Testfällen anhand des *Kontroll-* oder *Datenflusses* abzuleiten. Zum kontrollflussorientierten Testen zählen der *Anweisungsüberdeckungstest*, der *Zweigüberdeckungstest*, der *Pfadüberdeckungstest* sowie der *Bedingungsüberdeckungstest*. Beim datenflussorientierten Testen spielen Verfahren wie das sog. *Defs/Uses-Verfahren*, der *required K-Tupels-Test* und das *Datenkontextüberdeckungsverfahren* eine wichtige Rolle.

Disversifizierender Test

Disversifizierende Tests vergleichen die Ergebnisse verschiedener Programmversionen, wobei z.B. künstlich eingefügte Felder aus einem Programm verschiedene Versionen herstellen, die dann vergleichend getestet werden. Man unterscheidet in dem Zusammenhang zwischen dem *Mutationentest*, dem *Pertubationentest* und dem *Back-to-Back-Test*.

Auf die wichtigsten der genannten Testverfahren wird nachfolgend genauer eingegangen.

6.2.1 Dynamische Testverfahren

Wie in Abbildung 6.2 zu sehen ist, gliedern sich die dynamischen Testverfahren in den Strukturtest, auch Whitebox-Test genannt, und in den funktionalen Test, auch Blackbox-Test genannt. Diese beiden wichtigen Verfahren seinen nachfolgend genauer erläutert.

Blackbox-Test

Dieses Verfahren wird auch als funktionales Testen bezeichnet. Der Tester betrachtet dabei das zu testende Programmteil als Blackbox, d.h. er oder sie ist nicht an deren Inhalt interessiert, sondern testet das Gesamtverhalten. Es ist also von Interesse, Umstände zu entdecken, die Abweichungen von der Spezifikation verursachen. Die Testdaten werden daher nur aus der Spezifikation abgeleitet. Man testet also das Programm „gegen" die Spezifikation. Es ist nämlich nicht ausreichend, das Programm nur gegen sich selbst zu testen. Jeder Algorithmus ist ja ein Verfahren, welches aus einem gegebenen Input einen Output erzeugt, und das gilt dann auch für das auf so einem Algorithmus basierende Programm. Die Funktionalität dieser Transformation einer Eingabe in eine Ausgabe muss in der Spezifikation ja irgendwo genau beschrieben sein. Natürlich sollen solche Tests effektiv, d.h. z.B. redundanzarm sein. Für die vollständige Durchführung solcher Tests wäre eine Überprüfung aller Programmfunktionen notwendig, was bei kritischen Anwendungen auch gemacht werden muss. Um so was zu realisieren, muss man alle möglichen Eingabekonstellationen testen. Nun gibt es aber Programme, da ist die Menge der möglichen Eingaben unendlich groß. Schon so ein einfaches Programm wie der Test, ob eine natürliche Zahl eine Primzahl ist oder nicht, besitzt im Prinzip unendlich viele Inputs. Oder betrachten wir den Fall, einen C-Compiler vollständig zu testen. Man müsste theoretisch alle möglichen C-Programme (unendlich viele!) ausprobieren, was absurd ist. Hinzu kommt noch das Problem, dass sich Ein- und Ausgaben einzelner Testmodule kumulieren können, was die Anzahl der Testfälle potenziert. Daraus ist ersichtlich dass es oft Fälle gibt, wo ein vollständiger Test nicht möglich ist. Man kann ein Programm in der Regel nicht so testen, dass völlige Fehlerfreiheit garantiert wird. Doch selbst in den Fällen, wo ein vollständiges Testen möglich wäre, kann es sein, dass dies viel zu aufwendig ist. Ein fundamentaler Gesichtspunkt ist auch hier, wie in so vielen Fällen, die Wirtschaftlichkeit. Dabei muss natürlich ein ausgewogenes Verhältnis zu den möglichen Folgen fehlerhafter Software gefunden werden, besonders in lebenswichtigen Anwendungen wie z.B. bei der Boardsoftware in einem Flugzeug.

Die Wirkung der Testinvestition muss also maximiert werden. Der Tester muss in der Lage sein, das Programm zu analysieren und sinnvolle Annahmen über das Programm zu machen. Verläuft beispielsweise der Test für eine bestimmte Wertekombination positiv, so kann angenommen werden, dass der Test für eine ähnliche Wertekombination ebenfalls positiv verlaufen würde.

Äquivalenzklassen

Die funktionale Äquivalenzklassenbildung leitet sich aus der funktionalen Spezifikation der Programme ab. Ziel ist die Definition von Eingabeparametern und Wertebereichen, welche jeweils Klassen im Sinne äquivalenter Repräsentanten bestimmter Testfälle festlegen. Es wird dabei angenommen, dass der Test eines Repräsentanten der jeweiligen Klasse stellvertretendes Verhalten für alle dazu äquivalenten Eingaben liefert. Die Hoffnung ist, dass die Anzahl der Tests auf die jeweiligen Repräsentanten einer Klasse reduziert werden kann. Dies kann natürlich nicht garantiert werden, zumal bereits bei der Bildung der Klassen menschliche Irrtümer oder Fehleinschätzungen möglich sind. Andererseits gibt es z.B. gerade bei unendlichen Wertebereichen (z.B. reelle Zahlen) gar keine andere Alternative. Im Einzelnen unterscheidet man zwischen Eingabe –und Ausgabeäquivalenzklassen. Nachfolgende Regeln zur Eingabeäquivalenzklassenbildung können analog auch auf Ausgabeäquivalenzklassen übertragen werden (siehe auch [9], [10]):

1. Sind für die Eingabe Wertebereiche vorgeschrieben, so sind eine gültige Äquivalenzklasse und zwei ungültige Äquivalenzklassen zu bilden (eine gültige Äquivalenzklasse wäre z.B. $1 \leq x \leq 999$, zwei ungültige Äquivalenzklassen sind dann z.B. $x < 1$ und $x > 999$).

2. Sind in der Eingabe die Anzahl der Werte vorgegeben, so definiere man eine Äquivalenzklasse mit gültigen Werten und zwei Äquivalenzklassen mit ungültigen Werten.

3. Falls die Eingabebedingungen verschiedene Werte beschreiben, die unterschiedlich behandelt werden, so ist für jeden Wert eine Äquivalenzklasse zu bilden. Für alle Werte mit Ausnahme der gültigen Werte ist eine ungültige Äquivalenzklasse zu bilden.

4. Falls eine Eingangsbedingung eine Situation bestimmt, die zwingend erfüllt werden muss, so ist eine gültige und eine ungültige Äquivalenzklasse zu bilden.

5. Falls Grund zur Annahme besteht, dass Elemente in einer Äquivalenzklasse vom Programm unterschiedlich behandelt werden, so ist diese Äquivalenzklasse in kleinere Äquivalenzklassen zu zerlegen.

Die Einhaltung dieser Regeln garantiert –wie gesagt- natürlich nicht unbedingt die Fehlerfreiheit des getesteten Programms, minimiert jedoch den Aufwand bei relativ großer Fehlerentdeckungsrate.

Grenzwertanalyse

Diese Methode soll Testfälle liefern, welche die Grenzen der Wertebereiche von Eingabe –und Ausgabegrößen abdecken. Im Unterscheid zur Äquivalenzklassenmethode wird hier nicht mit Repräsentanten der jeweiligen Äquivalenzklassen getestet, sondern es werden Werte benutzt, welche sich an den Grenzen der Äquivalenzklassen befinden. Dies gilt sowohl für die Ein –und Ausgabe. Auch hier gelten zur Erstellung von Testfällen entsprechende Richtlinien:

1. Falls man für einen Eingabeparameter einen Wertebereich definieren kann, so sollte man Testfälle für den Grenzbereich des Wertebereiches entwickeln. Das heißt, ist zum Beispiel ein gültiger Bereich für Eingabeparameter *-100* bis *+ 100*, dann sind also Testfälle für die Bereiche *-100, 100,-100.001* und *100.001* zu definieren.

2. Falls für Eingabebedingungen ein Wertebereich definiert werden kann , so sind Testfälle für den oberen und unteren Grenzbereich zu entwickeln und Testfälle die direkt neben den Grenzwerten liegen, also außerhalb des zulässigen Bereiches. Kann beispielsweise eine Eingabedatei *1-999* Sätze enthalten, so entwirft man Testfälle für *0, 1, 999* und *1000* Sätze.

3. Für jede Ausgabebedingung sollte man die Richtlinie die in Punkt 1 angesprochen ist anwenden. Berechnet zum Beispiel ein Programm die monatliche Sozialabgabe, wobei das Minimum *0.00* und das Maximum *2.200,00 DM* beträgt, so entwirft man Testfälle, die den Abzug von *0.00* und *2.200.- DM* veranlassen. Zusätzlich versuche man, Testfälle zu erfinden, die einen negativen Abzug oder eine Abgabe größer als *DM 2.200.-* erreichen. Man beachte weiterhin, dass die Überprüfung der Grenze des Ergebnisraums ebenso wichtig ist, da Grenzen der Eingabebereiche nicht immer den Grenzen der Ausgabebereiche entsprechen.

4. Für jede Ausgabebedingung sollte man die Richtlinie aus Punkt zwei anwenden. Wenn zum Beispiel ein Datenbanksystem auf Anfrage die betreffenden Zusammenfassungen ausgibt, aber niemals mehr als vier, dann sind Testfälle zu entwickeln, so dass das Programm null, eine und vier Zusammenfassungen liefert, außerdem sollte noch ein Testfall entwickelt werden, der versucht fünf Zusammenfassungen auszugeben.

5. Falls die Ein- oder Ausgabe eines Programms eine geordnete Menge darstellt (z.B. eine sequentielle Datei, lineare Liste oder Tabelle), so sollte man besonders auf das erste und letzte Element der Menge achten.

Ursache-Wirkungs-Graph

Grenzwertanalyse und Äquivalenzklassenbildung erlauben keine kombinierte Eingabebedingungen. Solche Eingabekombinationen sind auch problematisch, da die Menge der möglichen Kombinationen sehr groß werden kann. Hier kann die Ursache-Wirkungs-Graph-Methode Abhilfe schaffen. Die Idee hierbei ist, dass die Spezifikation eines Programms in einen grafischen Formalismus umgesetzt und dann in eine Entscheidungstabelle abgebildet wird. Die Notation für den grafischen Teil kommt aus der Booleschen Schaltalgebra. In der Grafik stehen die Ursachen links und die Wirkungen rechts. Jede Ursache wird durch eine Linie mit möglichen Wirkungen, die auch als Kreise dargestellt sind, verbunden, und an die Verbindungsline werden die zugehörigen Booleschen Operatoren (und, oder, nicht) geschrieben. Es sei hierfür folgendes Beispiel betrachtet:

Die Eingabemaske für eine Transaktion besitze zwei mögliche Eingabewerte. Ist das Eingabezeichen in Spalte 1 ein A oder ein B und das Zeichen in Spalte 2 eine Ziffer, wird der Update einer bestimmten Datei durchgeführt. Ist das erste Zeichen nicht korrekt, wird eine Meldung E12 ausgegeben, ist das zweite Zeichen keine Ziffer, wird die Meldung E13 ausgegeben.
Bild 6-3 zeigt, wie der zugehörige Ursachen-Wirkungs-Graph aussehen könnte.

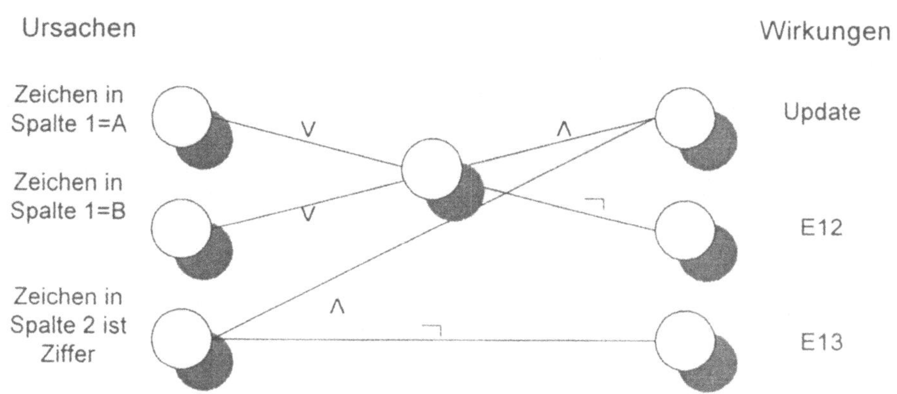

Bild 6-3 Ursache-Wirkungs-Graph

Die zugehörige Entscheidungstabelle ist in Bild 6-4 zu sehen.

	R1	R2	R3	R4	R5	R6	R7*	R8*
Zeichen in Spalte 1=A	1	0	1	0	0	0	1	1
Zeichen in Spalte 1=B	0	1	0	1	0	0	1	1
Zeichen in Spalte 2 ist Ziffer	1	1	0	0	1	0	1	0
Update	x	x	-	-	-	-	-	-
E12	-	-	-	-	x	x	-	-
E13	-	-	x	x	-	?	-	-

Bild 6-4 Entscheidungstabelle

In der Entscheidungstabelle in Bild 6-4 sehen wir 8 Spalten, und zwar für jede logische Kombination der 8 Regeln eine. Im unteren Teil stehen die möglichen Reaktionen. Das Fragezeichen bedeutet hier, dass dieser Fall nicht in der Spezifikation beschrieben ist, also noch geklärt werden muss. Ein Stern hinter einer Regel bedeutet, dass diese logische Kombination unmöglich ist.

Whitebox-Test

Der Struktur- oder Whiteboxtest ermöglicht das Austesten der inneren Struktur eines Programms. Dieses Verfahren unterscheidet kontrollflussorientierte und datenflussorientierte Tests. Unser Schwerpunkt liegt hier allerdings beim häufiger benutztem kontrollflussorientierten Testen. Hier werden Strukturelemente wie Anweisungen, Zweige oder Bedingungen zur Definition der Testziele benutzt. Kontrollflussorientierte Tests unterteilen sich in 3 Methoden, nämlich den Anweisungsüberdeckungstest, den Zweigüberdeckungstest und den Pfadüberdeckungstest.

Anweisungsüberdeckungstest

Dieses, auch C_0-Test genannte Verfahren, verlangt die Ausführung aller Anweisungen, also aller Knoten eines Kontrollflussgraphen. Ein Kontrollflussgraph besteht aus den Anweisungen, die als Kreise die Knoten darstellen, und aus den Verbindungslinien der Kreise, welche zu den nächsten möglichen Anweisungen, welche ja auch durch Kreise dargestellt sind, verzweigen. Diese Linien werden daher auch Zweige oder Kanten genannt. Betrachten wir z.B. folgendes einfache VBA-Programm zur Bestimmung der Anzahl Vokale eines Wortes:

```
Function vokzahl(xwort)
xvok = 0
xlen = Len(xwort)
For i = 1 To xlen
    If Mid(xwort, i, 1) = "a" Or Mid(xwort, i, 1) = "e"
        Or Mid(xwort, i, 1) = "i" Or Mid(xwort, i, 1) = "o"
        Or Mid(xwort, i, 1) = "u" Then
            xvok = xvok + 1
    End If
Next
vokzahl = xvok
End Function
```

Das zugehörige Kontrollflussdiagramm ist in Bild 6-5 zu sehen.

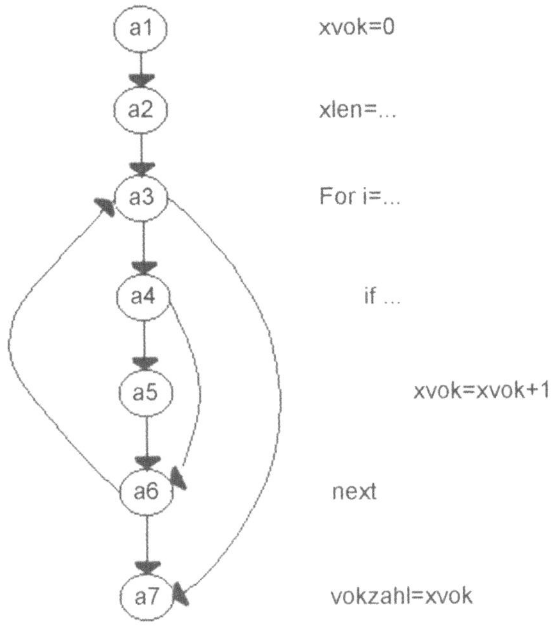

Bild 6-5 Kontrollflussdiagramm

Beim Anweisungsüberdeckungstest dient das Verhältnis der Anzahl der für den Testfall tatsächlich ausgeführten Anweisungen dividiert durch die Gesamtanzahl aller möglichen Anweisungen als die relevante Kontrollgröße. Die Fehleridentifizierungsquote liegt üblicherweise bei ca. 18% und ist damit nicht besonders hoch.

Zweigüberdeckungstest

Dieses, auch C_1-Test genannte Verfahren, bezieht sich auf die Zweige des zu testenden Programms. Hier wird die Verhältniszahl aus der Anzahl der tatsächlich in dem Testfall ausgeführten Zweige und der Gesamtzahl aller möglichen Zweige als Kriterium betrachtet. Die Fehleridentifizierungsquote ist mit durchschnittlich 34% schon um einiges besser als beim Anweisungsüberdeckungstest.

Pfadüberdeckungstest

Der Pfadüberdeckungstest stellt das umfassendste dynamische kontrollflussorientierte Testverfahren dar. Eigentlich handelt es sich hierbei um eine ganze Gruppe von Tests, zu denen z.B. auch der Zweigüberdeckungstest gehört. Wie der Name schon sagt, wird hier gefordert, dass alle möglichen Pfade, in die ein Programm Laufen kann, getestet werden. Studien zum Pfadüberdeckungstest zeigen, dass die Fehlererkennungsquote durchschnittlich bei ca. 60% liegt.

6.2.2 Statische Testverfahren

Statische Testverfahren haben den Vorteil, dass man sie manuell durchführen kann, d.h. theoretisch kann man den Quellcode auf Papier ohne einen Computer untersuchen. Drei der wichtigsten statischen Testverfahren seinen kurz besprochen.

Inspektionen

Inspektionen werden durchgeführt, um Teilprojekte einer Entwicklungsaktivität freizugeben, damit der nächste Teilschritt durchgeführt werden kann. Außerdem sollen Rückkopplungen zum Entwicklungsprozess erleichtert werden. Inspektionen betrachten den Quellcode sozusagen durch ein Mikroskop, in dem die Programmzeilen auf evtl. vorhandene Defekte untersucht werden. Am besten, dieser Test wird nicht vom Autor des Programms selbst vorgenommen, sondern von einem anderen, ebenfalls kompetenten Programmierer, der das Programm selbst gar nicht kennen muss. Meistens wird dabei ein geeignetes Team gebildet, welches gemeinsam das Programm durchgeht. Einer von dem Team hat die Aufgabe eines Moderators, welcher u.a. die Verteilung der Unterlagen und die Zeitplanung übernimmt. Er stellt eine Art Qualitätssicherungsingenieur dar. Der Programmdesigner sollte auch mit von der Partie sein. Es empfiehlt sich dann, dass der Programmautor das Programm dem Team vorstellt und die Logik darin erklärt, und zwar Anweisung für Anweisung. Dabei ist es hilfreich, wenn eine Checkliste bekannter Fehler abgearbeitet wird. Nach Aufdecken und Beseitigen der gefundenen Defekte kann das Teilprogramm dann freigegeben werden. Untersuchungen zeigen, dass mit dieser Methode im Schnitt ca. 40% aller Defekte gefunden werden.

Review

Ein Review ähnelt sehr der Inspektion, ist im Gegensatz dazu aber weniger formalisiert. Es handelt sich dabei um eine eher manuelle, halbformale Methode zur Identifizierung von Stärken und Schwächen eines Programms. Dabei wird das schriftlich vorliegende Dokument anhand von Referenzunterlagen durchleuchtet. Es sollen damit Mängel, Fehler, Inkonsistenzen, Unvollständigkeiten, Verstöße gegen die Vorgaben etc. entdeckt werden. Das sonstige Vorgehen ist analog der Inspektion, es wird ein Review-Team gebildet, wird ein Review-Protokoll erstellt und dem Management vorgelegt. Dieses entscheidet dann über das weitere Vorgehen. Konsequent durchgeführte Review können bis zu 70% der Fehler in einem Dokument entdecken.

Walkthroughs

Der Walkthrough ist eine abgeschwächte Methode des Reviews. Auch hierbei handelt es sich um eine manuelle, allerdings eher informale Prüfmethode. Der Autor eines Dokuments präsentiert dabei dasselbe in einer Sitzung den Gutachtern. Funktionalitäten werden anhand von Beispielen und Szenarien getestet. Diese Methode bietet den Vorteil, dass sie eine nicht so intensive Vorbereitung wie die beiden anderen statischen Testverfahren erfordert. Allerdings ist die Fehlererkennungsquote auch entsprechend geringer.

6.3 Anwendertests

Die bisherigen Testverfahren bezogen sich hauptsächlich auf Programmtests, welche während des Entwurfs und während der Implementierung zum Einsatz kommen. Wenn aber das Programm fertig gestellt ist, so sollte vor dem produktiven Einsatz die Software von einer Gruppe zukünftiger Anwender getestet werden. In der Regel handelt es sich dabei um keine DV-Spezialisten, sondern um eingeweihte Tester, die das Programm mit teilweise genau definierten Testfällen, teilweise aber auch mit mehr oder weniger zufälligen Eingaben testen. Für das systematische Testen mit vordefinierten Testfällen gibt es mittlerweile relativ intelligente Werkzeuge. Meistens handelt es sich dabei um eine Art Tastaturanschlagsspeicher, der die Eingabe der Testdaten abspeichert. Später können diese Eingabekombinationen dann leicht erneut auf neue Versionen der Software angewendet werden. Die Tastaturanschläge sind auch nachträglich noch editierbar, so dass z.B. bei Hinzunahme eines neuen Feldes in eine Erfassungsmaske nicht nochmals alle Tastenanschläge neu eingegeben werden müssen, sondern die bereits vorhanden bearbeitet werden können. Durch solche Tools lassen sich dann auch Fehler rekonstruieren, was manchmal nicht so einfach ist, wenn man z.B. nicht mehr genau weiß, wie man einen bestimmten Fehler erzeugen konnte.

Es ist auch sehr wichtig, dass genügend Zeit schon bei der Planung für das Testen zur Verfügung gestellt wird. Untersuchungen haben gezeigt, dass das Auffinden und Beseitigen von Fehlern in einer Software ungefähr den gleichen Zeitaufwand mit sich bringt wie das gesamte Kodieren der Anwendung. Durch neue Methoden, wie z.B. die objektorientierte Programmierung, verbessert sich allerdings dieses Verhältnis ständig.

6.4 Installation

Ist die Software hinreichend ausgetestet, so kann sie im Prinzip beim Anwender installiert werden. Hierfür sollte zunächst beim Anwender ein Installationstest durchgeführt werden. Es ist dabei erforderlich, dass beim Anwender unbedingt das gesamte System zuerst gespeichert wird, so dass evtl. durch den Installationstest verursachte Systemzerstörungen wieder recovered werden können. Bei komplexen Installationsprozeduren mag es sogar sinnvoll sein, dass der Entwickler einen eigens für diesen Zweck konfigurierten Rechner bei sich hat. Dieser Rechner muss dann so konfiguriert sein, dass er möglichst echt die Umgebung des zukünftigen Anwenders simuliert. Grundsätzlich sind dann zwei Installationsarten zu unterscheiden:

Anwendung für bestehende und bereits installierte Software

Damit ist gemeint, dass bei dem Anwender bereits bestimmte Shells installiert sind, z.B. das Office-Paket unter Windows. Nun kann es sein, dass eine Anwendung z.B. für MS-Access® geschrieben wurde. In diesem Fall gestaltet sich die Installation relativ einfach und ungefährlich: Man kopiert einfach die Anwendungsdatenbank in ein bestimmtes Verzeichnis, und durch Doppelklicken auf den Dateinamen wird die Anwendung dann gestartet. Im Beispiel eines Access-Programms wird dadurch zunächst MS-Access® selbst gestartet und dann darunter die doppelgeklickte Anwendung. Solche Installationen sind also recht harmlos, da dabei das System selbst in der Regel nicht betroffen ist.

Anwendungen ohne Nutzung bereits installierter Software

In diesem Fall handelt es sich also um eine Software, die direkt unter dem Betriebssystem Laufen soll. Damit dies möglich ist, muss dem Anwender eine Installationssoftware z.B. auf CD verfügbar gemacht werden. Konkret heißt das für den Entwickler, dass er nach Fertigstellung des eigentlichen Anwendungsprogramms eine Installationsversion davon erstellen muss. Hierfür gibt es mittlerweile geeignete Werkzeuge, mit denen sich solche Installations-CDs erstellen lassen. Zum Beispiel kann man im Falle einer MS-Access-Anwendung mit Hilfe des Office-Developement-Kits eine Installationsversion erstellen, die der Anwender später mit dem üblichen „Setup"-Befehl startet. Der Anwender merkt dabei gar nicht, dass er eigentlich eine MS-Access-Anwendung installiert. Ist kein Office auf dem Zielrechner installiert, so wird automatisch ein Access-Runtime-Kernel installiert, der die eigentliche Access-Anwendung ausführen lässt, auch wenn MS-Access® selbst gar nicht installiert ist.

6.5   Einführung und Schulung

Nach erfolgter Installation kann es sinnvoll sein, eine Schulung für die Anwender durchzuführen. Zumindest aber sollte –schon aus psychologischen Gründen- eine begleitende Einführung in das Programm für die Anwender durchgeführt werden. Es ist manchmal auch sinnvoll, wenn ein Benutzerhandbuch (vgl. Beispiel im Anhang) vorliegt. Durch die interaktiven Möglichkeiten ist es aber oft ausreichend, wenn eine Online-Hilfe zur Verfügung steht. Ob wirklich eine Schulung durchgeführt werden muss oder ob bereits eine Einführung in das Programm ausreichend ist, muss letztendlich das Management entscheiden. Es sei aber angemerkt, dass die Akzeptanz und damit der Erfolg eines Projekts häufig von psychologischen Faktoren der beteiligten Anwender abhängig ist. Und die Akzeptanz wird erfahrungsgemäß neben einer frühzeitigen Miteinbeziehung der zukünftigen Anwender in die Entwicklungsplanung durch eine hinreichende Schulung erhöht.

6.6   Wartung

Die Wartung einer installierten Software sollte minimal gehalten werden. Wurde die Anwendung nach den Maßstäben des Softwareengineering geschrieben, dann müsste dass auch so sein. Dennoch zeigen die vorgestellten Testverfahren, dass ein 100% fehlerfreies Programm ab einem gewissem Komplexitätsgrad praktisch unmöglich ist. So kann es passieren, dass selbst noch nach Jahren Fehler in einem Programmteil entdeckt werden, in den bisher aufgrund der eingegebenen Daten noch nicht verzweigt wurde. Solche Fehler müssen dann beseitigt werden, was Aufgabe einer Wartung sein kann. Normalerweise ist die Wartung für den Kunden kostenpflichtig. Während die Testphase, insbesondere der Anwendertest, kostenfrei sein sollte (dies muss bei dem Kostenvoranschlag bzw. Festpreis natürlich einkalkuliert sein), kann die Wartungsphase z.B. auch durch einen kostenpflichtigen Wartungsvertrag abgedeckt werden. Wichtig ist dabei, dass der Anwendertest wohl unterschieden wird von der Wartungsphase. Erfahrungsgemäß sollte daher der Zeitraum für den Anwendertest klar definiert sein. So kann es z.B. sinnvoll sein, ein Programm dem Anwender für 4 Wochen zum Testen zu überlassen und in dieser Zeit gefundene Fehler kostenlos zu beseitigen. Dies veranlasst dann den Anwender, auch tatsächlich zu testen und das Programm nicht liegen zu lassen, bis er einmal zufällig dafür Zeit hat (solche Fälle sind nicht unbedingt selten). Nach Ablauf dieser Testzeit sollte sich dann also die Wartungsphase anschließen; jetzt werden allerdings die Fehler nicht mehr kostenlos beseitigt.

Die Dauer der Wartungssphase ist lediglich durch einen Wartungsvertrag begrenzt. Wenn ein Programm längere Zeit intensiv im Einsatz ist und alle Fehler beseitigt sind, so ist normalerweise keine Wartung mehr notwendig.

7 Spezielle Gebiete des Softwareengineering

Die in den bisherigen Kapiteln erläuterten Projektphasen sind allgemein anwendbar, auch wenn in den Beispielen der Schwerpunkt auf Datenbankanwendungen gelegt wurde. In diesem Kapitel sollen nun die Besonderheiten einiger Spezialgebiete durchleuchtet und die bisherigen Erkenntnisse und Methoden darauf angewendet werden. Dabei zeigt sich, dass es sehr spezielle Gebiete gibt, wo eine etwas abgewandelte Vorgehensweise erforderlich sein kann. Auf diese soll nachfolgend eingegangen werden. Es werden allerdings jeweils nur Einblicke in die verschiedenen Möglichkeiten gegeben, um die Prinzipien aufzuzeigen.

7.1 Betriebliche Informationssysteme

In den bisherigen Beispielen handelte es sich meistens um sog. betriebliche Informationssysteme. Diese seien zunächst allgemein definiert:

Def. 7.1.1 (*Betriebliche Informationssysteme*)

Unter einem Betrieblichen Informationssystem verstehen wir computergestützte Anwendungswerkzeuge für die Berechnung, das Suchen und Auffinden und die Verwaltung von Geschäftsinformation. Diese Information kann gleichzeitig von mehreren Anwendern benutzt werden.

Das erklärt auch, warum betriebliche Informationssysteme fast immer Datenbankanwendungen darstellen: Es sind große Datenmengen zu verwalten. Wie man in der Definition auch erkennt, sind häufig mehrere Benutzer gleichzeitig an der Bearbeitung der Daten beteiligt. Dies setzt u.a. voraus, dass ein gewisser Zugriffsmechanismus verhindert, dass mehrere Anwender gleichzeitig den selben Datensatz verändern können. Eine Möglichkeit so etwas zu koordinieren besteht in sogenannten Client-Server-Applikationen (vgl. Bild 7-1).

Die Idee hierbei ist, dass alle Daten zentral auf einem Server vorgehalten werden, während ein lokales Anwendungsprogramm auf den Rechnern der Anwender (Clients) den Zugriff auf die Daten leistet. Dies sei wohlunterschieden von den zentralen Datenbanken der 70er und 80er Jahre des 20. Jahrhunderts. Damals war es nämlich so, dass sowohl die Daten als auch das zugehörige Anwenderprogramm für den Zugriff gemeinsam auf einem großem Server installiert waren, und die Anwender über ein unintelligentes Terminal alle immer direkt auf dem gleichen Rechner arbeiteten. Dies stellte natürlich nicht nur Sicherheitsanforderungen an die Datenfiles, sondern auch an das Anwendungsprogramm, was ja gleichzeitig von mehreren Usern benutzt wurde.

Das Client-Server-Prinzip hingegen geht davon aus, dass in der Regel nur die Daten auf einem zentralen Server liegen, während das Anwendungsprogramm für den Zugriff auf jedem Client-Rechner lokal (redundant) installiert ist. Dies bietet gleich mehrere Vorteile:

1. Der Mehrfachzugriff muss nur für die Daten selbst berücksichtigt werden.

2. Die Datenleitungen werden nur für die Übertragung der Information aus den Datenfiles des Servers und die Anfragen der User belastet.

3. Komplizierte Berechnung mit den Daten z.B. für die Aufbereitung und Darstellung in einer Geschäftgrafik werden lokal beim Client durchgeführt und belasten nicht den Server.

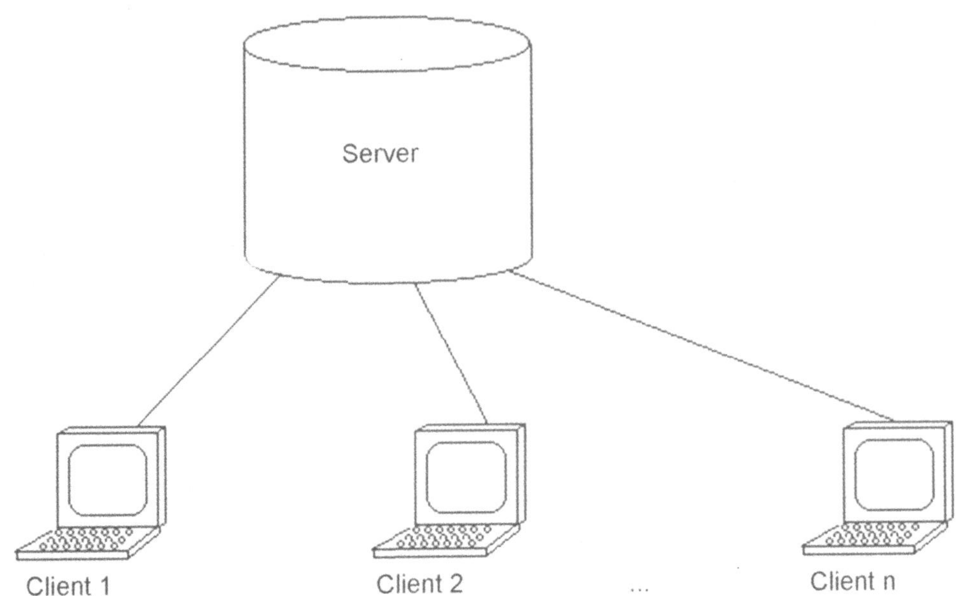

Bild 7-1 Client-Server-Betrieb

Gerade die Tatsache, dass die Datenleitungen nicht unnötig mit Teilen des Anwenderprogramms wie z.B. Bildschirmmasken und/oder Sounds etc. belastet werden, ermöglichen erst, komfortable Anwenderprogramme zu schreiben.

Was das Datenzugriffshandling betrifft, so sind folgende Fälle zu berücksichtigen:

Gleichzeitiger Zugriff auf die selbe Tabelle

Dies ist nur kritisch, wenn entweder mehrere User auf den gleichen Datensatz schreibend zugreifen möchten (siehe unten) oder wenn Änderungen an der gesamten Tabelle erforderlich sind (z.B. Ersetzen eines Begriffs in allen Datensätzen einer Tabelle). In letzterem Fall empfiehlt es sich, dafür zu sorgen, dass die ganze Tabelle für andere Anwender gesperrt wird (Tabellenlocking). Zuvor sollte sichergestellt werden, dass keine anderen Anwender mehr zum Zeitpunkt der Tabellenreorganisation auf die Tabelle zugreifen. Handelt es sich um administrative Aufgaben wie z.B. das Komprimieren von Daten (also das physikalische Löschen der als gelöscht markierten Datensätze) oder das Sichern von Tabellen, so sollten diese in den Abendstunden oder am Wochenende getätigt werden.

Gleichzeitiger Zugriff auf den selben Datensatz

Solange mehrere Anwender nur lesend auf den selben Datensatz zugreifen, ist das problemlos. In der Regel wird nämlich der aktuelle Datensatz vom Server lokal in das Anwenderprogramm geladen. Werden jetzt aber von verschiedenen Usern gleichzeitig Änderungen vorgenommen, so geschieht dies zuerst ebenfalls auf den jeweiligen Clientrechnern, also lokal. Erst beim Versuch, den so geänderten Datensatz auf den Server zurück zu schreiben, kann es zu Kollisionen kommen. Dies kann nun durch verschiedene Maßnahmen verhindert werden. Eine Möglichkeit besteht darin, dass nach dem Prinzip „wer zuerst kommt, der mahlt zuerst", einfach die Änderungen zurückgeschrieben werden, und zwar in der Reihenfolge, wie sie ankommen, unabhängig davon, ob gerade mehrere Anwender gleichzeitig geändert haben. Die letzte der eingehenden Änderungen ist dann die bleibende. Diese Lösung ist aber sehr unbefriedigend, denn die Änderungen der anderen Anwender sind verloren.

Eine andere, bessere Alternative besteht darin, dass der erste, der schreibend auf einen Datensatz zugreifen will, diesen Datensatz zum Schreiben freigeschaltet bekommt, während alle anderen Anwender, die später schreibend auf den Satz zugreifen möchten, eine entsprechende Meldung auf ihren Bildschirm bekommen, die darauf hinweist, dass bereits ein anderer schreibend auf den Datensatz zugreift. Damit wird der Datensatz solange für andere gesperrt, bis das Editieren des Ersten abgeschlossen ist. Diese Vorgehensweise nennt man auch Recordlocking.

Zur Veranschaulichung des Client-Server-Betriebs sei auf unser altes Beispiel der Lizenzabrechnung zurückgegriffen. Beginnt man in MS-Access® zunächst mit der Programmierung einer Anwendung, so werden die Instanzen der Klasse *Tabelle* normalerweise im selben Datenfile wie alle anderen Klassen, insbesondere die Klasse der Bildschirmmasken (*Formulare*), abgespeichert. Dies ist natürlich nicht für den Client-Server-Betrieb geeignet. Zu diesem Zweck müssen (mind.) zwei physikalische Dateien vorhanden sein: Eine für die Tabellen und eine für den Rest. Diese Trennung von Daten und Anwendungsprogramm kann übrigens auch nachträglich noch relativ einfach vorgenommen werden. Wenn man in unserem Beispiel der Lizenzabrechnung einmal die Instanzen der Tabellenklasse anschaut, so stellt man fest, dass manche Tabellen mit einem schwarzen Pfeil vor dem Tabellennamen gekennzeichnet sind (vgl. Bild 7-2).

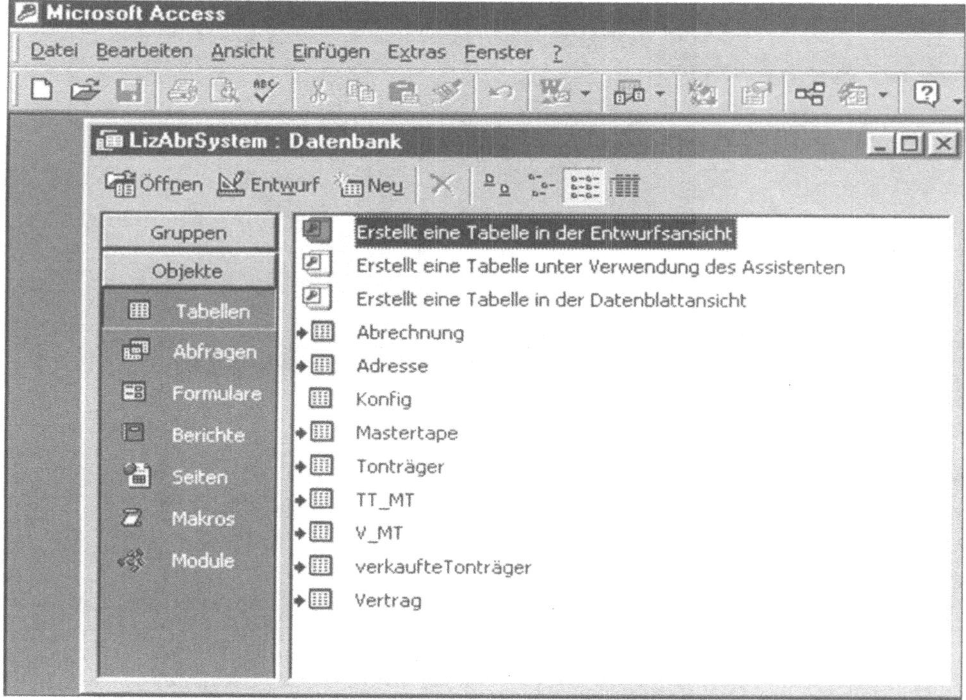

Bild 7-2 Eingebundene Tabellen

Die so gekennzeichneten Tabellen, auch eingebundene Tabellen genannt, befinden sich physikalisch in einer anderen Datei. Konkret sieht das hier so aus, dass ein File mit dem Namen *LAS-Daten.mdb* existiert, in dem sich lediglich die mit dem Pfeil gekennzeichneten Tabellen befinden, zusammen mit ihren relationalen Verknüpfungen, und die sonst keine Objekte der anderen Klassen enthält. Alle anderen Objekte wie Bildschirmmasken, Berichte, SQL-Abfragen und Visual-Basic-Funktionen befinden sich in einem File namens *LizAbrSystem.mdb*. Letztere Datei stellt das Client-Anwendungsprogramm dar und kann an mehrere Anwender verteilt und dort jeweils lokal installiert werden. Die Datei *LAS-Daten.mdb*, welche lediglich die Tabellen und Beziehungen enthält, kann auf einem Server abgelegt werden. Die dann im Anwenderprogramm mit dem Pfeil gekennzeichneten Tabellen sind also nur einmalig auf dem Server vorhanden, und jeder Anwender weist damit auf diese gleichen Tabellen. Natürlich können im Anwenderprogramm noch weitere, lokale Tabellen vorkommen, die dann nur Informationen enthalten, die für den jeweiligen Anwender von Bedeutung sind (z.B. die Tabelle *konfig* in Bild 7-2). Gegenüber allen Masken und Funktionen etc. verhalten sich eingebundene Tabellen genau wie lokale Tabellen.

Offen ist noch die Frage, wie die Tabellen einer externen Datei in das aktuelle Anwenderprogramm eingebunden werden. Dafür gibt es zwei Möglichkeiten. Die erste besteht darin, jede Tabelle „von Hand" einzubinden. Hierzu gibt es in MS-Access® eine Option (vgl. Bild 7-3).

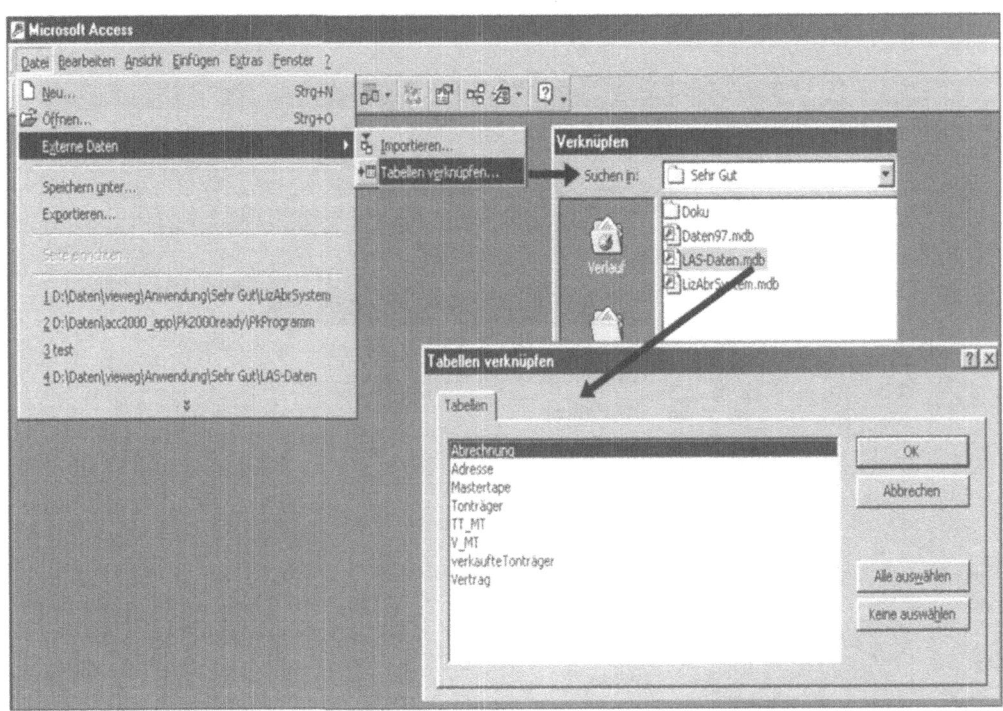

Bild 7-3 Verknüpfen von externen Tabellen

Die Eigenschaft *ExterneDaten...TabellenVerknüpfen* ermöglicht es, die Herkunftsdatei und dann darin die jeweiligen Tabellen auszusuchen, die mit dem aktuellen Anwenderprogramm verknüpft werden sollen.

Die Trennung von Daten und Programm hat noch einen anderen Vorteil. In der Test- und auch in der Produktionsphase kann es vorkommen, dass Programmfehler gefunden werden. Dies hat zur Folge, dass der Entwickler diese Fehler korrigieren muss. Nun ist es aber häufig so, dass der Anwender bereits „echte" Daten eingegeben hat, und wenn Daten und Programm in einer Datei stehen, so könnte der User solange nicht weiterarbeiten, bis der Entwickler beides wieder zurückgibt. Außerdem können nun auch (neue) Testdaten des Entwicklers vorhanden sein. Dieses Problem wird gänzlich verhindert, wenn Daten und Programm physikalisch getrennt sind. Dann kann der Entwickler bei sich den Fehler beseitigen und braucht nur den Programmteil, und nicht die Daten dem Anwender zurückzugeben. Der Anwender kann in dieser Zeit auch weiter seine Daten bearbeiten.

Das manuelle Einbinden der Tabellen hat nun aber einen schwerwiegenden Haken: Die Information über das Laufwerk, den Pfad und den Dateinamen der externen Herkunftsdatei, aus der die Tabellen verknüpft werden, wird in dem Anwenderprogramm des Clients abgespeichert. Dies muss auch so sein, denn wie sonst sollte sonst das Anwenderprogramm wissen, woher die verknüpften Tabellen kommen. Nun hat aber z.B. in oben beschriebenem Fall sicher der Entwickler andere Laufwerks- und Pfadbezeichnungen für seinen Datenfile als der oder die Anwender. Ändert sich aber Laufwerk oder Pfad oder der Dateiname der Herkunftsdatei (z.B. weil der Entwickler einen Fehler korrigierte), so werden die Tabellen nicht mehr gefunden, und der Anwender müsste nun jede Tabelle wieder neu einbinden. Dies kann dem Anwender aber nicht zugemutet werden. Maximal zumutbar ist allenfalls, dass der oder die Anwender bei so einem Wechsel (der ja naturgemäß nicht so oft vorkommen dürfte) automatisch eine Mitteilung bekommt, dass er den Pfad neu einstellen muss, wobei dann das übliche Datei-Auswahlfenster angezeigt werden sollte, und der User dann dort die Herkunftsdatei anklickt. Das Einbinden der einzelnen Tabellen muss dann aber automatisch erfolgen. Das klingt zunächst einfacher als es tatsächlich ist. In MS-Access® muss zunächst in einem Visual-Basic-Programm nach dem Start der Anwendung abgefragt werden, ob Laufwerk, Pfad und Dateiname der Tabellen-Herkunftsdatei noch vorhanden sind. Wenn nicht, dann muss besagtes Dateiauswahlfenster aufgehen, in dem der Anwender dann die Herkunftsdatei auswählt. Dann muss das VBA-Programm dafür sorgen, dass die alte Verknüpfung für jede Tabelle gelöscht und durch die neue ersetzt wird.

Das übliche Windows-Dateiabfragefenster ist allerdings nicht so ohne weiteres in MS-Access® integrierbar. Dieses Fenster ist nämlich Bestandteil der windowseigenen Library. Um dies aufzurufen, bedarf es einiger Umwege, welche in VBA erforderlich sind. Es sind bestimmte Dummy-Parameter zu setzen und an die Windows-Library zu übergeben und das Windows-Auswahlfenster muss an ein Access-Formular gebunden sein. Im Internet sind hierfür einige VBA-Quellcodes zu finden, die relativ problemlos in eine Acces-Anwendung einbezogen werden können. Da diese Quellcodes über die Urheberrechtsschutzbestimmungen an die jeweiligen Autoren gebunden sind, wurden sie hier nicht benutzt. Stattdessen wurde einfach über ein Eingabefenster, in das beliebige Zeichenketten eingegeben werden können, Laufwerk und Pfad der anzubindenden Datei erfragt. Es sei aber darauf hingewiesen, dass diese Methode für professionelle Anwendungen nicht geeignet ist, da der Anwender sich hier schnell verschreiben könnte, und außerdem Laufwerk und Pfad erst an anderer Stelle suchen muss, bevor er diese Daten hier eingeben kann.

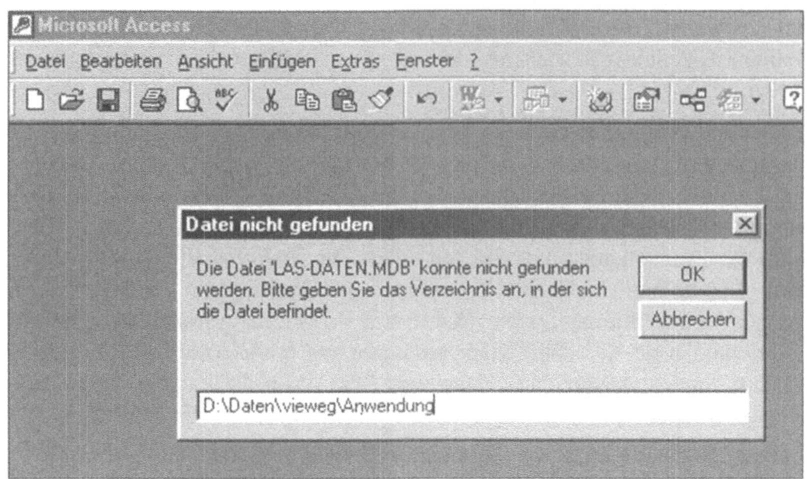

Bild 7-4 Auswahl der Herkunftsdatei für die Tabellen

Bild 7-4 zeigt eine mögliche Meldung, die direkt nach dem Start des Lizenzabrechnungsprogramms erscheint, falls sich Laufwerk und/oder Pfad der Herkunftsdatei geändert haben. In
diesem Beispiel ist der Name der Herkunftsdatei verbindlich (*LAS-Daten.mdb*), so dass der
Anwender gezielt nach ihr suchen kann bzw. nur Laufwerk und Pfad eingeben muss. Nachfolgendes VBA-Programm zeigt, wie dies geschieht.

```
Private Function Init() As Boolean
   '*** Überprüfen ob verknüpfte Tabellen auffindbar, falls nein
   '*** neu einbinden.
   '*** DA-Objekte für Datenbank-Zugriff
   Dim aktDB As Database
   Dim tabelle As Recordset
   Dim tempTabelle As TableDef
   Dim pfad As String
   Dim tempStr As Variant
   Dim Abbruch As Boolean
   Abbruch = False
   pfad = ""
   '*** Konfig Tabelle öffnen
   Set aktDB = CurrentDb
   Set tabelle = aktDB.OpenRecordset("Konfig")
   '*** Pfad der eingebundenen Tabellen einlesen
   If Not (tabelle.EOF And tabelle.BOF) Then
      tabelle.MoveFirst
```

```
    tempStr = LTrim(RTrim(tabelle("Pfad"))) ' zwischenspeichern
                                            'wegen möglichen Nullwert
    If Not IsNull(tempStr) Then pfad = tempStr
    tabelle.MoveFirst
End If
 '*** Neuen Pfad von Benutzer einlesen, falls Tabellen nicht
 '*** gefunden
 '*** Schleife solange wiederholen bis Eingabe gültig oder
 '*** Abbruch erwünscht
While (Not Abbruch And Dir(pfad & "\LAS-Daten.mdb") = "")
    pfad = InputBox("Die Datei 'LAS-DATEN.MDB' konnte nicht ge
                    funden werden. Bitte geben Sie das Ver
                    zeichnis an, in der sich die Datei befin
                    det.", "Datei nicht gefunden", pfad)
    If pfad = "" Then
      '*** Abbruch erwünscht
      Abbruch = True
    Else
 '*** Whitespaces löschen und "\" abschneiden falls angegeben
      pfad = LTrim(RTrim(pfad))
      laenge = Len(pfad)
      If Mid(pfad, laenge, 1) = "\" Then
         pfad = Mid(pfad, 1, laenge - 1)
      Endif
      If (Dir(pfad & "\LAS-Daten.mdb")) <> "" Then
        '*** Falls Eingabe korrekt : Tabellen neu verknüpfen...
        For a = 0 To aktDB.TableDefs.Count - 1
          Set tempTabelle = aktDB.TableDefs(a)
          If tempTabelle.Connect <> "" Then
            tempTabelle.Connect=" ; DATABASE=" & pfad & "\LAS-
                                Daten.mdb"  ' neuer Link-Pfad
            tempTabelle.RefreshLink
          End If
        Next
        '*** ...und in "Konfig" eintragen
        tabelle.Edit
        tabelle("Pfad") = pfad
        tabelle.Update
      End If
```

```
    End If
  Wend
  tabelle.Close
  Init = Not Abbruch
End Function
```

Die wichtigsten Elemente des VBA-Beispiels sind folgende:

In der aktuellen, also im Anwendungsprogramm physikalisch vorhandenen Tabelle *konfig* steht der Pfad und das Laufwerk der letzten funktionsfähigen Tabellenverknüpfung. Dieser Wert wird zunächst ausgelesen und die Variable *pfad* geschrieben. Das Kommando

```
Dir(pfad & "\LAS-Daten.mdb")
```

welches in der while-Schleife benutzt wird, gibt den Wert „true" zurück, falls der ausgelesene Pfad die Datei *LAS-Daten.mdb* enthält. Enthält das Verzeichnis die Datei nicht, so wird die while-Schleife betreten und das Inputbox-Kommando erzeugt die Eingabemaske aus Bild 7-4. Die Methode *connect*, angewendet auf die aktuelle Liste der Tabellenobjekte, im Beispiel

```
tempTabelle.Connect
```

genannt, verknüpft dann die externen Tabellen erneut mit dem Anwenderprogramm. Am Ende des Programms wird schließlich der neue Pfad in die lokale Tabelle *konfig* geschrieben. Hat das erneute Verknüpfen geklappt, so startet das Programm wie gewohnt und es kommt die Einstiegsmaske.

7.2 Realzeitanwendungen

Software-Entwicklungen, welche für den Echtzeitbetrieb eingesetzt werden, stellen besondere Anforderungen. Eine davon ist, dass gewährleistet sein muss, dass ein Programm möglichst schnell bzw. innerhalb einer vorgegebenen Zeitspanne auf ein Ereignis reagieren können muss. Kommt es beispielsweise in einem Kernkraftwerk zu einem Leck im Kreislaufsystem, so wird dies von geeigneten Sensoren entdeckt und ein Signal an einen Computer geschickt. Naturgemäß besitzt so ein Ereignis eine hohe Priorität, so dass andere Softwareprogramme angehalten werden müssen, und das Programm, welches auf das Leck reagiert, gestartet wird. Dieses Programm selbst muss dann so beschaffen sein, dass es sehr schnell gewisse Aktionen auslöst, wie z.B. das Ertönen einer Alarmglocke, das Verschließen eines Teils der Kreislaufsystems, so dass nicht noch mehr leckläuft und so weiter. Kurzum: Die Software muss u.a. eine maximale Geschwindigkeit besitzen. Erfahrungsgemäß ist es aber so, dass eine geschriebenes Programm zunächst nicht optimal „getuned" ist. So macht es Sinn, ein Programm oder vielmehr den zugrunde liegenden Algorithmus auf seine Güte in obigem Sinne zu prüfen und ggf. zu verbessern. Als Maßstab hierfür dient die sogenannte Komplexität eines Algorithmus. Der Begriff der Komplexität hat hier nicht unbedingt etwas damit zu tun, wie kompliziert ein Algorithmus ist. Es gibt sehr einfache Algorithmen, die eine hohe Komplexität besitzen und umgekehrt. Komplexität meint hier vielmehr, wie aufwendig es für den Computer ist, das gewünschte Ergebnis zu produzieren. Zum Beispiel eine *Do-While*-Schleife, die sehr oft und lange durchlaufen werden muss, kann zu einer hohen Komplexität im Sinne des Rechenaufwands führen, obwohl die Schleife selbst vielleicht sehr einfach aufgebaut ist. Bevor wir also weiter auf Entwurfsprinzipien von Realzeitanwendungen eingehen, sollte verstanden sein, dass die Komplexität der beteiligten Algorithmen minimal sein muss. Deshalb beschäftigen wir uns zunächst mit diesem Thema.

7.2.1 Komplexität von Algorithmen

Zunächst definieren wir den Begriff eines Algorithmus selbst:

> **Def. 7.2.1.1** (*Algorithmus*)
>
> Ein Algorithmus ist eine Abbildung von einer Menge E von Eingaben in eine Menge A von Ausgaben. Er ist eine systematische Methode zur Lösung eines Problems.

Anders ausgedrückt: Ein Algorithmus ist eine Rechenvorschrift, der Eingaben aus der Input-Menge E in Ausgaben, die zusammen die Outputmenge A darstellen, umwandelt. So eine Rechenvorschrift kann natürlich fehlerhaft sein, und daher fordert man (zumindest theoretisch), dass ein Algorithmus korrekt sein muss.

> **Def. 7.2.1.2** (*semantische Korrektheit*)
>
> Ein Algorithmus ist semantisch korrekt, wenn er folgende Bedingungen erfüllt:
>
> (i) jeder Input $e \in E$, der eine festgelegte Eingabebedingung α erfüllt, wird auf eine Ausgabe $a \in A$ abgebildet, die eine vorgegebene Ausgabebedingung β erfüllt.
>
> (ii) Der Algorithmus ist endlich

Betrachten wir hierfür folgendes Beispiel:

```
Function intdiv(x As Integer, y As Integer)
  Dim q As Integer
  Dim r As Integer
  q = 0
  r = x
  Do While y <= r
     q = q + 1
     r = r - y
  Loop
  Debug.Print "Quotient= ", q, "Rest= ", r
End Function
```

Interessant an diesem Beispiel ist, dass eine Division der beiden ganzen Zahlen x und y durchgeführt wird, ohne dass tatsächlich im Programm ein Befehl zum Dividieren ausgeführt wird. Es wird mit den Grundrechenarten Addition und Subtraktion ausgekommen. Die Frage, ob dieser Algorithmus nun semantisch korrekt ist, lässt sich so nicht beantworten, da semantische Korrektheit immer nur zusammen mit den Eingabebedingungen α den Ausgabebedingungen β Sinn macht. Daher betrachten wir folgende Bedingungen:

$\qquad$ a) $x{\geq}0 \;\wedge\; y{>}0 \;\wedge\; x{=}q{\bullet}y{+}r \;\wedge\; 0{\leq}r{<}y$

$\qquad$ b) $x{\geq}0 \;\wedge\; y{\geq}0 \;\wedge\; x{=}q{\bullet}y{+}r \;\wedge\; 0{\leq}r{<}y$

$\qquad$ c) $x{\geq}0 \;\wedge\; y{>}0 \;\wedge\; x{=}q{\bullet}y{+}r \;\wedge\; 0{<}r{<}y$

Zunächst ist zu identifizieren, welches die Eingabe-, -und welches die Ausgabebedingungen sind. Dies ist relativ einfach: An den Eingabebedingungen sind nur die Eingabevariablen beteiligt, während immer dann, wenn Ausgabevariable (mit) betroffen sind, es sich um die Ausgabebedingungen handelt.

Fall a)

Hier ist die Eingabebedingung: α: $x{\geq}0 \land y{>}0$

und die Ausgabebedingung: β: $x=q{\bullet}y+r \land 0{\leq}r{<}y$

Dies entspricht dem, was man bei der Division positiver Zahlen mathematisch erwarten würde. y darf nicht Null sein, denn die Division durch Null ist nicht definiert. Wenn q dann den Quotienten und r den Rest darstellt, dann gibt Bedingung β genau die Bedingungen wieder, die alle Eingabe- und Ausgabevariablen erfüllen müssen. Auch der Algorithmus macht hier keine Probleme und erfüllt die Anforderungen der semantischen Korrektheit.

Fall b)

Hier ist die Eingabebedingung: α: $x{\geq}0 \land y{\geq}0$

und die Ausgabebedingung: β: $x=q{\bullet}y+r \land 0{\leq}r{<}y$

Man sieht, dass sich nun die Eingabebedingung geändert hat. $y=0$ ist jetzt zugelassen. Mathematisch ist dies nicht zulässig, aber da im Algorithmus nur addiert und subtrahiert wird, könnte man zunächst vermuten, dass das nichts macht. Bei genauerer Betrachtung stellt man jedoch fest, dass die *do-while*-Schleife dann zu einer Endlosschleife wird. Betrachtet man z.B. die Werte $x=5$ und $y=0$, so besitzt beim Eintritt in die Schleife r den Wert 5 und y den Wert 0. Innerhalb der Schliefe wird dann wegen $r=r-y$ der Wert von r aber nicht reduziert, da ja $y=0$ ist. Damit bleibt die Schleifenbedingung, nämlich $y{<=}r$, hier also konkret: $0{<=}5$, immer gleich. Somit wurde eine Endlosschleife erzeugt. Daher ist der Algorithmus nicht mehr endlich, und damit nicht mehr semantisch korrekt. Lösen kann man das Problem auf zwei Arten: Entweder man ändert die Eingabebedingung ab oder man lässt die Eingabebedingung und ändert den Algorithmus. So könnte man z.B. eine Abfrage einbauen, ob $y=0$ ist und in diesem Fall nicht in die Schleife verzweigen, sondern eine Meldung ausgeben und das Programm abbrechen. Damit wäre der Algorithmus wieder semantisch korrekt.

Fall c)

Hier ist die Eingabebedingung: α: $x{\geq}0 \land y{>}0$

und die Ausgabebedingung: β: $x=q{\bullet}y+r \land 0{<}r{<}y$

Hier wurde nun die Ausgabebedingung gegenüber dem Fall a) abgeändert. Es ist jetzt nur zulässig, dass der Rest ungleich Null ist. Wenn man jedoch als Beispiel $x=8$ und $y=4$ wählt, was gemäß der Eingabebedingung zulässig ist, dann endet der Algorithmus in diesem Fall ganz normal und gibt die Zahlen $q=2$ und $r=0$ aus. Damit verstößt er jedoch gegen die Ausgabebedingung β und ist daher nicht semantisch korrekt. Auch hier kann man wieder entweder die Ausgabebedingung oder den Algorithmus abändern um ihn semantisch korrekt zu machen (z.B. kann man die Ausgabebedingung beibehalten und im Algorithmus abfragen, ob $r=0$ ist und in diesem Fall die Ausgabe von q und r verhindern und stattdessen eine entsprechende Meldung ausgeben).

Bevor wir den Begriff der Komplexität genauer definieren, soll zuerst an einem Beispiel diese Problematik genauer untersucht werden. Hierzu betrachten wir das Problem eines Handlungsreisenden (Travelling Salesman Problem, TSP). Ein Handlungsreisender soll n Städte besuchen und dabei den kürzesten Weg wählen, so dass die Fahrtkosten minimal bleiben. Um dieses Problem exakt zu lösen, müsste man alle 0.5(n-1)! Möglichkeiten durchprobieren. Ein Algorithmus, der dieses Programm auf einem Computer lösen soll, könnte daher für jede dieser Möglichkeiten die Weglänge errechnen und die kürzeste ausgeben. Dieser relativ einfache Algorithmus besitzt in dem noch genau zu definierenden Sinn allerdings eine extreme hohe algorithmische Komplexität. Schon für 30 Städte würde die Rechenzeit selbst auf dem schnellsten Computer der Welt noch das Alter des Universums übersteigen. Dies zeigt deutlich, wie wichtig es ist, insbesondere für Realzeitanwendungen, die Komplexität, welche direkten Einfluss auf die Rechenzeit hat, zu verkleinern. Um dafür ein Maß zu finden, betrachten wir die sogenannten elementaren Operationen eines Algorithmus. Diese sind:

- Wertzuweisungen

- $+,-,*,:,<,=,>$,and, or, not etc.

- I/O-Statements

- Stop/End/Calls

Damit lässt sich nun der Begriff der totalen Kostenfunktion definieren.

Def. 7.2.1.3 (*totale Kostenfunktion*)

Sei $K{:}E{\rightarrow}A$ ein Algorithmus, der eine Eingabemenge E auf eine Ausgabemenge A semantisch korrekt abbildet. Sei $e{\in}E$ eine Eingabe, auf die K angewendet wird. Weiter sei $t{:}e{\rightarrow}N$ eine Abbildung der Eingabe e in die Menge der natürlichen Zahlen N, welche die Anzahl der elementaren Operationen, die von bei der Anwendung von K ausgeführt werden, ermittelt. $t(e)$ heißt dann die totale Kostenfunktion von K bezüglich e.

Die totale Kostenfunktion stellt also ein Maß dar, wie viele Operationen ein Programm durchführt, was ja direkt mit der Rechenzeit korrespondiert. Auch hierfür sei ein einfaches Beispiel betrachtet:

```
Function PrimeCheck(n As Integer)
  Dim p As Integer
  Dim b As Boolean
  p = 2
  b = True
  Do While p * p <= n And b
      If n Mod p = 0 Then b = False
      p = p + 1
  Loop
  PrimeCheck = b
End Function
```

Dieses VBA-Programm stellt fest, ob eine eingegebene Zahl (n) eine Primzahl ist oder nicht. Zunächst bestimmen wir die Anzahl der elementaren Operationen.

Die beiden Wertzuweisungen am Anfang ($p=2$ und $b=true$) stellen zwei elementare Operationen dar. In der *Do-While*-Zeile stellen $*$, $\leq$, $\wedge$ je eine elementare Operation dar, das sind also drei. Diese Zeile wird maximal $int(\sqrt{n})$-mal ausgeführt, so dass diese Zeile insgesamt höchstens

3int($\sqrt{n}$)-mal ausgeführt wird. Im Innern der Schleife finden sich je für *n mod p, =0, p=* und *p+1* eine elementare Anweisung, das sind insgesamt vier. Nun wird ins Innere der Schleife *[int($\sqrt{n}$)-1]*-mal verzweigt, so dass dies dann *4[int($\sqrt{n}$)-1]* elementare Operationen sind. Wird die IF-Anweisung bejaht, so kommt noch die eine Wertzuweisung *b=False* hinzu. Damit erhält man für das Innere der Schleife maximal *4[int($\sqrt{n}$)-1]+1* elementare Operationen. Die letzte Wertzuweisung *PrimeCheck=b* stellt noch eine weitere elementare Operation dar, so dass wir damit maximal an elementaren Operationen für den Algorithmus erhalten:

$$2 + 3int(\sqrt{n}) + 4[int(\sqrt{n})\text{-}1]+1+1 = 7int(\sqrt{n}).$$

Damit ergibt sich für unsere totale Kostenfunktion: *t(n)* $\leq$ *7int($\sqrt{n}$)*. Insbesondere ergibt sich für

n ist Primzahl: $\qquad\qquad$ *t(n) = 7int($\sqrt{n}$)-1*

n ist Quadrat einer Primzahl: *t(n) = 7int($\sqrt{n}$)*

n ist gerade: $\qquad\qquad$ *t(n) = 14.*

Def. 7.2.1.3 (*Ordnung einer Funktion*)

Es seien zwei Funktionen *f* und *g* auf einer Menge $X \subseteq R$ gegeben, wobei *R* die Menge der reellen Zahlen darstellt. Dann heißt:

(i) $\quad$ *f* ist *höchstens* von der Ordnung *g*, *f=O(g)*, falls es eine Konstante *c>0* gibt, so dass *|f(x)|$\leq$c·|g(x)|* für alle $x > x_0 \in X$.

(ii) $\quad$ *f* ist *mindestens* von der Ordnung *g*, *f=Ω(g)*, falls es eine Konstante *c>0* gibt, so dass *|f(x)|* $\geq$*c·|g(x)|* für alle $x > x_0 \in X$.

(iii) $\quad$ *f* ist *genau* von der Ordnung *g*, *f=Θ(g)*, falls *f=O(g)* und *f=Ω(g)*.

Die Ordnung einer Funktion gibt ihr asymptotisches Verhalten an. Im Beispiel unseres Primzahlprüfprogramms wäre damit also *t(n)=O($\sqrt{n}$)*. Man erkennt daran, dass eigentlich nicht die exakte Anzahl an ausgeführten elementaren Operationen für die Kostenfunktion relevant ist, sondern dass es bereits ausreicht, die asymptotische Größenordnung zu kennen.

Def. 7.2.1.4 (*Größe der Eingabe*)

Die Größe *|e|* einer Eingabe $e \in E$ ist eine Zahl oder ein Tupel, welche(s) ein sinnvolles Maß für die Eingabe bezüglich seiner Verarbeitung durch einen Algorithmus darstellt. Die Größe der Eingabe wird auch Inputgröße genannt und ist eine Funktion von den die Eingabe festlegenden Parametern, also *|e|=g(e)*.

Betrachten wir z.B. eine Matrixmultiplikation zweier Matrizen A und B, wobei A eine n*m-Matrix und B eine m*k-Matrix sei. Dann könnte eine Eingabe sein: *e= (n,m,k,A,B)*. Für die Inputgröße könnten sinnvoll sein:

g(e)=|e|=(n,m,k) $\qquad\qquad$ oder auch

g(e)=|e|=max(m,n,k) $\qquad\qquad$ bzw.

g(e)=|e|=m•n•k

Welche der Inputgrößen man wählt, hängt von der Art des Algorithmus ab. Benutzt man z.B. einen Algorithmus, der hintereinander die übliche Zeilen-mal-Spalten-Multiplikation durchführt, so erscheint als Maß das Produkt *mnk* sinnvoll, während z.B. bei der Nutzung eines Parallelprozessors gleichzeitig alle Zeilen und Spalten der Matrizen verarbeitet werden können, so dass hier *max(m,n,k)* oder *(m,n,k)* ein sinnvolles Maß darstellt.

Ist die Größe des Inputs einmal definiert, so kann man damit schließlich den Begriff der Komplexität eines Algorithmus genauer fassen.

Def. 7.2.1.5 (*Zeitkomplexität eines Algorithmus*)

Sei E die Menge der Eingaben und $g(e)$ eine Inputgröße. Die Funktion
$T(g):=sup\{t(e) \mid e \in E \wedge |e|=g(e)\}$ heißt Zeitkomplexität oder Worse-Case-Kostenfunktion des Algorithmus.

Bei der Zeitkomplexität handelt es sich also um die ungünstigste aller Möglichkeiten für einen Algorithmus über alle möglichen Eingaben. In dem Beispiel des Primzahl-Check-Algorithmus hatten wir mit $O(\sqrt{n})$ die Ordnung der Kostenfunktion bestimmt. Diese Ordnung stellt gleichzeitig auch die Ordnung der Zeitkomplexität dar. Der ungünstigste der betrachteten Fälle war, wenn die zu prüfende Eingabe das Quadrat einer Primzahl darstellt. Dann ist die Kostenfunktion exakt $t(n) = 7int(\sqrt{n})$, was damit den worse case darstellt und daher die exakte Formel für die Zeitkomplexität ist.

Der Vollständigkeit halber soll hier noch die Definition der Raumkomplexität angegeben werden. Sie stellt ein Maß für den durch einen Algorithmus maximal belegten Speicherplatz in einem Rechner dar. Allerdings spielt die Raumkomplexität heutzutage wegen der geringen Kosten der Speichermedien kaum noch eine Rolle.

Def. 7.2.1.5 (*Raumkomplexität eines Algorithmus*)

Sei E die Menge der Eingaben, $g(e)$ eine Inputgröße und $s(e)$ die maximale Speicherbelegung einer Eingabe $e \in E$. Die Funktion $S(g):=sup\{s(e) \mid e \in E \wedge |e|=g(e)\}$ heißt Raumkomplexität des Algorithmus.

Das Programm *PrimeCheck* benutzt genau 3 Variablen. Damit ist $S(g)=3=\Theta(1)$. Auch hier spielt die Ordnung eine größerer Rolle als die exakte Zahl.

Nach diesem Ausflug in die Komplexität von Algorithmen sollte klar sein, dass gerade bei Echtzeitanwendung häufig ein Feintuning der verwendeten Algorithmen in Hinblick auf möglichst geringe algorithmische Zeitkomplexität vorgenommen werden muss. Es gibt für dieses Feintuning auch einige methodische Ansätze, die jedoch den Rahmen des vorliegenden Buches sprengen würden. Statt dessen wenden wir uns nun einigen Basiskonzepten für die Planung und das Design von Echtzeitanwendungen zu.

7.2.2 Planung und Entwurf von Realzeitanwendungen

Die bereits bekannten Methoden wie die Erstellung von Entity-Relationship-Diagrammen (ER), Datenflusskontrolldiagrammen oder Zustandsdiagrammen werden natürlich auch für die Planung von Echtzeitsystemen eingesetzt. Man unterscheidet zunächst analog den Datenbankanwendungen zwischen einer Phase der strukturierten Analyse und einer Entwurfsphase.

Echtzeit-Strukturierte-Analyse (RTSA)

Diese, auch mit Real-Time Structured Analysis bezeichnete Methode soll die Anforderungen des Echtzeitsystems ermitteln. Dabei wird folgendermaßen vorgegangen:

1. *Entwicklung eines System-Kontext-Diagramms.* Das System-Kontext-Diagramm definiert die Abgrenzungen des Systems zu seiner Umgebung (vgl. Kapitel 1.2). Es sollten dabei auch alle wichtigen Eingaben und Ausgaben des Systems zu sehen sein.

2. *Zerlegung des Datenflusskontrolldiagrams.* Das Datenflusskontrolldiagramm zeigt in hierarchischer Form die beteiligten Funktionen, auch Transformationen oder Prozesse genannt, und ihre Schnittstellen sowie den Fluss der Daten. Die Zerlegung soll die Funktionen und die Datenflüsse trennen, so dass z.B. die Daten durch entsprechende Datenstrukturbeschreibungen (Data Repository) spezifiziert sind. Die reinen Datenstrukturen und Datenflüsse werden im Data Dictionary abgelegt. Das Ganze wird auch Boeing-Hatleys-Methode genannt. Ein anderer Ansatz, die sog. Ward-Mellor-Methode, sieht vor, dass mit einer Ereignis-Liste begonnen wird (eine Liste, die alle möglichen Inputs enthält) und zu jedem Ereignis das Systemverhalten (d.h. der jeweilige Output) bestimmt wird. Da das Ergebnis von Zustand des Systems abhängen kann, sind ein oder mehrere Zustandsdiagramme zu entwerfen.

3. *Erarbeitung von Steuerungstransformationen bzw. – Spezifikationen.* Der wichtigste Punkt der Erweiterung der strukturierten Analyse auf Echtzeitsysteme besteht in der Betrachtung von Steuerungen (Controls). Damit soll das Verhalten des Systems beschrieben werden. Dies kann durch die Einführung sog. endlicher Zustandsmaschinen erreicht werden, welche letztlich Zustandsdiagramme oder - tabellen darstellen. Jedes Zustandsdiagramm zeigt verschiedene Zustände des Systems oder Subsystems. Weiter wird das Eingabeereignis bzw. die Eingabebedingung gezeigt, welche Zustandsänderungen verursacht, sowie die Ausgaben, welche durch die Zustandsänderungen hervorgebracht werden.

4. *Definition von Mini-Spezifikationen (Prozess-Spezifikationen).* Jede Transformation in einem Datenflusskontrolldiagramm ist durch eine Mini-Spezifikation beschreibbar. Man bedient sich dabei in der Regel eines Pseudocodes.

5. *Data Dictionary.* Eine Zusammenfassung aller vorkommenden Datenstrukturen und Beziehungen muss ebenso vorhanden sein.

Echtzeit-Design

6. *Zuweisung von Transformationen zu Prozessoren.* Die RTSA-Transformationen werden jetzt entsprechenden Prozessoren auf dem Zielsystem zugewiesen. Falls erforderlich, muss für jeden Prozessor das jeweilige Datenflussdiagramm neu gezeichnet werden.

7. *Zuweisung von Transformationen zu Tasks.* Die Transformationen jedes Prozessors sind mit entsprechenden Tasks verknüpft. Jede Task repräsentiert dabei ein Teilprogramm.

8. *Strukturiertes Design.* Im Rahmen der Echtzeitanwendungsentwicklung unterscheidet man zwei Strategien: Die Transformationsanalyse sowie die Transaktionsanalyse. Die Transformationsanalyse bildet die Datenflussdiagramme in Struktogramme ab, wobei hauptsächlich der Eingabe-Prozess-Ausgabe-Fluss dargestellt wird. Das Ganze wird aus der funktionalen Struktur der Spezifikation abgeleitet. Die Eingabebereiche, die zentralen Transformationen sowie die Ausgabebereiche werden aus dem Datenflussdiagramm identifiziert und als separate Bereiche im Struktogramm dargestellt. Die Transaktionsanalyse bildet ebenfalls das Datenflussdiagramm in ein Struktogramm ab, hier werden jedoch die verschiedenen Transaktionstypen betrachtet. Die Funktionen jedes Transaktionstyps werden identifiziert und in einzelne Bereiche im Struktogramm übergeführt.

Einige der genannten Phasen bzw. Diagramme sollen an einem Beispiel erläutert werden. Dabei folgen wir einer Fallstudie, die Hassan Gomaa [11] kürzlich vorstellte. Hierbei handelt es sich um die Planung eines Fahrstuhlkontrollsystems. Dieses System kontrolliert einen oder mehrere Fahrstühle, wobei die Fahrstühle optimal auf Passagieranforderungen reagieren sollen („Elevator-Scheduling"). Außerdem sollen die Bewegungen der Fahrstühle gesteuert werden. Es sei angemerkt, dass es verschiedene Ausprägungen der jeweiligen Design-Strategien gibt, auf die wir jedoch hier nicht näher eingehen.

In den Diagrammen für Echtzeitanwendungen werden spezielle grafische Symbole benutzt. Bild 7-4 zeigt die für die nachfolgenden Diagrammbeispiele benutzte Nomenklatur.

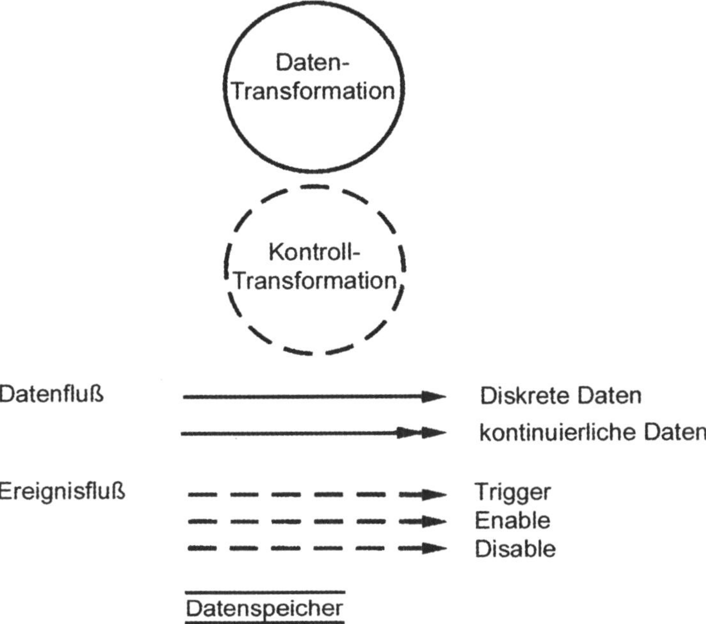

Bild 7-5 Notation in RTSA-Diagrammen

Zunächst sei das System-Kontext-Diagramm für das Beispiel des Fahrstuhlkontrollsystems betrachtet (Bild 7-6).

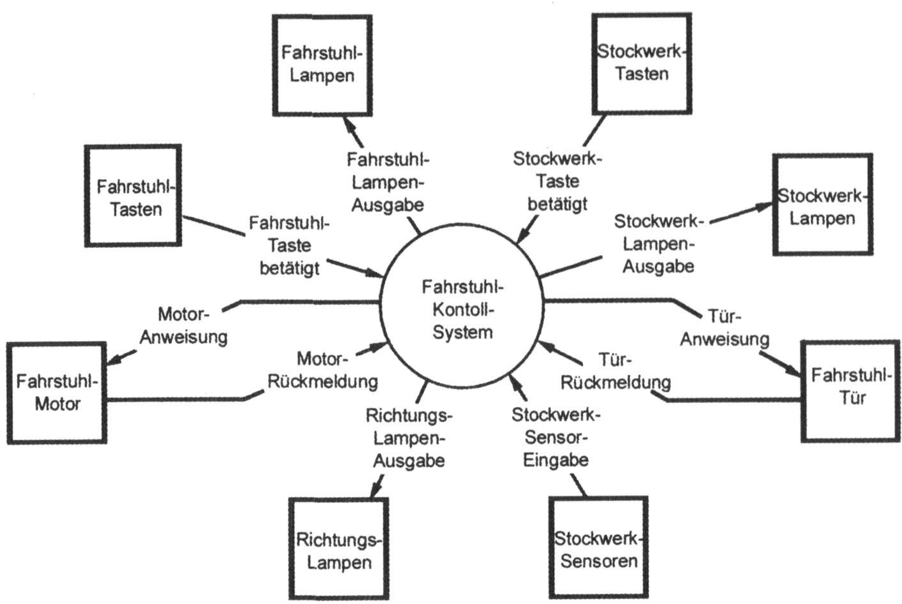

Bild 7-6 System-Kontext-Diagramm

Bild 7-6 zeigt das System-Kontext-Diagramm, speziell die externen Entitäten bzw. deren Schnittstellen. Jeder externe Schnittstelle ist hier durch einen Terminator in Form eines Rechtecks repräsentiert. Zu jedem Fahrstuhl existiert eine Menge Fahrstuhl-Schalter („Knöpfe") sowie eine Menge Fahrstuhllampen, die anzeigen, auf welchen Stockwerk sich der Fahrstuhl gerade befindet. Dann gibt es einen Fahrstuhlmotor, der von bestimmten Befehlen gesteuert wird, z.B. hochfahren, runterfahren, starten und anhalten. Die Fahrstuhltür wird ebenfalls durch bestimmte Steuerbefehle betrieben, und zwar zum Öffnen und Schließen. Auf jedem Stockwerk befinden sich Schalter-Tasten zum Hoch- oder Runterfahrwunsch sowie ein dazugehöriges Paar Anzeigelampen, welche die gewünschte Fahrtrichtung anzeigen. Dann gibt es auf jedem Stockwerk noch ein paar Lämpchen die anzeigen, in welche Richtung der Fahrstuhl gerade fährt. Natürlich existiert am obersten und untersten Stockwerk jeweils nur eine Lampe. Zusätzlich gibt es noch einen Stockwerkankunftssensor, welcher die Ankunft eines Fahrstuhls auf einem Stockwerk feststellt.

Zu den Hardware-Eigenschaften der I/O-Geräte gehört u.a., dass die Fahrstuhlschalter, Stockwerkslampen und Stockwerkankunftssensoren entsprechend synchronisiert sind. Das heißt, dass ein Interrupt erzeugt werden muss, falls eine Eingabe von einem dieser Geräte erfolgt. Die anderen I/O-Geräte sind alle passiv. Die Fahrstuhl- und Stockwerklampen werden von der Hardware eingeschaltet, müssen aber von der Software ausgeschaltet werden. Die Richtungslampen werden nur von der Software ein- und ausgeschaltet.

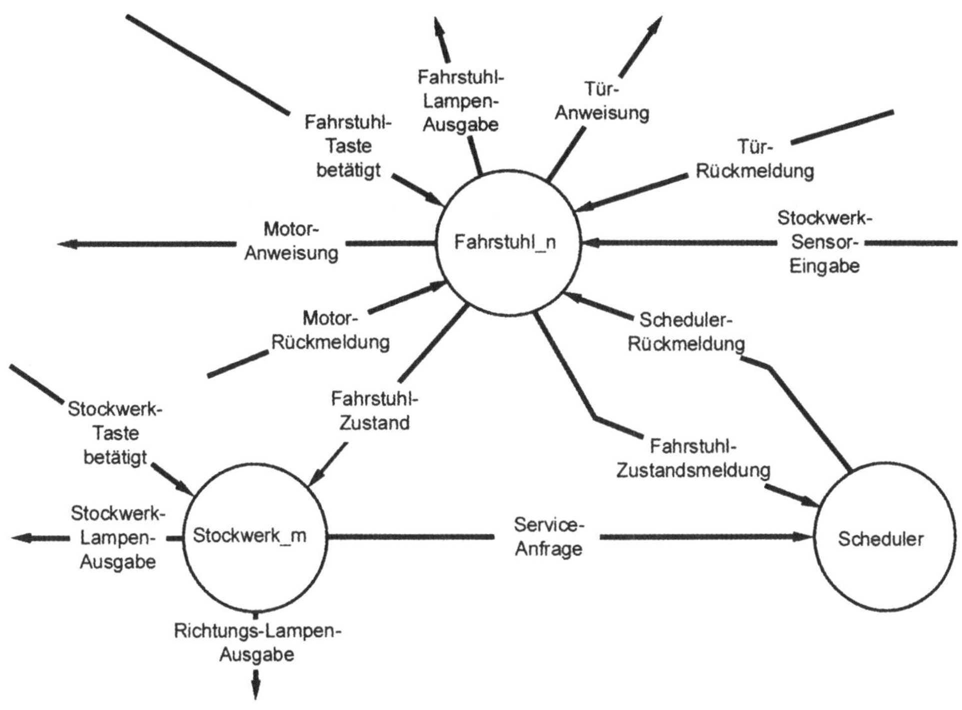

Bild 7-7 Zerlegung des Gesamtsystems in Subsysteme

Bild 7-7 zeigt die Zerlegung des Gesamtsystems in die drei Teil- oder Subsysteme Fahrstuhl, Stockwerk und Scheduler. Im Allgemeinen ist die Zerlegung eines Systems in Teilsysteme von der Art und Weise der Dienste abhängig, die vom jeweiligen Teilsystem zur Verfügung gestellt werden. In unserem Beispiel ist das Fahrstuhl-Teilsystem ein echtzeitgesteuertes System, während das Stockwerk-Teilsystem Daten sammelt. Beide Systeme sind Aggregationsobjekte des Gesamtsystems im Sinne der objektorientierten Datenverarbeitung (vgl. Kapitel 4.2.2). Außerdem stellen sie nicht-abstrakte Klassen dar, denn in der realen Welt gibt es jeweils entsprechende Instanzen dieser Teilsysteme.

Gibt es mehrere Fahrstuhle, so müssen diese untereinander koordiniert werden. Wird beispielsweise von einem Stockwerk ein Fahrstuhl angefordert, muss es von einem der Fahrstühle bedient werden; ein Echtzeitkoordinationssystem ist dann erforderlich. In unserem Fall übernimmt der Scheduler diese Funktion. Dabei handelt es sich um eine Software, die entscheidet, welcher Fahrstuhl welches Stockwerk bedienen soll. Hier muss auch koordiniert werden, was passiert, wenn mehrere Passagiere auf verschiedenen Stockwerken Fahrstühle anfordern bzw. wenn innerhalb eines Fahrstuhls mehrere Zielstockwerke einen Haltewunsch haben.

Die beiden Subsysteme Fahrstuhl und Stockwerk müssen noch weiter zerlegt werden. Bild 7-8 gibt den nächsten Zerlegungsschritt des Fahrstuhlteilsystems an.

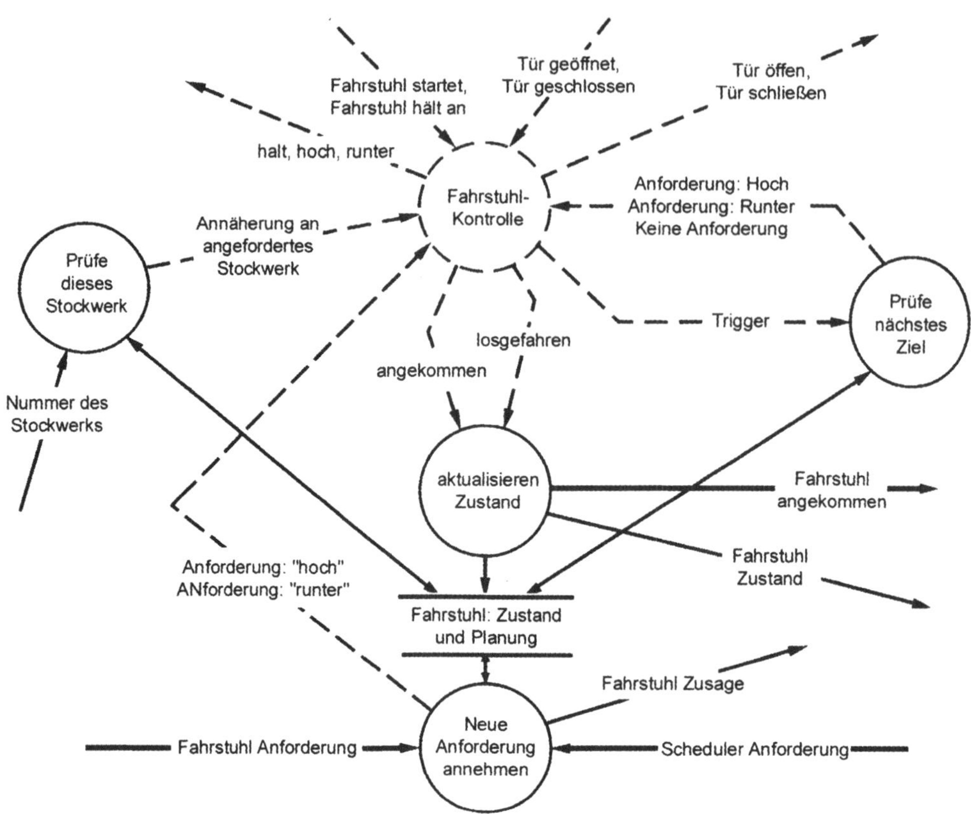

Bild 7-8 Zerlegung des Fahrstuhl-Teilsystems in weitere Teilsysteme als Daten-/Kontrollflussdiagramm

Ähnlich wie in Bild 7-7 haben wir auch hier ein Aggregationsobjekt, nämlich das Fahrstuhlkontrollsystem. Dieses könnte man noch weiter zerlegen, was hier aber nicht getan werden soll. Die Zerlegung in feinere Teilsysteme sollte so lange erfolgen, bis man nur noch triviale Elemente hat, die direkt in Hard- oder Software umgesetzt werden können.

Abschließend sei noch das Zustandübergangs-Diagramm (State-Transition-Diagram) der Fahrstuhlkontrolle angegeben (Bild 7-9).

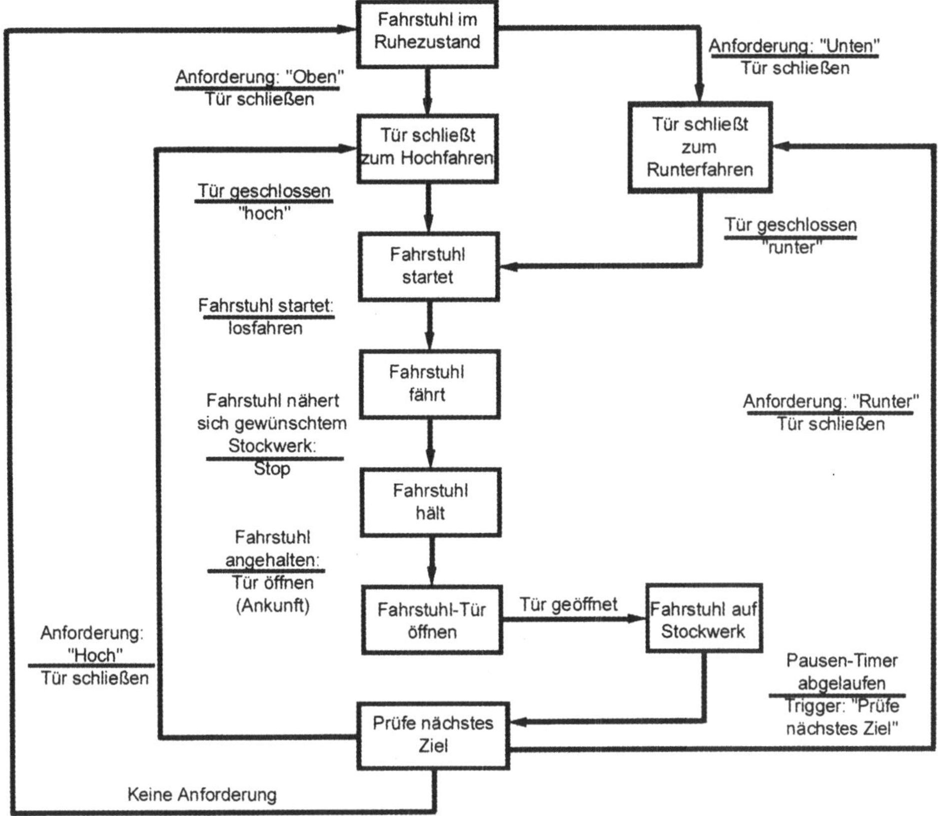

Bild 7-9 Zustandübergangs-Diagramm des Fahrstuhlkontrollsystems

Für jeden Fahrstuhl existiert ein Übergangsdiagramm. Die Zustände eines Fahrstuhl können sein:

1. *Fahrstuhl im Ruhezustand.* Der Fahrstuhl steht auf einem Stockwerk und es gibt keine äußere Anforderung. Die Fahrstuhltür steht dabei offen.

2. *Tür schließt zum Hochfahren.* Dieser Zustand wird angenommen, wenn seine Tür geschlossen wird um ein darüber liegendes Stockwerk anzufahren. Dabei kann es sich um eine Anfrage innerhalb oder außerhalb des Fahrstuhls handeln.

3. *Tür schließt zum Runterfahren.* Analog Punkt 2., außer dass hier eine Anforderung zum Herunterfahren vorliegt.

4. *Fahrstuhl startet.* Der Fahrstuhl nimmt diesen Zustand an, wenn die Tür geschlossen ist und er darauf wartet, dass der Motor anläuft um ihn in Bewegung zu setzen.

5. *Fahrstuhl fährt.* In diesem Zustand ist der Fahrstuhl in Bewegung.

6. *Fahrstuhl hält.* Dieser Zustand wird angenommen, wenn der Fahrstuhl sich einem Stockwerk nähert, bei dem eine Halteaufforderung vorliegt.

7. *Fahrstuhltür öffnen.* Dieser Zustand tritt ein, wenn der Fahrstuhl den Haltevorgang beendet hat und die Tür sich öffnet.

8. *Fahrstuhl auf Stockwerk.* Dieser Zustand wird angenommen, wenn sich die Fahrstuhltür geöffnet hat.

9. *Prüfe nächstes Ziel.* In diesem Zustand wird das nächste Ziel festgestellt: oben, unten oder auf aktuellem Stockwerk.

Bisher wurden lediglich die Kontext- und Zustandsdiagramme des Gesamt- bzw. der Teilsysteme dargestellt. Die nächsten Schritte wären die Erstellung von weiterführenden Task-Diagrammen und ein Überblick über die Software-Module. Diese jedoch sind mit dem üblichen Methoden der Beschreibung von Realzeitsystemen erstellbar, so dass wir darauf nicht weiter eingehen.

7.3 Scientific Computing

Wenn komplizierte mathematische Algorithmen in ein Computerprogramm umgesetzt werden, so nennt man das Scientific Computing oder auch wissenschaftliches Rechnen. Für die Entwicklung solcher Programme gelten natürlich die gleichen Maßstäbe und Regeln wie in den Kapiteln 4 und 5 dieses Buches besprochen. Darüber hinaus sind jedoch bei den Modultests weitergehende Überlegungen zu tätigen, um die meist numerisch erhaltenen Ergebnisse gemäß ihrer mathematischen Richtigkeit und Stabilität zu überprüfen.

Für solche Überprüfungen gibt es nur wenig allgemeine Richtlinien, da jeder Algorithmus anders arbeitet. Folgende Punkte sollten jedoch immer bedacht werden:

1. Für numerische Berechnungen möglichst auf eine Bibliothek mit bereits vorhanden und geprüften mathematischen Funktionen zurückgreifen.

2. Unbedingt die gewünschte Fehlergenauigkeit definierten (z.B. relativer Fehler kleiner als 10^{-5}).

3. Numerische Berechnungen beinhalten in der Regel Stützstellen für verwendete Approximationsfunktionen. Die Stützstellenmenge und ihre Verteilung sind normalerweise von der gewünschten Fehlergenauigkeit abhängig; hier unbedingt die Stützstellen ausreichend eng aneinanderlegen.

4. Jedes numerische Ergebnis ist nur innerhalb eines bekannten Konfidenzintervalls (Fehlerbandbreite) gültig. Ohne Angabe eines solchen Intervalls ist ein numerisches Ergebnis völlig sinnlos (was nutzt z.B. eine Ausgabe der Form a=7.6, wenn das Fehlerintervall ±10 ist und nicht angegeben wurde; das sind mehr als 100%!).

5. Bei Reihenentwicklungen, welche sehr oft als numerische Methode benutzt werden, ist unbedingt auf das Konvergenzintervall zu achten! Außerhalb des Konvergenzintervalls kann die Reihe divergieren ohne dass der Algorithmus dies bemerkt; die so erhaltenen Ergebnisse sind aber völlig wertlos.

6. Es ist von Anfang an darauf zu achten, dass geeignete Testmethoden die Ergebnisse überprüfen; dabei sind Methoden, die sehr empfindlich auf Eingabeänderungen reagieren, zu bevorzugen.

Wie bereits erwähnt ist eine allgemeine Vorgehensweise sehr schwer zu formulieren, denn jede Berechnung hat ganz spezielle Eigenheiten. Es sollen daher an einem Beispiel einige der genannten Punkte demonstriert werden.

Ein Beispiel:

Es sei eine Differentialgleichung 2. Ordnung mit nichtkonstanten Koeffizientenfunktionen gegeben:

$$r^2 y''(r) + 2ry'(r) + [k^2 r^2 - p(p+1) - r^2 V(r)]y(r) = 0$$

wobei *r≥0, k>0* und *p≥0* ist.

Diese Differentialgleichung repräsentiert den radialen Anteil der quantenmechanischen Schrödingergleichung, wobei *y* die Aufenthaltswahrscheinlichkeit eines Elementarteilchens am Ort *r* angibt. Die Größen *k* und *p* stellen physikalische Parameter dar, auf die hier nicht weiter eingegangen werden soll. Wichtig ist hier aber die Funktion *V(r)*. Diese stellt physikalisch eine Energiefunktion dar, welche den Aufenthaltsort des quantenmechanischen Teilchens einschränkt. Makroskopisch wäre *V(r)* z.B. als die mathematische Modellierung eines „Zimmers" interpretierbar, in dessen Innerem dadurch der Aufenthaltsort eines Objekts natürlich begrenzt ist. In der Quantenphysik ist es aber so, dass es auch eine Aufenthaltswahrscheinlichkeit im Innern der Wände und sogar außerhalb des Zimmers gibt; Objekte können durch solche Wände hindurch „tunneln". Für unsere numerischen Überlegungen spielt allerdings die physikalische Interpretation hier keine Rolle, denn wir wollen lediglich die Probleme eines möglichen Lösungsalgorithmus der Differentialgleichung betrachten.

Wenn die Energiepotentialfunktion *V(r)* gleich Null ist, dann ist die Differentialgleichung geschlossen lösbar und die Lösungen sind als die sphärischen Bessel-, Neumann- und Hankelfunktionen wohlbekannt. Ansonsten ist die Lösbarkeit und die Lösung der Differentialgleichung natürlich von der Potentialfunktion *V(r)* abhängig. In der Regel sind dann nur noch numerische Lösungsverfahren anwendbar. Ein gängiger Ansatz ist zum Beispiel die Potentialfunktion durch eine andere, mathematisch einfachere Funktion zu ersetzen, so dass bestimmte numerische Lösungsverfahren für solche Differentialgleichungen zum Einsatz kommen können.

Ein gängiges Verfahren zur Lösung solcher Differentialgleichungen ist der Potenzreihenansatz. Da jede mathematische Funktion durch eine Potenzreihe dargestellt werden kann, kann auch die Lösung der Differentialgleichung als eine solche Potenzreihe dargestellt werden. Um dies praktisch durchführen zu können, muss man jedoch die Potentialfunktion *V(r)* zuerst selbst in eine Potenzreihe umwandeln, was z.B. mit Hilfe einer Taylorreihenentwicklung geschehen kann. Wenn die Potentialfunktion also als Potenzreihe mit einem Konvergenzradius *z>0* der Form

$$V(r) = \sum_{\mu=0}^{\infty} b_\mu r^\mu \text{ mit } |r| < z \in \Re^+$$

vorliegt, dann kann man zeigen, dass unter der Voraussetzung, dass $a_0 \neq 0$, $s_1 := p$, $s_2 := -p-1$ und s_1-s_2 keine ganze Zahl ist, gilt:

$$f(r, s_j) = r^{s_j} \sum_{n=0}^{\infty} a_n r^n, j = 1,2$$

wobei f(r,s$_1$) und f(r,s$_2$) eine linear unabhängige Lösung (Fundamentalsystem) der radialen Schrödingergleichung darstellen, wenn für die Koeffizienten gilt:

$$a_n = \frac{\sum_{\mu=0}^{n} R_\mu a_{n-\mu}}{(n+s-p)(n+s+p+1)}$$

mit $R_0 := -p(p+1), R_1 := 0, R_2 := k^2 - b_0, R_\mu := -b_{\mu-2}$ für alle $\mu > 2$.

Nun sollte man meinen, dass damit ja eine „relativ" geschlossene Lösung existiert, wenn nur die Potentialfunktion als Potenzreihe darstellbar ist. Auf dem Computer hat man jedoch das Problem, dass man keine unendlichen Potenzreihen ausrechnen kann; man muss ja immer bei einer endlichen Anzahl von Reihengliedern abbrechen. In der Praxis ist dies jedoch meist nicht so kritisch, denn wenn die Reihen konvergieren, was wir ja voraussetzen (und vorher durch Bestimmung des Konvergenzradius überprüft werden muss!), so kann man eine beliebige Genauigkeit vorgeben, z.B. $\varepsilon=10^{-6}$, und man bricht bei demjenigen Reihenglied ab, bei dem die Differenz der aktuellen Reihensumme und der vorherigen Reihensumme kleiner oder gleich ε ist. Viel kritischer ist, dass die Potentialfunktion $V(r)$ Singularitäten enthalten kann, die z.B. im Komplexen versteckt sind und so den Konvergenzradius der Lösung drastisch einschränken. Die oben gefundene Reihenentwicklung basiert auf einer Entwicklung um den Ursprung. Jedoch reicht der Konvergenzradius der Lösung nur bis zur nächstgelegenen Singularität. Möchte man jetzt aber Lösungen an einer Stelle r wissen, die außerhalb des Konvergenzkreises liegt, so muss man eine sogenannte analytische Fortsetzung durchführen. Die Idee dabei ist, dass man eine weitere Reihenentwicklung um eine Stelle r_1 durchführt, die noch innerhalb des Konvergenzradius liegt, selbst aber einen (neuen) Konvergenzradius besitzt, der über den ersten Konvergenzradius hinausreicht. Dazu muss der neue Konvergenzradius nicht größer sein als der erste, sondern es ist ausreichend, wenn der neue Entwicklungspunkt nahe genug am Rand des ersten Konvergenzkreises liegt, so dass sich der neue mit dem alten Konvergenzkreis überlappt (vgl. Bild 7-10).

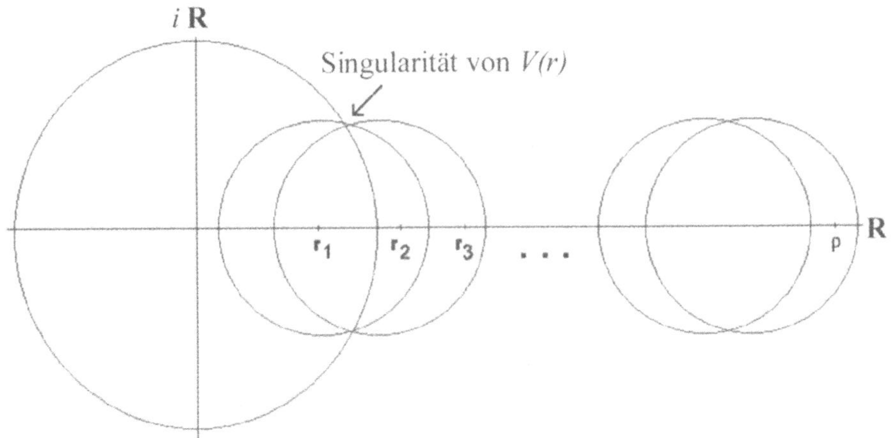

Bild 7-10 Analytische Fortsetzung der Lösung

Dieses Verfahren kann nun sukzessive fortgesetzt werden, bis die Stelle $r=\rho$, an der man das Endergebnis errechnen will, in einen der fortgesetzten Konvergenzkreise fällt.

Um also besagte analytische Fortsetzung durchführen zu können, benötigt man Potenzreihenentwicklungen um beliebige Stellen $r=d>0$. In diesem Fall erhalten die charakteristischen Exponenten die Werte $s_1=0$ und $s_2=1$. Die Taylorreihenentwicklung der Potentialfunktion sei jetzt also gegeben durch:

$$V(r) = V(x + d) =: W(x) = \sum_{\mu=0}^{\infty} b_\mu^{(d)} x^\mu$$

Damit findet man eine Lösung der Differentialgleichung der Form

$$y(x) = \sum_{n=0}^{\infty} a_n x^n$$

mit

$$a_2 = -\frac{a_1}{d} - \frac{R_0 a_0}{2d^2}$$

$$a_3 = -\frac{4a_2}{3d} - \frac{(2 + R_0)a_1 + R_1 a_0}{6d^2}$$

$$a_n = -\frac{2(n-1)a_{n-1}}{dn} - \frac{[(n-2)(n-1) + R_0]a_{n-2} + \sum_{\mu=1}^{n-2} R_\mu a_{n-\mu-2}}{d^2 n(n-1)} \quad \text{für} \quad n > 3$$

wobei

$$R_0 = k^2 d^2 - p(p+1) - d_0^2 b_0^{(d)}$$

$$R_1 = 2k^2 d - 2db_0^{(d)} - d^2 b_1^{(d)}$$

$$R_2 = k^2 - b_0^{(d)} - 2db_1^{(d)} - d^2 b_2^{(d)} \quad \text{und}$$

$$R_\mu = -b_{\mu-2}^{(d)} - 2db_{\mu-1}^{(d)} - d^2 b_\mu^{(d)} \quad \text{für alle} \quad \mu > 2$$

Die Werte von a_0 und a_1 liegen hier nicht fest. Dies erweist sich als Vorteil, da man diese beiden Zahlen als freie Integrationskonstanten für die analytische Fortsetzung benutzten kann. Bei der Entwicklung um den Ursprung ist lediglich a_0 frei. Diese Zahl kann man durch $a_0 := 1$ normieren. Damit kann man dann eine Lösung der Differentialgleichung im ersten Konvergenzkreis berechnen, z.B. an der Stelle r_1 (vgl. Bild 7-10). Jetzt wählt man als neuen Entwicklungspunkt d und berechnet die Lösung mit den obigen Formeln, wobei man die beiden freien Integrationskonstanten

$$a_0 = y(r_1) \quad \text{und} \quad a_1 = y'(r_1)$$

setzt. Danach berechnet man die Lösung an einer Stelle r_2, die innerhalb des neuen Konvergenzkreises liegt und setzt die beiden neuen freien Integrationskonstanten wieder

$$a_0 = y(r_2) \quad \text{und} \quad a_1 = y'(r_2)$$

Dieses Verfahren setzt man dann solange fort, bis man die eigentliche Stelle $r=\rho$ erreicht hat.

Um dieses Verfahren zu testen, kann man beispielsweise etwas an den Entwicklungspunkten „wackeln“. Verschiebt man beispielsweise alle von Null verschiedenen Entwicklungspunkte r_i etwas nach rechts oder links (aber so, dass man noch im Konvergenzkreis bleibt), dann sind alle sich ergebenden Zwischenlösungen numerisch völlig anders als zuvor, doch am Schluss, an der gleichen Stelle $r=\rho$, muss das selbe Ergebnis (innerhalb der vorgegebenen Genauigkeit) herauskommen wie zuvor.

Eine zweite, noch empfindlicher reagierende Testmethode ist folgende: Es ist bekannt, dass die Aufenthaltswahrscheinlichkeit eines quantenmechanischen Teilchens selbst weit vom Ursprung entfernt noch vom Energiepotential beeinflusst wird, auch wenn die Potentialfunktion dort numerisch innerhalb der vorgegebenen Genauigkeit vernachlässigt werden kann. Diese „Störung" des Teilchens wird auch Phasenverschiebung oder Streuphase genannt. Geht die Potentialfunktion hinreichend schnell asymptotisch gegen Null (vgl. Bild 7-11), gilt z.B.

$$\lim_{r \to \infty} r^2 V(r) = 0 \, ,$$

dann kann man die Lösungen ($z:=kr$)

$$j_p(z) = \frac{1}{2}\sin(z - \frac{p}{2}\pi), z \gg p \quad \text{(Sphärische Bessel-Funktion)} \quad \text{und}$$

$$n_p(z) = \frac{1}{2}\cos(z - \frac{p}{2}\pi), z \gg p \quad \text{(Sphärische Neumann-Fuktion)}$$

der sich mit dem Potential $V(r)=0$ ergebenden Differentialgleichung

$$y''(z) + \frac{2}{z}y'(r) + [1 - \frac{p(p+1)}{z^2}]y(z) = 0$$

„linear kombinieren" mit der sich aufgrund der an der Stelle $r=\rho$ aus der ursprünglichen Differentialgleichung mit dem Potential $V(r)$ durch die analytische Fortsetzung ermittelten Lösung $y(r)$.

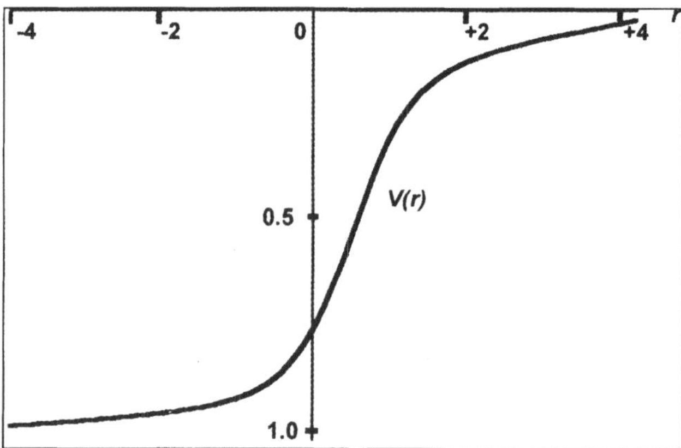

Bild 7-11 „Saxon-Woods-Potential": $V(r) = \dfrac{-g}{1 + e^{\beta(r-c)}}$ mit g=ß=c=1

Bild 7-11 zeigt ein typisches Energiepotential, das Saxon-Woods-Potential. Bei diesem Potential ist es in der Tat so, dass es komplexe Singularitäten gibt, so dass z.B. der erste Konvergenzradius um den Ursprung nur bis

$$A = \sqrt{c^2 + \frac{\pi^2}{\beta^2}}$$

reicht. Man erkennt weiter, dass hier das Potential asymptotisch gegen Null geht für große Werte von r. Damit lässt sich hier die erwähnte Linearkombination zur Bestimmung der Streuphase anwenden. Generell kann man in solchen Fällen ansetzen:

$$y(r) = A j_p(kr) + B n_p(kr)$$

$$y'(r) = A j_p{}'(kr) + B n_p{}'(kr).$$

Man kann nämlich allgemein zeigen, dass die Linearkombination

$$y(r) = A j_p(kr) + B n_p(kr)$$

asymptotisch gegen ein Vielfaches von

$$\frac{\sin(z - \dfrac{p}{2}\pi + \delta)}{kr}$$

geht, und dass gilt:

$$\tan \delta = \frac{B}{A}.$$

Bei der Größe δ handelt es sich um besagte Streuphase. Diese reagiert nun besonders empfindlich auf numerische Fehler. Vor allem wenn man die Potentialfunktion nicht mit einer Taylorreihe, sondern z.B. mit kubischen Spline-Funktionen approximiert (das sind stückweise Polynome dritter Ordnung, die „stetig" aneinandergeheftet sind), so bekommt man durch den Vergleich der Originalphaseverschiebung und der Phaseverschiebung mit dem Splineapproximierten Potential ein gutes Gefühl für die Güte der gemachten Berechnungen.

Auch wenn diese Prüftechniken etwas aufwendig erscheinen, so sei doch darauf hingewiesen, dass gerade in kritischen Bereichen, wie z.B. bei dem Atomkraftwerksbau oder bei der Luft- und Raumfahrt, viele Menschenleben von solchen Berechnungen abhängen können. Da sind solche Techniken sicher wichtig und sinnvoll.

7.4   Entwicklung von Expertensystemen

Expertensystem sind Softwareprogramme, welche Expertenwissen einem Anwender verfügbar machen. Dieses Wissen unterscheidet sich von bloßen Daten. Eine Datenbasis ist bekanntlich ein Ansammlung von Information, die strukturiert abgelegt ist. Wir haben in Kapitel 5 ausführlich über Datenstrukturen gesprochen. So können Daten z.B. in Tabellen abgelegt werden, und die Spalten repräsentieren die Werte der Attribute und die Zeilen die jeweiligen Datensätze. Eine Wissensbasis dagegen legt neben den Daten auch noch Regeln ab, wie diese Daten mitein-

ander verknüpft sein können. Die reinen Daten nennt man in einer Wissensbasis auch einfach
nur Fakten. Expertensysteme ermöglichen es damit dem Anwender, Schlüsse aus den gegebenen Fakten und Regeln zu ziehen. Expertensysteme sind ein Teilgebiet der sogenannten Künstlichen Intelligenz (KI). Die Fakten und Regeln sind dabei meistens in prädikatenlogischer Form
formuliert, und daher sind Expertensysteme häufig in einer deskriptiven Sprachen, wie z.B.
PROLOG, geschrieben. Allgemein besteht ein Expertensystem aus folgenden Komponenten:

1. *Wissensbasis.* Das ist die Menge der Fakten und Regeln, formuliert z.B. in einer deskriptiven Sprache.

2. *Inferenzmaschine.* Das ist ein "Schlussfolgerungsprogramm", i.d.R. Bestandteil der
   benutzen deskriptiven Programmiersprache; ein Mechanismus, der eine gegebene Be-
   hauptung auf logische Verträglichkeit mit der Wissensbasis untersucht.

3. *Dialogkomponente.* Dies ist eine Benutzeroberfläche, welche dem Anwender erlaubt,
   ohne Kenntnis der im Hintergrund benutzen deskriptiven Sprache mit dem System zu
   arbeiten.

4. *Trace-Komponente.* Hierbei handelt es sich um eine "Historie", welche die Schlussfol-
   gerungskette, die die Inferenzmaschine zur Verifikation oder Falsifikation einer Aussage benutzt hat, dem Benutzer auf Wunsch anzeigt.

5. *Wissensveränderungskomponente.* Dieser Teil des Expertensystems erlaubt dem Entwickler oder autorisierten Benutzer, weitere Fakten und Regeln zu den vorhandenen
   hinzuzufügen bzw. zu editieren.

Expertensysteme setzen auch bei dem Anwender Kenntnisse logischer Schlussfolgerungsregeln
voraus. Populäre Anwendungen sind z.B. Diagnose-Systeme im Bereich der Medizin. Um die
Fakten und Regeln zusammenzustellen, bedarf es seitens der Entwicklung eines Expertensystems eines speziell dafür ausgebildeten *Wissensingenieurs*, welcher in der Lage ist, die mit
einem Fachmann des jeweiligen Wissensgebietes gesammelten Fakten und Regeln (*Wissensakquisition*) in eine aussagenlogische Form zu bringen und sie dann in einer deskriptiven Programmiersprache zu formulieren (ggf. mit Hilfe von entsprechenden Entwicklungstools).

Die meisten Softwarekomponenten eines Expertensystems werden nach den üblichen Regeln
des Softwareengineerings entwickelt. So kann man z.B. grundsätzlich nach dem Wasserfallmodell oder dem Spiralmodell vorgehen. Wenn es aber um die Entwicklung der Komponente
Wissensbasis geht, ist ein Spezialform des Softwareengineerings, nämlich das Wissensengineering angesagt. Bevor wir aber die Arbeit eines Wissensingenieurs genauer untersuchen, müssen
wir einige Grundbegriffe der logischen Programmierung verstehen. Dies wiederum setzt einige
Kenntnisse aus der Prädikatenlogik voraus.

<table>
<tr><td>

Def. 7.4.1: (*Prädikat*)

Unter einem n-stelligen Prädikat $p(x_1, ..., x_N)$ mit den Individuen $x_1, ..., x_N$ versteht man eine
Aussage, welche bei geeigneter Individuenbelegung wahr wird.

</td></tr>
</table>

Bei Prädikaten handelt es sich im Prinzip um binärwertige Funktionen. Der Rückgabewert eines
Prädikats ist also immer nur *wahr* oder *falsch*. Die Individuen sind Parameter, welche Variab-
len oder Konstanten sein können. Im Sinne der Aussagenlogik sind Prädikate immer atomare
Aussagen (die also nicht weiter logisch durch *und, oder* bzw. *nicht* zerlegt werden können).
Beispiel für ein Prädikat wäre:

isst_gerne(karl, schwein).

Hier haben wir ein Prädikat *isst_gerne* und zwei Individuenkonstanten, nämlich *karl* und *schwein*. Es ist in der Praxis üblich, Individuenkonstanten klein und Individuenvariable groß zu schreiben. Entsprechend könnte es auch heißen:

isst_gerne(karl,Y).

isst_gerne(X, schwein).

isst_gerne(X, Y).

Hier haben wir nun die Individuenvariablen X und Y, welche bei geeigneter Belegung das Prädikat *wahr* machen.

Neben den aus der Aussagenlogik schon bekannten Junktoren $\neg$, $\wedge, \vee$, $\Rightarrow$, $\Leftrightarrow$, etc. führen wir noch zwei sog. "Quantoren" ein. Sie lauten:

$\forall$ ("für alle") und

$\exists$ ("es gibt").

Def. 7.4.2: (*Term*)

1. Jede Individuenkonstante ist ein Term.

2. Jede Individuenvariable ist ein Term.

3. $F(t_1, ..., t_N)$ ist ein Term, wenn $t_1, ..., t_N$ Terme und F ein n-stelliges Funktionensymbol sind

4. Terme sind immer gemäß 1.-3. gebildet.

Die Definition des Begriffs Term ist rekursiv. Das ist eine häufige Methode in der Logik. Die nächste Definition zeigt, wie mittels Termen Prädikate entstehen können:

Def. 7.4.3: (*Atom*)

$p(t_1, ..., t_N)$ ist ein Atom, falls p ein n-stelliges Prädikatensymbol ist und t_1 bis t_N Terme sind.

Ebenso wie Terme lassen sich Formeln rekursiv definieren:

Def. 7.4.4: (*Formel*)

1. Atome sind Formeln

2. $\neg$A ist ein eine Formel, falls A eine Formel ist

3. (A$\wedge$B) bzw. (A$\vee$B) sind Formeln, falls A und B Formeln sind

4. $\exists$x(A) bzw. $\forall$y(A) sind Formeln, wenn A und B Formeln und x und y Individuenvariablen sind

5. Formel werden immer nur nach 1.-4. gebildet

Betrachten wir ein paar Beispiele für Formeln:

a) $F = \forall x(\neg p(x))$

b) $F = \forall x((\exists y\, p(x,y)) \wedge (\exists z\, q(x,z))$

c) $F = \forall x\, (gerade(x) \wedge \neg ungerade(x))$

Als nächstes wenden wir uns einem wichtigen Begriff aus der Prädikatenlogik zu, der sogenannten Struktur. In der Aussagenlogik hat man normalerweise sog. Aussagevariable wie z.B.

A = „Es regnet" oder

B = „Die Strassen sind nass".

Die Variablen A und B können nun jeweils die Wahrheitswerte *wahr* oder *falsch* annehmen.
Die aktuellen Werte der Aussagevariablen heißen eine Belegung. Bei zwei Aussagevariablen
gibt es *4* verschiedene Belegungsmöglichkeiten. Hat man n Aussagevariable, so gibt es 2^n Möglichkeiten, also immer nur endlich viele. In der Prädikatenlogik allerdings ist der Sachverhalt
nicht ganz so einfach. Ein Prädikat kann zwar selbst auch immer nur *wahr(=1)* oder *falsch(=0)*
sein, jedoch kann es bis zu unendlich viele Möglichkeiten für die im Prädikat vorhanden Individuen geben, und jede dieser Kombinationen kann das Prädikat wahr oder falsch machen. So
kann z.B. ein Prädikat ein oder mehrere Individuenvariablen aus der Menge der natürlichen
oder auch reellen Zahlen beinhalten. Da es unendlich viele solcher Zahlen gibt, ist der Begriff
der Belegung hier nicht so einfach fassbar. Das prädikatenlogische Äquivalent zu der aussagen-
logischen Belegung heißt eine Struktur und ist wie folgt definiert:

Def. 7.4.5: (*Struktur*)

Eine Struktur ist eine binäre Funktion A über das Paar (U_A, I_A), wobei U_A eine beliebige, nicht-
leere Menge ist, welche auch die Grundmenge oder das Universum von A genannt wird, und I_A
eine Abbildung bezeichnet, die

- jedem k-stelligen Prädikatensymbol ein k-stelliges Prädikat über U_A zuordnet

- jedem k-stelligen Funktionensymbol eine k-stellige Funktion über U_A zuordnet

- jeder Individuenvariablen ein Element aus U_A zuordnet.

Betrachten wir z.B. U_A = Menge der Natürlichen Zahlen und sei I_A diejenige Funktion, welche
dem Prädikatensymbol "gerade" dasjenige Prädikat zuordnet, welches genau dann wahr ist,
wenn eine Zahl aus U_A durch *2* ohne Rest teilbar ist.

Dann ist $A(U_A, I_A)$ eine Struktur für die Formel

$\exists x \, (\forall y \, ((\text{ gerade}(x) \land x = y \ast y) \rightarrow \text{gerade}(y))$

Def. 7.4.6: (*Modell*)

Eine Struktur A mit $A(F) = 1$ für eine Formel F heißt Modell für F. Man sagt: A ist Modell für
F und schreibt: $A \models F$.

Wir nennen eine Formel "gültig", wenn jede Struktur ein Modell für F ist und schreiben: $\models F$.

Der Begriff des Modells ist von zentraler Bedeutung, denn Formeln, die kein Modell besitzen,
sind offenbar nicht erfüllbar. Die Formel $F = X \land \neg X$ ist nicht erfüllbar und besitzt daher kein
Modell. So eine Formel nennt man auch eine Kontradiktion. Es kann nichts gleichzeitig mit
seinem Gegenteil existieren. Im Gegensatz dazu ist die Formel $F = X \lor \neg X$ immer erfüllbar,
also gültig. Gültige Formeln nennt man auch Tautologien. Das bekannte Sprichwort „Wenn der
Hahn kräht auf dem Mist, dann ändert sich das Wetter oder es bleibt wie es ist" ist ein Paradebeispiel für eine Tautologie.

Im Zusammenhang mit Formeln F und G gelten einige wichtige Rechenregeln:

1.) $\neg(\forall x \, F) \quad \Leftrightarrow \quad \exists x \, \neg F$

     $\neg(\exists x \, F) \quad \Leftrightarrow \quad \forall x \, \neg F$

2.) $\forall x \, \forall y \, F \quad \Leftrightarrow \quad \forall y \, \forall x \, F$

     $\exists x \, \exists y \, F \quad \Leftrightarrow \quad \exists y \, \exists x \, F$

3.) $\forall x \, F \land \forall x \, G \quad \Leftrightarrow \quad \forall x \, (F \land G)$

     $\exists x \, F \lor \exists x \, G \quad \Leftrightarrow \quad \exists x \, (F \lor G)$

Die Aufgabe des Wissensengineering ist es u.a., dass die Fakten und Regeln in eine Form gebracht werden, die von einer entsprechenden logischen Programmiersprache verstanden wird. Zu diesem Zweck ist eine Überführung umgangsprachlicher Aussagen in die formale Prädikatenlogik notwendig. Dies kann durch Anwendung der bisherigen Regeln geschehen, doch es sind noch weitere Umformungen nötig, damit eine logische Sprache wie z.B. PROLOG oder LISP dies versteht. Hierzu definieren also weiter:

Definition 7.4.7: (*Substitution*)

Sei F eine Formel, t ein Term und x eine Variable. Unter der Substitution $F[x/t]$ versteht man diejenige Formel, welche durch Ersetzung der Variablen x in jedem Vorkommen durch t entsteht.

Wir werden sehen, dass solche Substitutionen später einer wichtige Rolle spielen.

Definition 7.4.8: (*Reinigung*)

Eine Formel F heißt bereinigt, wenn es keine Variable mehr gibt, die in F sowohl gebunden (durch $\forall, \exists$) als auch frei vorkommt und hinter allen vorkommenden Quantoren verschiedene Variablen stehen.

Ein erfahrener Wissensingenieur wird von vornherein dafür sorgen, dass die erzeugten Aussagen bereits bereinigt sind. Ein Beispiel:

$$F = \forall\, x\, \exists\, y\, P\,(\,x, f(y)\,) \wedge \forall\, y\,(\,Q(x, y) \vee P(x)\,)$$

Hier kommt die Variable y an zwei verschiedene Quantoren gebunden vor. Die Variable x kommt im vorderen Teil gebunden vor, im hinteren dagegen frei. Durch geeignetes Umbenennen kann man diese Formel bereinigen:

$$F = \forall\, x\, \exists\, y\, P\,(x, f(y)\,) \wedge \forall\, z\,(\,Q\,(w, z) \vee P(w)\,)$$

Definition 7.4.9: (*Pränex-Form*)

Eine Formel F heißt pränex (oder in Pränexform), falls sie von der Bauart $Q_1y_1Q_2y_2 \dots Q_ny_nG$ ist, wobei $Q_i \in \{\exists,\ \forall\}$ Quantoren und y_i Variablen sind, und in der Formel G keine weiteren Quantoren mehr vorkommen (alle Quantoren stehen damit ganz links).

Pränexformen sind für bereinigte Formeln leicht zu erzeugen: Da jeder Quantor sich immer nur auf genau eine Variable bezieht, kann man diese einfach ganz nach links „ziehen", wenn man mit Hilfe der obigen Rechenregeln zuerst dafür gesorgt hat, dass alle Negationen ganz nach „innen" gezogen wurden, also keine Negation mehr auf einen Quantor wirkt.

Obiges Beispiel lautet in Pränexform:

$$F = \forall\, x\, \exists\, y\, \forall\, z\, [\,P\,(\,x, f(y)\,) \wedge (\,Q\,(\,w, z\,) \vee P(w)\,)\,]$$

Man kann allgemein zeigen, dass es zu jeder prädikatenlogischen Formel eine äquivalente Pränexform gibt.

Der nächste Schritt besteht in der Eliminierung der $\exists$-Quantoren. Dazu wird angenommen, dass die Formel bereits in bereinigter Pränexform vorliegt. Diese Eliminierung erfolgt sukzessive von links nach rechts. Es wird von links ausgehend bis zum ersten $\exists$-Quantoren vorgedrungen. Die Variable, die dahinter steht, wird nun in dem rechts davon stehenden Formelteil ersetzt (Substitution) durch eine Funktion, wobei diese Funktion von allen denjenigen Variablen abhängig ist, die links des $\exists$-Quantors an $\forall$-Quantoren gebunden sind. Hat man dies getan, geht man weiter von links nach rechts zum nächsten $\exists$-Quantor und verfährt genau wie zuvor. Dieser

Vorgang wird solange wiederholt, bis keine $\exists$-Quantoren mehr vorhanden sind. Das Ergebnis nennt man dann eine Skolemform. Genauer:

Definition 7.4.10: (*Skolemform*)

Sei eine Formel in bereinigter Pränexform. Das Ergebnis folgender Umformungen nennt man Skolemform (eliminieren aller $\exists$-Quantoren von links nach rechts).

Algorithmus:

Wiederhole solange, bis F keine Existenzquantoren mehr enthält

{

    F habe die Form $\forall y_1 \, \forall y_2 \ldots \forall y_k \, \exists z \, H$ (H kann weitere $\forall$ und $\exists$ enthalten), $k \geq 0$.

    Bilde mit Hilfe eines neuen in H bisher nicht vorkommenden Funktionssymbols f folgende

    Substitution: $F = \forall y_1 \, \forall y_2 \ldots \forall y_k \, H \, [\, z \, / f \, (\, y_1 \ldots y_k) \,]$

}

Der Hintergrund dieser Vorgehensweise liegt auf der Hand: Die Forderung des $\exists$-Quantors, dass es nämliche eine Variable *gibt* mit der Eigenschaft wie in dem Formelteil beschrieben, korrespondiert mit der realen Möglichkeit, diese Variable auch zu bestimmen. Es *muss* also eine Funktion existieren, welche die Bestimmung des Variablenwerts der $\exists$-Variablen ermöglicht, wobei im „worse case" diese Funktion von allen links davor stehenden $\forall$-Variablen abhängig sein kann. Gerade wenn solche Aussagen in ein Computerprogramm implementiert werden sollen, so muss hier der Algorithmus natürlich eine konkrete Möglichkeit haben, diese $\exists$-Variablenwerte auch konkret zu bestimmen, sei es durch mathematische Berechnung oder durch Auffinden in einer Tabelle oder ähnliches.

Schließlich werden in der Praxis aus schreibtechnischen Gründen häufig noch alle $\forall$-Quantoren einschließlich der dahinter stehenden Variablen weggelassen, denn sonst müsste man in der Programmiersprache noch eigene Symbole dafür vorsehen. Die Anwendung dieser Konvention führt dann zu einer quantorenfreien Form der ursprünglichen Formel. Solche Formeln nennt man auch universell quantifiziert. Hier noch ein Beispiel für die Erzeugung einer Skolemform, welche schließlich noch universell quantifiziert wird:

$F = \forall x \, \forall y \, \exists z \, [\, (P(z) \wedge \forall y \, q \, (\, x, y, z)) \vee (\neg \, \forall z \, r \, (z)) \,]$

Bereinigen:
$F = \forall x \, \forall y \, \exists z \, [\, (P(z) \wedge \forall a \, q \, (\, x, a, z)) \vee (\neg \, \forall b \, r \, (b)) \,]$

Alle Negationszeichen nach innen ziehen:
$F = \forall x \, \forall y \, \exists z \, [\, (P(z) \wedge \forall a \, q \, (\, x, a, z)) \vee (\exists b \, \neg \, r \, (b)) \,]$

Pränexform (Alle Quantoren nach links außen):
$F = \forall x \, \forall y \, \exists z \, \forall a \, \exists b \, [\, (P(z) \wedge q \, (\, x, a, z)) \vee (\neg \, r \, (b)) \,]$

Skolemform (Existenzquantoren beseitigen):
$F = \forall x \, \forall y \, \forall a \, \exists b \, [\, (P(\, f \, (\, x, y \,) \wedge q \, (\, x, a, f \, (\, x, y \,))) \vee (\neg \, r \, (b)) \,]$
$F = \forall x \, \forall y \, \forall a \, [\, (P(\, f \, (\, x, y \,) \wedge q \, (\, x, a, f \, (\, x, y \,))) \vee (\neg \, r \, (\, x, y, a)) \,]$

Universelles Quantifizieren (Allquantoren weglassen):
$F = (p \, (\, f \, (\, x, y \,) \wedge q \, (\, x, a, f \, (\, x, y \,))) \vee \neg \, r \, (q \, (\, x, y, a \,)$

Universell quantifizierte Formeln lassen sich fast schon so programmieren wie sie sind. Die meisten Programmiersprachen, die in der Lage sind, prädikatenlogische Formeln zu verarbeiten, stellen jedoch noch weitere Restriktionen an die Formeln. In PROLOG beispielsweise können nur Regeln der Form A→B benutzt werden, bei denen B atomar und nicht negiert ist, wobei A sich zusammensetzen kann aus Negationen, Und- bzw. Oder-Termen. Da A→B äquivalent zu der Formel ¬A∨B ist, führt dies zu der Anforderung, dass Regeln möglichst eine Disjunktion von Konjunktionen von Atomen sind, wobei mindestens eines der Atome nicht-negiert sein muss. Dieses nicht-negierte Atom kann man dann als die „rechte Seite" der daraus-folgt-Regel benutzen; diese ist dann nichtnegiert und atomar, genau so wie PROLOG das fordert (siehe unten). Regeln, die nur aus der Disjunktion von Atomen bestehen, von denen mindestens eines nicht-negiert sein muss, nennt man auch HORN-Klauseln. So eine Form kann man im Prinzip immer erzwingen, in dem man die Prädikate geeignet wählt. Dies ist ein weiterer Punkt, auf den ein Wissensingenieur zu achten hat.

Der Wissensingenieur hat also zunächst die Aufgabe der Wissensakquisition. Das heißt, er oder sie geht zu einem Experten, z.B. zu einem Facharzt, und stellt ein verbales Wenn-Dann-Regelsystem (z.B. für Krankheitsdiagnosen) zusammen. Hier schon möglichst HORN-Klauselform berücksichtigen, wenn möglich.

Danach wird der Wissensingenieur daran gehen, die verbal formulierten Regeln in prädikaten-logische Form zu bringen. Dazu muss er oder sie zunächst eine Formulierung mittels der Existenz- und Allquantoren sowie den logischen Verknüpfung *und, oder, nicht, genau-dann-wenn, daraus-folgt, entweder-oder* etc. durchführen. Ist das geschehen, müssen die so erhaltenen prädikatenlogischen Formeln in bereinigte skolemisierte universell quantifizierte Formeln gebracht werden und spätestens jetzt in HORN-Klauseln umgewandelt werden. Wenn dies geschehen ist, so kann das Ganze in einer geeigneten Programmiersprache formuliert und damit das eigentliche Expertensystem kodiert werden.

Als Beispiel sei folgende verbale Regel betrachtet:

„Alle Römer, die Markus kennen, hassen Cäsar, oder denken, dass jeder, der irgendjemanden hasst, verrückt ist".

Prädikatenlogische Form:

Zunächst muss die Struktur, insbesondere das Universum für die benutzten Individuen, festgelegt werden. Wir definieren, dass das Universum aus der Menge aller Menschen besteht. Nachfolgende Individuen (X, Y, Z usw.) sind also Elemente des so definierten Universums. Umsetzten der verbalen Aussage in eine Formel führt also zu:

$\forall X [(\ römer\ (X)\ \wedge\ kennen\ (\ X,\ markus\ )\ ) \rightarrow (\ hassen\ (\ X,\ cäsar\ )\ \vee\ (\forall Y\ (\exists Z\ hassen\ (\ Y, Z\ ) \rightarrow verrückthalten\ (\ X, Y\ ))))]$

Wie man hier sieht, sind bestimmte Prädikate einstellig, andere mehrstellig. Darüber sollte genau nachgedacht werden. Römer zu sein ist ein einstelliges Prädikat. Hassen dagegen zweistellig, denn es muss ein Individuum geben, welches hasst, und ein anderes, auf den sich der Hass bezieht. Das zweistellige Prädikat *verrückthalten* fasst zusammen, dass ein Individuum denkt, dass ein anderes verrückt ist. Auch die Reihenfolge der Individuen innerhalb eines Prädikats ist wichtig. Sie kann zwar zunächst beliebig festgesetzt werden, doch muss dann immer beibehalten und konsistent interpretiert werden. Interpretiert man z.B. das Prädikat $hassen(X, Y)$ so, dass X der Hasser und Y der Gehasste ist, so muss diese Reihenfolge immer durchgehalten werden.

„→" und „↔" eliminieren mittels (A → B) äquivalent zu (¬ A ∨ B)

$\forall X [(\ römer\ (X)\ \vee\ \neg\ kennen\ (X,\ markus\ )\ )\ \vee\ (\ hassen\ (X,\ cäsar\ )\ \vee\ (\forall Y\ (\forall Z\ \neg\ hassen\ (Y, Z) \vee verrückthalten\ (\ X, Y\ ))))]$

„¬" nach innen ziehen:

$\forall X$ [(römer (X) $\vee \neg$ kennen (X, markus)) $\vee$ (hassen (X, cäsar) $\vee$
($\forall Y$ ($\forall Z \neg$ hassen(Y,Z) $\vee$ verrückthalten (X, Y))))]

Pränex-Form:

$\forall X \forall Y \forall Z$ [$\neg$ römer (X) $\vee \neg$ kennen (X, markus) $\vee$ hassen (X, cäsar) $\vee \neg$ hassen (Y, Z)
$\vee$ verrückthalten (X, Y)]

Skolem-Form:

dito.

Universelles Quantifizieren:

$\neg$ römer (X) $\vee \neg$ kennen (X, markus) $\vee$ hassen (X, cäsar) $\vee \neg$ hassen (Y, Z)
$\vee$ verrückthalten (X, Y)

Die universell quantifizierte Formel ist eine HORN-Klausel, da (mindestens) ein nicht-negiertes Atom als Disjunktionsterm vorhanden ist. Daraus kann also eine A→B-Regel gemacht werden. Dazu wählt man einen der nicht-negierten Disjunktionsterme aus, z.B. *verrückthalten(X,Y)*, und konstruiert die Regel:

$\neg$ römer (X) $\vee \neg$ kennen (X, markus) $\vee$ hassen (X, cäsar) $\vee \neg$ hassen (Y, Z)
$\vee$ verrückthalten (X, Y)

$\neg$(römer (X) $\wedge$ kennen (X, markus) $\wedge \neg$ hassen (X, cäsar) $\wedge$ hassen (Y, Z))
$\vee$ verrückthalten (X, Y)

(römer (X) $\wedge$ kennen (X, markus) $\wedge \neg$ hassen (X, cäsar) $\wedge$ hassen (Y, Z))
→ verrückthalten (X, Y)

Beim Umsetzten der verbalen Aussagen in eine prädikatenlogische Form unterscheidet man häufig zwischen den Begriffen *Fakten* und *Regeln*. Unter einem Fakt versteht man ein einzelnes Prädikat, welches nur Individuenkonstanten enthält. Das Prädikat *isst_gerne(karl, schwein)* ist in diesem Sinne ein Fakt. Dagegen sind Regeln immer von der Form A→B, wobei B ein nicht-negiertes Atom darstellt und A und B Prädikate sind, die Individuenvariablen enthalten können. Es stellt also

(römer (X) $\wedge$ kennen (X, markus) $\wedge \neg$ hassen (X, cäsar) $\wedge$ hassen (Y, Z))
→ verrückthalten (X, Y)

eine typische Regel dar. Fakten und Regeln bilden zusammen die *Wissensbasis*. Bleibt noch zu klären, wie es möglich ist, dass aus einer Wissensbasis logische Schlussfolgerungen gezogen werden können. Um dies zu verstehen, ist ein ganz kurzer Ausflug in die Theorie des automatisierten Beweisens notwendig. Darunter versteht man die Möglichkeit, dass ein Computer ein allgemeines Prinzip kennt, mit dem mittels einer Menge von gegebenen Fakten und Regeln (also der Wissensbasis) festgestellt werden kann, ob eine eingegebene Aussage wahr oder falsch ist. Die Fakten und Regeln der Wissensbasis stellen dabei per Definition wahre Aussagen dar und werden daher auch als Axiomensystem bezeichnet. Hierzu definieren wir:

Def. 7.4.11: (*Resolvente*)

Es seinen $h := h_1 \vee h_2 \vee ... \vee h_N$ und $k := k_1 \vee k_2 \vee ... \vee k_M$ zwei universell quantifizierte, unvollständige skolemisierte disjunktive Formeln (die man allgemein auch "Klauseln" nennt). Des Weiteren sei o.B.d.A. $h_1 = \neg k_1$. Die Formel $Res(h,k) := h_2 \vee ... \vee h_N \vee k_2 \vee ... \vee k_M$ heißt dann die Resolvente der beiden Klauseln h und k.

Hierzu ein kleines Beispiel:

Seien $h = A \vee B \vee C \vee D$ und

$\qquad k = E \vee A \vee \neg C \vee F$

Nach umbenennen:

$h = C \vee A \vee B \vee D$ und

$k = \neg C \vee E \vee A \vee F$

Die Resolvente lautet dann:

$Res(h,k) = A \vee B \vee D \vee E \vee F$

Resolventen sind damit das Ergebnis der "Veroderung" zweier Klauseln, wobei gleiche Disjunktionsterme, die allerdings in der einen Klausel negiert und in der anderen nicht-negiert vorkommen müssen, weggelassen wurden. Mit Hilfe solcher Resolventen lässt sich nun ein wichtiger Satz formulieren:

Satz 7.4.12: (*Resolutionstheorem*)

Eine Aussage ist implizierbar (d.h. eine logische Schlussfolgerung) aus einem gegebenen Axiomensystem, wenn aus der Negation der Aussage zusammen mit Formeln des Axiomensystems mittels Bildung von Resolventen eine leere Klausel erzeugt werden kann.

Solch eine leere Klausel entspricht einer Kontradiktion, und nach dem Prinzip des Widerspruchsbeweises muss damit die ursprüngliche Aussage wahr sein.

Mit dem Resolutionstheorem hat man also eine allgemeine Methode zur Verifikation von Aussagen. Dies sei an einem Beispiel vorgeführt.

Beispiel zur Resolutionsmethode:

Wir nehmen an, dass ein Expertensystem für einen Historiker entwickelt werden soll. Ein Wissensingenieur hat den Historiker befragt und folgendes Axiomensystem aufgestellt:

1. Markus war ein Mensch

2. Markus war ein Pompeianer

3. Alle Pompeianer waren Römer

4. Cäsar war ein Herrscher

5. Alle Römer waren loyal zu Cäsar oder hassten ihn

6. Jeder ist loyal zu einem anderen

7. Wenn Menschen versuchten, Herrscher zu ermorden, so waren sie (die Menschen) nicht loyal zu ihnen (den Herrschern)

8. Markus versuchte, Cäsar zu ermorden

Nun geht der Wissensingenieur daran, dieses verbale Axiomensystem in eine Wissensbasis umzusetzen. Dazu muss zunächst eine prädikatenlogische Formulierung der Axiome erfolgen. Das Universum für die benutzten Individuen sei die Menge aller Lebewesen auf der Erde.

1. Markus war ein Mensch

    mensch(markus)

2. Markus war ein Pompeinaner

    pompeianer(markus)

3. Alle Pompeianer waren Römer

    $\forall X(pompeianer(X) \rightarrow römer(X))$

    universell quantifiziert: $\neg pompeianer(X) \lor römer(X))$

4. Cäsar war ein Herrscher

    herrscher(cäsar)

5. Alle Römer waren loyal zu Cäsar oder hassten ihn

    $\forall X(römerX) \rightarrow (loyalzu(X,cäsar) \lor hassen(X,cäsar)))$

    universell quantifiziert: $\neg römer(X) \lor loyalzu(X,cäsar) \lor hassen(X,cäsar)$

6. Jeder ist loyal zu einem anderen

    $\forall X \exists Y (loyalzu(X,Y))$

    universell quantifiziert: *loyalzu(X,f(X))*

7. Wenn Menschen versuchten, Herrscher zu ermorden, so waren sie (die Menschen) nicht loyal zu ihnen (den Herrschern)

    $\forall X \forall Y ((mensch(X) \land herrscher(Y) \land ermorden(X,Y)) \rightarrow \neg loyalzu(X,Y))$

    universell quantifiziert: $\neg mensch(X) \lor \neg herrscher(Y) \lor \neg ermorden(X,Y) \lor \neg loyalzu(X,Y)$

8. Markus versuchte, Cäsar zu ermorden

    ermorden(markus, cäsar)

Axiom Nummer 6 beinhaltet eine Funktion von X, die spätestens im Programm, welches das Expertensystem implementiert, genau definiert sein muss. Denkbar ist z.B. eine Tabelle mit zwei Spalten. In der ersten Spalte stehen alle vorkommenden Individuen des Universums und in der zweiten Spalte stehen die jedem der Individuen der ersten Spalten zugeordneten Individuen, denen sie gegenüber loyal sind. Falls ein Individuum der ersten Spalte mehreren anderen Individuen gegenüber loyal ist, so müssen zwei Tabellen in Form einer *1:n*-Beziehung erzeugt werden. Auf jeden Fall liefert dann die Funktion *f(X)* für ein konkretes Individuum X das oder die Individuen aus der Tabelle zurück, denen gegenüber X loyal ist.

Angenommen, unser Historiker möchte nun wissen, ob Markus Cäsar gehasst hat. Es ist also das Ziel, die Aussage „Markus hasst Cäsar" aus dem vorhandenen Axiomensystem heraus zu beweisen. In prädikatenlogischer Form heißt das Beweisziel

hassen(markus,cäsar).

Axiom 8 stellt zwar fest, dass Markus versuchte, Cäsar zu ermorden, doch das muss nicht notwendiger Weise heißen, dass Markus Cäsar auch hasste. Es gibt z.B. Exekutionskommandos, die Menschen ermorden, um einen Befehl auszuführen, ohne die Menschen, die sie töten, zu hassen. Auch Mord aus Liebe soll schon vorgekommen sein.

Um also den Beweisversuch zu starten, wird zunächst das Gegenteil der zu beweisenden Aussage angenommen und durch sukzessive Resolventenbildung versucht, gemäß des Resolutionstheorems zusammen mit dem Axiomen 1-8 eine leere Klausel zu erzeugen.

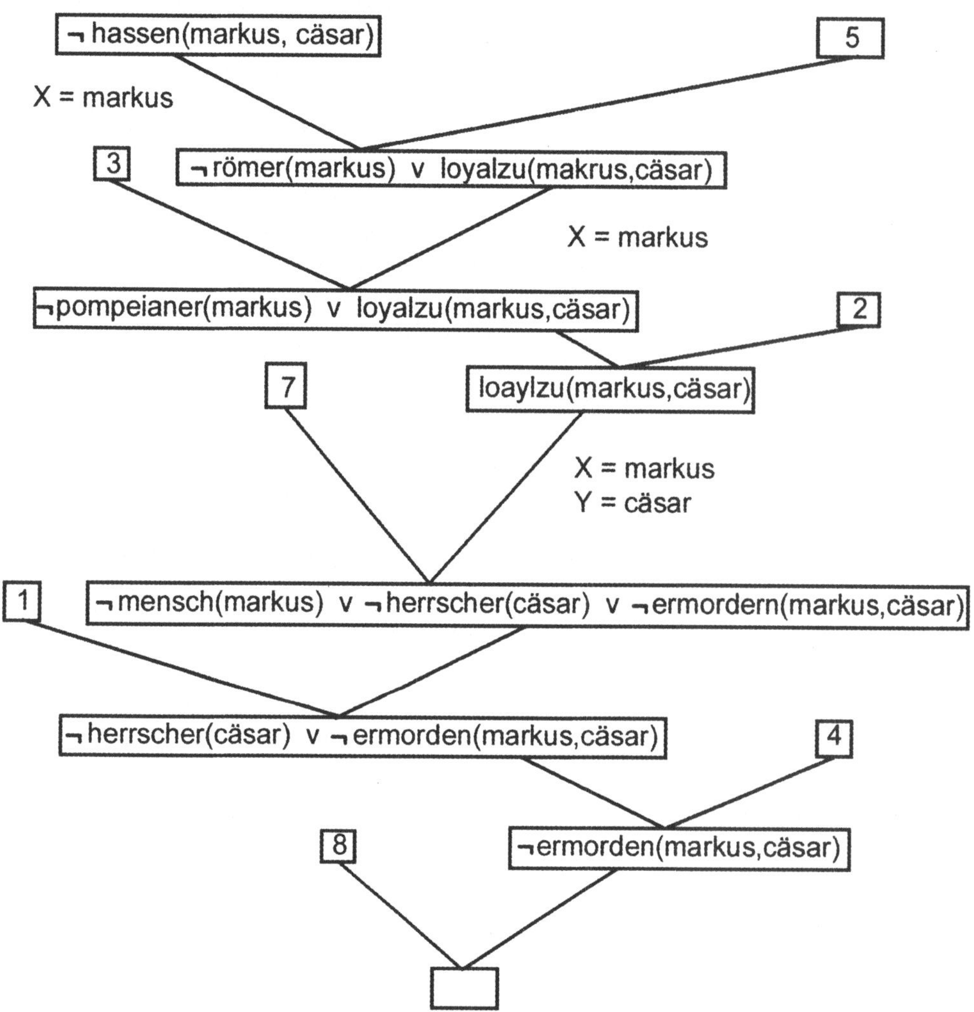

Bild 7-12 Resolutionsmethode

In Bild 7-12 sieht man die Vorgehensweise. Der Resolutionsalgorithmus sucht zunächst im Axiomensystem eine Klausel, in der die Negation des aktuellen Terms vorkommt. In unserem Fall findet der Algorithmus das Axiom 5, und es wird damit die Resolvente gebildet. Dabei wird die zuvor freie Variable X an die Individuenkonstante *markus* gebunden. Nun sucht der

Algorithmus erneut die Axiome durch und selektiert dasjenige, in dem wieder das Gegenteil einer der Disjunktionsterme der aktuellen Klausel vorkommt (die Reihenfolge ist dabei prinzipiell egal, das Ergebnis ist letztendlich das selbe). Jetzt passt Axiom 3 und die dort vorkommende Variable *X* wird während der Resolventenbildung ebenfalls mit *markus* belegt. Dieses Spiel wird solange wiederholt, bis schließlich eine leere Klausel erzeugt wird. Damit ist aufgrund des Resolutionstheorems die ursprüngliche Aussage, also *hassen(markus,cäsar)*, wahr.

Normalerweise braucht sich der Entwickler eines Expertensystems nicht um die Einzelheiten der Resolutionsmethode zu kümmern, denn diese ist Bestandteil der Inferenzmaschine des jeweiligen Compilers oder Interpreters der benutzten Programmiersprache. Wir betrachten zum Beispiel die Programmiersprache PROLOG (PROgrammiern in LOGik), welche in den 60er Jahren des 20. Jahrhunderts entwickelt wurde. Dabei handelt es sich um eine Sprache der sogenannten 5. Sprachgeneration. Diese Sprachen werden auch als KI-Sprachen bezeichnet. In PROLOG fehlen die üblichen Konstrukte wie goto, if...then, do...while, for...next etc.; dafür können in PROLOG prädikatenlogische Fakten und Regeln direkt eingegeben werden. Das Problem wird also nur beschrieben, während die Inferenzmaschine die Lösungen selbständig sucht. Daher nennt man solche Programmiersprachen auch deskriptive Sprachen. Wichtig ist jedoch, dass in PROLOG nur entweder Fakten oder Regeln der Form A→B eingegeben werden können, wobei B nichtnegiert und atomar sein muss. Eine Regel der Form A→B muss in Prolog in der Form

```
B :- A.
```

eingegeben werden (sprich: B falls A). Fakten und Regeln müssen immer mit einem Punkt abgeschlossen werden. Kommentare werden mit /*...*/ eingeschlossen. Das logische *und* wird mit einem Komma, das logische *oder* mit einem Semikolon und die Negation durch die Funktion *not(...)* dargestellt. Individuenvariablen werden groß und Individuenkonstanten klein geschrieben. Ein mögliches PROLOG-Programm für unserer Historische Wissensbasis (Axiome 1-8) könnte dann z.B. so aussehen (Axiom 6 wurde weggelassen):

```
/* Fakten */
mensch(markus).
pompeianer(markus).
herrscher(caesar).
ermorden(markus, caesar).
/* Regeln */
roemer(X) :- pompeianer(X).
hassen(X,caesar) :- roemer(X), nichtloyalzu(X, caesar).
nichtloyalzu(X,Y) :- mensch(X), herrscher(Y), ermorden(X,Y).
```

Wie man sieht, musste im Axiomensystem das ursprüngliche Prädikat

loyalzu(...)

durch

¬*nichtloyalzu(...)*

ersetzt werden. Dieser Schritt ist nötig, da Axiom 7 in seiner Urfassung keine Hornklausel darstellt (denn es existiert kein nicht-negiertes Prädikat). Durch die Ersetzung wird der in Axiom 7 vorkommende Disjunktionsterm $\neg loyalzu(X,Y)$ durch den nicht-negierten Term *nichtloyalzu(X,Y)* ersetzt, so dass dadurch Axiom 7 zu einer Hornklausel wird, welche dann in eine für PROLOG akzeptierbare Regel umgesetzt werden kann. Wird schließlich PROLOG gestartet, so erscheint zunächst ein Fragezeichen, gefolgt von einem Gedankenstrich (?-). Dies soll andeuten, dass PROLOG auf eine Eingabe wartet. Der Befehl

```
?-consult('markus.pro').
```

lädt den als Textfile mit dem Namen „markus.pro" abgelegten Programmcode in den Speicher. Danach kann die Abfrage

```
?-hassen(markus, caesar).
```

eingegeben werden, und es wird von PROLOG zurückgemeldet:

```
YES
```

was anzeigt, dass dieses Prädikat bewahrheitet wurde. PROLOG betrachtet also jede Eingabe nach dem Fragezeichen als eine zu beweisende Aussage. Da es sich hier bei der Eingabe um einen Fakt gehandelt hat, wird nur die Bestätigung *YES* (oder *NO*) zurückgeliefert. Wird eine Anfrage mit einer Variablen versehen, so werden alle möglichen Werte der Variablen zurückgeliefert, für welche sich das eingegebene Prädikat bewahrheiten lässt. Bild 7-13 fasst nochmals die Tätigkeiten des Wissensingenieurs zusammen.

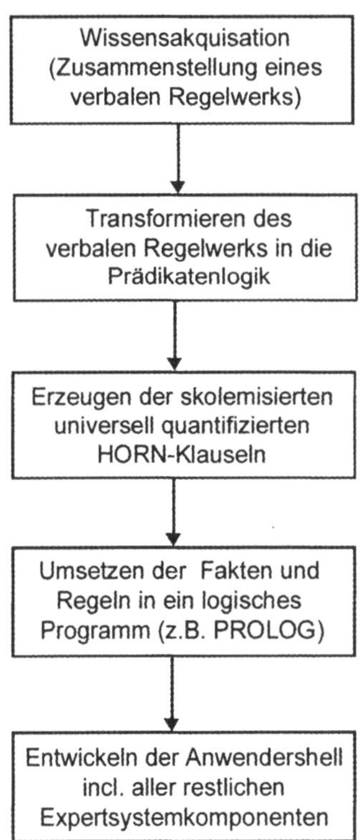

Bild 7-13 Tätigkeiten eines Wissensingenieurs bis zur Fertigstellung eines Expertensystems

Wie in Bild 7-13 ersichtlich, ist mit der hier beschriebenen Erstellung einer Wissensbasis natürlich erst der Kern des Expertensystems geschaffen. Um diesen Kern herum muss dann noch ein Anwendungsprogramm (Exptertensystem-Shell) geschrieben werden, welches –wie im Softwareengineering üblich- den Anforderungen aus den Kapiteln 4, 5 und 6 entspricht. Es müssen also noch ggf. Datenstrukturen und deren Beziehungen sowie anwenderfreundliche Bildschirmmasken etc. entwickelt werden. Darauf braucht hier allerdings nicht nochmals eingegangen werden, da dies nach den gleichen Methoden wie in den angegebenen Kapiteln geschieht.

7.5   Entwicklung von Fuzzy-Systemen

Expertensysteme wie in Abschnitt 7.4 beschrieben besitzen einige Nachteile. Einer davon ist, dass das System der aufgestellten logischen Wenn-Dann-Regeln nur „scharfe" Erfüllungen kennt: Entweder ist der Wenn-Teil zu 100% erfüllt, und nur dann kommt der Dann-Teil zum tragen. Dies liegt an der binären Struktur der benutzten Logik: es gibt nur die Wahrheitswerte *wahr* oder *falsch*. Die Idee von Fuzzy-Expertensystemen ist dagegen, dass der Wenn-Teil einer Regel z.B. nur zu 60% erfüllt sein braucht und daraus ein sinnvoller Dann-Teil abgeleitet werden kann. Es gibt also nicht nur die Wahrheitswerte *wahr* und *falsch*, sondern auch „Zwischenwerte" davon. Um solche unscharfen Regeln formulieren zu können, bedarf es einer Verallgemeinerung der binären Logik.

Im klassischen Fall gilt für beliebige Objekte x einer Objektmenge X und eine Teilmenge $A{\subseteq}X$ entweder $x{\in}A$ oder $x{\notin}A$. Das heißt mit anderen Worten, der Umstand, dass x ein Element von A ist, ist entweder wahr oder falsch. Man könnte auch die Mitgliedschaft von x zu der Menge A durch *0* (kein Mitglied) oder *1* (Mitglied) ausdrücken.

Bei den nachfolgend näher definierten Fuzzy-Mengen wird dieses „Sein oder Nichtsein" auf ein *Intervall* [0,1] ausgedehnt, d.h. es kann mehr oder weniger Mitgliedschaft geben. Genauer:

Def. 7.5.1: (*Fuzzy-Menge*)

Sei X eine Sammlung von Objekten. Unter einer Fuzzy-Menge A verstehen wir eine Menge geordneter Paare der Form

$$A = \left\{ (x, \mu_A(x)) \,\middle|\, x \in X \right\}$$

wobei $\mu_A(x)$ Zugehörigkeitsfunktion oder auch Zugehörigkeitsgrad von x in A genannt wird.

Die Funktion $\mu_A(x)$ stellt eine Abbildung in eine positive reelle Menge M dar. Meistens wird $M=[0,1]$ gesetzt. Wenn $M=\{0,1\}$ ist, so haben wir den klassischen nicht-Fuzzy-Fall, wie vorher beschrieben.

Beispiele:

Ein Makler möchte seine Häuser, welche er seinen Klienten anbieten will, klassifizieren. Ein Maßstab für den Komfort eines Hauses sei die Anzahl der Zimmer. Sei $X=\{1,2,...,10\}$ die Menge der verfügbaren Typen, wobei die Elemente $x{\in}X$ die Anzahl der Zimmer eines Hauses repräsentieren sollen. Dann könnte man die Fuzzy-Menge *Komfortabler Haustyp für einen 4-Personen-Haushalt* wie folgt beschreiben:

A={(1,0.2),(2,0.5),(3,0.8),(4,1.0),(5,0.7),(6,0.3)}.

Die Werte der Zugehörigkeitsfunktionen könnte der Makler aus Erfahrung ermittelt haben. Man kann Fuzzy-Mengen aber auch stetig definieren, wie folgendes Beispiel zeigt. Zum Beispiel:

A sei die Menge reeller Zahlen wesentlich größer als 10

Dann kann man definieren: $A = \{(x, \mu_A(x)) | x \in X\}$, wobei z.B.

$$\mu_A(x) = \begin{cases} 0, & x \leq 10 \\ 1 - \dfrac{1}{1+(x-10)^2}, & x > 10 \end{cases}$$

Umgekehrt könnte man auch eine Fuzzy-Menge suchen, bei der gilt:

A sei die Menge reeller Zahlen in der Nähe von 10

also z.B.: $A = \left\{ (x, \mu_A(x)) \middle| \mu_A(x) = \dfrac{1}{1+(x-10)^2} \right\}$

Wir betrachten einmal eine grafische Darstellung der Zugehörigkeitsfunktion für das letzte Beispiel (Bild 7-14).

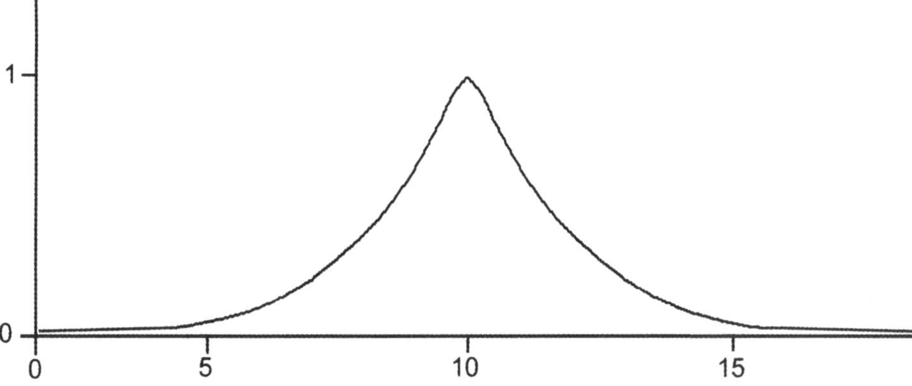

Bild 7-14 Zugehörigkeitsfunktion: Menge aller reellen Zahlen in der Nähe von 10

Wie aus der Grafik in Bild 7-14 zu sehen, kann der Umstand, dass sich x in der Nähe von 10 befindet, mehr oder weniger wahr sein. Aussagen wie *reelle Zahlen in der Nähe von 10* nennt man auch linguistische Variablen. Offensichtlich spielt die Zugehörigkeitsfunktion in der Fuzzy-Logik eine entscheidende Rolle. Wie bei jeder Logik sind nun auch hier logische Verknüpfungen wie *und, oder* etc. zu definieren. Diese Verknüpfungen beziehen sich auf die Zugehörigkeitsfunktionen.

Def. 7.5.2: (*Fuzzy-Und-Verknüpfung*)

Seien $A \subseteq X$ und $B \subseteq X$. Dann definieren wir die Konjunktion der Zugehörigkeitsfunktionen $\mu_A(x)$ und $\mu_B(x)$ durch: $\mu_A(x) \cap \mu_B(x) := \min\{\mu_A(x), \mu_B(x)\}, x \in X$.

Def. 7.5.3: (*Fuzzy-Oder-Verknüpfung*)

Seien $A \subseteq X$ und $B \subseteq X$. Dann definieren wir die Disjunktion der Zugehörigkeitsfunktionen $\mu_A(x)$ und $\mu_B(x)$ durch $\mu_A(x) \cup \mu_B(x) := \max\{\mu_A(x), \mu_B(x)\}, x \in X$

Def. 7.5.4: (*Fuzzy-Nicht-Verknüpfung*)

Sei $A \subseteq X$. Dann definieren wir als Komplement bzw. Negation der Zugehörigkeitsfunktion $\mu_A(x)$ die Größe $1 - \mu_A(x)$.

Man sieht, dass die Fuzzy-Konjunktion, -Disjunktion und –Negation jeweils für die Grenzfälle $\mu(x) \in \{0,1\}$ die klassischen *und-*, *oder-* und *nicht-*Verknüpfungen der Aussagenlogik herauskommen. Es gibt noch eine Reihe weiterer Fuzzy-Operatoren, auf die wir hier aber nicht eingehen. Unsere Definitionen gehen auf Zadeh [12] zurück.

Um nun ein Fuzzy-System zu entwickeln, muss dieses durch ein Regelwerk von linguistischen Variablen beschrieben werden. Dazu ist es zunächst notwendig, diese linguistischen Variablen durch ihre Fuzzy-Menge (d.h. insbesondere durch ihre Zugehörigkeitsfunktion) zu definieren. Die Regelwerke selbst sind dann durch (ggf. mehrere) *wenn...dann*-Beziehungen (wobei im *wenn*-Teil auch *und-* bzw. *oder-* und *nicht-*Verknüpfungen stehen können) beschreibbar. Die Realisierung des *dann*-Teils (Inferenz) führt wieder zu einer Fuzzy-Menge. Die Inferenz bei Fuzzy-Systemen kann auf verschiedene Art und Weise definiert werden. Wie auch in der klassischen Logik besitzt eine Wenn-Dann-Regel die Form *wenn* A *dann* B, d.h. $A \rightarrow B$.

In der Fuzzy-Logik hat man entsprechende Regeln für die Zugehörigkeitsfunktionen der Form *Wenn* $\Psi(x)$ *dann* $\Phi(y)$, d.h. $\Psi(x) \rightarrow \Phi(y)$, wobei $\Psi(x)$ und $\Phi(y)$ bekannte Zugehörigkeitsfunktionen zweier (oder der selben) Fuzzy-Mengen X und Y sind. $\Psi(x)$ kann dabei selbst eine durch Fuzzy-Operatoren zusammengesetzte Verknüpfung von Zugehörigkeitsfunktionen sein. Die Voraussetzung $\Psi(x)$ beschreibt dabei, zu welchem Grad der *Wenn*-Teil der Regel erfüllt ist, d.h. $\Psi(x)$ ist für ein konkretes $x = x_0 \in X$ zahlenmäßig bekannt. Die Schlussfolgerung $\Phi(y)$ fragt dann i.d.R. nach einem konkreten $y \in Y$, welches zu bestimmen ist. Die Ergebnismenge einer solchen Inferenz ist eine Fuzzy-Menge $\tilde{Y} \subseteq Y$, welche eine aus $\Psi(x)$ und $\Phi(y)$ zusammengesetzte Zugehörigkeitsfunktion $\tilde{\Phi}(y)$ besitzt, die *Konklusionsfunktion* genannt wird. Für diese wird häufig einfach das Produkt benutzt:

Def. 7.5.5: (*Fuzzy-Produkt-Inferenz*)

Sei $x_0 \in X$ ein konkreter Wert und damit $\Psi(x_0) \in [0,1]$ ebenfalls zahlenmäßig bekannt. Für eine Zustandsfunktion $\Phi(y) \in Y$, gelte $\Psi(x_0) \rightarrow \Phi(y)$. Die Konklusionsfunktion errechnet sich dann zu: $\tilde{\Phi}(y) = \Psi(x_0) \cdot \Phi(y)$.

Man kann anstatt des Produkts auch eine Inferenz-Regel festlegen, welche die Zielfunktion $\Phi(y)$ in der Höhe des Erfüllungsgrades der Voraussetzung "klippt":

> **Def. 7.5.6:** (*Fuzzy-Min-Inferenz*)
>
> Sei $x_0 \in X$ ein konkreter Wert und damit $\Psi(x_0) \in [0,1]$ ebenfalls bekannt. Für eine Zustandsfunktion $\Phi(y) \in Y$, gelte $\Psi(x_0) \to \Phi(y)$. Die Konklusionsfunktion errechnet sich dann zu:. $Min(\Psi(x_0), \Phi(y))$

Welche der beiden Methoden zu bevorzugen ist, hängt vom aktuellen Problem ab. In der Praxis ergibt sich meistens jedoch kein signifikanter Unterschied für beide Methoden. Falls ein Fuzzy-System aus mehreren Regeln besteht, so werden für jede Regel, deren *dann*-Teile sich auf die gleiche linguistische Variable beziehen, die entstehenden Flächen zu einer Gesamtfläche überlagert. Die Beschreibung eines Regelwerks durch Fuzzy-Operationen nennt man auch Fuzzyfizierung.

Die aufgrund der Regeln entstandenen Flächen müssen in der Praxis nun wieder einem konkreten x-Wert zugeordnet werden, der die tatsächliche Reaktion des Systems vorschreibt (z.B. die Stellung eines Ventils als Ergebnis bestimmter Umgebungsbedingungen). Um dies zu leisten, muss eine Abbildung der aus den Regeln erzeugten Gesamtfläche auf eine reelle Zahl gefunden werden. Diesen Vorgang nennt man Defuzzyfizierung. Eine Möglich dafür besteht darin, den Schwerpunkt der Fläche aufzusuchen. Allgemein versteht man dann unter Defuzzyfizierung eine Abbildung, welche der Fläche Z der unscharfen Ergebnismenge der Regelbedingung die Abszissenkoordinate X_s des Schwerpunktes zuordnet. Dies kann numerisch erfolgen oder, wenn die entsprechenden mathematischen Voraussetzungen (Integrierbarkeit) gegeben sind, z.B. berechnet werden durch

$$X_S = \frac{\iint x\,dA}{\iint dA}$$

Der Flächenschwerpunkt ist deswegen als Defuzzyfizierung so geeignet, weil er sozusagen die Fläche am ausgewogensten einer reellen Zahl zuordnet: Würde man die Fläche ausschneiden und auf einem Bleistift zum Balancieren bringen, so liegt dieser Punkt gerade beim Schwerpunkt der Fläche. Zusammenfassend kann man also das Vorgehen zum Erstellen eines Fuzzy-Expertensystems wie folgt beschreiben:

Fuzzyfizierung
Hier werden die Zugehörigkeitsfunktionen, welche über die Eingabevariablen definiert wurden, auf die konkreten Werte angewendet und daraus die "Wahrheitswerte" zwischen *0* und *1* für die Prämissen jeder Fuzzy-Inferenzregel berechnet.

Fuzzy-Inferenz

Hier werden die Zugehörigkeitsfunktionen des "Dann-Teils" durch eine der oben definierten Inferenz-Regeln auf die Werte der Prämissen eingeschränkt (durch Klipping oder Produktbildung); die Ergebnisse sind die *Konklusionsfunktionen*.

Komposition

Existieren mehrere Fuzzy-Regeln für gleiche Zustandsfunktionen im "Dann-Teil" des Regelsystems, so werden all diese Konklusionsfunktionen zusammengefasst. Auch hierfür gibt es mehrere Möglichkeiten: Man kann z.B. alle beteiligten Konklusionsfunktionen einfach addieren (*Summenkomposition*) oder man kann das Maximum (*Maximumkomposition*) bilden.

Defuzzyfizierung

Hier wird die Fuzzy-Menge zu einem konkreten Ausgabewert reduziert. Dies kann z.B. durch Schwerpunktbildung dieser Menge erfolgen.

Beispiel:

Betrachten wir das Ganze an einem konkreten Beispiel, welches 1991 von C. v. Altrock [13] vorgestellt wurde. Es soll ein System entworfen werden, welches die Methanzufuhr in einer Brennkammer regelt. Die Methanzufuhr wird über ein Ventil gesteuert und die Ventilstellung sei abhängig vom Vorkammerdruck und der Brennkammertemperatur. Fuzzysysteme nutzen nun Expertenwissen, welches aus Erfahrung gewonnen wurde. Eine solche aus Erfahrung gewonnene Regel könnte folgendermaßen lauten:

Wenn die Temperatur in der Brennkammer sehr hoch ist und der Vorkammerdruck zumindest über dem Normalwert liegt, dann sollte die Methanzufuhr gedrosselt werden.

Dabei sind Begriffe wie *Temperatur* und *Vorkammerdruck* linguistische Variablen, und Begriffe wie *sehr hoch* oder *Normalwert* die Zugehörigkeitsfunktionen. Grundsätzlich könnte man auch eine Wenn-Dann-Regel für ein klassisches Expertensystem aus ganz konkreten Erfahrungsregeln konstruieren, z.B.:

WENN Temperatur $\geq$ 870 Grad Celcius

    UND Vorkammerdruck $\geq$ 40 bar

DANN Methanventil=0,3 m^3/h

Das Problem bei solchen Regeln ist die harte Grenze zwischen den Zuständen. Eine Temperatur von 870 Grad Celsius ist demnach sehr hoch, aber eine Temperatur von 869,9 Grad Celsius noch normal. Dies zeigt sich z.B. in folgenden beiden Zuständen:

Zustand 1: Temperatur: 871 Grad, Druck 41 bar

Zustand 2: Temperatur: 868 Grad, Druck 62 bar

Der Experte würde erkennen, das der zweite Zustand mit Sicherheit der kritischere ist, aber unsere Regel würde nur beim ersten Zustand greifen. Diese Schwächen eines klassischen Expertensystems können durch ein Fuzzy-System umgangen werden.

Entwurf des Fuzzy-Systems

Zuerst müssen die linguistischen Variablen definiert werden. In unserem Fall sind das *Druck*, *Temperatur* und *Methanventil* (gemeint ist die Reglerstellung des Methanventils). Des Weiteren brauchen wir für jede linguistische Variable noch mehrere Zugehörigkeitsfunktionen. Diese seien für die linguistischen Variablen

Druck: *unter_normal*, *normal* und *über_normal*

Temperatur: *niedrig*, *mittel*, *hoch* und *sehr_hoch*

Methanventil: *gedrosselt*, *halb_offen*, *mittel* und *offen*

Das Zustandekommen der linguistischen Variablen sowie der jeweiligen Zugehörigkeitsfunktionen ist das Ergebnis intensiver Überlegungen und Besprechungen mit dem beteiligten, menschlichen Bediener. In der Praxis ist es so, dass ein Bediener, welcher die entsprechenden Anzeigeinstrumente kontrolliert, abhängig von den abgelesenen Werten die Drosselung oder Öffnung des Methanventils regelt. Dieser Bediener braucht dafür nicht unbedingt die physikalischen Gasgesetze von Boyle-Mariotte oder Gay Lussac zu kennen (mit denen die genauen Werte sicher bestimmbar wären), sondern seine Erfahrung, auf bestimmte Zustände zu reagieren, reicht für eine effiziente Bedienung des Methanventils aus. Dieser Bediener muss daher auch behilflich sein, wenn die Zustandsfunktionen mathematisch modelliert werden. Es gilt genau zu klären, was quantitativ unter Begriffen wie *normal* oder *über_normal* etc. zu verstehen ist. In der Regel wird es sich dabei um Bereiche handeln, d.h. es kann z.B. mehr oder weniger *normal* bzw. *über_normal* geben. Auch können sich die Bereiche natürlich überschneiden, d.h. ein bestimmter Druck könnte gleichzeitig z.B. zu 80% *normal* und zu 12% *über_normal* sein. Und hier liegt die Stärke der Fuzzy-Logik: In klassischen Expertensystemen gibt es z.B. für ein Prädikat *normal* nur die Werte *ja* (100%) oder *nein* (0%), während wir hier jetzt weiche Übergänge haben können. Die Zugehörigkeitsfunktionen können beliebig modelliert werden, jedoch ist es oft ausreichend, diese durch lineare Funktionen darzustellen.

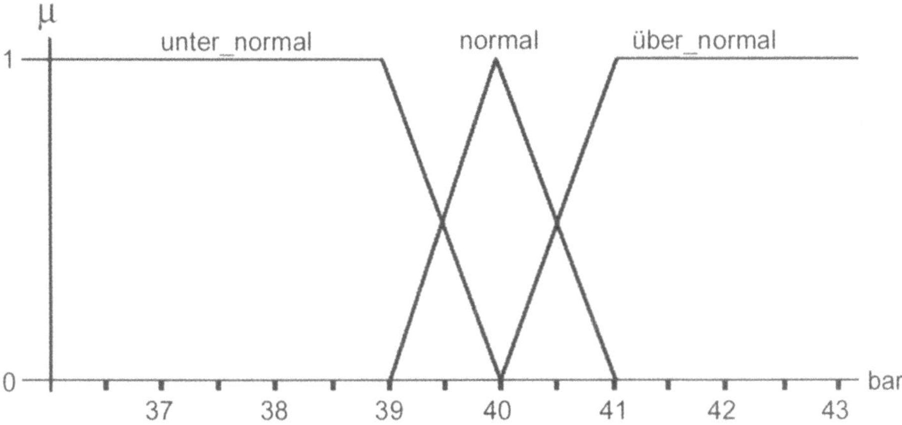

Bild 7-15 Vorkammerdruck

Bild 7-15 zeigt die drei Zugehörigkeitsfunktionen des Vorkammerdrucks. Entsprechend lassen sich die Zugehörigkeitsfunktionen der Temperatur modellieren (Bild 7-16).

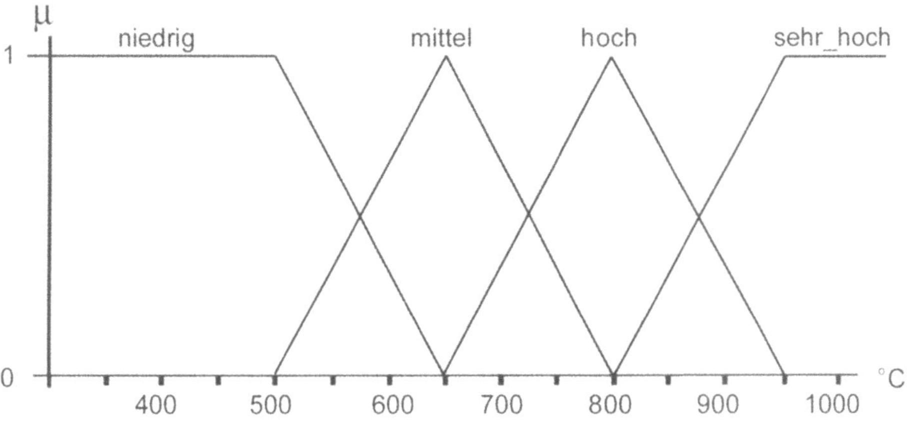

Bild 7-16 Temperatur

Bild 7-17 zeigt schließlich die Modellierung der Zugehörigkeitsfunktionen für die Stellung des Methanventils.

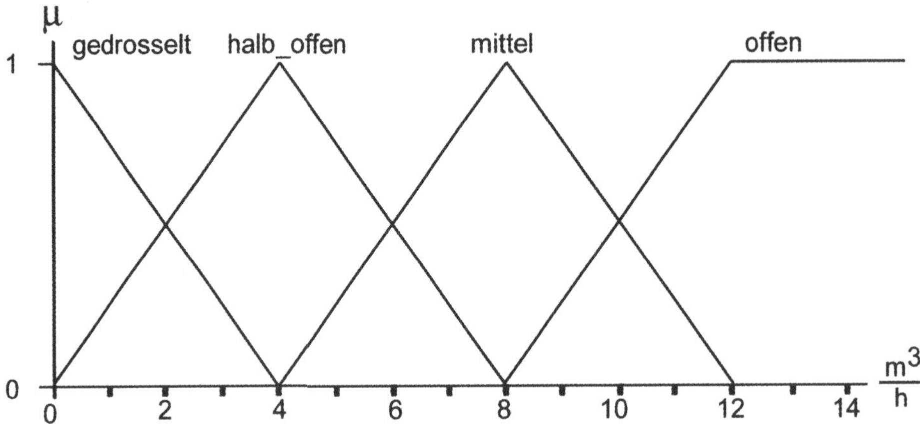

Bild 7-17 Methanventilstellungen abhängig von der Durchflussrate

Wie man sieht, überschneiden sich die Funktionen. So ist nach Bild 7-15 z.B. ein Druck von 39,8 bar zu ca. 80% *normal* und zu ca. 20% *unter_normal*.

Nachdem nun alle Zugehörigkeitsfunktionen mathematisch bekannt sind, müssen die entsprechenden linguistischen Regeln formuliert werden. Der Einfachheit halber beschränken wir uns hier auf zwei Regeln:

Regel 1:

    WENN   Temperatur=sehr_hoch

        ODER Vorkammerdruck=über_normal

    DANN   Methanventil=geschlossen

Regel 2:

    WENN   Temperatur=hoch

        UND Vorkammerdruck=normal

    DANN   Methanventil=halb_offen

Der große Vorteil dieser Regeln besteht darin, dass hier die linguistischen Variablen mit ihren Zustandsfunktionen in Verbindung gebracht werden, wobei keine Zahlen in den Regeln auftauchen. Dennoch gibt es unendlich viele Möglichkeiten für die Erfüllung dieser Regeln, da ja z.B. der erste Teil der Wenn-Bedingung der ersten Regel *Temperatur=sehr_hoch* nicht wie bei klassischen Expertensystemen nur die Werte *ja* oder *nein* annehmen kann, sondern aller denkbaren Werte aus dem Intervall [0,1]. Die Disjunktion der beiden Teile der Wenn-Bedingung der ersten Regeln sowie die Dann-Schlussfolgerung geschehen nach den durch Def. 7.5.2 bis 7.5.6 angegebenen Fuzzy-Verknüpfungen.

Die Funktion des Systems wird an einem Beispiel demonstriert. Es sei folgender Zustand gegeben:

Temperatur= 910 Grad, Vorkammerdruck=40,5 bar.

Die Werte der Zugehörigkeitsfunktionen der Wenn-Teile der Regeln können aus den Grafiken abgelesen werden:

Temperatur 910 Grad:

sehr_hoch	0,8
hoch	0,3
mittel	0,0
niedrig	0,0

Druck 40,5 bar:

unter_normal	0,0
normal	0,5
über_normal	0,5

Verbal ausgedrückt bedeutet das, dass eine Temperatur von 910 Grad eher *sehr_hoch* und kaum noch *hoch* ist, und ein Druck von 40,5 bar zwischen *normal* und *über_normal* liegt.

Für die Wenn-Teile der Reglen ergibt sich mit unseren Fuzzy-Definitionen von *und* und *oder*:

Regel 1:   *Temperatur=sehr_hoch=0,8 ODER Vorkammerdruck=über_normal=0,5*

        entspricht: *max(0,8;0,5)=0,8*

Regel 2:   *Temperatur=hoch=0,3 UND Vorkammerdruck=normal=0,5*

        entspricht: *min(0,3;0,5)=0,3*

Bei der Schlussfolgerung wird davon ausgegangen, dass der Dann-Teil einer Regel in dem Maße erfüllt ist, wie seine Vorbedingungen. Das Methanventil müsste demnach zu einem Grad von 0,8 geschlossen und zu einem Grad von 0,3 halb offen sein. Um den tatsächlichen Wert zu erhalten, muss entweder die Produkt- oder die Min-Inferenz durchgeführt werden. Wir entscheiden uns für die Min-Inferenz (Bild 7-18).

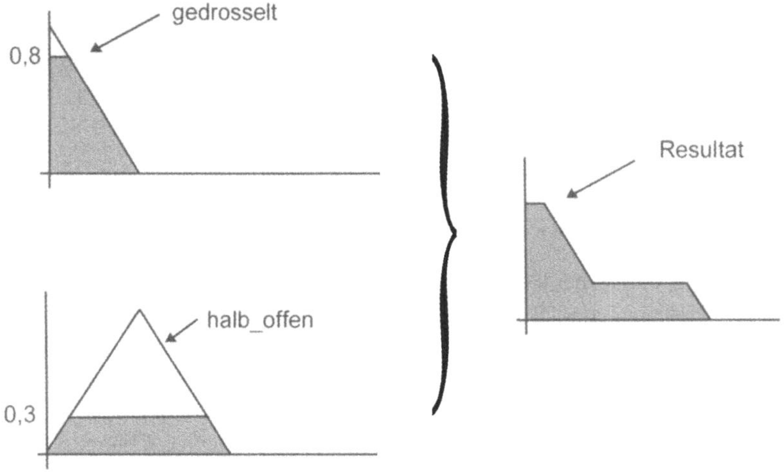

Bild 7-18 Min-Inferenz und Überlagerung der Konklusionsfunktionen

In Bild 7-18 sind die Zugehörigkeitsfunktionen des Methanventils aufgrund der Min-Inferenz gemäß des Erfüllungsgrades ihrer Voraussetzungen jeweils gekappt worden (vgl. Def. 7.5.6). Anschließend bedienten wir uns der erwähnten *Maximumkomposition*, um die resultierende Konklusionsfunktion (die Überlagerung) zu erhalten.

Jetzt beginnt die Defuzzyfizierung, denn es ist ja ein konkreter Wert für Stellung des Methanventils zu bestimmen. Wie bereits erwähnt, kann man sich dafür der Bestimmung des Flächenschwerpunkts bedienen (Bild 7-19).

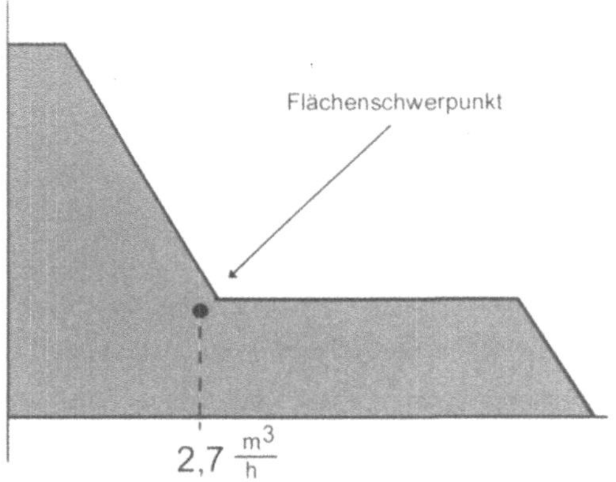

Bild 7-19 Defuzzyfizierung durch Ermitteln des Flächenschwerpunkts

Zusammenfassend stellen wir fest, dass also tatsächlich ein ganz konkreter Wert (2,7 Kubikmeter pro Stunde) für das Methanventil ermittelt werden konnte, und das ganz ohne mathematische Anwendung irgendwelcher physikalischen Gasgesetze, sondern nur aufgrund des Fuzzy-Regelsystems.

Daraus ergeben sich viele andere praktische Anwendungen wie z.B. das optimierte ruckelfreie Anfahren und Bremsen der U-Bahn von Sendai in Japan oder das Herstellen wackelfreier Videokameras. Im Rahmen dieses Buches konnte natürlich nur das prinzipielle Entwickeln eines Fuzzy-Systems aufgezeigt werden. Darüber hinaus gibt es viele weitere Möglichkeiten, welche der entsprechenden Fachliteratur zu entnehmen sind.

7.6 Lernfähige Systeme (neuronale Netze)

Der Aufbau neuronaler Netze unterscheidet sich grundlegend von allen anderen Anwendersystemen. Wichtigstes Kennzeichen ist, dass neuronale Netze nicht programmiert, sondern trainiert werden. Ähnlich wie ein Lehrer einem Kind etwas durch häufiges Wiederholen beibringt, werden neuronale Netze mit vorgegebenen Lernmustern trainiert, damit sie später selbständig auf nicht trainierte Situationen sinnvoll reagieren. In diesem Abschnitt kann wieder nur auf den prinzipiellen Aufbau neuronaler Netze eingegangen werden. Es werden einige neuronale Netze und deren Modellierung repräsentativ untersucht.

Der Aufbau neuronaler Netze benutzt als Vorbild den Aufbau des menschlichen Gehirns, weshalb wir uns kurz mit demselben beschäftigen wollen.

Das menschliche Gehirn besitzt über 100 Milliarden Nervenzellen, welche netzwerkartig miteinander verknüpft sind. Das Kleinhirn verwaltet die motorischen Fähigkeiten, während das verlängerte Rückenmark vegetative Funktionen, wie Atmung, Blutdruck, Verdauung etc. kontrolliert. Das sog. Limbische System ist für das emotionale Verhalten zuständig sowie für Teile des Langzeitgedächtnisses. Zum limbischen System gehören außerdem die Großhirnrinde, der Neocortex, die motorische Rinde, die somato-sensorische Rinde sowie die Sehbahn. Für uns wichtig ist aber der eigentliche Aufbau und die Zusammenhänge der einzelnen Nervenzellen im Gehirn.

Jede Nervenzelle des Gehirns besitzt einen Zellkörper, welcher den Zellkern enthält. Der Zellkörper besitzt viele Verästelungen, von denen eine Axon genannt wird. Das Axon ist der Ausgang der Nervenzelle. Jede Nervenzelle besitzt nur *einen* einzigen Ausgang, welcher sich allerdings am Ende verästeln kann. Die anderen Äste einer Nervenzellen sind die sog. Dendriten, das sind die Eingänge der Nervenzelle; davon hat eine Nervenzelle allerdings sehr viele, bis zu mehreren Tausend. Nun stellt sich die Frage: Was geht überhaupt heraus und hinein bei den Zellen? Das sind schwache elektrische Ströme, die da fließen. Der Ausgang, also das Axon, einer Nervenzelle ist mit den Eingängen, also den Dendriten, anderer (oder auch der selben) Nervenzellen verbunden. Diese Verbindungsstellen, also die Stellen, wo die Axone mit den Dendriten verbunden werden, heißen Synapsen. Dabei handelt es sich um Schaltstellen die festlegen, wieviel des elektrischen Stromes, welcher von dem betreffenden Axon ausgeht, an das jeweilige Dendrit durchgelassen wird. Das Wort Schaltstelle ist eigentlich nicht ganz richtig, denn es vermittelt den Eindruck, dass hier nur ein- oder ausgeschaltet werden kann. In Wirklichkeit aber gibt es auch alle Zwischenzustände, das heißt, die Synapsen sind eigentlich eher Regler, welche gar nichts, alles oder einen ganz bestimmten Teil des ankommenden elektrischen Stromes durchlassen können. Es kann sogar die Polarität umgekehrt werden (Hemmung). Das Ende eines Axons bei der Synapse ist leicht verdickt uns „schwebt" über dem Dendrit. Die Weitergabe des elektrischen Stromes geschieht auf elektro-chemischem Wege, in dem chemische Botenstoffe, sogenannte Neurotransmitter (wie z.B. Adrenalin), vom Axon-Ende ausgeschüttet werden, welche den synaptischen Spalt überqueren und so in den sog. Ionenkanal der Dendriten gelangen. Dort werden dann diese chemischen Botenstoffe wieder in elektrischen Strom umgewandelt, welcher dann entlang des Dendrits zum zugehörigen Zellkörper weiterfließt.

Doch was passiert nun in der Zelle, wenn elektrischer Strom bei ihr ankommt? Dazu muss man zunächst wissen, dass die Gehirnzellen, wenn sie gerade nicht gereizt werden, eine ständige Oberflächenspannung von ca. -70mV besitzen. Das ist das sogenannte Ruhepotential. Kommt jetzt über ein Dendrit einer Zelle weiterer elektrischer Strom an (welcher von einer Synapse durchgelassen wurde), so erhöht sich das Potential an der Zelloberfläche kurzfristig. Alle ankommenden Ströme verschiedener Dendriten der selben Zelle addieren sich, und wenn ein gewisser Schwellwert überschritten wird, dann „zündet" das Neuron. Damit ist gemeint, dass in diesem Fall die Nervenzelle an ihrem Axon selbst einen kurzen, erhöhten Spannungsimpuls abgibt, welcher weitere Dendriten anderer oder auch der gleichen Zellen speist. Kommt jetzt wieder bei einer Zelle genügend Spannung zusammen, so zündet auch diese und so weiter: Das Gehirn denkt. Mediziner haben nun herausgefunden, dass bei jedem Lernvorgang die synaptischen Regler verstellt werden. In der Tat ist es so (stark vereinfacht), dass unser Wissen durch die Gesamtheit der Kombination aller synaptischer Reglerstellung in unserem Gehirn repräsentiert wird. Neues Wissen lernen heißt also nicht die Zunahme irgend welcher Speicherbelegungen, sondern einfach nur die Veränderung der Kombination der synaptischen Regler. Damit wird das Gehirn natürlich auch nie „voll" werden können. Es kann aber sein, dass nach und nach bereits gelerntes durch die Veränderung der Synapsen wieder unscharf oder sogar ganz vergessen wird, wie wir alle wissen. Diese Art und Weise, Information verteilt in den synaptischen Reglern abzulegen, bildet die Grundlage für künstliche neuronale Netze. Ein künstliches Neuron auf dem Computer wird nach dem biologischen Vorbild modelliert. Dies sei nachfolgend genauer betrachtet.

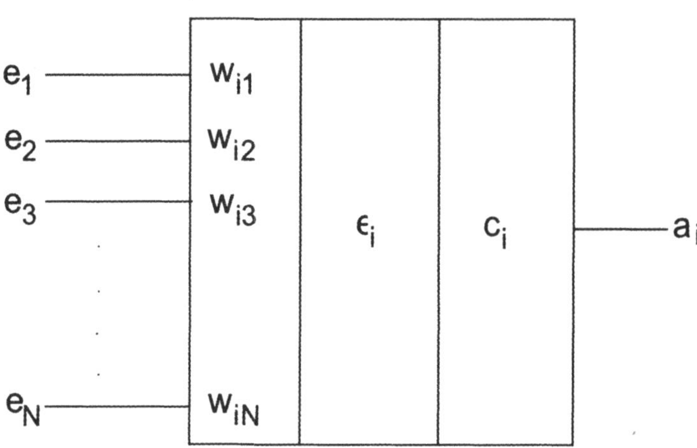

Bild 7-20 Schema eines künstlichen Neurons

In Bild 7-20 sehen wir die schematische Darstellung eines Neurons. Der Index i identifiziert das Neuron. Wir nehmen hierbei an, dass dieses Neuron zu einer Gruppe von Neuronen gehört, die alle den gleichen Input e_1 bis e_N eingespeist bekommen. Wir folgend hier der Schreibweise von Hoffmann [14]. Im Einzelnen bedeuten:

Symbol	Bedeutung	Biologische Entsprechung
i	i-tes Neuron	i-te Nervenzellen im Gehirn
j	j-ter Eingang des Neurons	j-tes Dendrit der Nervenzelle
e_j	j-ter Eingangswert des Neurons (i.A. reelle Zahl)	Am j-ten Dendrit ankommende Spannung **vor** der Synapse
w_{ij}	Gewicht des j-ten Eingangs der i-ten Neurons (i.A. reelle Zahl)	Durchlasswert der Synapse, die die ankommende Spannung am j-ten Dendrit der i-ten Nervenzelle regelt
$\varepsilon_i = \varepsilon_i(e_j, w_{ij})$	Effektiver Eingang des i-ten Neurons	Kumulierte Eingangsspannung aller Eingangswerte *nach* den Synapsen
$c_i = c_i(\varepsilon_i)$	Aktivität des i-ten Neurons	Sich einstellendes Membranpotential an der Zelloberfläche
a_i	Ausgangswert	Am Axon ausgegebene Spannung

Neben der Darstellung eines Neurons im Blockschaltbild, wie in Abbildung 7-18 geschehen, findet man in der Literatur auch oft noch die alternative Rezeptoren-Darstellung (Bild 7-21).

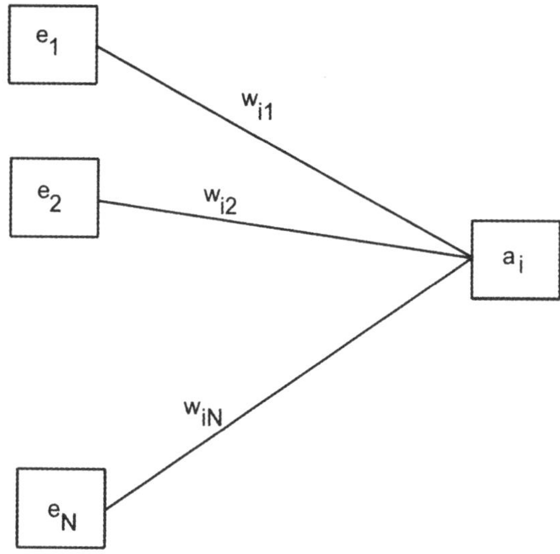

Bild 7-21 Rezeptorendarstellung eines Neurons

Während also im Blockschaltbild die Kanten die Ein- bzw. Ausgänge und ein Rechteck ein ganzes Neuron darstellen, so sind in der Rezeptorendarstellung Rechtecke jeweils Ein- bzw. Ausgänge, und die Kanten stellen die Gewichte dar. Häufig werden dabei Kanten, die Gewichten $w_{ij} = 0$ entsprechen, ganz weggelassen.

Gelegentlich findet man auch noch die sogenannte Hinton-Darstellung (Bild 7-22).

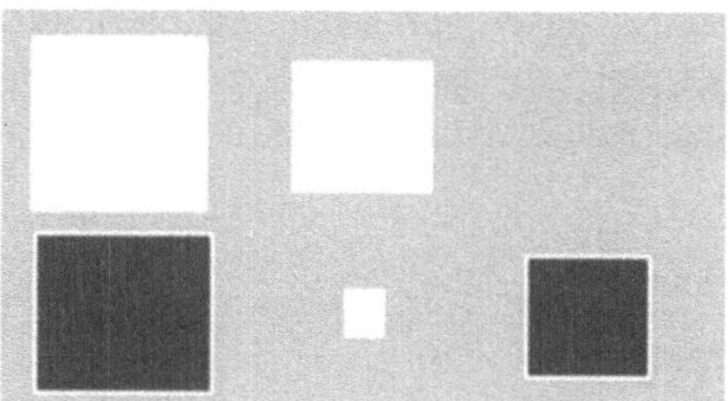

Bild 7-22 Hinton-Diagramm

Hinton-Diagramme haben den Vorteil, dass man hier die Stärke der das Wissen repräsentierenden Gewichte w_{ij} optisch ablesen kann. Da diese Information jedoch wenig aussagekräftig ist, sind Hinton-Diagramme entsprechend selten anzutreffen.

Die Modellierung der an einem Neuron beteiligten mathematischen Funktionen geschieht auf vielfältige Wiese. So werden verschiedene Neuronentypen unterschieden, die letztlich die verschiedenen mathematischen Ansätze für die beteiligten Funktionen wiederspiegeln. Welche mathematische Modellierung dabei zu bevorzugen ist, hängt von dem damit zu lösenden Problemkreis ab. Grundsätzlich wird dabei natürlich versucht, die Funktionen so nah wie möglich an die realen Verhältnisse im menschlichen Gehirn anzupassen. Doch einerseits sind diese (noch) gar nicht vollständig bekannt, und andererseits ist das, was bekannt ist, nur recht aufwendig zu modellieren. Es existieren daher häufig wesentlich einfachere Ansätze, die in der Praxis aber oft ausreichend sind. So seien nachfolgend einige mathematische Funktionen zur Modellierung der beteiligten Komponenten eines künstlichen Neurons angegeben, wobei hier nur eine kleine Auswahl getroffen werden kann. Da wir uns nachfolgend immer nur auf ein einzelnes Neuron beziehen, wird der Neuronen-Index i weggelassen.

Berechnung des effektiven Eingangs:

Neuronen erster Ordnung (lineare Neuronen):

$$\varepsilon = \sum_{j=1}^{n} w_j e_j$$

Neuronen höherer Ordnung:

$$\varepsilon = w^0 + \sum_{j=1}^{n} w_j^1 e_j + \sum_{j,k=1}^{n} w_{jk}^2 e_j e_k + \sum_{jkl=1}^{n} w_{jkl}^3 e_j e_k e_l + \dots$$

Bei linearen Neuronen wird also einfach das Skalarprodukt benutzt, währende bei den höheren Neuronen, die allgemein auch als Sigma-Pi-Neuronen bezeichnet werden, alle Kombinationen einfließen.

Berechnung der Aktivität:

Im einfachsten Fall wird die Aktivität einfach als proportional zum effektiven Eingang angesetzt (Lineare Aktivierungsfunktion):

$$c = s\,\varepsilon$$

Wird $s=1$ gesetzt, dann nennt man die Aktivität auch die Identität. Bei der linearen Aktivität ist keine Zeitabhängigkeit vorhanden. Es macht allerdings manchmal Sinn, zeitabhängige Aktivierungsfunktionen zu benutzten. So ein Fall liegt z.B. bei der sogenannten BSB-Aktivierungsfunktion (Brain-State-In-The-Box) vor:

$$c(t+1) = c(t) + s\,\varepsilon - d[c(t)-c_0]$$

Dabei bedeuten:

s Skalierungsfaktor, $s>0$

d Abklingkonstante (oder Abnahme), $0<d<=1$

c_0 Ruhewert der Aktivität

BSB bildet Nervenzellen genauer nach: Solange die Signale über die Synapsen eintreffen, wächst das Membranpotential kontinuierlich an. Beim Fehlen der Signale nimmt es langsam wieder seinen Ruhezustand ein. Ein weiteres Beispiel für eine zeitbehaftete Aktivität ist die DMA-Aktivierungsfunktion (Distributed Memory and Amnesia):

$$c(t+1) = \begin{cases} c(t) + s\varepsilon[c(t)-m] - d[c(t)-c_0] & \text{\textit{für}} \quad \varepsilon < 0 \\ c(t) + s\varepsilon[M - c(t)] - d[c(t)-c_0] & \text{\textit{für}} \quad \varepsilon \geq 0 \end{cases}$$

Es bedeuten:

$s,\ c_0,\ d$ wie bei BSB

m Minimum

M Maximum

Bei BSB kann der Gleichgewichtszustand grundsätzlich beliebig groß werden (hängt von den Parametern ab). DMA begrenzt den Gleichgewichtszustand durch das Intervall $[m,M]$.

Eine sehr einfache zeitabhängige Aktivierungsfunktion stellt die sogenannte Hopfield-Aktivität dar:

$$c(t-1) = \begin{cases} m & f\ddot{u}r \quad \varepsilon < 0 \\ c(t) & f\ddot{u}r \quad \varepsilon = 0 \\ 1 & f\ddot{u}r \quad \varepsilon > 0 \end{cases}$$

Hier hängt die Aktivität nur vom Vorzeichen des effektiven Eingangs ab. Falls $\varepsilon = 0$, so bleibt die Aktivität unverändert. Je nach Modell ist m=-1 oder m=0.

Neuronen werden häufig nach der benutzten Aktivierungsfunktion benannt; so unterscheidet man also lineare Neuronen, BSB-Neuronen, DMA-Neuronen und Hopfield-Neuronen. Es gibt noch eine Reihe weiterer Neuronentypen.

Berechnung des Ausgangs:

Überschreitet die Aktivität eine bestimmte Schwelle, so "feuert" die Nervenzelle, d.h. am Axon stellt sich ein Ausgangswert a als Folge einer Ausgangsfunktion $a(c)$ ein. Auch hierfür gibt es diverse Möglichkeiten der Modellierung. Wir wollen hier nur zwei davon betrachten, eine sehr einfache, aber diskrete Funktion sowie eine glatte. Im diskreten Fall leistet die Stufenfunktion gute Dienste:

$$a(c) = \begin{cases} m & falls \quad c < \vartheta \\ M & falls \quad c \geq \vartheta \end{cases}$$

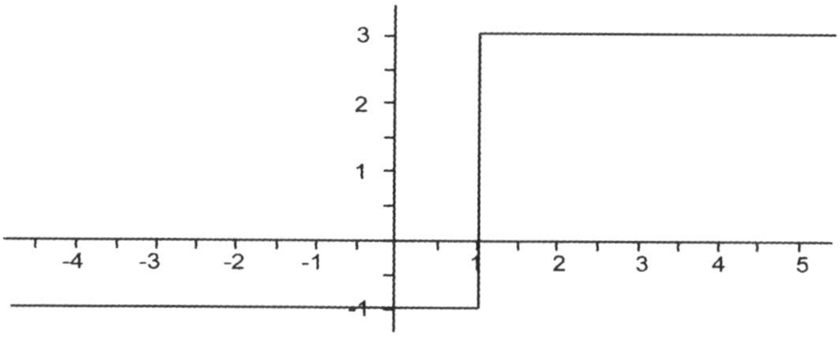

Bild 7-23 Schwellwertfunktion mit m = -1, M = 3 und $\vartheta = 1$.

Sobald der Schwellwert ϑ von der Aktivität c überschritten wird, hüpft der Funktionswert des Ausgangs vom Minimum m zum Maximum M. Für manche Anwendung erweist sich jedoch die Unstetigkeit der Stufenfunktion als Nachteil. Eine stetige und zudem noch beliebig differenzierbare Variante liefert die allgemeine Fermi-Funktion:

$$a(c) = m + \frac{M - m}{1 + e^{-4\sigma\frac{c-\vartheta}{M-m}}}$$

Der Wertebereich liegt zwischen *[m,M]* und die Schwelle ϑ stellt den Wendepunkt dar. σ ist ein Maß für die Streckung (Steigung).

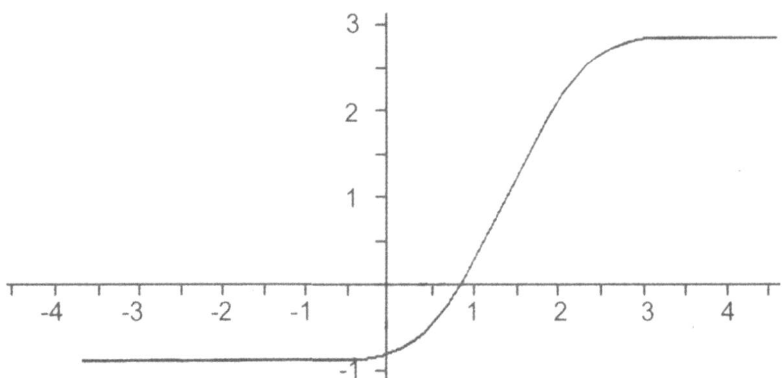

Bild 7-24 Allgemeine Fermi-Funktion mit m = -1, M = 3, ϑ = 1 und σ = 2 .

Die Aufgabe eines Entwicklers für Neuronale Netze besteht also zunächst einmal darin, eine geeignete Modellierung der benutzten Neuronen vorzunehmen. Dabei bieten sich ihm vielfältige Möglichkeiten, denn es können neben den hier aufgezeigten Funktionen noch viele andere benutzt werden, und diese können untereinander auch noch beliebig kombiniert werden.

Sind die Neuronen einmal modelliert, stellt sich das nächste Problem: wie sollen die Neuronen miteinander verknüpft werden? Eine „totale" Lösung wäre, eine bestimmte Anzahl Neuronen vorzugeben und einfach jeden Ausgang mit allen Eingängen zu verbinden. So eine völlige Vernetzung existiert tatsächlich, und das neuronale Netz wird dann Hopfield-Netz genannt. Durch geeignetes Setzen der Gewichte kann man damit jede beliebige Netzkonstruktion simulieren; Verbindungen, die nicht vorkommen sollen, kann man durch Setzen der dafür zuständigen Gewichte auf Null erreichen. Der Nachteil aber ist, dass die mathematischen Bedingungen sich exponentiell mit der Anzahl Neuronen und Eingängen vermehren, was in der Praxis das Handling solcher Netze fast unmöglich macht. Eine andere, sinnvolle Lösung bietet sich an, wenn man der Natur wieder etwas genauer auf die Finger schaut. Hier weist uns ein Phänomen den Weg, das die Mediziner laterale Inhibition (seitliche Hemmung) nennen. Dabei handelt es sich um die bekannte Tatsache, dass das menschliche Gehirn in der Lage ist, die Übergänge von relativ kontrastschwachen Flächen, welche mit dem Auge beobachtet werden, künstlich kontrastreicher zu machen. Wie in Bild 7-25 zu sehen ist, erscheinen die helleren Flächenteile an den Rändern zu den dunkleren nochmals leicht zusätzlich aufgehellt. Das gleiche geschieht in umgekehrter Richtung: Am Übergang von einer hellen zu einer dunkleren Fläche scheint im dunkleren Teil der Rand zum helleren leicht dunkler. Dies ist jedoch eine optische Täuschung. Das Gehirn rechnet diese zusätzliche Helligkeitsanteile hinzu, damit die Konturen besser zu erkennen sind.

Bild 7-25 Scheinbare Kontrasterhöhung an Grauflächenübergängen verschiedener Intensität

Dabei ist es zunächst so, dass die reinen Helligkeitswerte, die auf der Netzhaut unserer Augen ankommen, von einer neuronalen Rezeptorschicht aufgenommen werden (Bild 7-26).

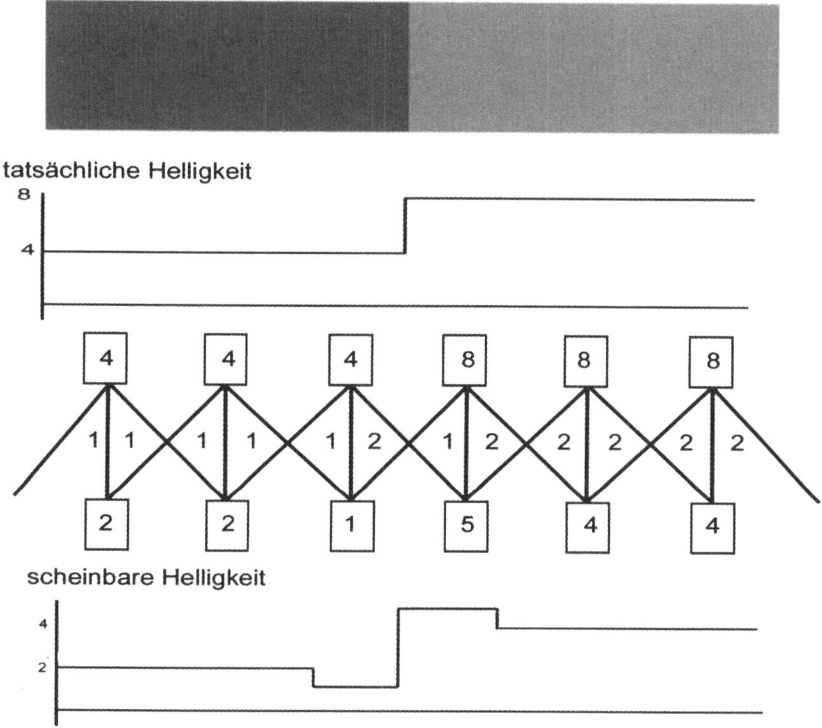

Bild 7-26 Laterale Inhibition

In Bild 7-26 sind zwei verschieden helle Grauflächen näher betrachtet. Die tatsächliche Helligkeit ist bis auf den Sprung immer konstant. Der dunkle Teil habe einen Helligkeitswert von 4 Lux, der hellere von 8 Lux. Die erste neuronale Rezeptorschicht bestehe aus 8 Neuronen, welche jeweils die Helligkeitswerte aufnehmen. Die darunter liegende, zweite neuronale Schicht soll die Wahrnehmung in unserem Gehirn repräsentieren. Wie im unteren Teil zu erkennen ist, wurde um den Sprung herum zunächst der dunklere Teil weiter abgesenkt und der heller weiter angehoben als in den anderen Bereichen. Das Gehirn erreicht dies durch folgenden Trick: Zwischen den beiden Rezeptorschichten herrscht nicht nur eine direkte Verbindung der sich gegenüberliegenden Knoten, sondern es besteht jeweils noch je eine Verbindung mit den rechts und links davon liegenden Knoten. Diese seitlichen Verbindungen hemmen den Durchfluss der direkt gegenüberliegenden Knoten von oben nach unten, und zwar so, dass von dem oben liegenden Wert die rechts und links vorhandenen Werte subtrahiert werden. Der Wert der jeweiligen Hemmungsverbindung errechnet sich in unserem Beispiel durch Division des aussendenden Knotens (oben) durch die Zahl 4. Dadurch kommt der im unteren Teil in Bild 7-26 angegebene Helligkeitsverlauf zu Stande.

Für die Praxis lernen wir von der Natur also, dass es sinnvoll ist, nicht einfach wie beim Hopfield-Netz alle Aus- und Eingänge aller Neuronen miteinander zu verbinden, sondern die Neuronen in Schichten anzuordnen. Dadurch ergeben sich erheblich weniger Verbindungen, denn es werden ja nur die Ausgänge der Neuronen einer Schicht mit Eingängen der Neuronen einer anderen Schicht vernetzt. Dies ist also die Motivation der sogenannten Neuronenschicht-Modelle.

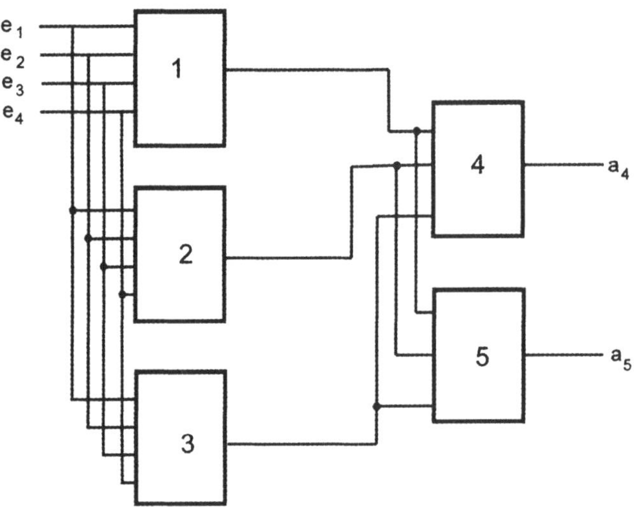

Bild 7-27 Neuronenschicht-Darstellung

In Bild 7-27 sind beispielsweise zwei Neuronenschichten vorhanden. Das daraus gebildete Netz besitzt die vier Eingänge e_1, e_2, e_3 und e_4 sowie die zwei Ausgänge a_4 und a_5. Die Ausgänge der Neuronen der ersten Schicht, also a_1, a_2 und a_3 sind mit den Eingängen der Neuronen der zweiten Schicht verbunden (man könnte sie z.B. e_5, e_6 und e_7 nennen). Die Eingänge aller Neuronen einer Neuronenschicht sind miteinander parallel geschaltet. Wie schon bei einzelnen Neuronen gibt es auch für neuronale Netze neben der Blockschaltbild-Darstellung (wie in Bild 7-27) noch eine alternative Rezeptorenschicht-Darstellung (Bild 7.26).

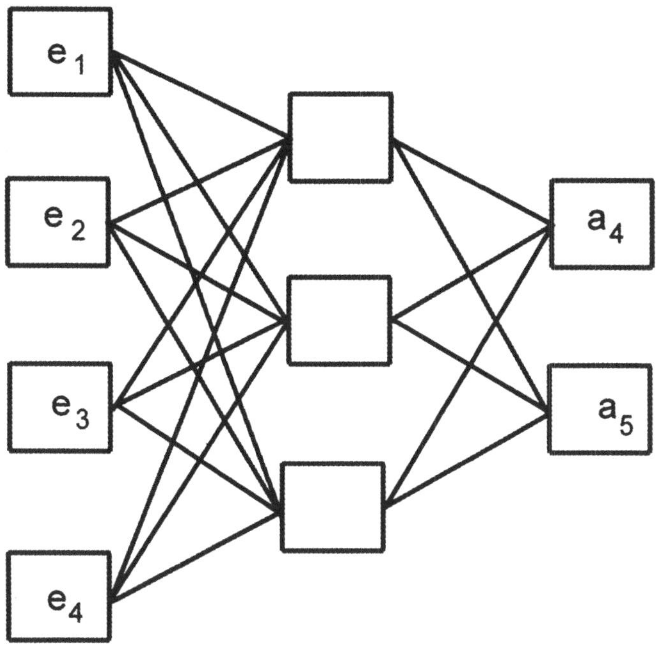

Bild 7-28 Rezeptorenschicht-Darstellung

In Bild 7-28 handelt es sich um das gleiche Netz wie in Bild 7-27. Welche Darstellung man bevorzugt ist Geschmackssache. Es sei nur darauf hingewiesen, dass der Begriff einer „Schicht" bei den beiden Darstellungen verschiedene Bedeutung hat. In der Blockdarstellung besteht eine Schicht aus ganzen Neuronen, während in der Rezeptorendarstellung eine Schicht jeweils die Ein- oder Ausgänge bezeichnet. Daraus folgt, dass ein Netz, welches in der Blockdarstellung aus n (Neuronen-)Schichten besteht, in der Rezeptorenschichtdarstellung immer aus $n+1$ (Rezeptoren-)Schichten gebildet ist. In beiden Darstellungen redet man in dem Fall, dass es außer den Eingangs- und den Ausgangsschichten noch innere Schichten gibt, auch von Zwischenschichten.

Es kann auch vorkommen, dass Ausgänge mancher Neuronen wieder mit Eingängen der selben oder Neuronen anderer, davor liegender Schichten verbunden sind. In so einem Fall redet man von rückgekoppelten Netzen, ansonsten von vorwärtsgekoppelten Netzen.

Man kann Neuronen auch räumlich organisieren, wie das in unserem Gehirn der Fall ist. Dabei kann es sinnvoll sein, nahe beieinander liegende Neuronen stärker zu koppeln aus weiter entfernte. Dies geschieht dann einfach durch Hinzunahme eines Ortsvektors, der den Wert der Gewichte beeinflussen kann.

Hat man schließlich die Topologie der Vernetzung festgelegt, so ist das Netzt konfiguriert. In der nächsten Phase wird nun noch festgelegt, welche Lernregeln benutzt werden. Das Lernen ist fest verbunden mit der sogenannten Trainingsphase. Die Idee dabei ist folgende: Es werden dem neuronalen Netz Ein- und Ausgabewerte vorgegeben und die Gewichte w_{ij} als variabel betrachtet. Durch geeignete Lernregeln wird nun erreicht, dass die w_{ij} so „justiert" werden, dass bei Eingabe des trainierten Inputs der zuvor trainierte Output vom Netz richtig berechnet wird. Die Einordnung des Lernvorgangs ist in Bild 7-29 zu sehen.

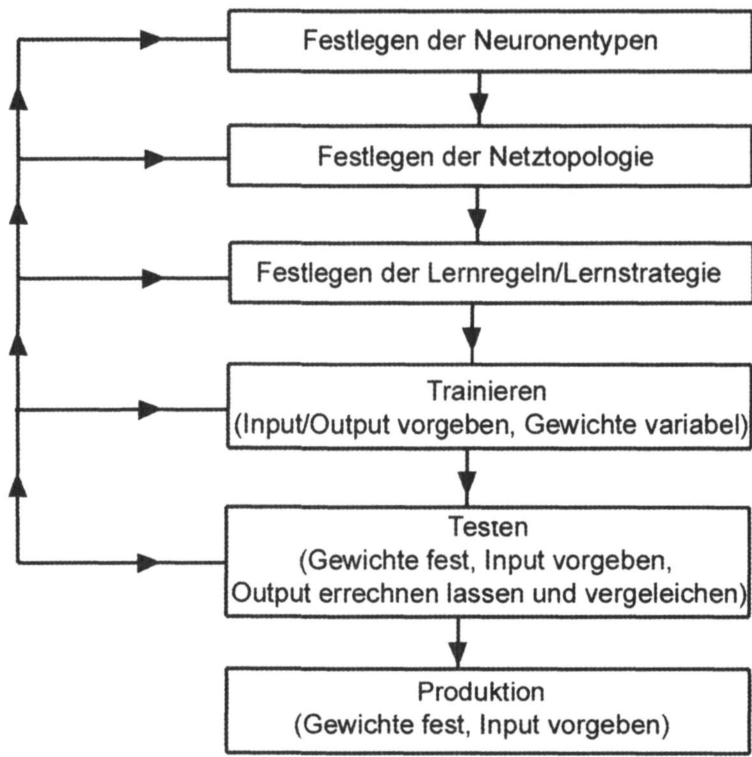

Bild 7-29 Phasen der Entwicklung neuronaler Netze

Nach den Phasen der Festlegungen der Neuronentypen sowie der Netztopologie ist eine geeignete Lernstrategie zu entwickeln, mit der zusammen die Trainingsphase begonnen werden kann. In der Trainingsphase werden die Gewichte so lange angepasst, bis alle trainierten Eingaben die zugewiesenen Ausgaben im Rahmen einer vorgegebenen Genauigkeit vom Netz richtig berechnet werden. Ist dies geschehen, so wird in die Testphase eingetreten. Dort werden dem Netz jetzt Eingaben gegeben, deren zugehörige Ausgaben dem Tester bekannt sind, die aber zuvor noch nicht trainiert wurden. Das Netz berechnet seine Ausgaben und es wird dann die Abweichung mit dem tatsächlichen Soll-Output untersucht. Ist auch diese vom Netz berechnete und zuvor nicht trainierte Ausgabe richtig berechnet worden, so gilt die Testphase als abgeschlossen und das Netz kann in die Produktion gehen. Im Prinzip ist dieses Vorgehen das gleiche wie bei der Ausbildung von Menschen in einer Schule: Die Lernphase besteht darin, dass ein Lehrer seinen Schülern einen bestimmten Unterrichtsstoff präsentiert. Dabei stellt der Lehrer einen Zusammenhang zwischen bestimmten Sachverhalten her, meistens in der Form: *Wenn A dann B*. A könnte man als Eingabe und B als Ausgabe bezeichnen. Die Synapsen in den Gehirnen der Schüler stellen sich durch diesen Lernprozess (hoffentlich) so ein, dass die Eingabe A mit der Ausgabe B assoziiert wird; diesen Vorgang bezeichnet man auch als Konnektionismus. Der Lehrer wird im Laufe des Unterrichts dabei immer wieder durch Abfragen versuchen festzustellen, ob A und B bei den Schülern auch richtig in Zusammenhang gebracht wurden und dabei ggf. seine Erklärungen wiederholen. Nach Abschluss dieser Lernphase wird der Lehrer in einer Klausur den Lernerfolg testen: Er wird einerseits wieder abfragen, ob das von ihm gelehrte richtig assoziiert wurde, in dem er Fragen stellt wie: Was passiert, wenn A vorliegt? Er wird sich allerdings nicht darauf beschränken, nur das Gelernte abzufragen, sondern er wird auch Dinge fragen, die nicht so zuvor gelehrt wurden, deren Antwort aber aus dem gelernten vom (guten) Schüler geschlossen werden kann. Der Lehrer gibt in einer Klausur also Eingaben, die so noch nicht trainiert wurden. Der Schüler produziert eine Antwort, und der Lehrer wird diese beim Korrigieren mit einer Musterlösung vergleichen und kann so den Lernerfolg des Schülers testen. Ist dieser Test positiv ausgefallen, kann der Schüler dann die Schule mit Erfolg verlassen und in der „Produktionsphase" seines Lebens wird darauf vertraut, dass er bisher ungelöste Probleme richtig löst.

Der Lernvorgang besteht aus einzelnen Lernschritten. Bei jedem Lernschritt werden die Gewichte um einen bestimmten Betrag δw_{ij} geändert, also

$$w_{ij}^{neu} = w_{ij}^{alt} + \delta w_{ij}$$

oder in DV-Schreibweise (Wertzuweisung)

$$w_{ij} \rightarrow w_{ij} + \delta w_{ij}.$$

Die Zahlenwerte δw_{ij} sind durch die jeweilige "Lernregel" bestimmt. Oft benötigt man sehr viele Lernschritte, bis das Netz das gewünschte Verhalten zeigt. Man fordert im Allgemeinen von einem neuronalen Netz, dass es nach dem Lernen bestimmter Muster weitere Muster lernen kann (Plastizität). Andererseits können dabei Konflikte auftreten derart, nämlich dass bereits gelernte Muster wieder verlernt werden (schwache Stabilität). Diese Art von Konflikten bezeichnet man als Stabilitäts-Plastizitäts-Dilemma.

Überwachtes Lernen

Diese Art des Lernens, auch *Lernen mit Lehrer* genannt, trainiert das Netz aufgrund der Vorgabe fester Trainingsmengen in Form von Musterpaaren

$$(E_j^{\mu}, S_i^{\mu}), \mu = 1 \ldots p$$

Es sind hier p vorgegebene Input-Output-Assoziationen vorhanden, E steht für Eingangswert, S für (Ausgangs-) Sollwert. Der Lernvorgang spielt sich dann folgendermaßen ab (pro Lernschritt):

1. Man wählt das m-te Eingangsmuster E_j^m aus, legt es an das Netz an (j-tes Eingangsneuron).

2. Das Netz berechnet das tatsächliche Ausgangsmuster A_i^m.

3. Weicht das Ist-Muster A_i^m von dem Sollmuster S_i^m innerhalb einer vorgegebenen Genauigkeit ab, so ändert man die Gewichte so ab (über δw_{ij}), dass die Abweichung kleiner wird (Konvergenz). Wie die Gewichtsänderung δw_{ij} zu wählen ist, hängt von der verwendeten Lernregel ab.

Hebb hat 1949 die Vermutung ausgesprochen, dass dann, wenn zwei verbundene Nervenzellen gleichzeitig feuern, die Verbindungsstärke der sie miteinander verbindenden Synapsen zunimmt. Übertragen auf ein neuronales Netz bedeutet dies, dass das Gewicht w_{ij} eines Neurons sich vergrößert, wenn e_j und a_i gleichzeitig feuern, also positiv sind. Man kann daher versuchsweise eine Proportionalität ansetzen

$$\delta w_{ij} = \eta a_i e_j,$$

wobei der Proportionalitätsfaktor η eine positive reelle Zahl ist, Lernrate genannt.

Hier kommen jedoch die *tatsächlichen* Ausgangswerte a_i vor, und nicht die Sollwerte. Man muss daher Regel entsprechend abändern (Großbuchstaben deuten die Netz-Ein- und Ausgänge an):

$$\delta w_{ij} = \eta S_i E_j.$$

Diese Regel wird Hebb'sche Lernregel (vgl. [14]) genannt. Beachte: Dies kann nur für Netze ohne Zwischenschicht gelten, da nur dort die Eingangssignale der Eingangsschicht $e_j{=}E_j$ bzw. die Ausgangswerte der Ausgangsschicht $a_i{=}S_i$ vorhanden sind; die Werte einer evtl. Zwischenschicht fließen nicht in die Lernregel ein, daher lassen sich die Gewichte solcher Zwischenschichten damit auch nicht anpassen. Die Hebb´sche Lernregel besitzt einige interessante Eigenschaften. Initialisiert man die Gewichte $w_{ij} = 0$, so gilt nach Abschluss der Lernphase offenbar

$$w_{ij} = \eta \sum_{\mu=1}^{p} S_i^{\mu} E_j^{\mu}.$$

Man erkennt daraus, dass die Reihenfolge des Lernens keine Rolle spielt. Mehrmaliges Lernen aller Muster vergrößert die Gewichte alle um einen konstanten Faktor, der auch η zugeschlagen werden könnte. Es stellt sich daher keine Verbesserung des Lernerfolges bei mehrmaligem Lernen der Muster ein (es gibt Lernregeln, da ist das anders). Beim Lernen erfolgt auch keine Berechnung der Ausgangswerte (die Eingangs- und Sollwerte werden direkt gesetzt), daher wird auch keine Abweichung von Ist- und Sollwert berücksichtigt. Letzterer Mangel wird durch folgende Erweiterung der Hebb'schen Lernregel behoben:

$$\delta w_{ij} = \eta (S_i - A_i) E_j.$$

Dabei bedeutet A der Ist-Wert, S der Sollwert und E der Eingangswert. Diese Regel wird auch Delta-Lernregel oder Widrow-Hoff-Lernregel genannt. Auch hier sind nur neuronale Netze ohne Zwischenschicht zulässig.

Möchte man nun auch Netze erfolgreich trainieren, die Zwischenschichten besitzen, so bietet sich ein anderer Ansatz an, der auch Lernen durch Lohn und Strafe genannt wird. Er soll hier kurz angedeutet werden.

Es seien wieder zu lernende Musterpaare der Form

$$(E_j^{\mu}, S_i^{\mu}), \mu = 1 \dots p$$

gegeben. Die Ausgangsschicht kann mit der Delta-Lernregel trainiert werden. Die verborgenen Neuronen haben keine Sollwerte; daher wird ein pauschales Fehlersignal definiert der Form:

$$r := \frac{1}{n} \sum_{i=1}^{N_A} (S_i - A_i)^2$$

Dieses Fehlersignal wird den versteckten Neuronen zugeführt. Der Normierungsfaktor n ist dabei so zu wählen, dass $r \in [0,1]$ ist. Bei $r=0$ ist der Ausgang korrekt, bei $r=1$ völlig falsch. Die verborgenen Neuronen müssen dann ihre Gewichte so anpassen, dass r verringert wird. Dies gelingt mit einer Variante der Hebb'schen Lernregel. Es seinen aus Vereinfachungsgründen hier nur solche Netze betrachtet, deren Ausgangswerte lediglich 0 oder 1 sein können. Solche Neuronen nennt man auch McCulloch-Pitts-Neuronen. Der Normierungsfaktor n ist dann $n=N_A$ (Anzahl der Neuronen der jeweiligen Schicht). Für die verborgenen Neuronen fordern wir:

1. Der effektive Eingang ist durch das Skalarprodukt gegeben

2. Aktivierungsfunktion ist die einfache Fermi-Funktion, d.h.

$$c_i = \frac{1}{1-e^{-\varepsilon_i}} \qquad (i \text{ nummeriert nur die verborgenen Neuronen})$$

3. Die Ausgangsfunktion ist stochastisch:

$$P_i(a_i = 1) = c_i$$

Eine stochastische Ausgangsfunktion hat die Eigenschaft, dass die reproduzierten Größen nicht immer einen festen Werte besitzen, sondern nur im statistischen Mittel gegen einen Wert tendieren. Eine häufig verwendete Funktion hierfür ist die Boltzmann-Funktion:

$$P(a_i = 1) = \frac{1}{1+e^{-(\varepsilon_i - \vartheta_i)/T}}$$

Die Größe T stellt einen vorgebbaren Parameter dar. Um nun die Lernregel zu finden, sei zunächst der Fall $r=0$ betrachtet. Hier sei jetzt die Hebb'sche Lernregel benutzt:

$$\delta w_{ij} = \eta(a_i - c_i)e_j$$

Im korrekten Fall verstärken sich die Synapsen (=Lohn). Im Falle $r=1$, also wenn das Netz falsch reproduziert, sollen sich die Gewichte genau umgekehrt verhalten (Strafe), d.h.

$$\delta w_{ij} = \eta(1 - a_i - c_i)e_j$$

Die beiden Fälle führen dann zu der Lernregel

$$\delta w_{ij} = (1-r)\,\eta(a_i - c_i)e_j + r\eta^{'}(1 - a_i - c_i)e_j$$

Unüberwachtes Lernen

Beim überwachten Lernen war bekannt, welche Ausgangsmuster produziert werden sollten. Oft hat man jedoch nur eine Menge zu analysierender Eingangsmuster, d.h. es soll eine Klassifikation der Muster vom Netz selbst vorgenommen werden. Ist die Klasseneinteilung nicht bekannt, so muss das Netz Ähnlichkeiten bei den Mustern herausfinden und geeignete Klassen selbst festlegen (die Anzahl der Klassen wird aber vorgegeben). Da die Netzausgänge nicht bekannt sind, spricht man hier von unüberwachtem Lernen oder auch Lernen ohne Lehrer. Wir beschränken uns hier allerdings nur auf einen Spezialfall, nämlich das sogenannte kompetitive Lernen, auch Wettbewerbslernen genannt. Man geht dabei wieder von der Hebb'schen Lernregel aus:

$$w_{ij} \rightarrow w_{ij} + \eta e_j a_i$$

Dies kann aber prinzipiell zu beliebig großen Gewichten führen. Um dies zu vermeiden, kann man diesen Ansatz durch eine geeignete Norm dividieren:

$$w_{ij} \rightarrow \frac{w_{ij} + \eta e_j a_i}{\left\| w_{ij} + \eta e_j a_i \right\|}$$

Wie immer ist $\eta > 0$. Um nicht zu komplizierte Ausdrücke zu erhalten, wie dies z.B. bei der Euklid'schen Norm

$$\left\| \vec{e} \right\| = \sqrt{\sum_k (e_k)^2}$$

der Fall wäre, fordert man folgendes:

1. Die Eingangsvektoren sowie die Gewichtsvektoren seien normiert; benutzt wird allerdings nicht obige Euklid'sche Norm, sondern die einfachere, sog. 1-Norm:

$$\left| \vec{e} \right| = \sum_k \left| e_k \right| = 1 \quad \text{bzw.} \quad \left| \vec{w}_i \right| = \sum_k \left| w_{ik} \right| = 1$$

2. Die Eingänge sowie die Gewichte seien nicht-negativ (d.h. die Betragsstriche können weggelassen werden)

3. Die Neuronenausgänge seien wieder binär, d.h. $a_i \in \{0,1\}$.

Unter diesen Voraussetzungen lautet jetzt die Lernregel:

$$w_{ij} \rightarrow \frac{w_{ij} + \eta e_j a_i}{\sum_k (w_{ik} + \eta e_k a_i)}$$

Wegen der Normierungsbedingungen gilt offenbar $\sum_k e_k = 1$ und $\sum_k w_{ik} = 1$, so dass

$$w_{ij} \rightarrow w_{ij} + \frac{\eta}{1 + \eta a_i} (e_j - w_{ij}) a_i$$

Daraus leitet man ab:

$$\delta w_{ij} = \frac{\eta}{1 + \eta a_i} (e_j - w_{ij}) a_i$$

Mit der Ersetzung

$$\eta \rightarrow \frac{\eta}{1 + \eta}$$

wobei berücksichtigt wird, dass a_i nur die Werte *0* oder *1* annehmen kann, erhält man schließlich die endgültige Form der Wettbewerbs-Lernregel:

$$\delta w_{ij} = \eta (e_j - w_{ij}) a_i$$

Diese kann man auch schreiben als

$$\delta w_{ij} = \begin{cases} \eta(e_j - w_{ij}) & \textit{falls} \quad \textit{Neuron} \quad i \quad \textit{aktiv} \quad \textit{ist} \\ 0 & \textit{sonst} \end{cases}$$

Es lernt also nur dasjenige Neuron, welches bei der Reproduktion den „Wettbewerb" gewonnen hat. Der Lernvorgang lässt die einfache, anschauliche Deutung zu, dass sich der Gewichtsvektor des gewinnenden Neurons zum Eingangsvektor „hindreht". Um dies zu sehen, betrachten wir folgendes:

Für das gewinnende Neuron ist $a_i = 1$. Wegen $0 < \eta < 1$ ist auch $0 < 1 - \eta < 1$ und daher

$$\left| \vec{w}_i - \vec{e} \right| > (1 - \eta) \left| \vec{w}_i - \vec{e} \right| = \left| \vec{w}_i + \eta(\vec{e} - \vec{w}_i)a_i - \vec{e} \right|$$

Dies bedeutet also, dass

$$\left| \vec{w}_i^{neu} - \vec{e} \right| < \left| \vec{w}_i - \vec{e} \right|$$

D.h., der neue Gewichtsvektor liegt näher beim Eingangsvektor als der alte. Die eigentliche Klasseneinteilung folgt also durch die vorgegebenen (Ausgangs-)Neuronen (deren Anzahl gleich der Anzahl der möglichen Klassen ist), sie stellen eine Art „Mutterzellen" für die Eingänge dar. Sei z.B. ein Trainingsatz $\vec{E}^\mu$ betrachtet, dessen Größe p kleiner als die Anzahl N der Neuronen ist. Lernt man einen einzelnen Eingangsvektor, so wird das Neuron, dessen Gewichtsvektor ihm am ähnlichsten ist, seinen Gewichtsvektor noch weiter auf den Eingangsvektor zubewegen (das ist das gewinnende Neuron). Am Ende des Lernens wird es zu jedem Eingangsvektor ein ihm zugeordnetes Neuron geben. Legt man jetzt einen nicht gelernten Eingangsvektor an, so wird dasjenige Neuron aktiv werden, dessen Gewichte dem angelegten Vektor am ähnlichsten sind, wobei das Ähnlichkeitskriterium durch den kleinsten vektoriellen Abstand gegeben ist.

Wenn der Trainingsatz ein p besitzt, das größer als die (Ausgangs-)Neuronenanzahl N ist, dann führt bereits das Training schon zu einer Klasseneinteilung, wobei ähnliche Eingangsvektoren zu einer Klasse zusammengefasst werden. Jeder Gewichtsvektor kann dann als Prototyp aufgefasst werden und ein nicht gelernter Eingangsvektor wird derjenigen Klasse zugeteilt, deren Prototyp ihm am ähnlichsten ist. Das selbständige Anpassen an die Umgebungsbedingungen beim Wettbewerbslernen wird auch als Selbstorganisation bezeichnet. Auf dieser Eigenschaft basieren Netztypen wie die sogenannten selbstorganisierende Karten.

Es sei noch eine Bemerkung zur Reproduktion, also zur Berechnung der Ausgangswerte in neuronalen Netzen, gemacht. Um das Reproduktionsprinzip besser zu verstehen, betrachten wir einen sehr stark vereinfachten Spezialfall für ein einschichtiges neuronales Netz. Ohne auf die Details weiter einzugehen sei es so beschaffen, dass man eine Matrix-Gleichung der folgenden Form anwenden kann:

$$\vec{A} = WE,$$

wobei $\vec{E}$ die Netzeingänge, $\vec{A}$ die Netzausgänge und W die Matrix der Gewichte darstellt, genauer:

$$\begin{pmatrix} a_1 \\ \dots \\ a_n \end{pmatrix} = \begin{pmatrix} w_{11} & \dots & w_{1m} \\ \dots & \dots & \dots \\ w_{n1} & \dots & w_{nm} \end{pmatrix} \begin{pmatrix} e_1 \\ \dots \\ e_m \end{pmatrix}$$

In der Lernphase werden A und E vorgegeben und die Elemente der Matrix W sind variabel. Ist das neuronale Netz großzügig genug ausgelegt, so ist das sich dabei ergebende Gleichungssystem stark unterbestimmt, d.h. es gibt viele mögliche w_{ij}, die bei Multiplikation der Matrix W mit dem Eingabevektor E den Ausgabevektor A erzeugen. Dies ist auch wichtig, denn es soll ja nicht nur ein Muster (E,A) trainiert werden. Wichtig ist also auch noch, dass bei Anlegen neuer Muster jetzt eine Lösung in den Variablen w_{ij} gefunden wird, die sowohl das neue als auch das alte Muster richtig reproduziert. Solange die Matrix W groß genug ist und damit genügend viele Lösungsmöglichkeiten existieren, kann dieses Verhalten durch geeignete Lernregeln immer erzwungen werden, es kann also eine gewisse Konvergenz erreicht werden. Werden relativ zur Matrixgröße zu viele Muster trainiert, können alte Muster nach und nach „vergessen" bzw. nur noch unvollständig reproduziert werden, und die neuen Muster werden auch nicht mehr richtig gelernt. Später, in der Produktionsphase, liegen dann die Matrixelemente (durch das vorangegangene Training) fest und es werden nur noch Ausgänge A zu Eingängen E berechnet (Reproduktion).

Neuronale Netze, die sich durch Matrixgleichungen der oben angegebenen Form beschreiben lassen, nennt man auch Musterassoziatoren. Wenn die Eingangsmuster linear unabhängig sind, konvergiert die Anwendung der Delta-Lernregel zu einer exakten Lösung der Lernaufgabe. Um die Wichtigkeit dieser Aussage zu beschreiben, sei hier das sog. XOR-Problem kurz diskutiert.

Nehmen wir einmal an, es seien die folgenden 4 Musterpaare $(\vec{E}^1, S^1)\dots(\vec{E}^4, S^4)$ in einem neuronalen Netz zu trainieren:

Musterpaar	E_1	E_2	S
1	0	0	0
2	1	0	1
3	0	1	1
4	1	1	0

Die Eingangsmuster sind nun aber linear abhängig, d.h. es kann keine Konvergenz der Delta-Lernregel garantiert werden. Ein möglicher Musterassoziator könnte aus einem Neuron mit zwei Eingängen bestehen. Wir verwenden die McCulloch-Pitts-Neuronen mit einer Schwelle. Dann gilt mit der einfachen Stufenfunktion $\Theta(x)=0$ falls $x<0$ und $\Theta(x)=1$ falls $x\geq 0$:

$$A = \Theta(w_1 E_1 + w_2 E_2 - \vartheta)$$

Setzt man die hier zu lernenden Muster ein, so erhält man vier Gleichungen, hat aber nur die drei Parameter w_1, w_2 und Theta als Unbekannte zur Verfügung (d.h. die Schwelle wird auch als variabel betrachtet). Dies führt zu einem widersprüchlichen Gleichungssystem in diesen Parametern. Das lässt sich wie folgt veranschaulichen:

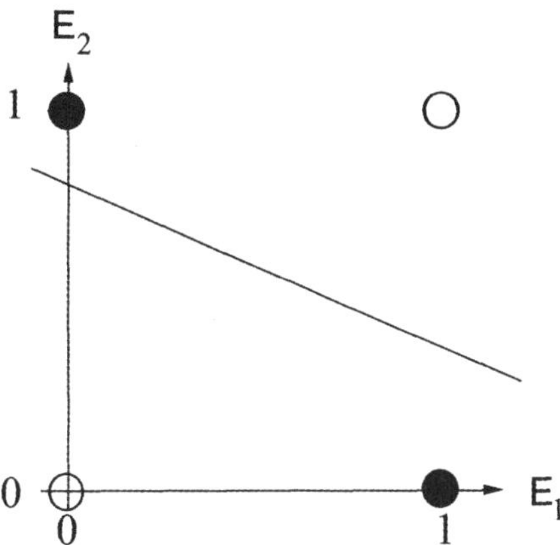

Bild 7-30 Trennung der Eingangsgrößen durch eine Gerade nicht möglich

Zu den ausgefüllten Kreisen in Bild 7-30 gehört der Sollwert 1, zu den offenen 0. Es ist außerdem eine mögliche Schwellwert-Gerade eingezeichnet. Die zweikomponentigen Eingangsvektoren kann man als Punkte in der E_1E_2-Ebene darstellen. Die Ausgangsfunktion hat ihren Sprung bei $\theta = 0$, also bei $w_1E_1 + w_2E_2 - \vartheta = 0$. Dabei handelt es sich offensichtlich um eine Geradengleichung. Alle Eingangsmuster oberhalb der Gerade liefern den Ausgang "1", alle anderen den Ausgang "0". Die Gerade trennt also die Ebene in zwei Bereiche mit unterschiedlichem Netzausgang. Anschaulich sieht man, dass es keine Gerade gibt, welche die Ebene so trennt, dass auf der einen Seite nur die offenen, auf der anderen nur die ausgefüllten Kreise liegen. Solche Probleme nennt man nicht linear separabel oder nicht linear trennbar. Ein etwas allgemeineres Beispiel ist das folgende:

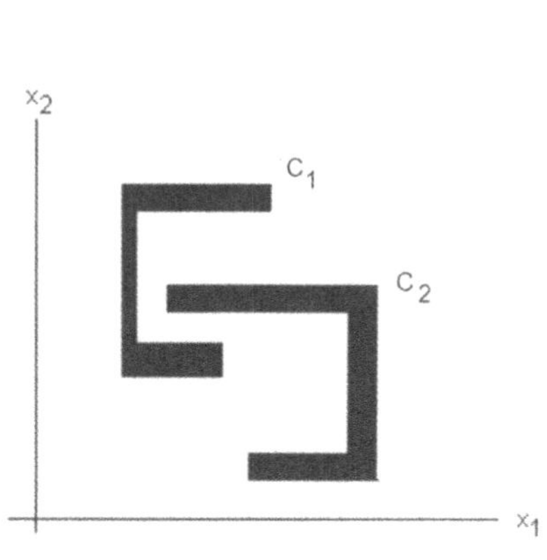

Nicht linear separable Menge (2 Dimensionen)

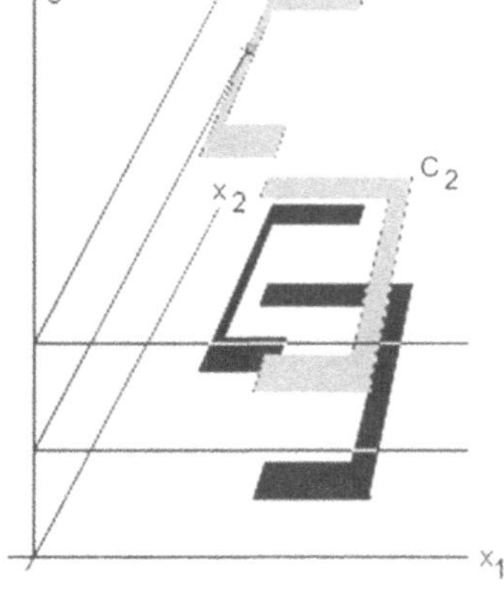

Linear separable Menge (3 Dimensionen)

Bild 7-31 Lineare Separabilität

Es seien die beiden Muster C_1 und C_2 (Bild 7-31) zu trainieren, also zu klassifizieren bezüglich der Eingänge x_1 und x_2, d.h. es soll später, bei der Reproduktionsphase, erkannt werden, nachdem ein x_1 und x_2 eingegeben wird, ob der Punkt (x_1,x_2) im Muster C_1 oder C_2 oder in keinem von beiden liegt. Ohne das Problem mathematisch zu behandeln ist ersichtlich, dass es auch hier keine Gerade gibt, welche C_1 und C_2 linear separiert (linker Teil von Bild 7-31).

Eine mögliche Lösung des Problems besteht darin, eine dritte Achse x_3 einzuführen und den beiden Mustern so eine verschiedene Höhe zuzuordnen (rechter Teil von Bild 7-31). Jetzt gibt es eine lineare Hyperebene, welche die Muster trennt; das Problem ist jetzt linear separabel (in drei Eingangsdimensionen). Grundsätzlich kann man auf diese Art und Weise viele Probleme linear separieren und damit die Muster linear unabhängig machen. Dadurch ist die Konvergenz des Lernprozesses durch die Delta-Lernregel gesichert.

Es sei abschließend ein relativ prominentes neuronales Netz, das sogenannten Fehlerrückführungsnetz oder auch Backpropagation-Netz, näher betrachtet. Es besitzt folgende Eigenschaften:

1.   Das Netz ist vorwärtsgekoppelt, kann aber mehrschichtig sein.

2.   Effektiver Eingang für alle Neuronen ist das Skalarprodukt, Aktivierungsfunktion ist die Idendität (d.h. $c_i = \sum_j w_{ij} e_j$).

3.   Die Ausgangsfunktion ist nicht linear (häufig die Fermi-Funktion) und differenzierbar.

Für die Lernregel wird eine sogenannte Kostenfunktion als zu minimierende Fehlerfunktion benutzt:

$$D = \frac{1}{2} \sum_\mu \sum_\nu (A_\nu^\mu - S_\nu^\mu)^2$$

Die Idee dabei ist, dass die Gewichte so angepasst werden müssen, dass die Kostenfunktion ein Minimum annimmt. Die Soll-Outputs S hängen ja formelmäßig von den w_{ij} ab, so dass durch Ableiten und Nullsetzen der Kostenfunktion prinzipiell diejenigen w_{ij} gefunden werden können, für die D minimal ist. Die Summe erstreckt sich über alle Ausgangsneuronen ν sowie über die zu lernenden Musterpaare μ. Die Anwendung des Gradientenabstiegsverfahren zur Minimierung der Kostenfunktion führt schließlich zur sog. Fehlerrückführungs-Lernregel:

$$\delta w_{ij} = \eta \sum_\mu \psi_i^\mu e_j^\mu$$

wobei sich das sog. *charakteristische Fehlermaß* Ψ folgendermaßen errechnet:

Für die letzte (Ausgangs-)Schicht gilt:

$$\psi_i^\mu = (S_i^\mu - A_i^\mu) a_i'(c_i^\mu)$$

Für die vorletzte Schicht (und sukzessive für alle Zwischenschichten von rechts nach links) gilt:

$$\psi_i^\mu = a_i'(c_i^\mu) \sum_k \psi_k^\mu w_{ki}$$

wobei k der Laufindex der Neuronen der folgenden (bereits berechneten) Schicht darstellt. Die Gewichte w_{ki} sind dabei ebenfalls von der Folgeschicht, allerdings *vor* der Gewichtsanpassung, zu nehmen. Da der Fehler (rückwärts) durch die einzelnen Schichten des Netzes zurückgeführt wird, spricht man von Fehlerrückführung.

Ein Anwendungsbeispiel:

Der Autor des vorliegenden Buches hat zusammen mit Studenten der Elektrotechnik an der Fachhochschule Frankfurt am Main im Rahmen einer Diplomarbeit folgende Aufgabe durchgeführt: Es sollte ein neuronales Netz entworfen und anschließend so trainiert werden, dass es in der Lage ist, zu einer vorgegebenen Melodie passende Harmonien zu komponieren. In der Lernphase sollte das Netz also Melodien als Eingabe-, und die zugehörigen Harmonien als Ausgabenmuster trainiert bekommen, so dass es in der Produktionsphase zu bisher nicht trainierten Melodien sinnvolle, für das menschliche Ohr einigermaßen anhörbare Harmonien erzeugt. Ein besonderer Gesichtspunkt war dabei, dass der Computer gleich das Ergebnis in hörbarer Form vorspielen sollte. Es mussten also neben dem neuronalen Netz noch Prä- und Post-Prozeduren (in C^{++}) geschrieben werden, welche die Eingabemelodien sowie die Ausgabe-Harmonien (incl. der Melodie) auf einer (MIDI-) Klaviatur bzw. einem Synthesizer in vom neuronalen Netz passende Ein- und Ausgaben umsetzen konnten.

Als neuronales Netz wurde ein sogenanntes holografisches neuronales Netz gewählt. Diese wurden 1990 von John G. Sutherland [15] zum ersten Mal vorgestellt. Neuartig an diesem Netz ist vor allem, dass die reellen Musterpaare auf die komplexe Ebene abgebildet werden und diese (komplexen) Zahlen zum trainieren und reproduzieren benutzt werden. Aufgrund der mathematischen Eigenschaften der komplexen Zahlen (Faltungssatz) kann man weit mehr Information in so einer holografischen Zelle ablegen als bei einem konventionellen neuronalen Netz. Bild 7-32 zeigt den Aufbau der holografischen Neuronen.

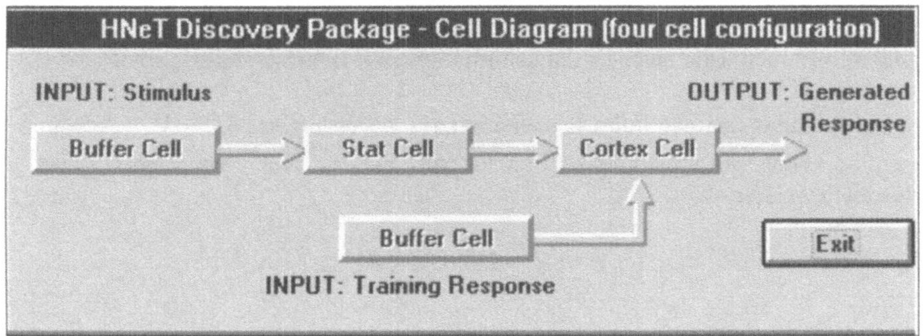

Bild 7-32 Holografisches Neuron

Wie ersichtlich, gibt es vier Zell-Schichten.

Stimulus-Buffer-Zelle:

Hier werden die Eingangsdaten des zu trainierenden oder reproduzierenden Musters in komplexem Datenformat gespeichert. Die Konvertierungsmethoden werden später erläutert. Diese Daten können nachbearbeitet werden.

Response-Buffer-Zelle:

Hier werden die Ausgabedaten (Solldaten) der Trainings- bzw. Testphase in komplexem Datenformat gespeichert.

Stat-Zelle:

Hier werden über ein mathematisches Verfahren kombinatorische Produkte höherer Ordnung aus den Daten der Stimulus-Buffer-Zelle und der Response-Buffer-Zelle gespeichert. Dabei kann die Ordnung dieser kombinatorischen Produkte spezifiziert werden.

Cortex-Zelle:

Hier werden die eigentlichen Gewichte in holografischer Form in einer sog. *Korrelations-Matrix* gespeichert. Gelernt wird nur in den Cortex-Zellen.

Um reelle Zahlen in Komplexe zu transformieren bieten sich verschiedene Möglichkeiten an. Im Falle holografischer Netze gibt es prinzipiell zwei Möglichkeiten, die lineare (Rampenfunktion) und die sigmoide (Sigma-Funktion) Konvertierung. In beiden Fällen werden komplexe Zahlen in der Euler'schen Darstellung benutzt. Jede komplexe Zahl lässt sich bekanntlich darstellen als $z = \lambda e^{i\theta}$, wobei λ die sog. Magnitude und θ den Phasenwinkel bezeichnet. Holografische Netze interpretieren dabei die Magnitude als Maß für die "Vertraulichkeit" eines Zahlenwertes. Bei den Ein- und Ausgabemustern kann sie auf *1* oder von Hand gesetzt werden (z.B. für physikalischen Messdaten bei bekannter Fehlerabweichung etc.). Die eigentliche Umsetzung der reellen Ein- und Ausgabewerte erfolgt in die Abbildung auf den Phasenwinkel im Einheitskreis.

Günstig erweist sich bei der sigmoiden Transformation, dass wenn die Eingangsdaten eine Gaußverteilung bilden, man dann nach der Transformation eine Gleichverteilung erhält.

Der Lernvorgang gestaltet sich wie folgt: Es seien wieder p Musterpaare $(\vec{E}^{\mu}, \vec{S}^{\mu})$ zu trainieren. Wir fassen hier jedes Musterpaar als zeitindiziert auf, d.h. wir führen einen Index t_μ ein, μ = 1...p. Wir bezeichnen jetzt

$$\vec{E}^{\mu} = (E_{j,t_\mu}) := (E_{1,t_\mu}, E_{2,t_\mu}, \ldots, E_{N_E,t_\mu})$$

$$\vec{S}^{\mu} = (S_{i,t_\mu}) := (S_{1,t_\mu}, S_{2,t_\mu}, \ldots, S_{N_A,t_\mu})$$

Mittels komplexer Transformation ergeben sich dann folgende Darstellungen:

$$E_{j,t_\mu} = \lambda_{j,t_\mu} e^{i\theta_{j,t_\mu}}$$

$$S_{i,t_\mu} = \gamma_{i,t_\mu} e^{i\phi_{i,t_\mu}}$$

In Matrix-Darstellung lautet das Ganze dann:

$$\mathbf{E} = \begin{pmatrix} \lambda_{1,t_1} e^{i\Theta_{1,t_1}} & \lambda_{2,t_1} e^{i\Theta_{2,t_1}} & \ldots & \lambda_{NE,t_1} e^{i\Theta_{NE,t_1}} \\ \lambda_{1,t_2} e^{i\Theta_{1,t_2}} & \lambda_{2,t_2} e^{i\Theta_{2,t_2}} & \ldots & \lambda_{NE,t_2} e^{i\Theta_{NE,t_2}} \\ \ldots & \ldots & \ldots & \ldots \\ \lambda_{1,t_p} e^{i\Theta_{1,t_p}} & \lambda_{2,t_p} e^{i\Theta_{2,t_p}} & \ldots & \lambda_{NE,t_p} e^{i\Theta_{NE,t_p}} \end{pmatrix}$$

bzw.

$$
\mathbf{S} = \begin{pmatrix}
\gamma_{1,t_1} e^{i\Phi_{1,t_1}} & \gamma_{2,t_1} e^{i\Phi_{2,t_1}} & \cdots & \gamma_{NA,t_1} e^{i\Phi_{NA,t_1}} \\
\gamma_{1,t_2} e^{i\Phi_{1,t_2}} & \gamma_{2,t_2} e^{i\Phi_{2,t_2}} & \cdots & \gamma_{NA,t_2} e^{i\Phi_{NA,t_2}} \\
\cdots & \cdots & \cdots & \cdots \\
\gamma_{1,t_p} e^{i\Phi_{1,t_p}} & \gamma_{2,t_p} e^{i\Phi_{2,t_p}} & \cdots & \gamma_{NA,t_p} e^{i\Phi_{NA,t_p}}
\end{pmatrix}
$$

Die Lernregel lautet dann:

$$
\delta w_{ij} = \sum_{\mu=1}^{p} \overline{E}_{j,t_\mu} \cdot S_{i,t_\mu} = \sum_{\mu=1}^{p} \lambda_{j,t_\mu} \gamma_{i,t_\mu} e^{i(\theta_{j,t_\mu} - \phi_{i,t_\mu})}
$$

oder in Matrix-Form

$$
[\delta w_{ij}] = \overline{E}^{T} \cdot S
$$

Entsprechend gilt für die Gewichtsmatrix

$$
W^{alt} = W^{neu} + [\delta w_{ij}]
$$

Anschaulich bedeutet dies, dass bei jeder späteren Eingabe eine Rotation des Phasenvektors in Richtung des jeweiligen Ausgabewertes erfolgt. Die Reproduktion schließlich erfolgt mittels Auflösen der obigen Matrix-Gleichung nach S:

$$
A = \frac{1}{\omega} E^{*} \cdot W
$$

wobei E^{*} den Reproduktions-Input und A den Reproduktions-Output bezeichnet. Der Normalisierungsfaktor ω wird so gewählt, dass die Magnitude der Ergebnisse zwischen 0 und 1 liegt, z.B. durch

$$
\omega = \sum_{j=1}^{N_E} \lambda_{j}^{*}
$$

Man kann übrigens zeigen, dass der gemachte Fehler approximativ liegt bei

$$
\phi_{Fehler} \approx \frac{1}{\pi\sqrt{8}} \arctan \sqrt{\frac{p}{N_A}}
$$

Um nun mit dem holografischen Netz Musik zu trainieren, war es zunächst erforderlich, diese in ein entsprechendes numerisches Datenformat umzuwandeln, da neuronale Netze immer mit Zahlen arbeiten. Zu diesem Zweck wurde ein Konverter programmiert, der die Melodiewerte sowie die Harmonisierungen in sinnvolle Zahlenwerte umwandelte. Es zeigte sich jedoch schon bald, dass eine diskrete Trainingsmenge der Form, dass einer bestimmten Note eine definierte Harmonie zugeordnet wird, zu keinem befriedigenden Ergebnis führte. Es stellte sich heraus, dass die besten Ergebnisse erzielt wurden, wenn quasi ein Fenster über eine zu trainierende Note gelegt wird, welche die vorherige und die nächste Note zusammen mit den zugehörigen Harmonien berücksichtigt. Durch diese Koppelung konnte schließlich tatsächlich das Netz sinnvoll trainiert und passable Ergebnisse erzielt werden. Es hat sich weiter gezeigt, dass die Art und Weise, wie das Netz seine Harmonien an nicht trainierte Melodien hinzukomponiert, stark von dem Stil der Trainingsmenge abhängig ist. Bild 7-33 zeigt ein Ergebnis, wo das Lied „Die Gedanken sind frei", welches nicht zuvor dem holografischen Netz trainiert wurde, harmonisiert wurde. Dem wird das Original gegenübergestellt. Die Bezeichnung T, S und D bedeuten Tonika (z.B. C-Dur), Subdominante (dann F-Dur) und Dominante (dann G-Dur). Ein p hinter der Harmonie steht für eine Quarte und die 7 für den Dominant-Sept-Akkord.

Bild 7-33 Von einem holografischen neuronalen Netz harmonisiertes Lied

7.7 Internetanwendungen

Sollen Anwendungen für das Internet entwickelt werden, so gelten natürlich die gleichen allgemeinen Prinzipien des Softwareengineerings wie bisher. Wobei wir davon ausgehen, dass nicht nur einfache HTML-Seiten entworfen werden sollen, sondern Datenbank- oder datenbankähnliche Anwendungen oder auch Multimedia-Anwendungen wie z.B. eLearning.

7.7.1 Datenbankzugriffe über das Internet

Damit ist gemeint, dass z.B. ein User über das Internet Daten auf einem Server über eine Abfrage abrufen kann. Nachfolgend seien einige Gesichtspunkte hierfür verwendeter Internet-Strukturen näher betrachtet [16].

Neben HTML hat sich ein neuer Standard entwickelt, der schon in diese Richtung geht: XML (*Extensible Markup Language*). Dabei handelt es sich ebenso wie bei HTML um eine Markierungssprache. Beide sind abgeleitet von der „*Standard Generalized Markup Language*", kurz SGML. Beide besitzen daher eine sehr ähnliche Syntax. Doch während XML eine Untermenge von SGML darstellt, ist HTML lediglich eine Anwendung derselben.

Im Unterschied zu HTML stellt XML nämlich einen Weg dar, Daten zu strukturieren und zu beschreiben, ohne ihnen jedoch eine Bedeutung zukommen zu lassen. Somit sind die reinen Informationen eines XML-Dokuments zunächst nicht viel Wert, wenn nicht klar ist, wie sie zu deuten sind. Die wahre Stärke von XML liegt in den zahlreichen Technologien und Sprachen, welche die Daten erst interpretieren und ihnen somit einen Sinn geben. Für HTML hingegen gilt dies nicht: Jede einzelne Markierung hat hier eine bestimmte Bedeutung. Der Browser „weiß", wie er die verschiedenen Tags darstellen muss. Beispielsweise wird er einen Textblock, der in <i>- Tags gekapselt ist, *kursiv* darstellen. Um eine HTML-Datei anzuzeigen, werden somit keine weiteren Sprachen benötigt, es bedarf lediglich eines Agenten, der HTML Dokumente darstellen kann. Der große Nachteil dieser Art der Datenstrukturierung liegt auf der Hand: HTML trennt nicht zwischen den reinen Daten und den Informationen, die gebraucht werden, um jene entsprechend darzustellen. Dies erschwert das Herausfiltern von Informationen aus dem zusammengeworfenen Datenbrei. Auch Tags können nicht derart definiert werden, dass der Browser in diesem Fall wissen würde, wie er die Daten zu deuten hat. Es gibt außerdem auch noch syntaktische Unterschiede: Während es z.B. auch bei HTML gleichgültig ist, ob die Tags groß oder klein geschrieben werden oder ob Tags, wie z. B. <td> oder <tr>, nicht durch deren End-Tags geschlossen sind, da in solchen Fällen der Agent die fehlenden Tags einsetzt, so ist XML da wesentlich strikter. XML unterscheidet zwischen Groß- und Kleinschreibung, und der jeweilige *XML-Parser* gibt sofort eine Fehlermeldung aus, falls ein Tag nicht durch ein entsprechendes Abschluss-Tag geschlossen wird. Diese rigidere Art kommt jedoch im Endeffekt dem Programmierer zugute, da Fehler bereits von Anfang an unterbunden werden. Schwächen von HTML, wie die mangelnde Flexibilität und die Vermischung von Information und Darstellung, sind bei XML besser gelöst.

Dies heißt jedoch nicht, dass XML das alternde HTML ersetzen wird. HTML wird auch weiterhin bestehen bleiben, und zwar als eines jener Werkzeuge, dessen sich XML bedient: Wie bereits angesprochen, enthält ein XML-Dokument reine Daten, ohne Informationen, wie diese angezeigt werden. Warum also nicht mit Hilfe einer Parser-Sprache wie XSL (*eXtensible Stylesheet Language*) die reinen Informationen in ein HTML-Dokument übersetzen? Dies könnte der Browser dann wiederum problemlos darstellen. Und tatsächlich ist jene Vorgehensweise bereits gängige Praxis und demonstriert ein Paradebeispiel für die Anwendung von XML. Dennoch lässt sich mit XML sehr viel mehr bewerkstelligen als nur die reine Erzeugung von HTML-Code. Zunächst soll der Aufbau eines XML Dokuments näher untersucht werden.

Die erste Zeile des Dokuments enthält stets die Angabe, dass es sich um ein XML Dokument handelt und nennt zugleich auch die Version und den verwendeten Zeichensatz, z.B.:

```
<?xml version="1.0" encoding="ISO-8859-1"?>
```

Im darauf folgenden Block wird die Struktur des Dokumentes festgelegt: Welche Tags an welcher Stelle erlaubt sind, welche Attribute für einzelne Tags zulässig sind und dergleichen. Diese Informationen werden benötigt, um zu überprüfen, ob die Daten im Dokument der vordefinierten Struktur genügen. Beispielsweise kann ein XML-Dokument Datensätze mit Adressinformationen von Mitarbeitern einer Firma enthalten. Dabei ist es wichtig, dass jeder Datensatz auch die gesamte Bandbreite der geforderten Informationen, also Name, Vorname, Straße, Ort usw. enthält und die einzelnen Daten korrekt in den entsprechenden Tags gekapselt sind.

Der gängige Weg, solche Richtlinien zum Aufbau eines XML Dokuments anzugeben, besteht in der Bereitstellung einer so genannten „Document Type Definition", abgekürzt DTD. In der Tat gehört die Syntax der DTD zum Sprachumfang von XML. Eine mögliche Ausprägung der DTD für das oben angesprochene Adressbeispiel könnte in etwa so aussehen:

```
<!- DTD für das Adressbeispiel ->
<!DOCTYPE Adressen [
<- Definition der einzelnen Tags ->
<!ELEMENT Adressen (Datensatz)+>
<!ELEMENT Datensatz (Name, Vorname,
StrasseNr, OrtPLZ)>
<!ELEMENT Name (#PCDATA)>
<!ELEMENT Vorname (#PCDATA)>
<!ELEMENT StrasseNr (#PCDATA)>
<!ELEMENT OrtPLZ (#PCDATA)>
]>
```

Allerdings wird die DTD nicht unbedingt benötigt und daher oft weggelassen. Man spricht in einem solchen Fall von „wohlgeformtem" XML – unter der Annahme, dass ansonsten die Gesetzmäßigkeiten von XML erfüllt sind, im Gegensatz zu „gültigem" XML, das eine DTD enthält und dieser auch genügt. Auf die Definition der DTD folgen die eigentlichen Daten, deren Syntax stark an die von HTML erinnert. Tatsächlich werden in beiden Sprachen die Tags und ihre zugehörigen Attribute in gleicher Weise notiert. Mit dem Unterschied allerdings, dass in HTML nur auf ein bestehendes, statisches Kontingent an erlaubten Tags zurückgegriffen werden darf. Wie schon erwähnt, ist XML diesen Einschränkungen nicht unterworfen. Die Tags müssen lediglich der zuvor in der DTD festgelegten Struktur entsprechen, falls diese existiert.

Z. B. folgende Daten sind gültiges XML in Bezug auf die zuvor definierte DTD:

```
<Adressen>
<Datensatz>
<Name>Engel</Name>
<Vorname>Sibylle</Vorname>
<StrasseNr>Fichtenweg 10</StrasseNr>
```

```
<OrtPLZ>63764 Aschaffenburg</OrtPLZ>
</Datensatz>
</Adressen>
```

Eine andere Möglichkeit, Daten über das Internet zugänglich zu machen, besteht in der Bereitstellung eines echten Datenbanksystems auf einem Web-Server sowie der Programmierung entsprechender Anwendungen, mit denen dann der User auf die Server-Datenbank zugreifen kann. Hier gibt es viele verschiedene Möglichkeiten, und es wird später anhand eines Beispiels aufgezeigt, wie über einen Apache-Webserver und einer MySQL-Datenbank mittels der Sprache PHP4 Anwendungen zum Datenzugriff über das Internet ermöglicht werden können. Zunächst seinen aber die benutzten Begriffe im Einzelnen näher beleuchtet.

Vor der Installation eines Web-Servers steht natürlich die Auswahl der Hardware-Plattform und die damit verbundene Entscheidung für das zugrunde liegende Betriebssystem. Für den Apache-Webserver selbst ist diese vorbereitende Phase nicht so entscheidend, da er für alle gängigen Plattformen in fertig geschnürten Paketen zur Verfügung steht. Diese reichen von Desktop-Plattformen wie den Microsoft-Betriebssystemen über Unix-Server-Plattformen wie IBM's AIX, HPUX oder Sun's Solaris bis hin zu Großrechner-Systemen wie OS/390. Entscheidender sind zu diesem Zeitpunkt die Anforderungen an die Belastbarkeit und die Stabilität der Basis. Hat man sich für eine Plattform entschieden, ist die einfachste Möglichkeit, den Apache-Webserver auf dem eigenen Rechner zu installieren, was der Download einer so genannten Binär-Distribution von der Apache-Web-Site ermöglicht. Diese hat gegenüber den ebenfalls verfügbaren Apache-Sourcen den Vorteil, dass man sich den Aufwand der Übersetzung sparen kann und dafür auch keine Programm-Entwicklungsumgebung benötigt.

Das Surfen im World Wide Web funktioniert nach dem Client-Server-Prinzip. Ein Client (hier: der Web-Browser) fordert von einem (Web-)Server ein Dokument an, beispielsweise http://www.fh-frankfurt.de/index.htm. Der Web-Server empfängt diese Aufforderung und sucht auf der Festplatte des Servers nach der Datei index.htm. Der Inhalt dieser Datei wird an den Client, den Web-Browser, zurückgeliefert. Bei serverseitigen Script-Sprachen wird das etwas anders gehandhabt. Nehmen wir an, der Web-Browser fordert die Datei http://www.fh-frankfurt.de/ index.php an. Der Web-Server sucht nun nach der Datei index.php, weiß aber auf Grund der Dateiendung (.php ist die Standardendung für sog. PHP-Dateien, siehe unten), dass es sich um ein PHP-Skript handelt. Deswegen gibt er nicht die PHP-Datei zurück, sondern sorgt dafür, dass der PHP-Interpreter aufgerufen wird, der die Datei (mit PHP-Code) in HTML umwandelt. Dieser HTML-Code wird an den Web-Browser zurückgeliefert. Um den Web-Server für die Unterstützung von PHP zu konfigurieren, reicht es nicht aus, nur PHP zu installieren, sondern der Web-Server muss erkennen, dass er Dateien mit der Endung .php an den PHP-Interpreter weiterleiten muss. Je nach verwendetem Web-Server funktioniert das unterschiedlich.

PHP wurde einst als Hobbyprojekt von Rasmus Lerdorf [17] entwickelt. Er stellte eine erste Version im Internet öffentlich zur Verfügung und bat um Kommentare und Anregungen. Später begannen eine Reihe von Gleichgesinnten das PHP (damals noch PHP/FI „*Personal Homepage Tools/Form Interpreter*" genannt) zu testen und selbst Code und Erweiterungen beizusteuern. PHP konnte mit dem Erscheinen von Version 3 erstmals kommerziell ernst genommen werden. Die Dokumentation, bei vielen Open-Source-Projekten ein Manko, war passabel (und ist mittlerweile exzellent). Erstmals wurde zudem nicht nur der Quellcode veröffentlicht, sondern es wurden auch ausführbare Dateien für die im Privatbereich wichtige Windows-Plattform zur Verfügung gestellt. Im Jahr 2000 erschien die Nachfolgeversion PHP 4. Diese wurde nicht mehr von Rasmus Lerdorf als Hauptausführendem gestaltet und bietet eine ganze Reihe von neuen Konzepten. PHP als Skript-Sprache kann man durch folgende Eigenschaften und Merkmale beschreiben: PHP ist eine leistungsfähige Skriptsprache, primär dazu ausgelegt im Web-Umfeld verwendet zu werden. PHP geniest in seiner vierten Version (bzw. vierten Auflage) eine breite Unterstützung, einerseits durch Webserver-Einbindungen, andererseits aber auch durch zahlreiche Funktionen, die inzwischen im PHP implementiert wurden. PHP ist einfach zu erlernen, benutzt die vielfach verwendete ANSI-C Syntax und unterstützt von Haus aus viele Datenbanken. Die für das Webscripting unumgänglichen String-Operationen hat es zum größten Teil von Perl übernommen. Die Einbindung des PHP Codes mit HTML erfolgt analog zu Microsofts ASP (Applikations-Service-Provider). Auf diese Weise wird von allen bekannten Sprachen und Techniken „das Beste" verwendet und in PHP vereint.

MySQL ist eine kleine, aber im Web-Umfeld weit verbreitete Datenbank. Sie bietet zwar keine referentielle Integrität und auch sonst kann sie nicht unbedingt mit professionellen Datenbanken konkurrieren, ihr Vorteil ist aber die große Unterstützung in der Web Open Source Gemeinde. Es gibt unzählige Projekte, die MySQL als Datenbank nutzen. Dies liegt nicht zuletzt auch daran, dass MySQL sehr einfach zu handhaben ist. In diesem Zusammenhang kann man das Projekt *phpMyAdmin* erwähnen. Es ist das bekannteste Frontend für die MySQL Datenbank, die auf PHP basierend eine sehr komfortable Oberfläche zur Datenbankadministration bietet. Es ist sehr einfach zu installieren und zu benutzen. Gerade im Webbereich ist der Einsatz problemlos möglich. Verwendet werden kann es mit MySQL ab Version 3.21.x, mit geringen Einschränkungen auch mit älteren Versionen. Folgende Funktionen sind per Mausklick ausführbar:

- Erzeugen und Löschen einer Datenbank

- Erzeugen, Löschen, Leeren und Kopieren von Tabellen

- Löschen, Bearbeiten und Hinzufügen von Feldern

- Ausführen von SQL-Kommandos und Stapelanweisungen

- Bearbeitung von Schlüsseln, Indizes usw.

- Export und Import von Textdateien in die Datenbank

- Administration einer Datenbank

Es sei nachfolgend ein praktisches Beispiel zur Demonstration der Zusammenarbeit von php-Eingaben mit MySQL auf dem Webserver angegeben.

Ziel des nachfolgenden Beispiel ist es, dass Studenten über die Eingabe ihrer Personalien später Zugang zu Klausurergebnissen haben. Diese Ergebnisse unterliegen natürlich dem Datenschutz, so dass ein Student oder eine Studentin nach Registrierung über ein individuelles Passwort die Klausurergebnisse abrufen kann. Bild 7-34 zeigt, wie so eine Registrierungsseite aussehen könnte. Man erkennt, dass die URL die besagte Endung .php besitzt, womit klar ist, dass also hier ein php-Skript abläuft. Dasselbe sammelt die gemachten Eingaben und schreibt diese in die MySQL-Datenbank auf dem Apache-Server. Die Matrikelnummer wird später als Passwort für den Zugang des Studenten genutzt.

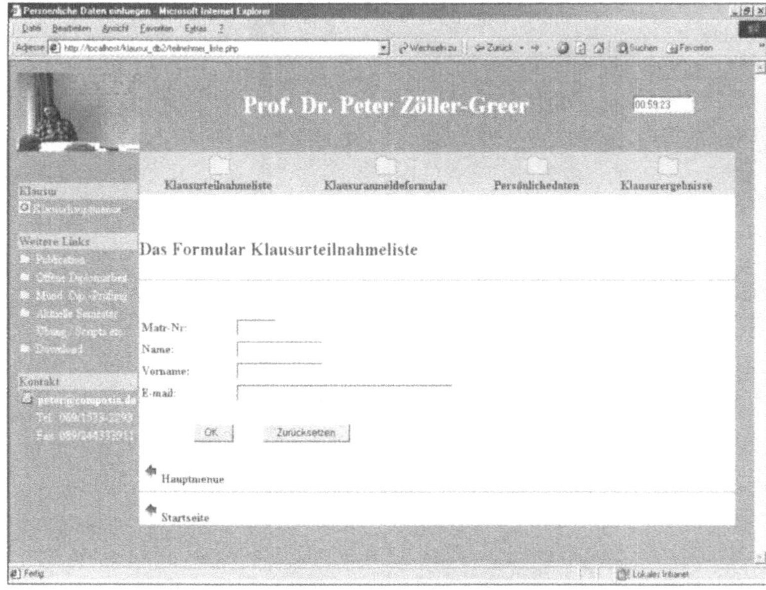

Bild 7-34 Eingabemaske eines php-Formulars

Nach Registrierung kann der Klausurteilnehmer dann die Noten erfahren (Bild 7-35).

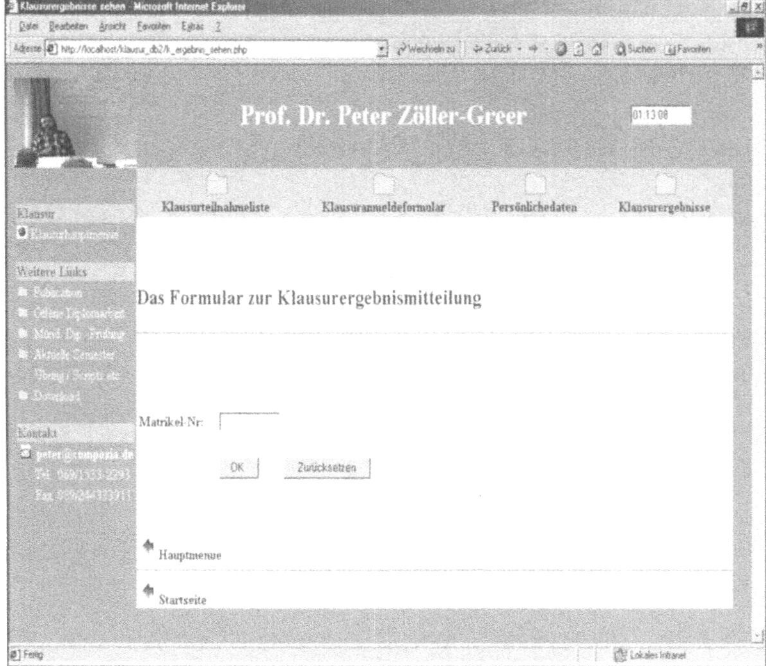

Bild 7-35 Abfrage eines Klausurergebnisses

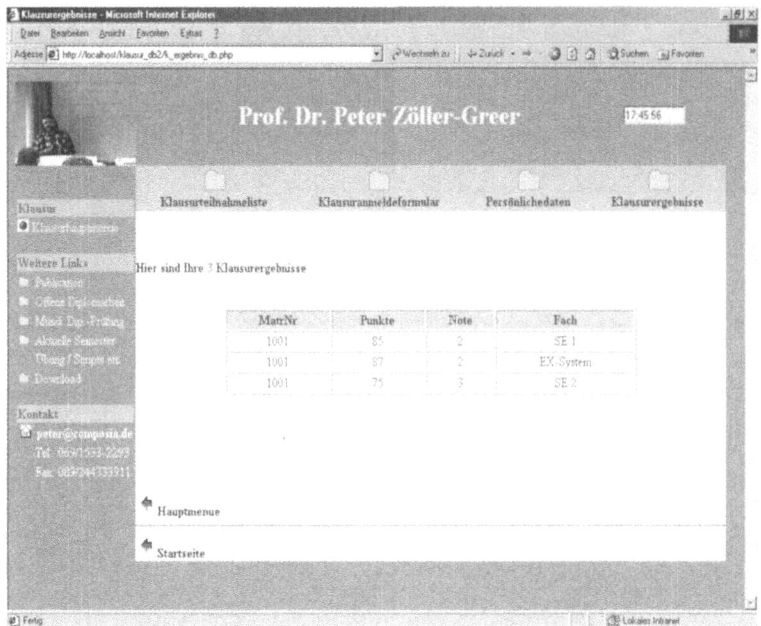

Bild 7-36 Rückgabewerte des Servers

Als Beispiel sei nachfolgend das php-Skript der Seite „k_Ergebnis_sehen.php", welches Bild 7-35, also der Abfrage der Ergebnissen zu einer Matrikelnummer, entspricht:

```
<html>
<head><title>Klausurergebnisse sehen</title>
<?php
   include("layout_oben.template");
?>
<?php
   include("layout_menue.template");
?>
<br><br><br><br>
<h2>Klausurergebnisse sehen</h2>
<hr>
<br><br><br><br>
<form action="k_ergebnis_db.php" method="post">
<table border=0>
<tr>
    <td><b>Matrikel-Nr:<b>    </td>
```

```
    <td><input type=text name="MatrNr" maxlength=6 si-
ze=10></td>
</tr>
<tr><td>  </td><td>  </td></tr>
<tr>
    <td></td><td><input type="submit" value=  "  OK
"> </td>
    <td><input type="reset" value="Abbrechen"></td>
</tr>
</table>
</form>
<?php
  include("layout_unten.template");
?>
</body>
</html>
```

Ohne jetzt auf den Syntax jeder Zeile im Einzelnen einzugehen ist erkennbar, dass über den Befehl *input* die Matrikelnummer eingelesen und mittels des Befehls *submit* an der Server geschickt wird. Die Rückgabe der gefilterten Klausurergebnisse, wie sie in Bild 7-36 zu sehen ist, wird durch folgende php-Seite erreicht:

```
<html>
<head><title>Klausurergebnisse</title>
<?php
  include("layout_oben.template");
?>
<?php
  include("layout_menue.template");
?>
<br>
<hr>
<br><br>
<?php
if ($MatrNr!=0)
{
  include("dbconnect.inc");
  if($link !=0)
  {
  //Jan added this Comment
```

```php
$anfrage="SELECT Fach,Semester,Note,BelegNr From k_ergebnis
WHERE MatrNr=\"$MatrNr\"   ";

   //$anfrage="show tables";

   //$ergebnis=mysql_query($anfrage) or die ("Fehlermel-
dung=".mysql_error());

   $ergebnis=mysql_query($anfrage);
      //Jan added this IF
      if (!$ergebnis )
        {
           print "Datenbank abfrage nich erfolgreich  <br>";
           print "Fehlermeldung = ";
           print mysql_error();
        } // end if
      // Jan
      else
        {
        //Original Part
           echo mysql_num_rows($ergebnis)."<b> Klausur Er-
gebnisse f&uuml;r Studnet(in) mit Matrikelnummer:
$MatrNr</b><p> ";
           echo "<TABLE border='1' width= '70%'align='center'>";
               for ($i=0;$i< mysql_num_fields($ergebnis);$i++)
                 {
                  echo "<TH bgco-
lor=#cccccc>".mysql_field_name($ergebnis,$i)."</TH>";
                 };
           while ($zeile=mysql_fetch_row($ergebnis))
             { echo "<TR align='center'>";
                 for
($i=0;$i<mysql_num_fields($ergebnis);$i++)
                   {
                    echo "<TD>".$zeile[$i]."</TD>";
                   };
                echo "</TR>";
             };
           echo "</TABLE>";
           mysql_free_result($ergebnis); mysql_close($link);
        } // end else
   }// end if
```

```
   else
     {
       echo "<font color=#ff0000><b>Die eingegebene Matrikel-
Nummer ist Fehlerhaft !!!</b></font>";

       echo"<br>";

       }; // end else
 }; // end if
?>
<br><br>
<?php
   include("layout_unten.template");
?>
</body>
</html>
```

Auch hier kann nicht auf die Syntax im Einzelnen eingegangen werden, doch es ist auch so ersichtlich, dass Skript-Befehle zum Aufbau der Ergebnis-Tabelle sowie ein *Select*-Befehl zum Ausfiltern der Ergebnisse auf die eingegebene Matrikelnummer etc. vorhanden sind. Auch der C^{++}-ähnliche Aufbau für das Ansprechen von MySQL innerhalb dieses php-Skirpts ist erkennbar.

7.7.2 eLearning-Anwendungen

In jüngster Zeit bieten Industrie und Hochschulen zunehmend die Möglichkeit, Weiterbildung über das Internet als Fernstudium verfügbar zu machen. Dabei ist es natürlich sinnvoll, alle multimedialen Möglichkeiten auszuschöpfen, sich also nicht nur darauf zu beschränken, einfach schriftliche Ausarbeitungen als HTML-Seiten oder zum Download anzubieten (wobei dies schon ein wichtiger Teil eines eLearning-Konzepts sein kann). Die Attraktivität des eLearning besteht gerade darin, z.B. Video-Clips, Sounds, Animationen sowie Texte und Grafiken miteinander zu kombinieren. Die Erstellung solcher virtuellen Vorlesungen ist entsprechend aufwendig (vgl. Kapitel 2.4, Entwicklung von Multi-Media-Anwendungen). Es gibt Untersuchungen, nach denen –je nach Aufwand- für eine Stunde multi-medialen virtuellen Unterricht 100-300 Zeitstunden investiert werden müssen. Gerade wenn Animationen und Video-Clips integriert sind, wird diese Zeitspanne schnell erreicht. Videos beispielsweise müssen aufgenommen werden, wobei die Licht- und Sound-Verhältnisse entsprechend erzeugt werden müssen. Dekorationen müssen ggf. angeschafft werden, (mind.) ein Kameramann muss filmen, das Ganze muss auf Video aufgezeichnet und nachbearbeitet werden (Schnitte, Überblendungen etc.). Für den genauen Ablauf sind oft die Texte zu vor zu schreiben, und es muss ein detailliertes Drehbuch vorhanden sein, welches ja auch jemand erstellen muss. Das fertige Video wird schließlich in ein internetgerechtes Format gebracht (z.B. in das Real®-Format) und in eine Web-Seite integriert, welche ebenfalls zu designen und zu programmieren ist.

Noch aufwendiger wird es, wenn z.B. synchron zu einem Videoclip noch Texte, Animationen und/oder Grafiken eingeblendet werden müssen. Prinzipiell kann man hierfür zwei Vorgehensweisen benutzen. Zum Einen könnte man alle erforderlichen Grafiken und Texte etc. einfach als

Video filmen und digitalisieren und mit geeigneter Schnittsoftware in den ursprünglichen Clip an der „richtigen" Stelle einfügen. Das Ganze hat aber verschiedene Nachteile. Zunächst muss das Video-Fenster relativ groß sein, damit Texte und Grafiken überhaupt erkannt werden können. Soll das Ganze über das Internet laufen, dann ist so was bei den heutigen Übertragungskapazitäten allenfalls im Breitbandbereich möglich. Die Videos brauchen viel Speicherplatz, und werden z.B. längere Textteile eingeblendet, so verschwendet man diesen Platz für Standbilder, die für sich allein genommen, wären sie kein Video, eigentlich viel weniger Speicherplatz benötigen würden. Ein weiterer Nachteil besteht darin, dass durch das Einblenden einer Szene (z.B. eines Textes oder einer Grafik) etwas anders ausgeblendet werden muss (z.B. der Moderator). Deswegen ist die zweite Variante zu bevorzugen: Texte und Grafiken bleiben dies und werden synchron zu einem Video-Clip, der in einem eigenen Fenster abläuft, ein- bzw. ausgeblendet. Ist im Clipfenster beispielsweise nur der Moderator zu sehen, so kann dieses recht klein gehalten werden, was dazu führt, dass man nur wenig Speicherplatz für den entsprechenden Videofile benötigt. Das Problem ist dann natürlich, die Ein- und Ausblendungen der Texte und Grafiken synchron mit dem Video an den „richtigen" Stellen hinzukriegen.

Eine Möglichkeit hierfür bietet die Skriptsprache SMIL (*Synchronized Multimedia Integration Language*), welche von Real Networks Inc. (USA) entwickelt wurde. Sie basiert auf der Wiedergabe mit Hilfe des von der gleichen Firma entwickelten und weit verbreiteten RealPlayers®. Dieser benutzt das sogenannte Streaming zum Übertragen von Videos. Diese Methode erlaubt, dass das Video in „Chunks" übertragen werden kann, also nicht erst heruntergeladen werden muss bevor man es ansehen kann. Beim Abspielen im RealPlayer wird zunächst der erste Chunk heruntergeladen, und während dieser läuft, wird der nächste nachgeladen. Es muss also nicht wie sonst üblich erst die ganze Videodatei auf einmal heruntergeladen werden, sondern durch Buffering können Teile davon geladen und gleich angeschaut werden, während die nächsten Chunks am Herunterladen sind. Damit passt sich die Wiedergabe auch an die Geschwindigkeit des Rechners und der Übertragung selbständig an. Außerdem sind Real-Videos extrem komprimiert und besitzen damit einen relativ kleinen Speicherplatzbedarf. Das Programm RealProducer® dient zur Umwandlung von digitalen Videofiles in das Realformat. Das Video kann dann vom eigenständigen RealPlayer, welcher von den Standardbrowsern automatisch aufgerufen wird, betrachtet werden. Geeignete PlugIns ermöglichen es auch, den RealPlayer voll in eine HTML-Seite zu integrieren.

Bild 7-37 zeigt den Ausschnitt einer virtuellen Vorlesung über „Künstliche Intelligenz", wie sie vom Autor des Buches angeboten wird. Dieser Screen-Shot des Internetbrowsers zeigt, wie die verschiedenen Multimediakomponenten integriert sind: In der linken oberen Ecke läuft eine Flash-Animation ab (es drehen sich dreidimensional die zwei Buchstaben „KI"), links darunter ist das Auswahlmenü der jeweiligen Lerneinheiten. Im Hauptfenster sieht man im unteren Teil die Steuerkonsole des RealPlayers, welcher hier als PlugIn integriert ist. Das Video kann jederzeit angehalten, vor- und zurückgespult und an jeder beliebigen Stellen fortgesetzt werden. Links oben im Hauptfenster ist der eigentliche Videoclip zu sehen. Rechts daneben steht der „Tafel-Anschrieb", also wichtige Textteile, über die der Moderator gerade spricht. Darunter wird passend eine Grafik eingeblendet, auf die sich der Moderator ebenfalls gerade bezieht. Texte und Grafiken werden dann an den entsprechenden Stellen ein- und wieder ausgeblendet, während das Video des Moderators läuft. Selbst mit einem analogen Modem (56k) kann dies noch einigermaßen bequem betrachtet werden.

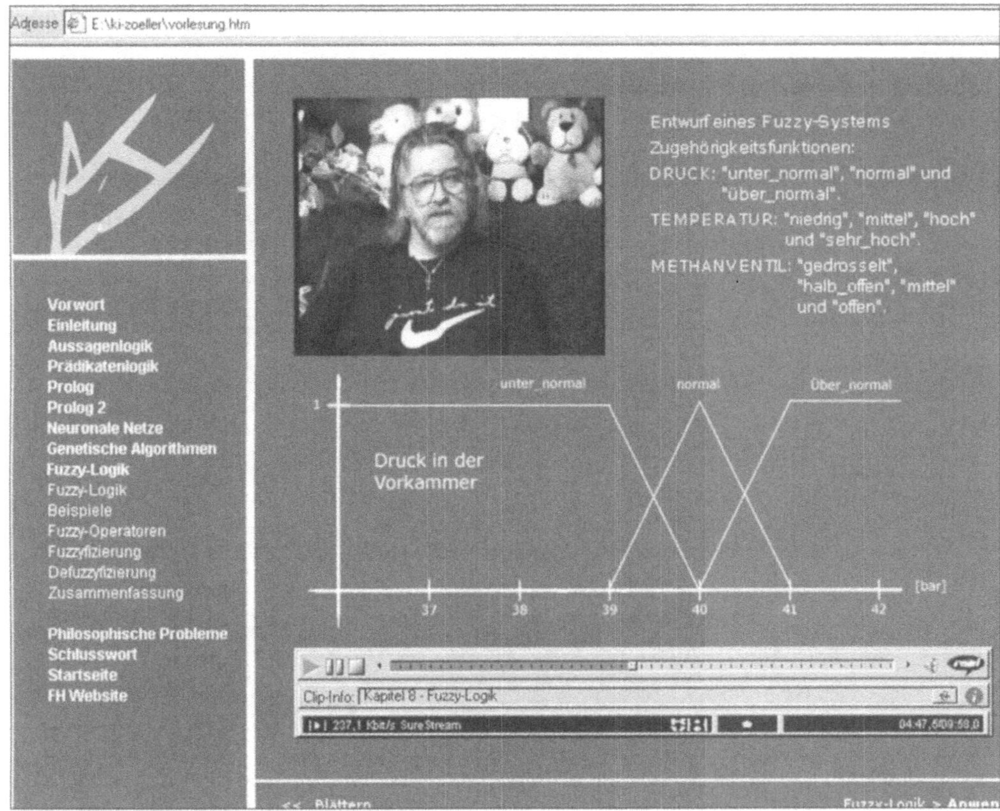

Bild 7-37 Multimediale virtuelle Vorlesung

Das synchrone Ein- und Ausblenden der Texte und Grafiken etc. wird mit einem SMIL-Skript
erledigt. SMIL-Skripts sind relativ einfach aufgebaut und ähneln dem HTML-Syntax. Nachfolgend wird ein Teil des SMIL-Skripts angegeben, welches sich auf Bild 7-37 bezieht:

```
<smil>
  <head>
    <meta name="title" content="Kapitel 8 - Fuzzy-Logik" />
    <meta name="author" content="Till Wagner" />
    <meta name="copyright" content="fh©" />
    <meta name="keywords" content="" />
    <meta name="description" content="" />
    <meta name="robots" content="all" />
    <layout type="text/smil-basic-layout">
      <root-layout    width="560"    height="411"    background-
color="#006699"/>
```

```
            <region  id="title_region"  left="0"  top="0"  width="600"
height="450" z-index="4" />
            <region   id="movie"   left="0"   top="0"   width="272"
height="200" colour background-color="#006699" z-index="3" />
            <region  id="text_region"  left="272"  top="0"  width="288"
height="200" colour background-color="#006699" z-index="2" />
            <region      id="txtpic_region"      left="0"      top="200"
width="560"  height="222"  colour  background-color="#006699"  z-
index="1" />
        </layout>
    </head>
    <body>
      <par>
        <seq>
          <par>
            <video src="k8_clip1_video.rm" region="movie"/>
            <text src="k8_clip1_text.rt" region="text_region"/>
            <text  src="k8_clip1_pic.rp"  region="txtpic_region"
fill="freeze"/>
          </par>
        </seq>
      </par>
    </body>
</smil>
```

In diesem Skriptteil werden vornehmlich die Positionierungsbereiche der Clips, Texte und Grafiken im Realfenster bestimmt. Wichtig sind die drei Befehle

```
<video src="k8_clip1_video.rm" region="movie"/>
<text src="k8_clip1_text.rt" region="text_region"/>
<text src="k8_clip1_pic.rp" region="txtpic_region"
fill="freeze"/>
```

Hier werden nämlich die Dateien für den Video-Clip angegeben (*k8_clip1_video.rm*), für den textuellen Teil (*k8_clip1_text.rt*) sowie für eingeblendete Bilder *(k8_clip1_text.rp)*. Das SMIL-Skript *k8_clip1_text.rp* sei nachfolgend beispielhaft angegeben:

```
<imfl>
  <head
    title="A.I. Kapitel 8"
    copyright="fh frankfurt am Main"
    timeformat="dd:hh:mm:ss.xyz"
```

```
      background-color="#006699"
      preroll="10.0"
      bitrate="12000"
      width="560"
      height="222"
      duration="9:58.0"
            pos="center"
   />
<!-- Assign handle numbers to images -->
   <image handle="1" name="pics/k8_1.jpg"/>
   <image handle="2" name="pics/k8_2.jpg"/>
   <image handle="3" name="pics/k8_3.jpg"/>
   <image handle="4" name="pics/k8_4.jpg"/>
   <image handle="5" name="pics/k8_5.jpg"/>
   <image handle="6" name="pics/k8_6.jpg"/>
<!-- These effects define the timeline of the presentation -->
   <fill start="0" color="#006699"/>
   <fadein start="4:31.0" duration="1.0" target="1" as-
pect="true" />
   <crossfade start="4:54.0" duration="1.0" target="2" as-
pect="true" />
   <crossfade start="5:18.0" duration="1.0" target="3" as-
pect="true" />
   <fadeout start="5:39.0" duration="0" target="3" aspect="true"
/>
   <fill start="5:39.0" color="#006699" />
   <fadein start="8:06.0" duration="1.0" target="4" as-
pect="true" />
   <crossfade start="8:24.0" duration="1.0" target="5" as-
pect="true" />
   <crossfade start="8:56.0" duration="1.0" target="6" as-
pect="true" />
   <fadeout start="9:27.0" duration="0" target="4" aspect="true"
/>
   <fill start="9:27.0" color="#006699" />
</imfl>
```

Wie man sieht, werden den physikalischen Bildern sogenannte Target-Nummern (*Image Handles*) zugewiesen, auf die sich dann später bezogen wird. Die Befehle *fadein, fadeout, crossfade* etc. beziehen sich auf die durch das Target angegebenen Grafiken, wobei genau die Zeitwerten, wann dies relativ zum Start des Videos erfolgen soll, angegeben werden. Analog geschieht die Einblendung von Texten.

In Zukunft sind sicherlich noch weitere Techniken zum Erzeugen multimedialer Internetvorlesungen verfügbar. Durch noch zu schaffende Tools kann damit wohl auch die Zeit für die Erstellung solcher Anwendungen verkürzt werden.

Anhang

Lizenzabrechnungssystem v1.0

Benutzer-Handbuch

A1 Allgemeines

Was es ist

Das Lizenzabrechnungssystem ist eine Datenbank-Anwendung, die es ermöglicht, Abrechnungen zwischen Tonträgerherstellern und Produzenten, sowie zwischen Produzenten und Künstlern, zu erstellen.

Hierzu ermöglicht es die Verwaltung von Adressen, Mastertapes, Tonträgern, Verträgen und Verkaufsdaten von Tonträgern. Abrechnungen können individuell für jeden Vertrag in vorgebbaren Zeiträumen maschinell erstellt oder zur Statistik zusammengefasst werden. Abrechnungen und Verträge sind ausdruckbar.

Voraussetzung für die Nutzung der Software

- ein IBM kompatibler PC (empfohlen: Pentium I oder höher, mind. 16 MB Hauptspeicher).

- das Betriebssystem MS Windows 95 oder höher (installiert).

- das Datenbank-Management System MS Access 2000 (installiert).

- eine Bildschirm-Auflösung von 1024*768 Pixeln. Kleinere Auflösungen können dazu führen, dass nicht alle Knöpfe verfügbar sind !

Hinweise zur Installation

Rufen Sie zuerst das Installationsprogramm *INSTALL.EXE* auf, um die Software in ein Verzeichnis ihrer Wahl zu kopieren.

Um die Anwendung aufzurufen, starten Sie *MS Access 2000* und wählen Sie dort den Menüpunkt Datei->öffnen. Wechseln Sie nun in das Verzeichnis in das Sie die Software installiert haben und wählen Sie dort die Datei *LizAbrSystem.mdb*. Wenn dies ihr erster Start der Anwendung ist, werden Sie aufgefordert, den Verzeichnisnamen einzugeben, in der sich die Anwendung befindet.

Sie können die Programmdateien jederzeit in ein anderes Verzeichnis kopieren oder den Verzeichnisnamen ändern. Achten Sie nur darauf, stets alle Programmdateien zu kopieren. Nach einem Verzeichniswechsel werden Sie beim nächsten Programmstart erneut aufgefordert, das betreffende Verzeichnis einzugeben.

Zugehörige Dateien

LizAbrSystem.MDB	<-- Lizenzabrechnungssystem Startdatei
LAS-Daten.MDB	<-- benötigte Programmdatei
BG01.BMP	<-- benötigte Programmdatei
Cards_H.BMP	<-- benötigte Programmdatei
Readme.TXT	<-- allgemeine Informationen
DOKU\Dokumentation.PDF	<-- Dokumentation zur Prg.entwicklung
DOKU\Benutzerhandbuch.PDF	<-- Benutzerhandbuch

Im folgenden wird nun die Bedienung des Lizenzabrechnungssystems erklärt und die einzelnen Formulare aufgelistet.

A2 Das Hauptmenü

Das Hauptmenü ist das erste Formular, das sich nach dem Starten der Anwendung öffnet. Von hier aus gelangt man in alle weiteren Untermenüs.

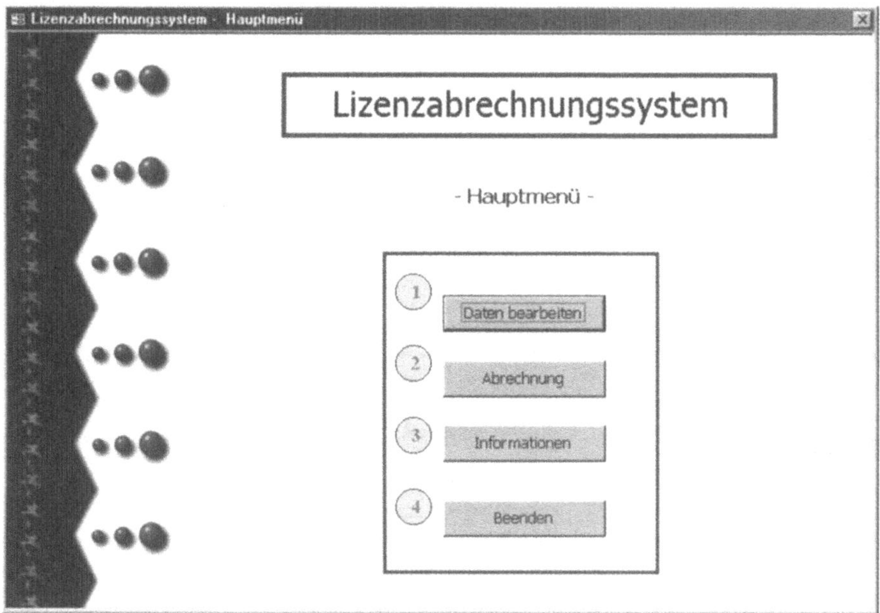

Bild A-1 Einstiegsmaske

(1) Daten bearbeiten

Dieser Knopf führt zum Datenmenü, von dem aus man zu allen Eingabeformularen gelangt. Die Eingabeformulare ermöglichen es, neue Daten einzugeben, bestehende Daten zu ändern oder zu löschen. Es können Adressen, Mastertapes, Verträge, Tonträger und Verkaufseinträge verwaltet werden (Bild A-2). Eine genauere Beschreibung hierzu folgt auf den nächsten Seiten.

(2) Abrechnung

Über diesen Knopf gelangt man in das Abrechnungsmenü, von dem aus man zu den Formularen zur Erstellung neuer Abrechnungen, zum Einsehen alter Abrechnungen und zur Zusammenfassung alter Abrechnungen (Abrechnungsstatistik) gelangt. Genaueres hierzu folgt auf den nächsten Seiten.

(3) Informationen

Durch das Klicken dieses Knopfes wird ein Fenster mit Informationen zur Programm-Version und Copyright angezeigt.

(4) Beenden

Hier wird das Programm verlassen!

A3   Das Datenmenü

Vom Datenmenü aus gelangt man zu allen Eingabeformularen für die Bearbeitung oder Neu-
Eingabe von Daten.

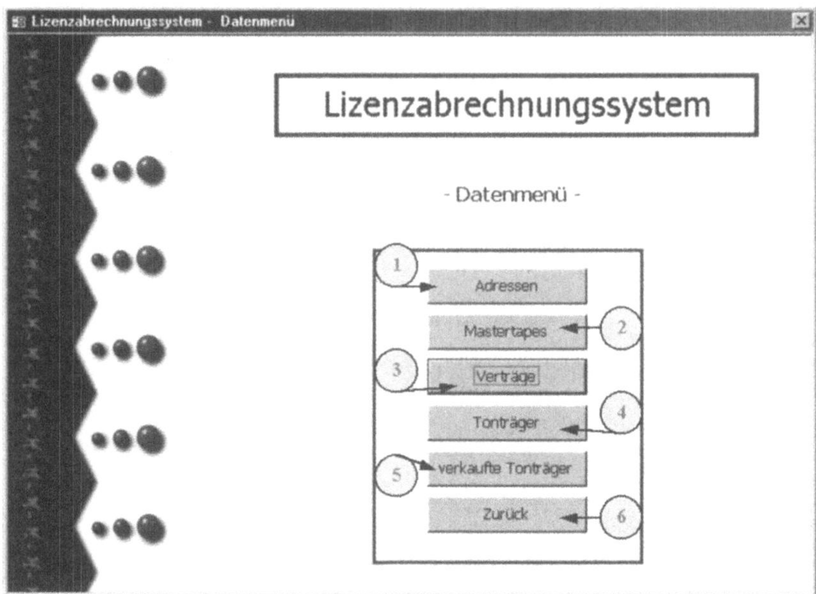

Bild A-2 Datenmenü

(1) Adressen

Nach dem Klicken auf den Knopf *Adressen* erscheint das Fenster „Adresse auswählen", das in
Bild A-7 dargestellt ist. Hierbei werden alle bestehenden Adressen aufgelistet, von denen eine
zur Bearbeitung ausgewählt oder ein leeres Fenster zur Eingabe neuer Daten geöffnet werden
kann.

(2) Mastertapes

Nach dem Klicken auf den Knopf *Mastertapes* erscheint das Fenster „Mastertape auswählen"
(Bild A-3). Wie im Fall von Adressen wird hier die Möglichkeit geboten ein vorhandenes Mastertape auszuwählen oder ein leeres Fenster zur Eingabe neuer Daten zu öffnen.

(3) Verträge

Nach dem Klicken auf den Knopf *Verträge* erscheint das Fenster „Vertrag auswählen" (Bild A-
4). Hierüber kann ein bestehender Künstler- oder Lizenzvertrag zur Bearbeitung ausgewählt
oder ein leeres Fenster zur Eingabe neuer Daten geöffnet werden.

(4) Tonträger

Nach dem Klicken auf den Knopf *Tonträger* erscheint das Fenster „Tonträger auswählen" (Bild A-5). Hierüber kann ein bestehender Tonträger zur Bearbeitung ausgewählt oder ein leeres Fenster zur Eingabe neuer Daten geöffnet werden.

(5) verkaufte Tonträger

Nach dem Klicken auf den Knopf *verkaufte Tonträger* erscheint das Fenster „Verkaufseintrag auswählen" (Bild A-6). Hierüber kann ein bestehender Verkaufseintrag zur Bearbeitung ausgewählt oder ein leeres Fenster zur Eingabe neuer Daten geöffnet werden.

(6) Zurück

Durch das Klicken auf den Knopf *Zurück* wird das aktuelle Fenster geschlossen und man gelangt zurück zum Hauptmenü (Bild A-1).

A4   Die Auswahl-Fenster

Hinweis:

Da die „Auswahl"-Fenster (Bilder A-3, A-4, A-5, A-6 und A-7) alle dieselben Eigenschaften aufweisen werden sie am Beispiel von „Adresse auswählen" zusammen (Bild A-7) erklärt:

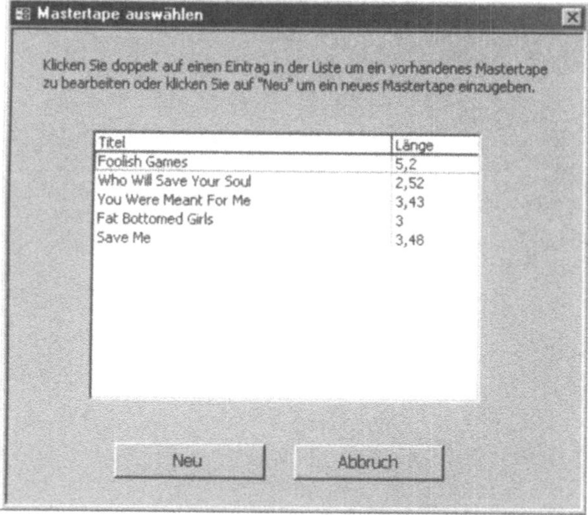

Bild A-3 Mastertapeauswahl

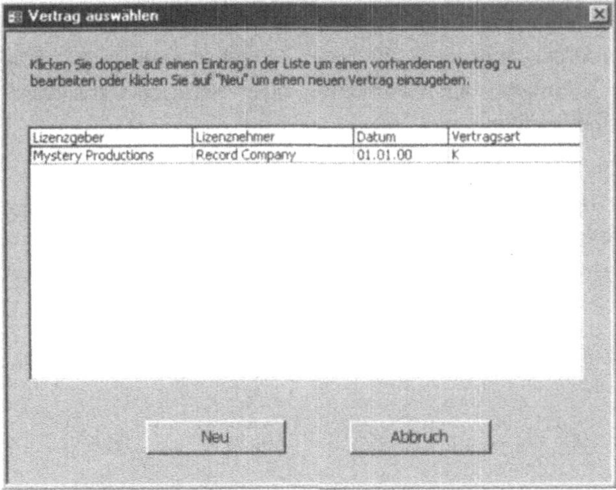

Bild A-4 Vertragsauswahl

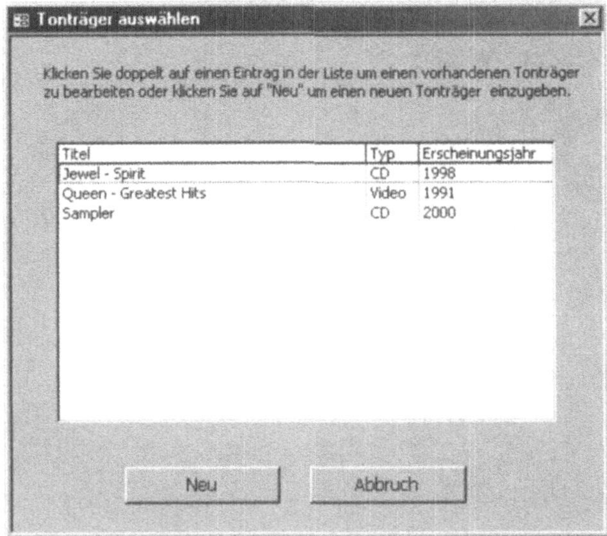

Bild A-5 Tonträgerauswahl

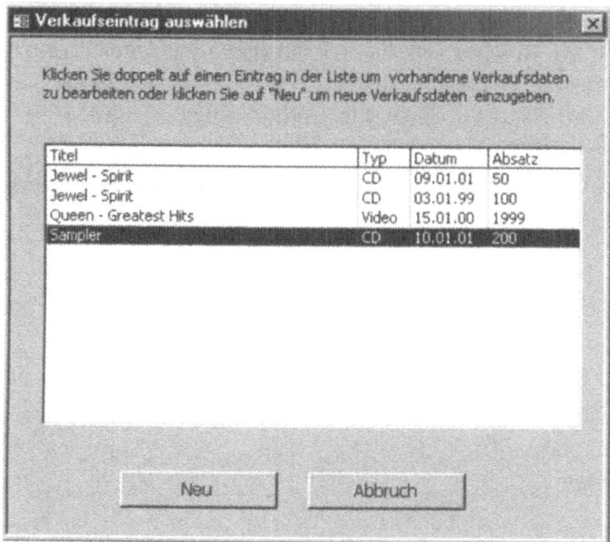

Bild A-6 Verkaufseinträge

Adresse auswählen

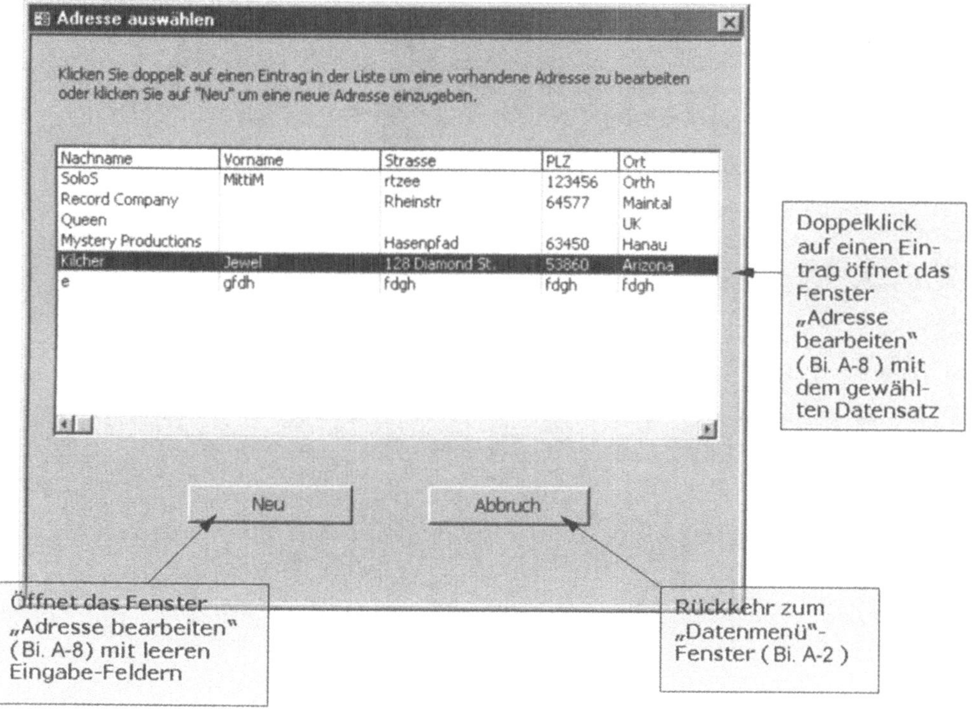

Bild A-7 Adressauswahl

Die Auswahl-Fenster enthalten eine Liste mit allen verfügbaren Datensätzen. Durch Doppelklick auf eines dieser Datensätze wird ein Bearbeitungs-Fenster mit den ausgewählten Daten
geöffnet, so dass diese geändert werden können. Durch Klick auf den Knopf *Neu* wird ein leeres Bearbeitungs-Fenster geöffnet, in das nun neue Daten eingegeben werden können. Durch
Klick auf den Knopf *Abbruch* wird die Auswahl-Aktion abgebrochen.

Der einzige Unterschied zwischen den verschiedenen Auswahl-Fenstern besteht darin, welches
Bearbeitungsfenster nach einer Auswahl geöffnet wird:

(Bild A-4) Mastertape auswählen   -> Mastertape bearbeiten (Bild A-8, rechts)

(Bild A-5) Vertrag auswählen   -> Vertrag bearbeiten (Bild A-9, links)

(Bild A-6) Tonträger auswählen   -> Tonträger bearbeiten (Bild A-9, rechts)

(Bild A-7) Verkaufseintrag auswählen -> verkaufte Tontr. Bearb. (Bild A-10, links)

A5   Die Bearbeitungs-Fenster

Adresse bearbeiten

Nachfolgend zu sehen ist das „Adresse bearbeiten"-Formular. Bild A-8 rechts zeigt das Formu-
lar mit Daten, wie es bei Auswahl eines vorhandenen Datensatzes geöffnet werden würde, Bild
A-8 links zeigt das leere Formular, wie es bei Klick auf den Knopf *Neu* geöffnet werden würde.
Zugang zu diesem Formular erhält man über das „Adresse auswählen"-Fenster (Bild A-7)

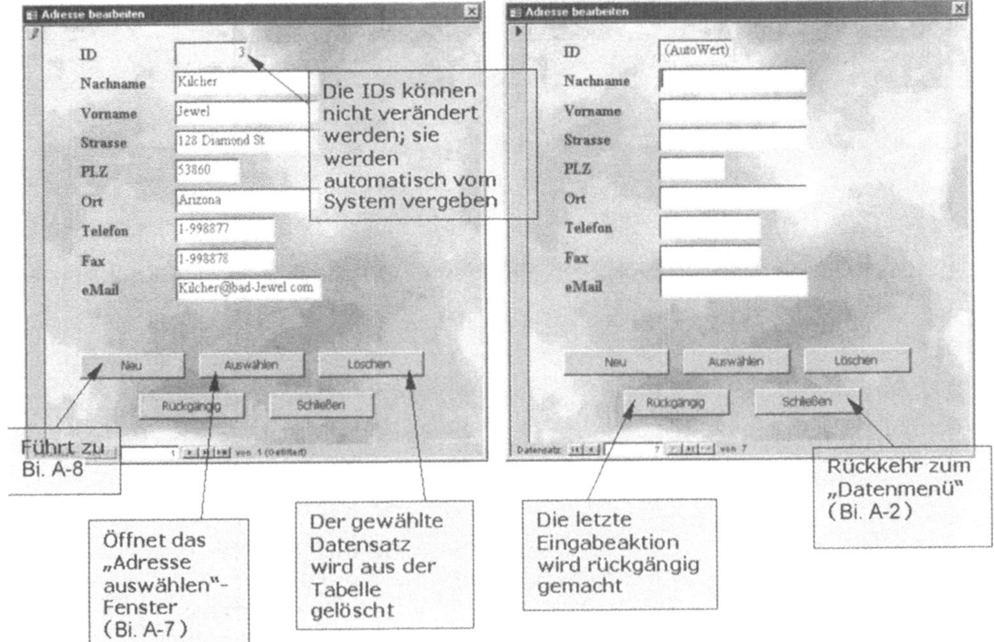

Bild A-8 Adressen bearbeiten

Mastertape bearbeiten

Nachfolgend zu sehen ist das „Mastertape bearbeiten"-Formular. Bild A-9 links zeigt das Formular mit Daten, wie es bei Auswahl eines vorhandenen Datensatzes geöffnet werden würde, Bild A-9 rechts zeigt das leere Formular, wie es bei Klick auf den Knopf *Neu* erscheinen würde. Zugang zu diesem Formular erhält man über das „Mastertape auswählen"-Fenster (Bild A-3).

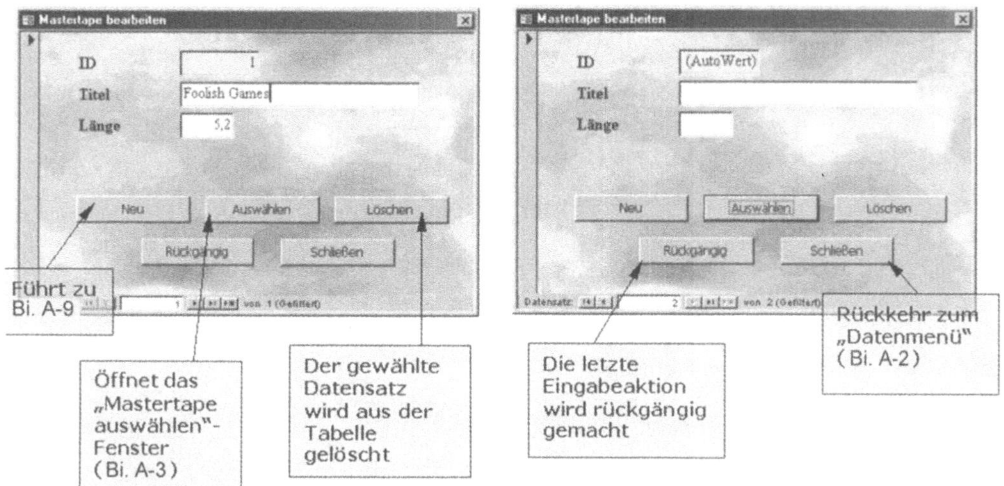

Bild A-9 Mastertape bearbeiten

Verkaufte Tonträger bearbeiten

Nachfolgend zu sehen ist das „verkaufte Tonträger bearbeiten"-Formular. Bild A-10 links zeigt das Formular mit Daten, wie es bei Auswahl eines vorhandenen Datensatzes geöffnet werden würde, Bild A-10 rechts zeigt das leere Formular, wie es bei Klick auf den Knopf *Neu* erscheinen würde. Zugang zu diesem Formular erhält man über das „Verkaufseintrag auswählen"-Fenster (Bild A-6)

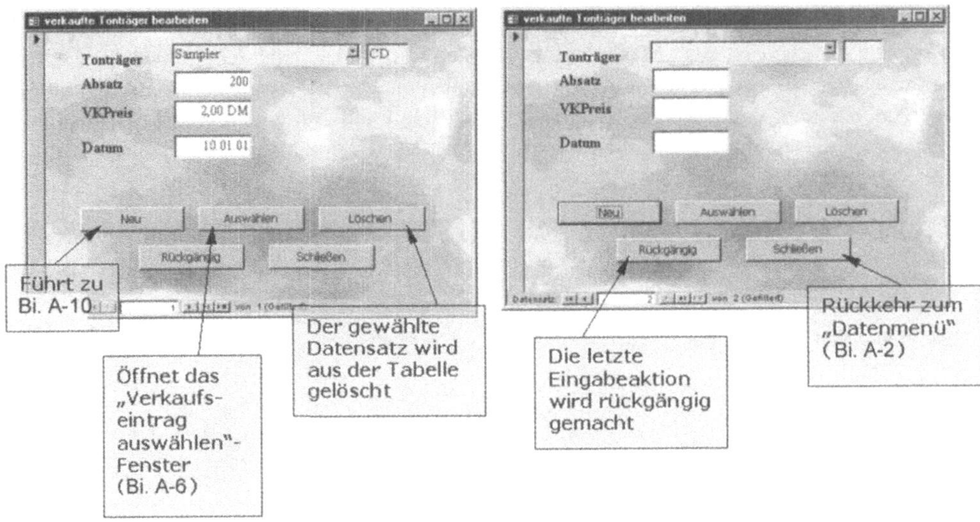

Bild A-10 Verkaufte Tonträger bearbeiten

Vertrag bearbeiten

Nachfolgend zu sehen ist das „Vertrag bearbeiten"-Formular. Zugang zu diesem Formular erhält man über das „Vertrag auswählen"-Fenster.

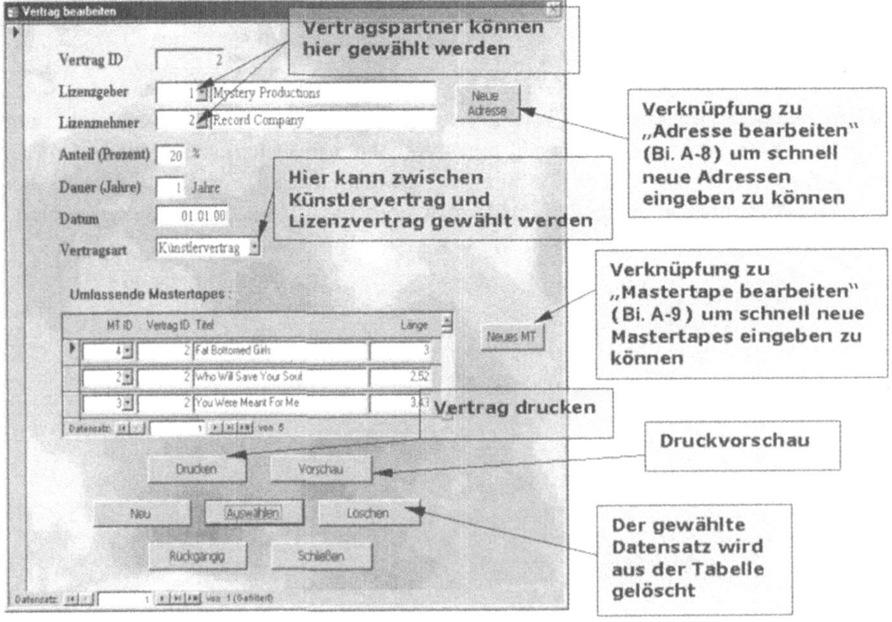

Bild A-11 Vertrag bearbeiten

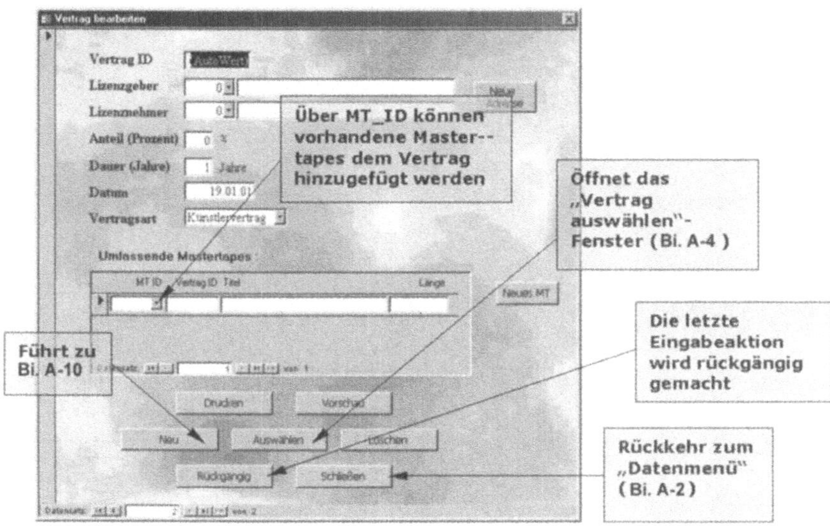

Bild A-12 Vertag bearbeiten

Tonträger bearbeiten

Nachfolgend zu sehen ist das „Vertrag bearbeiten"-Formular. Zugang zu diesem Formular erhält man über das „Tonträger auswählen"-Fenster.

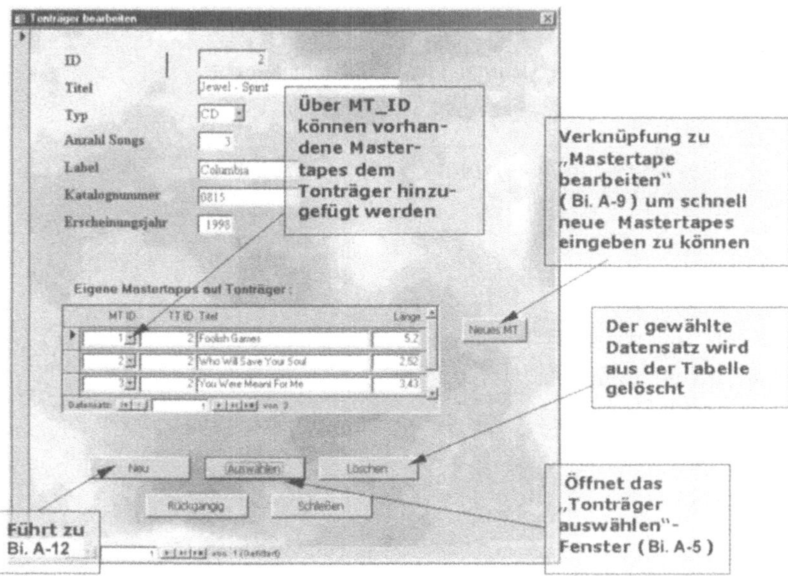

Bild A-13 Tonträger bearbeiten

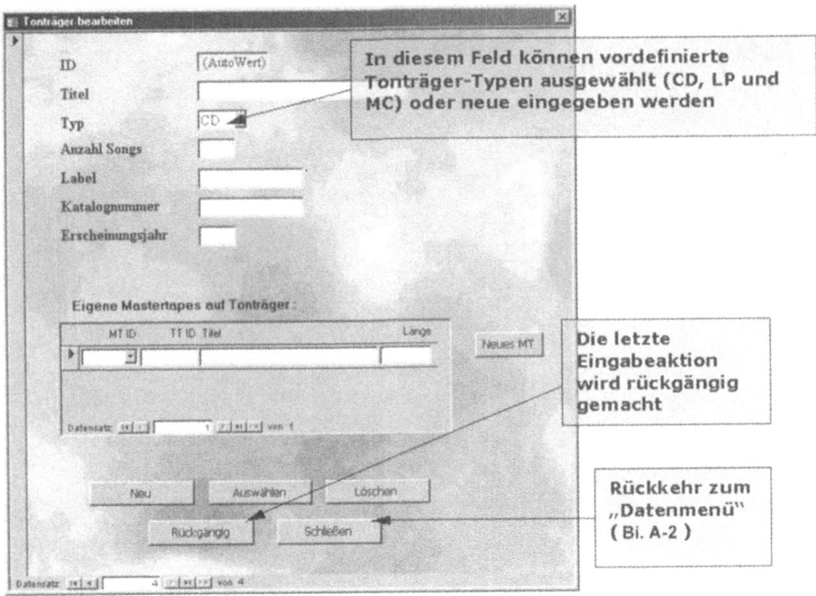

Bild A-14 Tonträger

A6   Das Abrechnungsmenü

Vom Abrechnungsmenü aus sind alle Abrechnungsfunktionen zugänglich.

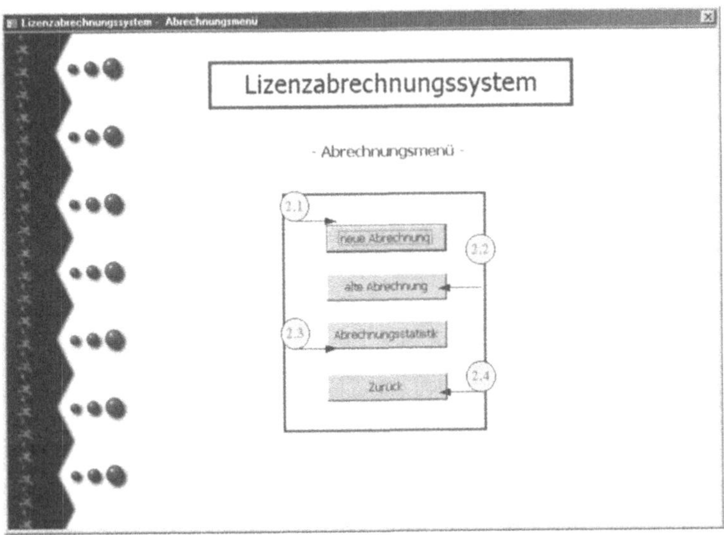

Bild A-15 Abrechnungsmenü

(2.1) Neue Abrechnung

Nach dem Klicken auf den Knopf *neue Abrechnung* erscheint das Formular „neue Abrechnung erstellen", das in Bild A-16 dargestellt wird. Hierüber kann eine neue Abrechnung erstellt werden.

(2.2) Alte Abrechnung

Hierüber wird das Formular „alte Abrechnung einsehen" (Bild A-17) geöffnet, welches es ermöglicht, eine alte (schon erstellte) Abrechnung zu einzusehen.

(2.3) Abrechnungsstatistik

Nach dem Klicken auf den Knopf *Abrechnungsstatistik* erscheint das Formular „Abrechnungen zusammenfassen" (Bild A-18), mit dem es möglich ist, eine Zusammenfassung alter Abrechnungen über einen bestimmten Zeitraum zu erstellen.

(2.4) Zurück

Durch das Klicken auf *Zurück* wird das aktuelle Fenster geschlossen und zum Hauptmenü (Bild A-1) zurückgekehrt.

Neue Abrechnung erstellen

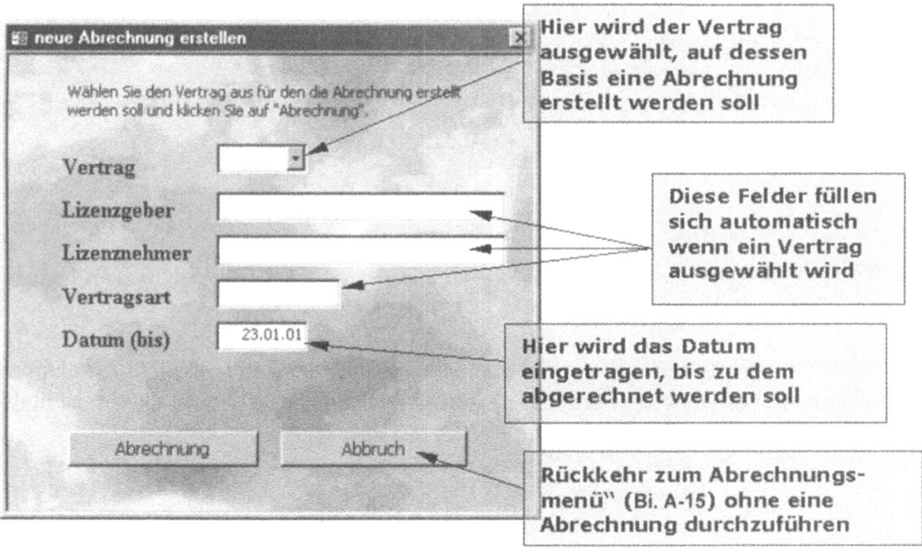

Bild A-16 Neue Abrechnung erstellen

Nach dem das Formular vollständig ausgefüllt wurde, wird durch Drücken des *Abrechnung* Knopfes eine neue Abrechnung erstellt, sofern für das angegebene Datum neue Verkaufszahlen vorhanden sind.

Konnte eine neue Abrechnung erstellt werden, wird diese in der Tabelle „Abrechnung" gespeichert und das Formular „Lizenzabrechnung" geöffnet. In diesem kann man das Ergebnis der Abrechnung betrachten und diese ausdrucken (Bild A-19).

Alte Abrechnung einsehen

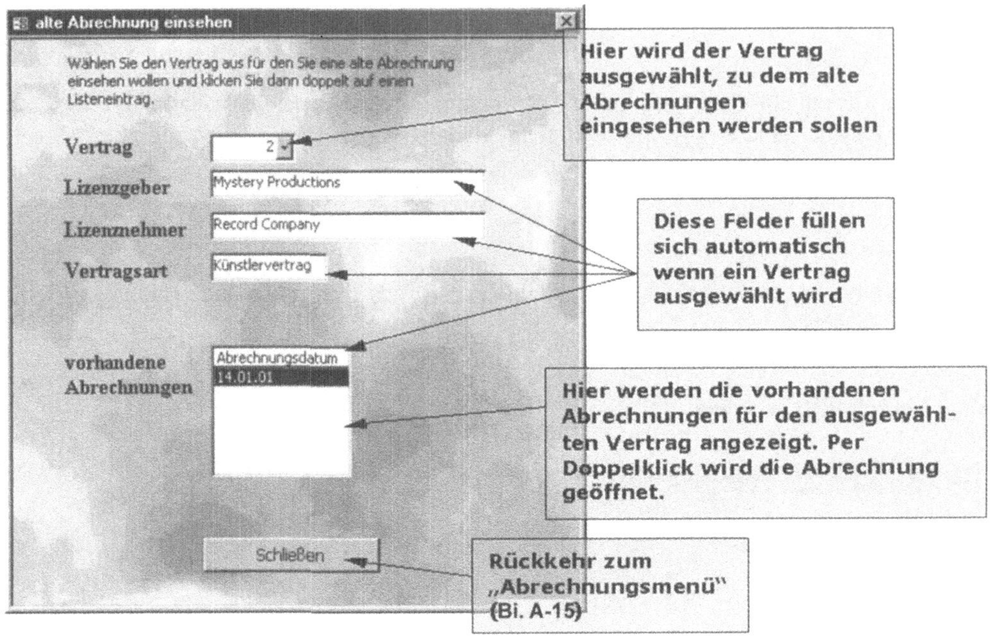

Bild A-17 Alte Abrechnungen

Nach dem ein Vertrag ausgewählt wurde und eine Abrechnung aus dem Listenfeld per Doppelklick gewählt wurde, wird diese im Formular „Lizenzabrechnung" geöffnet. In diesem kann die Abrechnung betrachtet und ausgedruckt werden (Bild A-19).

Abrechnungen zusammenfassen

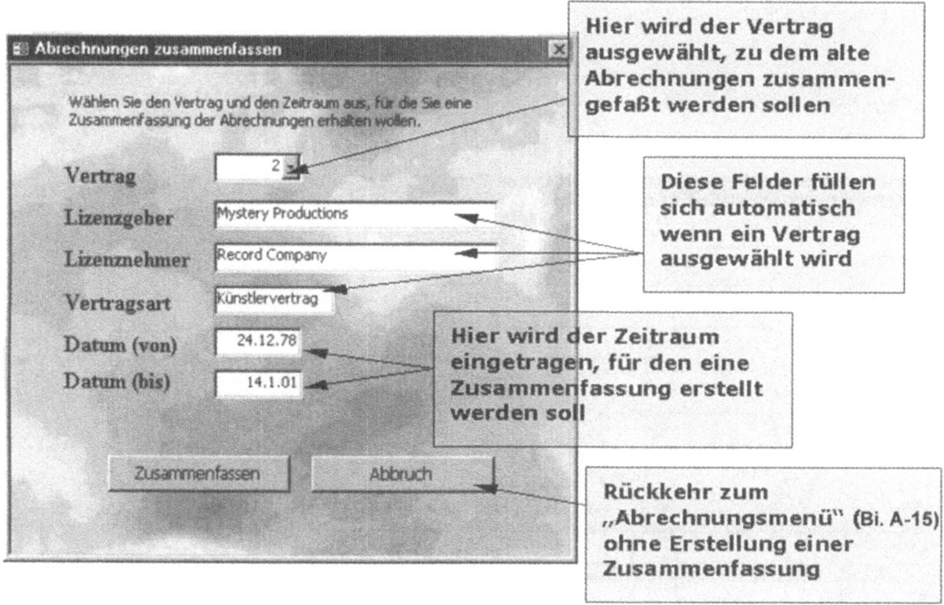

Bild A-18 Abrechnungen zusammenfassen

Nach dem das Formular vollständig ausgefüllt wurde, wird durch Drücken des *Zusammenfassen* Knopfes die vorhandenen Abrechnungen für den gewählten Vertrag im gewählten Zeitraum zusammengefaßt. Dies kann verwendet werden um eine Statistik für einen bestimmten Zeitraum zu erstellen.

Die Zusammenfassung wird anschließend im Formular „Zusammenfassung von Lizenzabrechnung" geöffnet (Bild A-20).

A7   Die Lizenzabrechnungs-Fenster

Folgende Fenster werden geöffnet, um das Ergebnis einer Abrechnung darzustellen. Über sie ist es möglich die Abrechnung auszudrucken. Eingaben können nicht gemacht werden.

Das Lizenzabrechnungs-Fenster

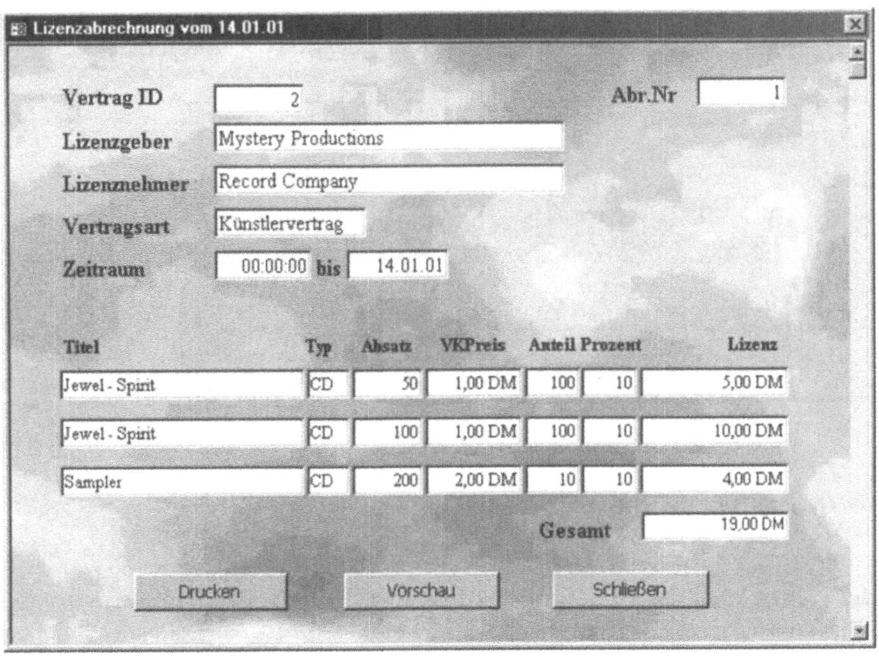

Bild A-19 Lizenzabrechung

Zusammenfassung der Lizenzabrechnungen

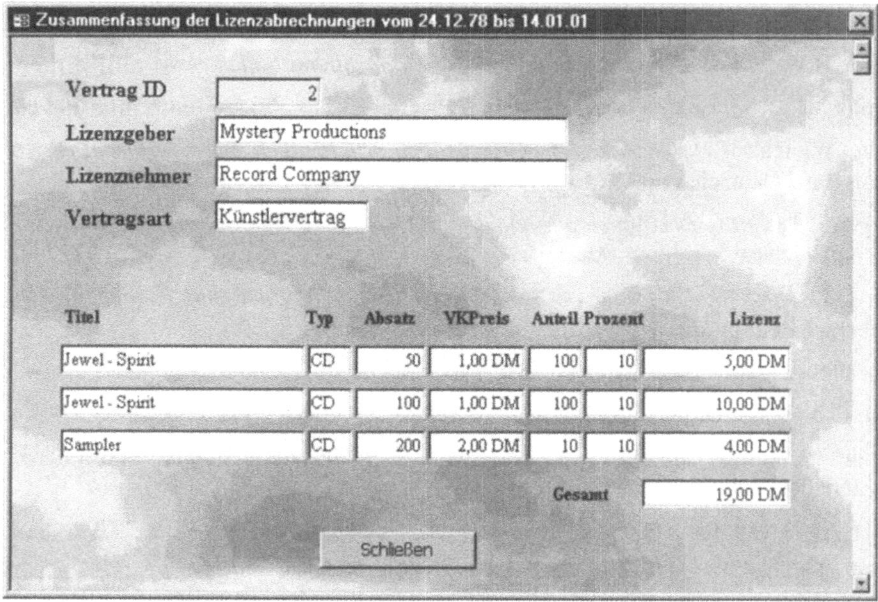

Bild A-20 Zusammenfassung Lizenzabrechnung

Literaturverzeichnis

[1]   Boehm, B.W.: *A Spiral Model of Software Development and Enhancement.* IEEE 1988

[2]   Yourdon, E.: *Modern Structured Analysis.* Prentice Hill Intl., Englewood Cliffs 1989

[3]   König, W. u.a.: *Taschenbuch der Wirtschaftsinformatik und Wirtschaftsmathematik.* Verlag Harri Deutsch, Frankfurt am Main, 1999

[4]   Chen, P.: *The Entity Relationship Model- toward a unified view of data.* ACM Transactions on Database Systems 1, März 1976

[5]   Sinz, E.J.: *Datenmodellierung im Strukturieten Entity Relationsship Modell (SERM).* Bamberger Beiträge zur Wirtschaftsinformatik, Nr. 10, Mai 1992

[6]   Rumbaugh, J. u.a.: *Object Oriented Modeling and Design*, Prentice-Hall Inc., 1991

[7]   Coad, P. u. Yourdon, E.: *Object Oriented Analysis.* Prentice Hall, 2nd ed.1991.

[8]   Matthiesen, G. und Untersetin, M.: *Relationale Datenbanken und SQL.* Addison Wesley, München, 2000

[9]   Meyers, G.J.: *The Art of Software Testing.* John Wiley & Sons, New York 1979

[10]   Möller, Th.: *Entwicklung und Realisierung einer Testcase Library als Komponente eines Testsystems zum automatisierten Testen von Software.* Diplomarbeit Fachhochschule Frankfurt am Main, 1999

[11]   Gomaa, H.: *Software Design Methods for Concurrent and Real-Time-Systems.* Addison-Wesley 1999

[12]   Zadeh, L.A.: *Fuzzy Sets.* Information and Control 8, S. 338-353, 1965

[13]   Altrock, C.v.: *Über den Daumen gepeilt.* c't Zeitschrift für Computertechnik, 3/1991

[14]   Hoffmann, N.: *Kleines Handbuch Neuronale Netze.* Vieweg-Verlag, Braunschweig/ Wiesbaden 1993

[15]   Sutherland, J.G.: *Holographic Model of Learning, Memory, and Expression.* International Journal of Neural Systems, Vol. 1-3, S. 256-267, 1990

[16]   Neberay, D.: *Erstellen einer dynamischen Website mit Datenbankanbindung.* Diplomarbeit, Fachhochschule Frankfurt am Main, 2002

[17]   Lerdorf, R.: *Dynamic Web Pages with php3.* Web Techniques, 2/1998

Sachwortverzeichnis

Weitere Titel zur Nachrichtentechnik

Fricke, Klaus
Digitaltechnik
Lehr- und Übungsbuch für
Elektrotechniker und Informatiker
2., durchges. Aufl. 2001. XII, 315 S.
Br. € 26,00
ISBN 3-528-13861-0

Klostermeyer, Rüdiger
Digitale Modulation
Grundlagen, Verfahren, Systeme
Mildenberger, Otto (Hrsg.)
2001. X, 344 S. mit 134 Abb.
Br. € 27,50
ISBN 3-528-03909-4

Meyer, Martin
Kommunikationstechnik
Konzepte der modernen
Nachrichtenübertragung
Mildenberger, Otto (Hrsg.)
1999. XII, 493 S. Mit 402 Abb.
u. 52 Tab. Geb. € 39,90
ISBN 3-528-03865-9

Meyer, Martin
Signalverarbeitung
Analoge und digitale Signale,
Systeme und Filter
2., durchges. Aufl. 2000. XIV, 285 S.
Mit 132 Abb. u. 26 Tab.
Br. DM € 19,00
ISBN 3-528-16955-9

Mildenberger, Otto (Hrsg.)
Informationstechnik kompakt
Theoretische Grundlagen
1999. XII, 368 S. Mit 141 Abb.
u. 7 Tab. Br. € 28,00
ISBN 3-528-03871-3

Werner, Martin
Nachrichtentechnik
Eine Einführung für alle Studiengänge
3., vollst. überarb. u. erw. Aufl. 2002.
VIII, 227 S. Mit 174 Abb. u. 25 Tab.
Br. € 18,80
ISBN 3-528-27433-6

Abraham-Lincoln-Straße 46
65189 Wiesbaden
Fax 0611.7878-400
www.vieweg.de

Stand April 2002.
Änderungen vorbehalten.
Erhältlich im Buchhandel oder im Verlag.